高等学校土木工程专业"十三五"规划教材
全国高校土木工程专业应用型本科规划推荐教材

土木工程测量

黄显彬　主编

中国建筑工业出版社

图书在版编目（CIP）数据

土木工程测量/黄显彬主编. —北京：中国建筑工业
出版社，2017.8
全国高校土木工程专业应用型本科规划推荐教材
ISBN 978-7-112-21052-7

Ⅰ. ①土… Ⅱ. ①黄… Ⅲ. ①土木工程-工程测
量-高等学校-教材 Ⅳ. ①TU198

中国版本图书馆 CIP 数据核字（2017）第 182613 号

本书讲述大土木工程专业测量，涵盖公路、铁路、房屋建筑、市政工程专业测量。全书结合现行规范，结构合理，内容新颖，贴近工程实际，理论与应用结合紧密，新内容较多，与其他教材相比重复率低。本书具有贴近实际、应用性强、适用面广等鲜明特点。

全书共分 15 章，包括绪论、水准测量基础、角度测量、直线水平距离测量与定向、工程坐标基础知识、地形图基本知识、测量误差的基本知识、高程测量、平面控制测量、地形图测量及其工程应用、平面位置测量、路线中线测量、全站仪测量技术、GPS测量技术和建筑测量。

本书重点介绍了工程坐标基础知识、高程测量、平面控制测量、路线中线测量等章节，详细讲述了现代工程测量广泛应用的全站仪和GPS测量技术，一般性介绍了水准测量基础、角度测量、直线水平距离测量、地形图基本知识、地形图测量及工程应用、建筑测量，层次分明。

本书为高等学校土木工程专业"十三五"规划教材、全国高校土木工程专业应用型本科规划推荐教材。本书可作为高等院校土木工程专业、公路工程专业、公路桥梁工程专业、桥梁工程专业、隧道工程专业、市政工程专业教材，也可作为高职院校土木工程专业教材及自学考试用书。本书还可供从事土木工程测量及相关专业工作的人员参考。

为了更好地支持教学，本书作者制作了教学课件，有需要的读者可以发送邮件至：jiangongkejian@163.com 免费索取。

* * *

责任编辑：聂 伟 王 跃 吉万旺
责任校对：焦 乐 刘梦然

高等学校土木工程专业"十三五"规划教材
全国高校土木工程专业应用型本科规划推荐教材

土木工程测量
黄显彬 主编

*

中国建筑工业出版社出版、发行（北京海淀三里河路 9 号）
各地新华书店、建筑书店经销
霸州市顺浩图文科技发展有限公司制版
北京富生印刷厂印刷

*

开本：787×1092 毫米 1/16 印张：23½ 字数：572 千字
2017 年 8 月第一版 2018 年 11 月第二次印刷
定价：**45.00** 元（赠课件）
ISBN 978-7-112-21052-7
（30694）

前　言

本书围绕平面测量（包括平面控制测量、平面位置测量、平面位置放样）和高程测量（包括高程控制测量、高程放样）两大核心内容展开。本书试图让读者不仅建立工程测量思维，接触简单的、常规的测量知识，更让读者建立接近工程实际的测量意识，掌握跟上时代步伐的测量技能。全站仪和 GPS 渗透工程测量领域，打破传统工程测量模式，带来了全新的测量方式，领会全站仪和 GPS 测量技术显得十分重要；但是其根基在测量基础理论，掌握基础理论是熟练应用全站仪和 GPS 进行工程测量的前提和基础。本书对平面测量中的坐标进行了全面系统阐述，围绕坐标分别介绍坐标基础知识、平面控制测量、平面位置测量及放样、路线中线测量、全站仪测量、GPS 测量等。这些内容均围绕坐标理念、坐标计算、坐标放样展开，可见坐标知识不仅仅是本书的重点，也是设计和施工中落实平面位置的重点。同时，本书也高度重视高程测量，分别从水准测量基础知识、高程测量进行介绍，从常规高程测量到高精度的二等水准测量，从传统的水准仪到现代的全站仪，全方位多角度理解高程测量。

本书对水准测量基础、角度测量、距离测量等基础内容也做了详细介绍。考虑到教材的系统性，对测量误差基本知识、地形图基本知识、地形图测量及其工程应用、建筑测量也一并进行了介绍。

本书讲述大土木工程测量，涵盖公路、铁路、房屋建筑、市政工程等专业的工程测量。本书提炼传统的工程测量经典知识，容纳现代全站仪和 GPS 测量的先进技术。本书不仅介绍了土木工程测量理论知识，而且结合工程测量实例，大大夯实了土木工程测量应用。

全书共 15 章，由基础、分点分块到整体，由传统到现代测量，由基础理论到工程应用实例，始终围绕平面坐标测量和高程测量两大核心内容，既包括了工程简单测量（距离、角度）场景，又涉及了复杂工程测量（道路平面和高程）难题。

本书由四川农业大学土木工程学院黄显彬主编。参加本书编写的有四川农业大学黄显彬、李静、莫忧、郭子红、周颖，西华大学舒志乐，东北林业大学田玉梅，呼伦贝尔学院孟晓文，中铁五局集团第四工程有限责任公司王禄斌、肖震，四川省洪雅林场瓦屋山建筑公司高宗荣，成都市温江区规划建筑设计室叶川、张旭。具体编写分工为：孟晓文编写第 1 章，郭子红编写第 2 章，田玉梅、肖震编写第 3 章，舒志乐、肖震编写第 4 章，黄显彬、李静、王禄斌编写第 5 章，李静、周颖编写第 6 章，莫忧、孟晓文编写第 7 章，黄显彬、王禄斌、高宗荣编写第 8 章，黄显彬、周颖、王禄斌、高宗荣、田玉梅编写第 9 章，郭子红、莫忧编写第 10 章，孟晓文、莫忧编写第 11 章，黄显彬、李静编写第 12 章，黄显彬、王禄斌、高宗荣编写第 13、14 章，郭子红编写第 15 章，王禄斌、肖震编写附录 1，叶川、张旭编写附录 2。四川农业大学土木工程学院硕士研究生刘晨阳等参与绘图、制表、计算、编辑和校稿工作；四川农业大学土木工程学院本科生覃国辉、何宗航等参与绘图、制表和计算工作。在此，对为编写本书提供帮助和付出辛劳的所有单位和同志，表示衷心感谢！

本书在编写中，参阅了多本同类教材、相关规范和标准，在此一并表示感谢。

本书中难免有错误或不妥，恳请广大读者批评指正。

编　者
2017 年 6 月

目　　录

第 1 章 绪 论

1.1 测绘学与测量学

测绘学是测量学与制图学的统称。它研究的对象是地球整体及其表面和外层空间中的各种自然物体、人造物体的有关空间信息。它的研究任务是对这些与地理空间有关的信息进行采集、处理、管理、更新和利用。测量学是研究测定地面点的几何位置、地球形状、地球重力场，以及地球表面自然和人工设施的几何形态的科学。制图学是结合社会和自然信息的地理分布，研究绘制全球和局部地区各种比例尺的地形图和专题地图的理论和技术的科学。由此可见，测量学与制图学是测绘学的两个组成部分，其中测量学是它的重要组成内容。

1.1.1 测量学研究的范围和内容

传统的测量学研究的对象是地球及其表面，传统测量主要是经纬仪测量。随着科学技术的发展，现代测量学已扩展到地球的外层空间，观测和研究的对象已由静态发展到动态。同时，所获得的观测量，既有宏观量，也有微观量，使用的手段和设备，也已转向自动化、遥测、遥感和数字化。现代测量主要包括全站仪测量、GPS测量、遥感测量，与传统测量相比，现代测量大大缩短了测量时间，提高了测量精度。

测量学研究的内容分测定和测设两部分。测定是将地面上客观存在的物体，通过测量的手段，将其测成数据或图形；测设是将工程设计通过测量的手段，标定在地面上，以备施工。

1.1.2 测绘学科的组成

测绘学科的组成并无统一规定，一般测绘学科由下列学科组成。

（1）大地测量学：以地球表面上较大的区域甚至整个地球作为研究对象。

（2）普通测量学：研究地球表面较小区域或范围，可以不考虑地球曲率的影响，把该小区域投影球面直接当作平面看待。

（3）摄影测量学：研究如何利用摄影相片来测定地物的形状、大小、位置，并获取其他信息的学科。

（4）工程测量学：研究测量学理论、技术和方法在各类工程中的应用。例如：城市建设以及资源开发各个阶段进行地形和有关信息的采集、施工放样、变形监测等是为工程建设提供测绘保障。

1.1.3 测绘学发展历史

测绘学和其他学科一样，是劳动人民在生产实践中创造并随着社会生产及其他学科的进步而发展起来的，它是人类长期以来，在生活和生产方面与自然界斗争的结晶。我国有着悠久的历史和文化，测绘学得发展历史很早，早在公元前 21 世纪夏禹治水时，已使用"准、绳、规、矩"四种测量工具和方法。在国外，埃及尼罗河泛滥后农田的整治也应用了原始的测量技术。

我国古代在天文测量方面一直走在世界前列，公元前 4 世纪战国时期，人们利用磁石制成世界上最早的定向工具"司南"。远在颛顼高阳氏（公元前 2513～公元前 2434 年）便开始观测日、月、五星定一年的长短，战国时期首先创制了世界最早的恒星表。秦代（公元前 246～公元前 207 年）颛顼历定一年的长短为 365.25 天，与罗马人的儒略历相同，但比其早四五百年。宋代的《统天历》定一年为 365.2425 日，与现代值相比，只有十几秒之差，可见天文测量在中国古代已有很大发展，并创制了浑天仪、圭、表和复距等仪器用于天文测量。公元 2 世纪初，后汉张衡制造"浑天仪"，在天文测量方面作出巨大的贡献。公元 3 世纪初，西晋裴秀总结前人制图方法，拟定了世界最早的小比例地图绘图法则，称为"制图六体"。

中国唐代在僧一行主持下，测量河南从白马，经浚仪、扶沟，到上蔡的距离和北极星高度，得出子午线 1 度的弧长为 132.31km。英国科学家牛顿和荷兰科学家惠更斯用力学眼光，提出地球是两极略扁的椭球。1849 年英国科学家斯托克斯利用重力观测资料确定地球形状理论，提出了大地水准面概念。

公元前 20 世纪之前，苏美尔人、巴比伦人已绘制地图于陶片上。最早的地图是夏禹铸九鼎。湖南长沙马王堆发现公元前 168 年的长沙国地图和驻军图，已有标示地物、地貌和军事等要素。公元 2 世纪，古希腊托勒密首先提出用数学方法将地球表象描绘成平面图。以上说明地形图测绘的重要性，人们很早就开始逐步推动地形图测绘工作。

17 世纪开始，望远镜的面世和应用，为测绘学科的发展开拓了光明前景，使测量方法、测绘仪器有了重大的改变；同时，在测量理论方面也有不少创造，最小二乘法理论就是其中的重要一项，一直使用至今。1903 年飞机的发明，使航空摄影测量成为可能，不但提高了成图工作速度，减轻了劳动强度，重要的是改变了测绘地形图的工作现状，由手工业生产方式向自动化转化。

测绘学的发展主要是从测绘仪器发展而来，如 1947 年光电测距仪面世；20 世纪 60 年代电磁波测距出现；氦氖激光光源的应用使测程达到 60km 以上，精度达到 $\pm$（5mm+5ppm$\times D$）。固体激光器应用使测程更大，精度更高，在测月、测卫方面得以突破，ME5000 测距仪精度达到 $\pm$（0.2mm+0.1ppm$\times D$）。20 世纪 40 年代，自动安平水准仪问世，之后又发展了激光水准仪，近年来还出现了数字水准仪，水准测量正向着自动记录、自动传输、自动储存、自动处理数据方向迈进。20 世界 80 年代，全球定位系统研制成功，从 2003 年开始我国北斗卫星导航定位系统研制至今，测绘、导航定位、授时、数据传送、通信、静止目标与移动目标的实时监控等已经成为现实。

总之，测绘工作，是由原始的、早期的、落后的，在漫长的社会发展历程中，逐步发展为先进的、现代的、自动的、较为完善的测绘科学。

1.1.4 工程测量目的和作用

一、工程测量的目的

工程测量的目的是基于工程应用，比如国家大地测量的目的是建立国家大地控制点，城市控制测量目的是建立城市控制测量网。设计单位在测区进行控制测量目的是建立测区控制网。

工程上的测量应用最多的是施工测量，施工测量也包括控制测量（或复核设计给定的控制测量网）和施工放样（依据控制测量网进行施工放样）。建（构）筑物设计之后就要按设计图纸及相应的技术说明进行施工。施工测量的目的是将设计图纸上建（构）筑物的主要点位测设到实地并标出来，作为工程施工的依据。实现这一目的的测量工作又称为工程放样，简称"放样"。这些经过施工测量在实地标出来的点位称为施工点位，将成为施工点或放样点。

二、工程测量的作用

测量是国家经济建设和国防建设的一项重要的基础性、先进性的工作，从建设规划设计到每项具体工作、具体工程的建设，都需要有精确的测量成果作为依据。工程测量依据测量目的不同而不同，大致可以有以下几方面作用。

（1）建筑用地的选择，道路、管线位置的确定等，都要利用测量所提供的资料和图纸进行规划设计。

（2）施工阶段需要通过测量工作来衔接，配合各项工序的施工，才能保证设计意图的正确执行。

（3）竣工后的竣工测量，为工程的验收、日后的扩建和维修管理提供资料。

（4）在工程管理阶段，对建（构）筑物进行变形观测，确保工程安全使用。

（5）依据高级控制网进行测区控制测量。

（6）依据测区控制网进行测区施工放样。

1.2 测量坐标系统

1.2.1 测量坐标系统

详见 14.5 节。

1.2.2 地面点高程的确定

一般来说，地面点的高程有绝对高程、相对高程两种确定方法。地面点到大地水准面的铅垂距离，称为该点的绝对高程或海拔，简称高程，用 H 表示。如图 1-1 所示，地面点 A、B 的高程分别为 H_A、H_B。数值越大表示地面点越高，当地面点在大地水准面的上方时，高程为正；反之，当地面点在大地水准面的下方时，高程为负。

如果有些地区引用绝对高程有困难时，可采用相对高程系统。相对高程是采用假定的水准面作为起算高程的基准面。地面点到假定水准面的垂直距离叫该点的相对高程。由于高程基准面是根据实际情况假定的，所以相对高程有时也称为假定高程。

如图 1-1 所示，地面点 A、B 的相对高程分别为 H_A'、H_B'。地面点到水准面的铅垂距离，称为两点的绝对高程，地面点 A、B 的高程分别为 H_A、H_B。两个地面点之间的高程称为高差，见式（1-1）：

$$h_{AB} = H_B - H_A = H_B' - H_A' \tag{1-1}$$

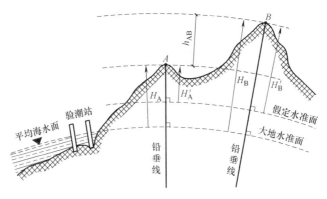

图 1-1　高程和高差

当 h_{AB} 为正时，B 点高于 A 点；当 h_{AB} 为负时，B 点低于 A 点。高差的方向相反时，其绝对值相等而符号相反，见式（1-2）。

$$h_{AB} = -h_{BA} \tag{1-2}$$

1.3　水平面代替地球曲面的条件

确定平面上点的位置比确定地球面上点的位置容易，表示更方便。人们总想将小范围的球面看成平面，即把水准面看作水平面来简化测算及绘图工作。

当用水平面代替水准面对距离、角度的影响忽略不计时，就认为水准面可以当作水平面，这样在地球表面上直接观测即可得到水平距离、水平角，通过推算得到地面点的坐标表示该点平面位置。

用水平面代替水准面在测量上所产生的误差一般认为有距离误差、高程误差和角度误差三种。

1.3.1　对距离的影响

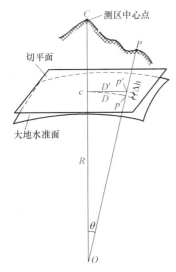

图 1-2　水平面代替水准面的影响

如图 1-2 所示，地面上 C、P 两点在大地水准面上的投影点是 c、p，用过 c 点的水平面代替大地水准面，则 p 点在水平面上的投影 p'。设 cp 的弧长为 D，cp' 的长度 D'，地球半径为 R，D 所对圆心角为 θ，计算以水平长度 D' 代替弧长所产生的误差 ΔD 的计算，见式（1-3）。

$$\Delta D = D' - D = R(\tan\theta - \theta) \tag{1-3}$$

将 $\tan\theta$ 用级数展开可得 $\tan\theta = \theta + \dfrac{1}{3}\theta^3 + \dfrac{5}{12}\theta^5 + \cdots$。因为 θ 角很小，所以只取前两项代入 ΔD 得到式（1-4）。

$$\Delta D = R\,\frac{1}{3}\theta^3 \tag{1-4}$$

又因 $\theta = \dfrac{D}{R}$，代入式（1-4），可得式（1-5）。

$$\Delta D = \frac{D^3}{3R^2}, \quad \frac{\Delta D}{D} = \frac{D^2}{3R^2} \tag{1-5}$$

取地球半径 $R=6371\text{km}$，并以不同的距离 D 值代入 ΔD、$\Delta D/D$，则可求出距离误差 ΔD 和相对误差 $\Delta D/D$，见表 1-1。

水平面的距离误差和相对误差

表 1-1

距离 $D(\text{km})$	距离误差 $\Delta D(\text{mm})$	相对误差 $\Delta D/D$
10	8	1/1220000
20	128	1/200000
50	1026	1/49000
100	8212	1/12000

从表中可以看出，当地面距离为 10km 时，用水平面代替水准面所产生的距离误差仅为 0.8cm，其相对误差为 1/1220000。而实际测量距离时，大地测量中使用的精密电磁波测距仪的测距精度为 1/1000000，地形测量中普通钢尺的距离精度约为 1/2000。所以，只有在大范围内进行精密量距时，才考虑地球曲率的影响，而在一般地形测量中测量距离时，可不必考虑这种误差的影响。

1.3.2 对水平角的影响

野外测量的"基准线"和"基准面"是铅垂线和水准面。把水准面近似地看作圆球面，则野外实测的水平角应为球面角，三角测量构成的三角形是球面三角形。这样用水平面代替水准面之后，角度就变成用平面角代替球面角，平面三角形、多边形代替球面三角形、球面多边形的问题。

从球面三角学可知，同一空间多边形在球面上投影的各内角和，比在平面上投影的各内角和大一个球面角超值 ε，ε 的计算见式（1-6）。

$$\varepsilon = \rho \frac{P}{R^2} \tag{1-6}$$

式中　ε——球面角超值（"）；

P——球面多边形的面积（km^2）；

R——地球半径（km）；

ρ——弧度的秒值，$\rho = 206265''$。

以不同的面积 P 代入 ε，可求出地面角超值。

由表 1-2 可知，当面积 P 为 100km^2 时，地面角超引起的水平角闭合差仅有 $0.51''$，引起的测角误差远小于 $2''$ 级精密经纬仪测角精度；1000km^2 面积因球面角超引起的水平角闭合差仅有 $5.07''$，引起的测角误差远小于地形测量中使用 $6''$ 级经纬仪测角精度。

水平面代替水准面的水平角的影响

表 1-2

球面多边形面积 $P(\text{km}^2)$	球面角超值 $\varepsilon('')$	角度误差（"）
10	0.05	0.02
50	0.25	0.08
100	0.51	0.17
300	1.52	0.51
1000	5.07	1.69

1.3.3 对高程的影响

如图 i-1 所示，地面点 P 的绝对高程为 H_p，用水平面代替水准面后，P 点的高程为 H_p'，H_p 与 H_p' 的差值，即为水平面代替水准面产生的高程误差，用 Δh 表示，其计算见式 (1-7)。

$$(R+\Delta h)^2=R^2+D'^2 \tag{1-7}$$

式中：$\Delta h=\dfrac{D'^2}{2R+\Delta h}$。

可以用 D 代替 D'，Δh 相对于 $2R$ 很小，可忽略不计，则 $\Delta h=\dfrac{D^2}{2R}$。

以不同距离的 D 代入 Δh，可求出相应的高程误差 Δh，见表 1-3。

水平面代替水准面的高程误差 表 1-3

距离(km)	0.1	0.2	0.3	0.4	0.5	1	2	5	10
Δh(mm)	0.8	3	7	13	20	78	314	1962	7848

当距离为 1km 时，高程误差为 7.8cm。随着距离的增大，高程误差会迅速增大。这说明水平面代替水准面时对高程的影响是很大的。因此，也就是说，高程测量不得用水平面代替水准面。

第2章　水准测量基础

测量地面点高程的工作称为高程测量，测量任意两点高程比较容易得到这两点之间的高差，因此高程测量又称为高差测量。按使用的仪器和施测方法的不同，高程测量分为几何水准测量、三角高程测量、气压高程测量和 GPS 卫星测高。几何水准测量（即水准测量）是高程测量中精度最高和最常用的一种方法，被广泛用于高程控制测量和土木工程施工测量中。

本章着重介绍工程中经常采用高程测量相应的仪器工具，即水准仪及其使用。至于具体的高程测量，详见第8章。

2.1　水准测量原理

水准测量是用水准仪建立一条水平视线，借助水准尺来测定地面两点间的高差。如图
2-1 所示，欲测 A、B 两点间的高差 h_{AB}，则可安置水准仪于 A、B 之间，并在 A、B 两点上分别竖立水准尺。利用水准仪的水平视线，这里假设水准仪安置水平时视线高度为 MN（视线高度需要根据测量人员根据实际情况而定），按测量的前进方向，高程点 A 为后视点，B 为前视点，分别读出 A 点水准尺上的读数 a（即后视读数或后尺读数）和 B 点水准尺上的读数 b（即前视读数或前尺读数），则 A、B 两点的高差用式（2-1）表示。

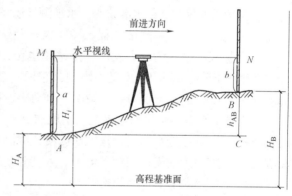

图 2-1　水准测量

$$h_{AB} = a - b \tag{2-1}$$

式（2-1）虽然比较简单，但意义重要，所有高差测量可以习惯性用后视读数减去前视读数表示；需要把握测量路线的前进方向（前进方向指水准测量的大致测量方向），把握后视或后尺方向和前视或前尺方法。

高差有正负号之分，当 $a > b$ 时，$h_{AB} > 0$，说明 B 点比 A 点高；反之，B 点低于 A 点，若已知 A 点高程为 H_A，则 B 的高程为

$$H_B = H_A + h_{AB} = H_A + (a - b) \tag{2-2}$$

由图 2-1 可看出，B 点高程还可通过仪器的视线高程 H_i 来计算，即

$$H_i = H_A + a \tag{2-3}$$

7

$$\left.\begin{array}{l} H_i = H_A + a \\ H_B = H_i - b \end{array}\right\} \tag{2-4}$$

上述直接利用实测高差 h_{AB} 计算 B 点高程的方法，称为高差法；式（2-4）是利用仪器视线高程 H_i 计算 B 点高程，称为仪高法。在某种情况下，要根据一个后视点的高程同时测定多个前视点的高程，以提高工作效率。

2.2 水准测量的仪器及工具

2.2.1 水准仪

一、水准仪的分类

进行高程或高差测量的仪器较多，实际工程中，高差或高程最常采用水准仪，本节仅仅介绍水准仪构造及测量原理。

水准仪按精度可分为 DS_{05}、DS_1、DS_3 和 DS_{10} 四个等级，其中 D、S 分别为"大地测量"和"水准仪"的汉语拼音的第一个字母，数字表示精度，即每公里往返测高差测量的中误差，单位为 mm，例如 DS_3 为大地水准测量水准仪，允许每公里往返测高差测量的中误差3mm。其中，DS_{05} 和 DS_1 水准仪精度较高，称为精密水准仪。按其构造可分为微倾式水准仪、自动安平水准仪和数字水准仪等。水准测量还需配套的工具有脚架、水准尺和尺垫。

不仅传统水准仪能够测量高程，经纬仪视距法也可以近似测量高程。随着科技的进步，高程测量仪器也得到较大发展，全站仪也可以测量高程，GPS 也可以测量高程。但是全站仪和 GPS 测量高程精度受到限制，它们不能代替水准仪。因此测量水准点高程需要依靠水准仪。目前水准仪向着高精度、自动化、数字化方向发展。例如美国天宝电子水准仪 DINI 电子水准仪是目前世界上高精度的电子水准仪之一，其各项指标都明显优于其他电子水准仪。其性能卓越、操作方便，使水准测量进入了数字时代，大大提高了生产效率。其已广泛应用于地震、测绘、电力、水利等系统。

二、DS_3 微倾式水准仪的构造

国产 DS_3 微倾式水准仪是土木工程测量中常用的仪器，它主要由望远镜、水准器和基座三个部分构成。DS_3 微倾式水准仪构造如图 2-2 所示。

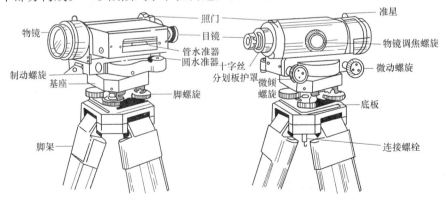

图 2-2　DS_3 微倾式水准仪构造

8

1. 望远镜

望远镜的作用是使人们看清不同距离的目标，并提供一条找准目标的视线，具有定位目标和放大倍数作用。望远镜由物镜、目镜、调焦透镜和十字丝分划板组成，如图 2-3（a）所示。物镜、调焦透镜和目镜多采用复合透镜组，调焦透镜为凹透镜，位于物镜和目镜之间。物镜固定在物镜筒前端，调焦透镜通过调焦螺旋可沿光轴在镜筒内前后移动。如图 2-3（b）所示，十字丝分划板上竖直的一条长线称为竖丝，与之垂直的长线称为横丝（或中丝）。与中丝平行的上下两短丝称为视距丝，用来测量距离。

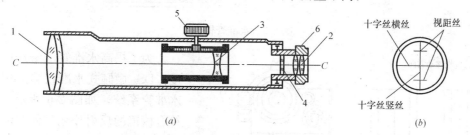

图 2-3　DS₃ 微倾式水准仪望远镜的组成

1—物镜；2—目镜；3—调焦透镜；4—十字丝分划板；5—调焦螺旋；6—目镜筒

物镜光心与十字丝交点的连线称为视准轴。视准轴是水准测量中用来读数的视线。望远镜成像原理如图 2-4 所示，目标 AB 经过物镜和调焦透镜的作用后，在十字丝平面上形成一倒立缩小的实像 ab。人眼通过目镜的作用，可看清同时放大了的十字丝和目标影像 $a'b'$。

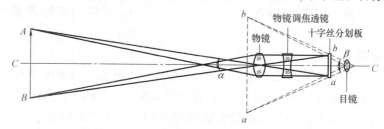

图 2-4　DS₃ 微倾式水准仪望远镜成像原理

2. 水准器

水准器是用来标志视准轴是否水平或仪器是否铅垂的装置，水准器有管水准器和圆水准器两种。管水准器用来指示视准轴是否水平，圆水准器用来指示仪器竖轴是否竖直。

（1）管水准器

管水准器又称水准管，是把纵向内壁磨成圆弧形的玻璃管，玻璃管内装有液体并且密封。管水准器外表面刻有 2mm 间隔的分划线，2mm 所对应的圆心角 τ 称为水准管分划值，即水准管内气泡每移动一格时，水准管轴所倾斜的角度。水准管轴如图 2-5 所示。

$$\tau=\frac{2}{R}\rho \qquad\qquad (2-5)$$

式中　R——水准管圆弧半径，mm；

　　　ρ——弧度转化为度206265″（1弧度＝206265″）。

水准管分划值的大小反映了仪器置平精度的高低，水准管圆弧半径越大，分划值就越小，则水准管灵敏度就越高，也就是仪器置平精度越高。DS₃ 型水准仪的水准管分划值要求不大于 $20''/2\text{mm}$。

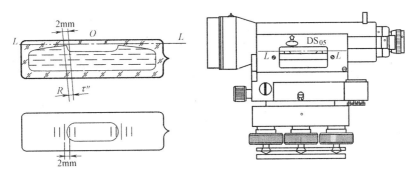

图 2-5　水准管轴 LL

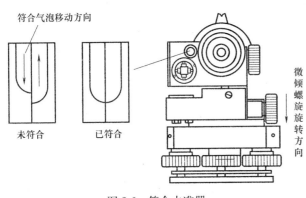

图 2-6　符合水准器

为了提高水准管气泡居中的精度，DS₃ 微倾式水准仪多采用符合水准管系统，如图 2-6 所示。通过符合棱镜的反射作用，使气泡两端的影像反映在望远镜的观察窗中。由观察窗看气泡两端的半像吻合与否，来判断气泡是否居中。若气泡两端影像吻合，表示气泡居中；若两端影像错开，则表示气泡不居中，可转动微倾螺旋使气泡影像吻合。

（2）圆水准器

圆水准器是一个圆柱形的玻璃盒子，顶面内壁是一个球面，球面中央有一圆圈，其圆心称为水准器零点。通过零点的球面法线，称为圆水准轴，当圆水准气泡居中时，圆水准轴处于竖直位置。圆水准器的分划值是指通过零点的任意一个纵断面上，气泡中心偏离 2mm 的弧长所对圆心角的大小。DS₃ 型水准仪圆水准器分划值一般为 $8'/2mm$。圆水准管轴如图 2-7 所示。

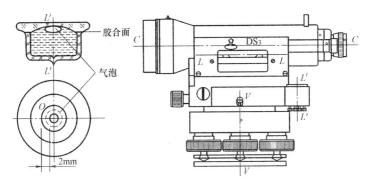

图 2-7　圆水准器

3. 基座

基座主要由轴座、脚螺旋和连接板构成。仪器上部通过竖轴插入轴座内，由基座托承。整个仪器用连接螺旋与三脚架连接。

2.2.2 脚架、水准尺和尺垫

水准尺是水准测量的主要工具，有单面尺和双面尺两种。单面水准尺有黑白相间的分划，尺底为零，由下向上注有分米（dm）和米（m）的数字，最小分划单位为厘米（cm）。常用的水准尺有塔尺和板尺（双面尺）两种，用优质木材、玻璃钢或铝合金等制成。因水准仪望远镜凹透镜成倒像，水准尺刻度字体倒立确保水准测量读数自然正立，如图2-8所示。

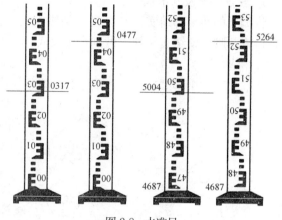

图2-8 水准尺

塔尺由两节或三节套接而成，长度有3m和5m两种。尺的底部为零刻划，尺面以黑白相间的分划刻划，每格宽1cm，也有的为0.5cm，分米处注有数字，大于1m的数字注记加注红点或黑点，点的个数表示米数。塔尺因节段接头处存在误差，故多用于精度要求较低的水准测量。

双面尺（也叫直尺或板尺）有两面分划，正面是黑白分划，反面是红白分划，其长度有2m和3m两种，且两根尺为一对。两根尺的黑白分划均与单面尺相同，尺底为零；而红面尺尺底为零；而红面尺尺底则从某一常数开始，即其中一根尺子的尺底读数为4.687m，另一根尺为4.787m。利用黑红面尺零点差可对水准测量读数进行检核。双面尺用于三四等精度以下的水准测量。

尺垫由三角形的铸铁块制成，上部中央有突起的半球。使用时，将尺垫踏实，水准尺立于突起的半球顶部。

水准尺安置位置：水准尺应安置在待测点中间位置，每段水准测量的水准路线长度要适中，安置水准器的地点（又称为水准测量的转点），即传递高差或高程的点，要求稳定、坚固、易测，必要时增加尺垫，转点测量完毕就可放弃，其未来是否存在对计算高差或高差没有实质影响。

2.2.3 水准仪的使用

一、选择水准仪安置位置

为测定 A、B 两点之间的高差，首先在 A、B 之间安置水准仪，如图2-1所示。撑开三脚架，调节架脚使高度适中，使架头大致水平，检查脚架伸缩螺旋是否拧紧。然后用连接螺旋把水准仪安置在三脚架头上，安装时，用手扶住仪器，以防仪器从架头滑落。为了保证测量精度，减小误差，要求测站（安置水准仪的位置）应大致居于两个测点（A、B）的中间，即后尺和前尺的距离大致相等。同时测站安置在稳定坚固位置、天气良好（视线清晰、无风天气）等对测设精度也有相应影响。总之，水准仪安置位置要求稳定、坚固、易测。水准路线长度应满足相关规范要求，安置水准仪的位置（测站）至测点之间的水准视线长度应适度，一般100m左右，该长度超过150m时受到水准仪放大倍数及人眼视差所限而影响测量精度，该长度太短易导致水准尺数字太大而影响测量精度。

二、粗平

粗平是借助圆水准器，使仪器竖轴大致铅直，视准轴粗略水平。具体做法如下：

1. 安置脚架及水准仪

将脚架的两架脚踏实，操纵另一架脚左右、前后缓缓移动，使圆水准器底板大致居中，再将此脚架踏结实，基本做到水准仪底板大致水平。

2. 粗平

水准仪有 3 个脚螺旋，3 个螺旋中心即基座中心点。随机选择 3 个脚螺旋中的 2 个，左手和右手各控制 1 个螺旋；左、右大拇指呼应，即左手大拇指往基座中心点移动时右手大拇指同时应往基座中心点移动，左手大拇指往基座中心点外侧移动时右手大拇指同时往基座中心点外侧移动；水准管圆气泡需要往哪个方向移动，左手大拇指就往哪个方向移动（右手大拇指与之呼应），直至调平为止，如果水准仪基座底板大致水平，粗平在几秒钟内即可完成，如图 2-9 所示。

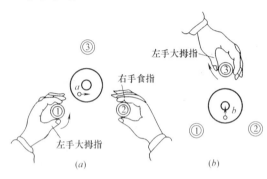

图 2-9　水准仪粗平示意

三、瞄准

先将望远镜对着明亮背景，转动目镜调焦螺旋使十字丝成像清晰，再松开制动螺旋，转动望远镜，用望远镜筒上部的准星和照门大致对准水准尺后，拧紧制动螺旋，转动物镜调焦螺旋，看清水准尺；利用水平微动螺旋，使十字丝竖丝对准水准尺的中间稍微偏一点，同时观测者上下移动在目镜上的观测位置，检查十字丝横丝与物像是否存在相对移动，这种现象称为视差，如图 2-10 所示。消除视差的方法是仔细反复地进行目镜和物镜调焦。

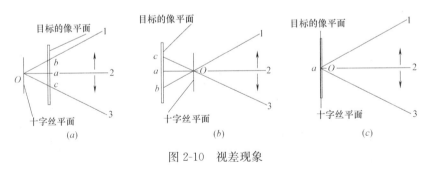

图 2-10　视差现象

四、精平

正式读数之前记得精平，以提高水准测量精度。精确整平是调节微倾螺旋，使目镜左边观察窗内的符合水准器的气泡两个半边影像完全吻合，这时视准轴处于精确水平位置。

五、读数

精平后就可以读出此时安置的水准仪的水平视线与前尺或后尺交叉的读数，此读数不是高差，只有后尺读数和前尺读数之差才是两点之间的高差。符合水准器气泡居中后，用十字丝横丝（中丝）在水准尺上读数。因水准仪多为倒像望远镜，因此读数时应由上而下进行。直接读出米、分米和厘米，估读出毫米，如图 2-11 所示。一般以黑面读数为准，必要时用红面读数进行校核，校核标准为红面读数＝黑面读数＋4687 或 4787（全部转化为 mm），一般误差不超过 3mm，图 2-11 中 6295＝1608＋4687。

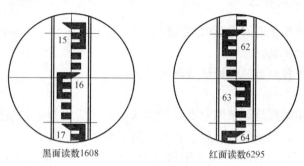

黑面读数1608　　　　　　　红面读数6295

图 2.11　水准尺的读数

六、记录

一般一台水准仪至少需要 4 人为 1 个测量小组进行测量（有时可以 1 人跑前后尺），仪器 1 人，记录 1 人，前尺 1 人，后尺 1 人。记录人员应集中精力，测量一个数据记录一个数据，为了减少测量和记录相悖的错误，使用仪器人员每测量一个数据大声报出来，记录人员边记录边大声回报该读数，必要时记录人员应要求测量人员重新测量并重新报告测量数据。

七、计算复核

外业测量和记录完成后，回到驻地或室内应进行计算复核（即内业），判断外业测量正确与否或误差是否超限，测量错误或误差超限均应重新进行外业测量。外业有关水准测量的计算复核，见第 8 章。

2.3　水准仪的检验与校正

本节介绍普通微倾式水准仪的检验校正，对自动安平水准仪和数字水准仪的必要检验项目进行简要介绍。

2.3.1　水准仪的主要轴线及其应满足的条件

水准仪有以下主要轴线：视准轴 CC、管水准器轴 LL、仪器竖轴 VV 和圆水准器轴 $L'L'$，如图 2-12 所示；以及十字丝横丝，如图 2-15 所示。为保证水准仪能提供一条水平视线，各轴线间应满足的几何条件（即水准仪的主要轴线之间的三大关系）为：圆水准器轴平行仪器竖轴、十字丝横丝垂直仪器竖轴、水准管轴平行视准轴。

这些条件在仪器出厂时已经过检验与

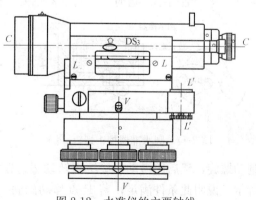

图 2-12　水准仪的主要轴线

校正而得到满足。但由于仪器长期使用以及在搬运过程中可能出现的震动和碰撞等原因使各轴线之间的关系发生变化，若不及时检验校正，将会影响测量成果的质量。所以，在进行正式水准测量工作之前，应首先对水准仪进行严格的检验和认真的校正。

2.3.2 水准仪的检验与校正

水准仪的检验与校正需要专业人员或经过专业培训后进行，主要检验与校正水准仪的主要轴线之间的三大关系。

一、圆水准轴平行仪器竖轴的检验和校正

1. 检验

安置仪器后，用脚螺旋调节圆水准器气泡居中，然后将望远镜绕竖轴水平旋转180°，如气泡仍居中，表示此项条件满足要求；若气泡不再居中，则应进行校正。

检验原理如图2-13所示。当圆水准器气泡居中时，圆水准器轴处于铅垂位置，若圆水准器轴与竖轴不平行，使竖轴与铅垂线之间出现倾角δ。当望远镜绕倾斜的竖轴旋转180°后，仪器的竖轴位置并没有改变，而圆水准器轴却转到了竖轴的另一侧。这时，圆水准器轴与铅垂线的夹角为2δ，则圆气泡偏离零点，其偏离零点的弧长所对应的圆心角为2δ。

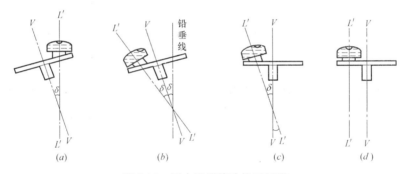

图2-13 圆水准器检验校正原理

2. 校正

根据上述检验原理，校正时，用脚螺旋使气泡向零点方向移动偏离长度的一半，这时竖轴处于铅垂位置，如图2-13（c）所示。然后再用校正针调整圆水准器下面的三个校正螺钉，使气泡居中。这时，圆水准器轴便平行于仪器竖轴，如图2-13（d）所示。

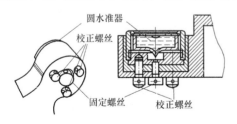

图2-14 圆水准器校正螺钉

圆水准器下面的校正螺丝构造如图2-14所示。校正时，一般要反复进行数次，直到仪器旋转到任何位置圆水准器气泡都居中为止。

二、十字丝横丝垂直仪器竖轴的检验与校正

1. 检验

水准仪整平后，先用十字丝横丝的一端对准一个点状目标，如图2-15（a）中的P点，拧紧制动螺旋，然后用微动螺旋缓缓转动望远镜。若P点始终在横丝上移动，如图2-15（b）所示，说明此条件满足；若P点移动的轨迹离开了横丝，如图2-15（c）和图2-15（d）

所示，则条件不满足，需要校正。

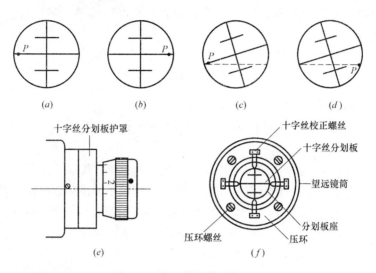

图 2-15　十字丝的检验与校正

2. 校正

校正方法因十字丝分划座安置的形式不同而异。其中一种十字丝分划板的安置是将其固定在目镜筒内，目镜筒插入物镜筒后，再由三个固定螺旋与物镜筒连接。校正时，用螺丝刀放松三个固定螺钉，然后转动目镜筒，使横丝水平，最后将三个固定螺钉拧紧。

三、水准管平行视准轴的检验与校正

1. 检验

如图 2-16 所示，在高差不大的地面上选择相距 80m 左右的 A、B 两点的中点 C 处，用变仪器高法（或双面尺法）测出 A、B 两点高差，两次高差之差小于 3mm 时，取其平均值 h_{AB} 作为最后结果。

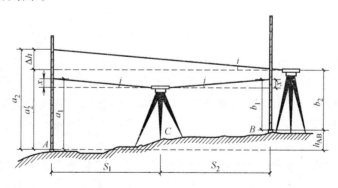

图 2-16　水准管平行视准轴的检验

由于仪器距 A、B 两点等距离，从图 2-16 可看出，不论水准管轴是否平行视准轴，在 C 处测出的高差 h_1 都是正确的高差。

若将仪器搬至距 A 点 2~3m 的 D 处，精平后，分别读取 A 尺和 B 尺的中丝读数 a' 和 b'。因仪器距 A 很近，水准管不平行视准轴引起的读数误差可忽略不计，则可计算出仪器在 D 处时，B 点尺上水平视线的正确读数为

$$b_0' = a' + h_{AB} \tag{2-6}$$

实际测出的 b' 与计算得到的 b_0' 应相等，则表明水准管轴平行视准轴；否则，两轴不平行，其夹角为

$$i = \frac{b' - b_0'}{D_{AB}} \rho \tag{2-7}$$

式中：$\rho = 206265''$。

DS$_3$ 型水准仪的 i 角不得大于 $20''$，否则应对水准仪进行校正。

2. 校正

仪器仍在 D 处，调节微倾螺旋，使中丝在 B 尺上的中丝读数移动到 b_0'，这时视准轴处于水平位置，但水准管气泡不居中（符合气泡不吻合）。用校正针拨动水准管一端的上、下两个校正螺钉，先松一个，再紧另一个，将水准管一端升高或降低，使符合气泡吻合，如图 2-17 所示。此项校正需要反复进行，直到 i 角小于 $20''$ 满足精度为止，再拧紧上、下两个校正螺钉。

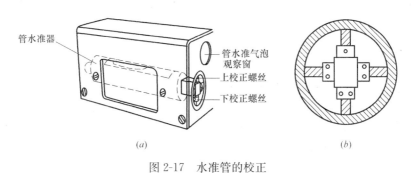

图 2-17　水准管的校正

2.4　水准测量误差

2.4.1　仪器误差

1. 仪器校正后的残余误差

水准仪经过校正后，不可能绝对满足水准管轴平行视准轴的条件，因而使读数产生误差。此项误差与仪器至立尺点距离成正比。在测量中，使前、后视距离大致相等，在高差计算中可消除该项误差的影响。

2. 水准尺误差

水准尺误差包括水准尺长度变化、刻划误差和零点误差等。水准尺误差主要影响水准测量的精度，不同精度等级的水准测量对水准尺有不同的要求。精密水准测量采用专用因瓦水准尺，可对水准尺进行检定，并对读数进行尺长误差改正。零点误差在成对使用水准尺时，可采用设置偶数测站的方法来消除；也可在前、后视中使用同一根水准尺来消除。

2.4.2　观测误差

1. 水准管气泡居中误差

水准管气泡居中误差是指由于水准管内液体与管壁的黏滞作用和观测者眼睛分辨能力

的限制使气泡没有严格居中引起的误差。水准管气泡居中的误差一般为±0.15τ″（τ为水准管分划值），采用符合水准器时，气泡居中精度可提高一倍。由气泡居中误差引起的读数误差为：

$$m_\tau = \frac{0.15\tau''}{2\rho}D \qquad (2\text{-}8)$$

式中　D——视线长，其余符号意义同前。

2. 读数误差

读数误差是观测者在水准尺上估读毫米的误差，它与人眼分辨能力、望远镜放大率以及视线长度有关。通常按下式计算：

$$m_v = \frac{60''}{V}\frac{D}{\rho''} \qquad (2\text{-}9)$$

式中　V——望远镜放大率；

　　60″——人眼能分辨的最小角度。

为保证估读精度，各等级水准测量对仪器望远镜的放大率和最大视线长都有相应规定。

3. 视差引起的误差

视差对水准尺读数会产生较大误差。操作中应仔细调焦读数准确，避免出现把6读成9、把3读成8等视差引起的误差或错误。

4. 水准尺倾斜误差

水准尺倾斜会使读数增大，其误差大小与尺倾斜的角度和在尺上的读数大小有关。例如，尺子倾斜3°，视线在尺上读数为2.0m时，会产生约3mm的读数误差。因此，测量过程中，要认真扶尺，尽可能保持尺上水准气泡居中，将尺立直。

2.4.3　外界条件引起的误差

1. 仪器下沉

仪器安置在土质松软的地方，在观测过程中会产生下沉。若观测程序是先读后视再读前视，显然前视读数比应读数减小了。用双面尺法进行测站检验时，采用"后、前、前、后"的观测程序，可减小其影响。此外，应选择坚实的地面作测站，并将脚架踏结实。

2. 尺垫下降

仪器搬站时，尺垫下沉会使后视读数比应读数增大。所以转点也应选在坚实地面并将尺垫踏结实。

3. 地球曲率的影响

如图2-18所示，水准测量时，水平视线在尺上的读数 b，理论上应改算为相应水准面截于水准尺的读数 b′，两者的差值 c 称为地球曲率差。

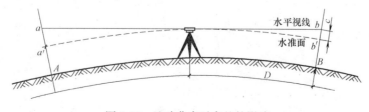

图2-18　地球曲率对高差的影响

水准测量中，当前、后视距相等时，通过高差计算可消除该误差对高差的影响。

地球曲率影响，详见第1章。

4. 大气折光影响

由于地面上空气密度不均匀，使光线发生折射。因而水准测量中，实际的尺读数不是水平视线的读数。这项误差对高差的影响，也可采用前、后视距相等的方法来消除。精密水准测量还应选择良好的观测时间（一般认为在日出后或日落前两个小时为宜），并控制视线高出地面一定距离，以避免视线发生不规则折射引起的误差。

5. 温度的影响

温度的变化会引起大气折光变化，造成水准尺影像在望远镜内十字丝面内上、下跳动，难以读数。烈日直晒仪器会影响水准管气泡居中，造成测量误差。因此水准测量时，应撑伞保护仪器，选择有利的观测时间。

思　考　题

1. 用水准仪测量任意两点之间的高差的基本公式是什么？水准尺读数越大测点高程越大吗？

2. DS_3 微倾式水准仪构造组成是什么？

3. 水准仪的使用步骤有哪些？

4. 水准仪的主要轴线有哪些？

5. 水准仪轴线间的几何体条件是什么？

6. 水准仪发展方向是什么？

第3章 角度测量

实际工作中常常需要测量相邻两条边所夹的水平投影角度（即水平角），最常使用的仪器就是经纬仪。本章重点介绍经纬仪测量水平角度。经纬仪的主要功能是测量水平角度和直线定向，当然经纬仪还有测量竖直角度、视距测量（测量两点之间的高差和水平距离）等附加功能（附加功能测量的精度不高）。与此同时，全站仪也可以测量水平角度和竖直角度，这里不作介绍。

3.1 角度测量原理

3.1.1 角度测量分类

角度测量是工程测量的三项基本任务之一，角度测量包括水平角测量和竖直角测量，其中使用最为普遍的是水平角度测量。

3.1.2 水平角测量原理

水平角是地面上一点到两目标的方向线投影到水平面上的夹角，也就是过这两方向线所作两竖直面间的二面角，通常以 β 表示。水平角的取值范围 $0°\sim360°$，没有负值，如果出现负值需要加上 $360°$。

如图 3-1 所示，当经纬仪上的望远镜瞄准不同的目标时，望远镜读数窗显示不同的读数。设 O、A、B 为地面上任意三点，在 O 点安置经纬仪，A、B 为目标点，旋转（顺时针和逆时针均可）望远镜，通过读数窗，可以在 OA 方向得到读数 a，在 OB 方向得到读数 b，则水平角 β 就等于 b 减 a，见式（3-1）。水平角度是相邻两条边之间的夹角，即经纬仪水平度盘读数之差，仅仅一条边的水平度盘读数不是水平角度。

$$\beta＝后视读数 a－前视读数 b \quad (3-1)$$

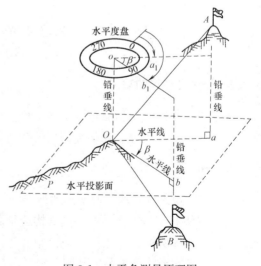

图 3-1 水平角测量原理图

3.1.3 竖直角测量原理

竖直角是同一竖直面内视线与水平线间的夹角，可用 α 表示，其值为 $-90°\sim90°$。视线向上倾斜（即位于水平面上面），竖直角为仰角，符号为正；反之，竖直角为负，如图 3-2 所示。

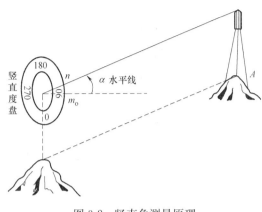

竖直角测量原理和水平角测量原理类似，经纬仪上安装有竖直度盘，相当于竖直面。不同之处在于水平角度测量是两个方向的水平读数之差，而竖直角测量时这两个方向之中必有一个水平方向，另一个是望远镜与目标连线方向（可能向上、水平或向下）。

竖直角通过转动望远镜，得到相应的读数，其竖直角应为竖盘读数与 90° 或 270° 之差。对于任何经纬仪，当视线水平时，其竖盘读数均应是一固定值，即为 90°、270° 两个值中的一个。

图 3-2　竖直角测量原理

3.1.4　角度测量仪器

目前，测量角度的仪器多为经纬仪，经纬仪的种类繁多，按其构造原理和读数系统可分为光学经纬仪、电子经纬仪和激光经纬仪；根据其精度高低，可划分为 DJ_{07}、DJ_1、DJ_2、DJ_6 等级别。其中 D、J 分别为"大地测量"和"经纬仪"的汉字拼音首字母，07（即表示 0.7）、1、2、6 为相应经纬仪在一侧回观测中容许误差产生的秒数，单位为秒。在本书后面的介绍中若经纬仪无具体说明则默认为 DJ_6 型光学经纬仪，DJ_6 型光学经纬仪属于普通经纬仪，常用于建筑工程或其他普通工程测量。

近年来，随着科技的不断发展与加强，电子经纬仪的出现，使测量工作实现了读数自动化、电子化，这标志着经纬仪发展到了一个新的阶段，并且电子经纬仪正在逐步取代光学经纬仪。同时，电子经纬仪、光电测距仪和数字记录器组合后，即成为电子速测仪，简称全站仪。如今，全站仪已成为当今地面测量工作不可或缺的测量工具。

3.2　光学经纬仪

3.2.1　光学经纬仪的功能

光学经纬仪的主要功能是测量水平角度和直线定向。附加功能有测量竖直角度和视距测量。本节主要介绍 DJ_6 光学经纬仪的构造及读数方法。

3.2.2　DJ_6 型光学经纬仪

一、DJ_6 型光学经纬仪的基本构造

各种等级和型号的光学经纬仪其构造是基本相同的，这里仅介绍 DJ_6 型光学经纬仪的构造，如图 3-3 所示。

DJ_6 型光学经纬仪主要由基座、水平度盘和照准部三部分组成。

1. 基座

基座即仪器的底座，用来支承整个仪器。照准部连同水平度盘一起插入基座轴座，用中心连接螺旋固定在基座上，其下方可悬挂垂球。在测量或搬运经纬仪过程中，切勿松动

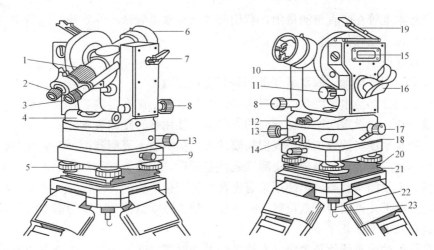

图 3-3　DJ₆ 型光学经纬仪构造示意图

1—对光螺旋；2—目镜；3—读数显微镜；4—照准部水准管；5—脚螺旋；6—望远镜物镜；7—望远镜制动螺旋；
8—望远镜微动螺旋；9—中心锁紧螺旋；10—竖直度盘；11—竖盘指标水准管微动螺旋；12—光学对中器；
13—水平微动螺旋；14—水平制动螺旋；15—竖盘指标水准管；16—反光镜；17—度盘变换手轮；18—保险手柄；
19—竖盘指标水准管反光镜；20—托盘；21—压盘；22—中心连接螺旋；23—垂球吊钩

该螺栓，以免造成读数的偏差或照准部与基座分离而坠地。同时，基座上配有三个脚螺旋，用来整平仪器。另外，部分 DJ₆ 型光学经纬仪上还装有圆水准器，用来粗略整平仪器。

2. 水平度盘

水平度盘是由光学玻璃制成的带有刻划和注记的圆盘，通常在顺时针方向在 0°～360° 间每隔 1°刻划并注记度数。使用时，水平度盘应保持水平。测角过程中，水平度盘和照准部是分离的，不随照准部一起转动，当转动照准部瞄准不同方向的目标时，移动的读数指标线便可在固定不动的度盘上读得相应的读数，即方向值。

3. 照准部

照准部是光学经纬仪的重要组成部分，主要由望远镜、照准部水准管、竖直度盘（或简称竖盘）、光学对中器、读数显微镜及竖轴等部分组成。照准部可绕竖轴在水平面内转动，由水平制动螺旋和水平微动螺旋控制。

（1）望远镜

望远镜固定在仪器横轴（又称水平轴）上，可照准高低左右不同的目标，并由望远镜制动螺旋和微动螺旋控制。

（2）照准部水准管

照准部水准管用来精确整平经纬仪。

（3）竖直度盘

竖直度盘用光学玻璃制成，可随望远镜一起转动，用来测量竖直角。

（4）光学对中器

光学对中器用来进行仪器对中，即使仪器中心位于测站点的铅垂线上。

（5）竖盘指标水准管

竖盘指标水准管在竖直角测量中，利用竖盘指标水准管微动螺旋使气泡居中，保证竖盘读数指标线位于正确位置。

(6) 读数显微镜

读数显微镜用来精确读取水平度盘和竖直度盘读数。

为了控制照准部与水平度盘的相对转动，经纬仪上还配有复测装置或度盘位置变换手轮，使度盘转动，以设定起始目标方向的方向值。使用带有复测装置的经纬仪时，首先旋转照准部，使水平度盘读数正好是我们需要的方向值。扳下复测器扳手夹紧复测盘，让水平度盘随照准部一起旋转。当望远镜瞄准起始目标后，再扳上复测器扳手，使水平度盘与照准部分离，恢复测角状态。当使用带有度盘位置变换手轮的经纬仪时，则应先瞄准起始方向并固定照准部，再旋转度盘位置变换手轮，使水平度盘读数正好为需要的方向值。

二、读数装置和读数方法

光学经纬仪的度盘读数装置包括光路系统及测微器。水平或竖直度盘上的刻划线经照明后通过一系列棱镜和透镜，最后成像在望远镜旁的读数窗内。为了达到测角精度的要求，通常需要借助于光学测微技术。

DJ$_6$型光学经纬仪常用分微尺测微器和平板玻璃测微器，其读数装置不同，相应的读数方法也不同。

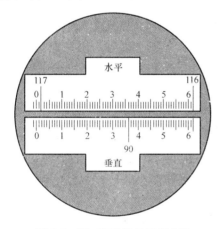

图 3-4 DJ$_6$型光学经纬仪分微尺读数示例

1. 分微尺测微器及读数方法

分微尺测微器结构简单，读数方便，目前 DJ$_6$型光学经纬仪多采用这种装置。图 3-4 是 DJ$_6$型光学经纬仪分微尺读数视场，注有"H"或"水平"字样是水平度盘读数窗，一般在读数视场的上部；注有"V"或"竖直"字样是竖直度盘读数窗，一般在读数视场的下部。分微尺 1° 的分划间隔刚好为水平度盘或竖直度盘的一格。测微尺上有 60 个小格，每小格代表 1′，每 10 小格注有小号数字，即 10′ 的倍数。由于分微尺可直接读到 1′，所以要估读到 0.1′，即 6″ 的倍数。图 3-4 中，水平度盘读数约为 117°1.8′，即 117°1′48″；竖直度盘读数约为 90°36.2′，即 90°36′12″。

2. 单平板玻璃测微器及读数方法

单平板玻璃测微器主要由平板玻璃、测微尺、连接机构和测微轮组成。单平板玻璃与测微尺连在一起，当转动测微轮时，单平板玻璃与测微尺一起转动。图 3-5 是 DJ$_6$型经纬仪单平板玻璃测微器读数视场，上部窗为测微尺像，中部窗为竖直度盘分划像，下部窗为水平度盘分化像。测微尺窗为单指标线，水平或竖直度盘窗为双指标线。度盘最小分划值为 30′，测微尺共 30 个大格，每大格相当于 1′；同时，一大格又分为 3 个小格，每小格相当于 20″。

读数前，应先转动读数测微轮，使度盘双指标线平分某一度盘分划线像，读出度数和 30′ 的整分数。如图 3-5 (a) 所示，双指标线平分水平度盘 49°30′ 分划线像，读数 49°30′，再读出测微尺窗单指标线所指示的测微尺上的读数 22′20″，两者相加则为水平度盘读数，

22

即 $49°52'20''$。需要补充说明的是测微尺窗单指标线所指示的测微尺上的读数是估读值，指标线可能指在 $0''$、$20''$、$40''$和 $60''$刻度的中间，所以在读数时只需读取整数秒即可，例如 $35''$、$46''$等。同理可得，图 3-5（b）的竖直度盘读数为 $107°2'30''$。

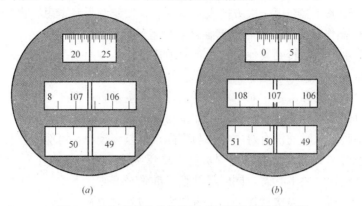

图 3-5　DJ$_6$ 型经纬仪单平板玻璃测微器读数示例

3.3　经纬仪的使用

经纬仪基本操作主要分为对中、整平、瞄准、读数和记录五个步骤。

一、对中

任何一个工程的角度测量，第一步操作都需要将经纬仪正确安置在预先选定的测站上，即首先需要对中。对中的目的是使经纬仪竖轴与测站的中心在同一条铅垂线上。在测站上安放三脚架，使其高度适中，大致与操作者肩部平齐，架头大致放平。利用垂球对中，垂球悬挂于连接螺栓下方，移动脚架使垂球球尖基本对准测站点。接着装上经纬仪，再利用光学对中器进行精确对中。一般对中要求：垂球对中，误差不大于 3mm；光学对中，误差不大于 1mm。通常在具体操作时，根据实际条件，垂球对中和光学对中可先后采用或只进行光学对中。

安置好三脚架和经纬仪后，首先进行对中。这个对中仅仅是初步对中，需要在后续整平后评价对中效果。

二、整平

整平的目的是使仪器竖轴处于铅垂状态和水平度盘处于水平状态。整平的直接观察对象是圆水准器气泡、管水准器气泡处于居中位置。通过伸缩三脚架架腿使圆水准器气泡居中，即粗平。通过旋转脚螺旋使管水准器气泡处于居中位置，即精平，也就是说整平以管水准器气泡居中为准。整平大致需要 3 次及 3 次以上调整管水准器气泡居中，如图 3-6 所示。

调平的基本思路：以左手大拇指为基准，左手大拇指往中心连接螺旋方向旋转，右手大拇指同时往中心连接螺旋方向旋转；左手大拇指往中心连接螺旋反方向旋转，右手大拇指同时往中心连接螺旋反方向旋转。管水准器需要往哪个方向调节，左手大拇指就往那个方向移动。

1. 第 1 次旋转管水准器与任意两个脚螺旋连线大致平行

第1次旋转管水准器与任意两个脚螺旋连线大致平行后，左右手各捏住这两个脚螺旋中的一个。按照调平基本思路进行调平。

2. 第2次旋转管水准器与第1次方向大致垂直

第2次旋转管水准器与第1次方向大致垂直后，按照调平基本思路进行调平。

3. 重复上述操作直至旋转管水准器在任意位置气泡居中

将经纬仪管水准器旋转到其他位置，重复上述操作，按照调平基本思路进行调平。直至旋转管水准器在任意位置气泡居中，表示经纬仪达到调平状态。

值得注意的是，实际工程中对中和整平往往会产生矛盾；即先对中，后整平，可能产生经纬仪没有对中现象。此时的没有对中如果与实际点位差别较大，可能需要重新移动三脚架进行较大调整；此时的没有对中如果与实际点位差别较小，可能需要松动中心连接螺旋进行微小调整对中到点位。上述过程可能需要反复多次进行，直至对中与整平完美组合，即此时经纬仪达到整平状态，同时经纬仪又准确对准测量点位。为了使经纬仪既对中点位又整平，需要渐进、多次操作。初学者要完全做到对中和整平估计需要较长时间，熟练测量人员从对中、整平到完成一个水平角度测量大致需要10min。

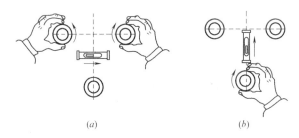

(a)   (b)

图3-6　管水准器整平操作示意图

三、瞄准

工程测量时，瞄准的目标一般是竖立在地面点位之上的标杆、测钎、觇牌等，经纬仪测量水平角度大多数采用花杆，如图4-4所示。

1. 目镜对光：松开水平制动螺旋和望远镜制动螺旋，将望远镜对准明亮目标，调节目镜使十字丝清晰。

2. 粗略瞄准：通过望远镜上的准星粗略瞄准目标，使望远镜能够观察到物像，然后拧紧水平制动螺旋和望远镜制动螺旋。

3. 物镜对光：再转动调焦螺旋，使目标清晰。

4. 精确瞄准：转动望远镜微动螺旋和水平微动螺旋，使十字丝精确瞄准目标。

对于水平角的观测，应尽量使纵丝瞄准目标底部或直接瞄准点位。当目标较近时，成像较大，则用单丝平分目标；当目标较远时，则用双丝夹准目标。对于竖直角的观测，则应尽量使横丝瞄准目标顶部。

四、读数

读数前，先将反光镜调节到适当位置，使读数窗明亮。转动读数调焦螺旋，使刻度清晰。观察清楚度盘刻划形式和读数装置后，正确读取读数。在读数时，注意估读，其具体估读方法见上文。特别注意，在竖直角的读数时，需先调节竖盘水准器微动手轮使竖盘指标水准气泡居中，让竖盘处于竖直状态，这样才能正确读数。

五、记录

记录时应注意笔墨清晰，数据准确，数值需记录到相对应的表格中，详见 3.6 节。

3.4 经纬仪的检验与校正

经纬仪的主要轴线有横轴（HH）、视准轴（CC）、竖轴（VV）、照准部水准管轴（LL），如图 3-7 所示。在观测角度时，经纬仪的水平度盘必须水平，竖直度盘必须铅垂，望远镜转动视准面必须为铅垂面。测量相关角度时，经纬仪应满足相应理想关系：照准部水准管轴垂直于竖轴（$LL \perp VV$）、十字丝竖丝垂直于横轴、视准轴垂直于横轴（$CC \perp HH$）、横轴垂直于竖轴（$HH \perp VV$）。

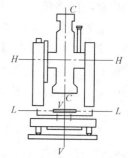

图 3-7 经纬仪主要轴线

因仪器长期在室外使用，其轴线关系有可能被破坏，从而产生测量误差。为了保证工程测量的准确性，在测量工作中应按规范要求对经纬仪进行检验，必要时需对其进行校正，使其满足相应理想关系。现以 DJ$_6$ 型光学经纬仪为例，介绍相应理想关系的检验与校正。

一、照准部水准管轴垂直于竖轴（$LL \perp VV$）

1. 检验

架设仪器并将其大致整平，转动照准部，调整经纬仪使水准管平行于任意两个脚螺旋的连线，旋转这两个脚螺旋，使水准管气泡居中，此时水准管轴水平。将照准部旋转 $180°$，若水准管气泡仍居中，则不用校正。若水准管气泡偏离中心，表明两轴不垂直，需要校正。

2. 校正

转动上述首先旋转的那两个脚螺旋，使气泡向中央移动到偏离值的一半，此时竖轴处于铅垂位置，而水准管轴倾斜。用校正拔针拨动水准管一端的校正螺丝，使气泡居中，此时水准管轴水平，竖轴铅垂。此项检验和校正需多次进行，直到气泡在任何地方的偏离值都在 1/2 格之内。另外，经纬仪上若有圆水准器，也应对其进行检校，当管水准器校正完善并对其进行精确整平后，圆水准器的气泡也应该居中，如果不居中，应拨动其校正螺丝使其居中。

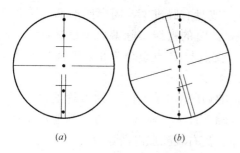

      (a)   (b)

图 3-8 十字丝竖丝垂直横轴检验

二、十字丝竖丝垂直横轴

1. 检验

在对中、整平仪器后，用十字丝竖丝中心精确瞄准目标，固定照准部并旋紧望远镜制动螺旋，慢慢转动望远镜微动螺旋，使望远镜物镜上下移动。若目标点始终沿竖丝移动，表明十字丝竖丝垂直横轴，无需校正，如图 3-8（a）所示。若目标点偏离竖丝移动，则需要校正，如图 3-8（b）所示。

2. 校正

在校正十字丝时，卸下位于目镜一端的十字丝护盖，旋松四个固定螺丝，微微转动十字丝环，待转动至理想位置时拧紧固定螺丝，装上十字丝护盖。

三、视准轴垂直横轴（$CC \perp HH$）

1. 检验

由于视准轴是物镜光心与十字丝交点的连线，仪器的物镜光心是固定不动的，而十字丝交点的位置却可以变动的，所以，视准轴是否垂直于横轴，取决于十字丝交点是否处于正确位置。当十字丝交点偏向一边时，视准轴与横轴不垂直，形成视准轴误差，即视准轴与横轴间的夹角与90°的差值，称为视准轴误差，通常用 c 表示。

安置仪器，对中整平。盘左瞄准远处与仪器大致同高的一点 A，读数 R；倒转望远镜，盘右，再次瞄准目标 A，读数 L。比较两次读数，若 $R-L = \pm 180°$，则视准轴垂直横轴；若不等，说明视准轴不垂直横轴，其差值为 2 倍的视准轴误差 $2c$，即 $2c=L-(R\pm 180°)$。一般而言，若 $2c \leqslant 20''$，则不需校正。

2. 校正

当 $c=0$，即视准轴垂直横轴，水平度盘的正确读数为 $\alpha = (L+R\pm 180°)/2$。紧接着检验结束时盘右的读数，旋转照准部微动螺旋，使水平度盘读数等于 $\alpha \pm 180°$。此刻十字丝的交点必偏离目标 A，卸下十字丝护盖，旋松固定螺丝，调节十字丝环左右的两个校正螺丝，使十字丝交点瞄准 A，这样视准轴便垂直横轴。

四、横轴垂直于竖轴（$HH \perp VV$）

1. 检验

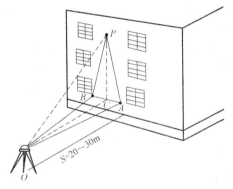

图 3-9　横轴的检验与校正

在离高墙约 20～30m 处安置经纬仪，用盘左瞄准一点 P（P 在墙上，仰角约为 30°），固定照准部，然后将望远镜放平，让另一人在墙上标出十字丝所对应的点 B。倒转望远镜，仪器为盘右状态，再次瞄准 P 点，重复上述操作，标出另一点 A，如图 3-9 所示。若 A、B 两点重合，说明横轴垂直于竖轴，条件满足无需校正，否则需要进行校正。

2. 校正

在墙上用相应工具标出 A、B 两点的中点 C，以盘左或盘右瞄准 C，固定照准部，转动望远镜使其拟瞄准 P 点，通过望远镜观测可以发现，此时的视线实际偏离了目标点 P。调节横轴偏心板，使其一端抬高或降低，直到十字丝交点与 P 点重合为止，即横轴垂直于竖轴。

需要值得注意的是，上述几项条件检验与校正的顺序不能颠倒，且水准管轴垂直于竖轴是其他几项检验与校正的基础。若不满足水准管轴垂直于竖轴这一条件，其他几项检测失去意义，理由是竖轴倾斜引起的误差不能用盘左、盘右观测加以消除。

3.5　角度测量的误差分析

在角度测量中，由于多种原因使测量结果含有误差。角度测量误差根据影响因素一般分为仪器误差、观测因素（人为误差）和外界条件误差。

一、仪器误差

仪器虽通过检验和校正，但总会有残余的误差存在。仪器误差主要来于自身制造不完善（精度）和校正不完善两方面。

1. 仪器制造误差

仪器制造误差主要包括照准部偏心差和度盘刻划误差。照准部偏心差指照准部旋转中心与水平度盘中心不重合，导致指标在刻度盘上读数时产生误差；度盘刻划误差指度盘分划不均匀所造成的误差。照准部偏心误差可采取盘左盘右取平均值来消除；度盘刻划误差在水平角观测中采取不同测回时变换度盘位置来减小其影响。

2. 校正不完善引起误差

仪器校正不完善主要是指各轴线之间未能完全满足应有的几何条件。视准轴不垂直于横轴、横轴不垂直于竖轴对水平角观测造成的影响，以及竖盘指标差的残余误差对竖直角观测的影响可以通过采取盘左盘右两次观测取平均值来消除。而十字丝竖丝不垂直于横轴可以通过采取每次观测时用十字丝交点瞄准目标的方法来消除。照准部水准管轴不垂直于竖轴的误差影响可以通过在观测前进行严格的校正来减弱。

二、观测误差（人为误差）

观测误差，即是人为原因造成的误差，其主要包括工作时不够细心和受人的器官及仪器性能的限制而产生的误差。观测误差（人为误差）一般分为对中误差、照准误差、目标偏心和读数误差等。

1. 对中误差

安置经纬仪没有严格对中，使仪器中心与测站中心不在同一铅垂线上引起的误差，称为对中误差（又称偏心误差）。

在图 3-10 中，C 点为测站（理论上的正确点位），C' 为仪器中心，CC' 之间的距离称为偏心距，用 e 表示。实际测得角度为 β' 而非 β，两者之间的关系 $\beta = \beta' + \delta_1 + \delta_2$，设仪器对中误差对水平角的影响为 $\Delta\beta = \delta_1 + \delta_2$，对中误差与两点间距离、角度大小有关。当观测方向与偏心方向越接近 $90°$，AB 间距离越短，偏心距 e 越大，对水平角的影响越大。

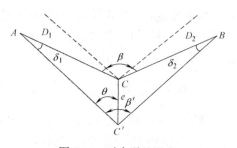

图 3-10　对中误差影响

对中误差不能通过观测方法予以消除，在测量水平角时，对中应认真仔细，对于短边、钝角尤其要注意严格对中。

2. 照准误差

影响照准误差的因素很多，例如人眼的分辨率、望远镜的放大率、十字丝的粗细、目标影像的亮度、清晰度及稳定性和大气条件等。这类误差无法消除，只能是在目标的选择、亮度的调节、十字丝的瞄准上下功夫，尽量减小其影响。

3. 目标偏心

角度测量时，通常需要在目标点设立观测标志，如花杆、垂球等。若用竖立的标杆作为照准标志，当标杆倾斜，且望远镜又无法瞄准其底部时，将使照准点偏离地面目标而产生的误差称为目标偏心误差。当用棱镜作为标志时，棱镜的中心不在测站的铅垂线上时也称为目标偏心误差。造成目标偏心的原因可能是标杆与目标点不重合或者标杆倾斜，在观测目标上部时使视线倾斜。

经探究发现，目标偏心误差对水平方向观测的影响与杆长成正比，与边长（测站点距目标点之间的长度）成反比。即杆越长，边长越大，目标偏心的误差就相对越大。

为了尽量减少目标偏心这类误差的影响，观测时应尽量使十字丝瞄准标杆的底部，标杆尽量接近铅垂，最好十字丝直接瞄准点位本身（细铁钉）。

4. 读数误差

对于分微尺读法，误差主要存在于最小分划的估读。同时，这也与仪器的读数设备、亮度及观测者的经验有关。为了尽量减小误差所造成的影响，观测者必须仔细操作，准确估读。

电子经纬仪不管是增量式还是绝对式，都无须肉眼读数，不存在读数误差。

三、外界条件引起误差

外界条件的影响十分复杂，如风力、温度、雾气、大气折射、土质的松紧、天气条件等，都会对角度测量造成一定的影响。风可以影响仪器和标杆的稳定，温度可以影响仪器的正常状态，土质的松软可使仪器和标杆下沉，阳光可以影响光的折射，雾气可以使视野模糊等。如若想完全避免这些因素的影响是不可能的，为了尽量减小误差，应尽量选择有利的观测条件，避开不利的因素。

3.6 使用经纬仪进行角度测量

经纬仪的望远镜可以绕横轴旋转360°，在角度测量中，如果竖直度盘在望远镜的左边，简称盘左（也称正镜）；若竖直度盘在望远镜的右边，简称盘右。理论上，盘左、盘右瞄准同一目标时水平度盘读数相差180°。在工程测量中，为了消除或减少仪器误差对结果的影响，通常采用盘左、盘右校核。

3.6.1 水平角度测量

水平角的观测方法应尽量根据工作精度的要求，目标的多少，所使用仪器等要求来定，主要有测回法和方向观测法两种。测回法主要用于测量两个方向之间的单角；方向观测法主要用于测量的方向数多于两个时。需要注意的是，方向观测法从起始方向（任选一个目标方向）依次到末方向后，应再次观测起始方向（归零），也称全圆方向观测法。

一、测回法

1. 测量右侧角

测回法即盘左、盘右各测量一次，进行误差比较。测回法一般适用于一个角度测量（两条边之间的夹角）。测回法广泛应用于公路、铁路、沟渠等带路线的交点之间的右侧角度测量，也适合于附合导线和闭合导线测量。一般测量交点前进方向的右侧角度，需要左侧角度时可以进行简单转换（同一个角度的左侧角度与右侧角度之和为360°）。

$$右侧水平角度 \beta = 后视读数 - 前视读数 \tag{3-2}$$

2. 用示例说明右侧水平角度测量

【例题 3-1】 测量图 3-11 中 JD_5 的右侧角，测量记录见表 3-1。

测回法观测手簿 表 3-1

测站	盘位	定向目标	水平盘读数	右侧水平角度 半测回值	右侧水平角度 测回值	转角	分角线读数
JD_5	盘左	JD_4	1°01′34″	247°39′08″	247°38′40″	左转角=67°38′40″	57°12′00″
		JD_6	113°22′26″				
	盘右	JD_4	181°01′32″	247°38′12″			237°12′26″
		JD_6	293°23′20″				

【解】

（1）盘左测量右侧角度

在 JD_5 放置仪器，对中整平。首先盘左后视 JD_4 测得水平盘读数 1°01′34″，前视 JD_6 测得水平盘读数 113°22′26″，按式（3-1）计算，出现负数时加上 360°，就可以计算出盘左的半测回值（即盘左的右侧水平角度）＝1°01′34″-113°22′26″＋360°＝247°39′08″。

（2）盘右测量右侧角度

盘右后视 JD_4 测得水平盘读数 181°01′32″，前视 JD_6 测得水平盘读数 293°23′20″，按式（3-2）计算，出现负数时加上 360°，就可以计算出盘右的半测回值（即盘右的右侧水平角度）＝181°01′32″-293°23′20″＋360°＝247°38′12″。

（3）计算右侧角度

最后判定测设精度是否满足要求（如不满足需要返工重测，本例题盘左盘右限差 60″，测量精度需要根据工程具体情况和相关测量规范、测量内容而定）。

本例题满足精度要求，取盘左和盘右右侧水平角度的平均值 247°38′40″作为 JD_5 的右侧水平角度。

3. 测定角平分线点（需要时）

在进行水平角度精度满足要求，测设完毕后，最好顺便把该交点的角平分线标定出来，利用等式"角平分线读数＝(后视读数＋前视读数)/2"或"角平分线读数＝(后视读数＋前视读数)/2+180°（倒镜）"，至于盘左还有盘右差别不大（精度范围内均可以）。如果经纬仪此时出于盘左侧，可以计算出盘左的角平分线读数＝(1°01′34″＋113°22′26″)/2＝57°12′00″；如果经纬仪此时出于盘右侧，可以计算出盘右侧的角平分线读数＝(181°01′32″＋293°23′20″)/2＝237°12′26″；见表 3-1。以盘右为例，当经纬仪处于盘右位置时，将经纬仪的水平盘拨角到 237°12′26″，在 JD_5 的适当距离沿此方向（圆心方向）定一个临时角平分线点 M（以备后用）。

4. 计算转角（需要时）

交点的右侧水平角度测设出来后，可以计算该交点的转角。在公路和铁路路线测量中，转角概念非常重要。

转角指以交点（想象一下人站在 JD_5 上）为起点，从后一交点（JD_4）往该交点（JD_5）的延长线开始旋转，旋转到与下一导线边（$JD_4 \sim JD_5$）重合，旋转的角度称为转角。旋转的顺序是向右的，称为右转角；旋转的顺序是向左的，称为左转角。转角的计算和判断依据式（3-3）和式（3-4）。

$$当 \beta < 180° 时 \quad \alpha_y = 180° - \beta, \tag{3-3}$$

$$当 \beta > 180° 时 \quad \alpha_z = \beta - 180° \tag{3-4}$$

在图 3-11 和表 3-1 中 JD_5 的右侧水平角度 $\beta = 247°38'40''$，则 JD_5 的左转角，按式 (3-4) 计算：

$$\alpha_z = 247°38'40'' - 180° = 67°38'40''$$

二、方向观测法

方向观测法适合于在一个测站上测量多个角度（大于 2 个），如图 3-12 所示，设在测站点 P 点有 PA、PB、PC、PD 四个方向，其观测步骤如下：

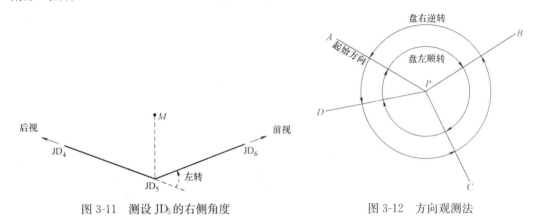

图 3-11　测设 JD_5 的右侧角度　　　　图 3-12　方向观测法

1. 在 P 点安置经纬仪，对中，整平。

2. 盘左位置，将度盘设置成略大于 $0°$，瞄准起始方向 A，读取水平度盘读数并记录，见表 3-2。

方向观测法观测手簿　　　　　　　　　　　　　表 3-2

测站	测回	目标	水平度盘读数		2c	平均读数＝ [左＋(右±180°)]/2	归零后方向值	各测回归零方向值的平均值	各方向间的水平角
			盘左	盘右					
			° ′ ″	° ′ ″	″	° ′ ″	° ′ ″	° ′ ″	° ′ ″
P	第一测回	A	000 02 36	180 02 36	0	(000 02 35) 000 02 36	000 00 00	000 00 00	
		B	070 23 36	250 23 42	−6	070 23 39	070 21 04	070 20 55	070 20 55
		C	228 19 24	048 19 30	−6	228 19 27	228 16 52	228 16 48	157 55 53
		D	254 17 54	074 17 54	0	254 17 54	254 15 19	254 15 16	025 58 28
		A	000 02 30	180 02 36	−6	000 02 33			
	第二测回	A	090 03 12	270 03 12	0	(090 03 14) 090 03 12	000 00 00		
		B	160 24 06	340 23 54	+12	160 24 00	070 20 46		
		C	318 20 00	138 19 54	+6	318 19 57	228 16 43		
		D	344 18 30	164 18 24	+6	344 18 27	254 15 13		
		A	090 03 18	270 03 12	+6	090 03 15			

3. 以顺时针方向依次瞄准 B、C、D 各点，分别读数并记录。

4. 为了校核再次瞄准目标 A，读取归零读数，以上为上半测回。目标 A 两次读数之差的绝对值称为上半测回归零差，其数值不应超过相应仪器的技术规定。若超出规定则应重新试验，直到符合规定为止。

5. 盘右位置逆时针依次观测 A、D、C、B、A 并读数，为下半测回。

6. 如需观测多个测回时，同理，为了减少度盘刻划不均匀误差影响，各测回间同样应利用经纬仪上的复测装置来变换度盘位置 $180°/n$。

数据整理如下：

1. 同一方向上盘左盘右读数之差，即为 $2c$，意思是两倍的照准差，它是由于视线不垂直横轴的误差引起的。由于盘左、盘右照准同一目标时读数相差 $180°$，所以 $2c=$ 盘左－（盘右 $±180°$）。

2. 在计算盘左盘右的平均值时，取平均的部分根据"奇进偶不进"的原则取舍。

3. 因存在归零读数，起始方向有两个平均值，应将对两个平均值相加再取平均值，并填到平均读数上的小括号里，则为最终的均值。

4. 计算一侧回归零方向平均值，为了便于计算和比较同一方向值各测回较差（同一方向值各测回较差即是同一方向各测回的归零方向值进行比较），应将各方向的起始读数化为 $0°00'00''$，然后用各方向的平均读数减去起始目标括号里的数，得到各方向归零方向值。

5. 计算各测回归零方向平均值，即是对同一目标各测回的归零方向值相加取平均值。

6. 计算水平角值即是将相邻方向的各测回归零方向平均值相减。

7. $2c$ 互差指同一测回中，$2c$ 的最大值与最小值的差值，第一测回的 $2c$ 互差 $=0''-(-6'')=6''$，然后判断是否满足技术规定（具体规定请查阅相关规范）。

3.6.2 竖直角度测量

根据前面讲述的竖直角观测原理，竖直角是同一竖直面内视线与水平线的夹角，通常记为 α。竖直角值 $|\alpha|\leqslant90°$，竖直角有正负，一般来说，测点地面高于测站地面点默认竖直角 $>0°$，测点地面低于测站点地面默认竖直角 $<0°$。为了能够准确读数，通常借助于竖直度盘。

一、竖直度盘的构造

竖直度盘位于望远镜旋转轴的一端，其刻划中心与横轴中心重合。竖直度盘由竖盘、竖盘指标水准管和竖盘指标水准管调整螺旋组成。当望远镜转动时，竖直度盘也随之转动。同时还有一个固定的竖盘指标，用来指示望远镜在不同角度时所对应的读数，竖盘指标与水平度盘不同（水平度盘没有竖盘指标）。

对于竖盘指标，要求它能够始终指向与竖盘刻划中心在同一铅垂线上的刻度，通常借助于与指标固连的水准器或自动补偿器。

1. 指标带水准器

竖盘指标装在一个支架上，支架套在横轴的一端。在支架上方安装了一个水准器，下方安装微动螺旋。旋转微动螺旋，可使指标绕横轴微小转动，以此使水准器气泡发生移动。当气泡居中时，指标即处于正确位置。

2. 自动补偿器

自动补偿器的构造有两类，一类是液体补偿器，另一类是利用吊丝悬挂补偿元件，但两者都是利用重力以达到自动补偿而正确读数。当仪器整平后，竖盘指标自动处于正确位置。竖直度盘的刻划是在全圆周上刻划 $0°\sim360°$，但刻划的顺序有顺时针和逆时针两种方式，如图 3-13 所示。当指标水准管气泡居中时，指标就处于正确位置，此时，若是盘左位置且视线水平，则指标线指向 $90°$；若是盘右位置且视线水平，则指标线指向 $270°$。

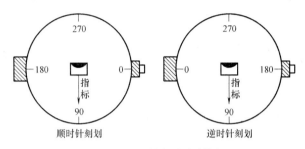

图 3-13　经纬仪度盘刻划

二、竖直角的计划

根据竖直角的测量原理，竖直角的大小可由倾斜视线的竖盘读数与水平视线的应用读数（盘左 $90°$，盘右 $270°$）相减得到。但在实际的计算过程中，由于竖盘的刻划方式不同，减数与被减数并不是一成不变的，现以顺时针刻划为例进行介绍，如图 3-14 所示。

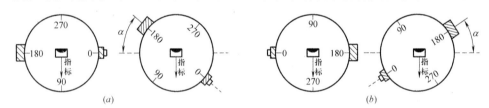

图 3-14　竖直角计算示意图
（a）盘左；（b）盘右

如图 3-14（a）所示，当在盘左位置且视线水平时，竖盘初始读数 $90°$；瞄准视线上方一目标，望远镜向上倾斜，读数 L，则竖直角应为正值，且盘左时竖直角为

$$\alpha_左 = 90° - L \tag{3-5}$$

如图 3-4（b）所示，当在盘右位置且视线水平时，竖盘初始读数 $270°$；瞄准视线上方一目标，读数 R，则盘右时竖直角为

$$\alpha_右 = R - 270° \tag{3-6}$$

取盘左、盘右的平均值，则为一个测回的竖直角值，即

$$\alpha = (\alpha_左 + \alpha_右)/2 = (R - L - 180°)/2 \tag{3-7}$$

当竖盘刻划为逆时针时，同理可得。

三、竖盘指标差

上述计算是基于视线水平，且指标处于正确位置（即盘左读数为 $90°$，或盘右读数为 $270°$）。而实际测量中，指标常常不在 $90°$ 或 $270°$ 位置，而是与正确位置相差一定角度，如

图 3-15 所示。用同一盘位测量出来的实际结果与真实值含有误差 x，称为竖盘指标差。

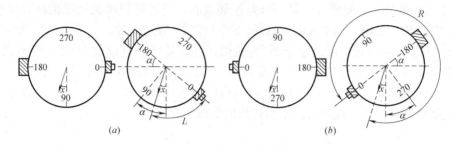

图 3-15　指标差的计算

(a) 盘左；(b) 盘右

如图 3-15 (a) 所示，以顺时针刻划的竖直度盘为例，盘左时起始读数 $90+x$，则正确竖直角的计算见式 (3-8)。

$$\alpha_左 = (90+x) - L \tag{3-8}$$

同理可得，盘右时正确竖直角的计算见式 (3-9)。

$$\alpha_右 = R - (270°+x) \tag{3-9}$$

将盘左、盘右相加取平均值，得式 (3-10)。

$$\alpha = (\alpha_左 + \alpha_右)/2 \tag{3-10}$$

与前面完全相同，即利用盘左盘右可以消除竖盘指标差的影响。将盘左盘右相减，可得竖盘指标差，见式 (3-11)。

$$x = (\alpha_右 - \alpha_左)/2 \tag{3-11}$$

逆时针刻划的竖直度盘，同理可得。而对于 DJ$_6$ 型光学经纬仪，指标差 x 不应超过规范规定的 $25''$，若超过规定则需找专业人员进行检修与校正。

四、竖直角的观测

1. 仪器安置在测站上，对中整平，这里整平与前述测量水平角度整平方法一样。

2. 盘左瞄准目标，使十字丝中丝与目标相切。调整竖盘指标水准管微动螺旋，使竖盘指标水准管气泡居中并读数且记入竖直角观测手簿，见表 3-3。

竖直角观测手簿　　　　　　　　　　　　　　　　　　　　　　　　　表 3-3

测站	目标	竖盘位置	竖盘读数 ° ′ ″	半测回竖直角 ° ′ ″	指标差 ″	一侧回竖直角 ° ′ ″	备注
O	A	左	059 29 48	+030 30 12	+12	030 30 00	度盘为顺时针刻划
		右	300 29 48	+030 29 48			
	B	左	093 18 40	−003 18 40	+13	−003 18 53	
		右	266 40 54	−003 19 06			

3. 盘右瞄准目标，调平竖盘水准管。

4. 读数（读取竖盘读数），记入记录手簿。如果要求多测几个测回，则按要求完成并计入竖直角观测手簿中。

5. 根据记录数值正确计算各个竖直角度。

33

实际测量中，为了避免小竖直角度的正负错误，应在测量竖直角之前，首先判断大于90°的是正角还是负角。简便方法是不分盘左和盘右，将经纬仪物镜适度抬高（显然此时应为正的竖直角）采用，如果此时读数是120°（120°是假定读数，只要大于90°即可），说明大于90°的竖直角为正，反之小于90°为负值；此时若竖直盘读数为91°，竖直角为1°，若竖直盘读数为89°，竖直角为-1°。类似地，可以轻松处理其他情况：比如大于90°为负、大于270°等情况。值得一提的是，同一台经纬仪在同一条件下，仅仅只能有一种固定不变的规律，掌握这个规律对测量竖直角度变得十分简单。

3.7 全站仪测量水平角角度

经纬仪主要功能是测量水平角度，附加功能是测量竖直角度。测量水平角度也是全站仪的主要功能之一，全站仪也能够进行竖直角度测量。

以 Leica TS02 为例，说明全站仪测量水平角度的测量过程。该全站仪由瑞士徕卡公司生产，徕卡全站仪有以下分类：超高精度全站仪：徕卡 TS06 全站仪，徕卡 NovaTS05，徕卡 TS30；专业测量全站仪：徕卡 TS16 全站仪，徕卡 TS11i/15i，徕卡 VivaTS11/15；工程测量全站仪：徕卡 Flexline Plus 系列全站仪，徕卡 TS 系列全站仪。其中有棱镜 TS09 全站仪测距精度可以达到 1mm＋1.5ppm。徕卡 Leica TS02 全站仪是徕卡 TS 系列全站仪中一款基本型全站仪，配有标准的应用程序，能够满足一般测量作业的要求。徕卡 Leica TS02 全站仪，如图 3-16 所示。

图 3-16 徕卡 Leica TS02 全站仪照片

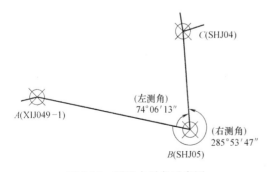

图 3-17 测量水平角示意图

如图 3-17 所示，设测站为 B 点，后视 A 点，前视 C 点，测量导线边 BA 和 BC 所夹水平角度∠ABC。测量水平角度具体操作步骤，见表 3-4。全站仪测角与经纬仪相似，需要按照规定的测回判断测量误差和精度。

利用 Leica TS02 全站仪进行测量，其往测路径是 A→B→C，采用"后—前—前—后"或"前—后—后—前"的 3 测回法，

序号	操作步骤	图例	备注
1	调平仪器,打开显示窗进入【主菜单】界面		
2	在【主菜单】界面点击"测量"进入【常规测量】界面		
3	对准后视点"A"点击"F4"出现"设 HZ"选项		
4	点击"F2"进入【设置水平角】界面,设置水平角,方便起见设置为"0°00′27″"(归零后瞄准读数)		

序号	操作步骤	图例	备注
5	点击"F4"顺时针旋转仪器照准目标点"C",读取读数	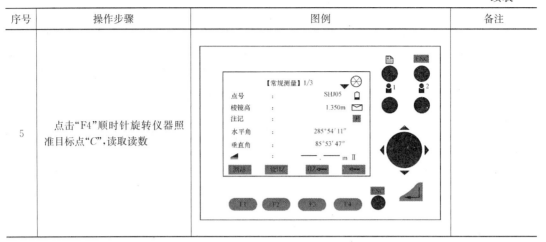	

其中一个测回相当于经纬仪的盘左或盘右测量。往测的角度∠ABC平均值为285°53′47.5″，见表3-5。测量时宜与第3.1节一脉相承，宜测量前进方向（A→B→C）的右侧角度。返测路径是C→B→A，仍采用"后—前—前—后"或"前—后—后—前"的3测回法（与往测方向相反）。返测的角度∠CBA平均值为74°06′12.8″，见表3-6。返测依然是C→B→A方向右侧角度，相当于前进方向A→B→C的左侧角度，则返测的前进方向A→B→C应为360°−74°06′12.8″＝285°53′47.2″。前进方向A→B→C的6个测回的平均值＝（285°53′47.5″＋285°53′47.2″）/2＝285°53′47.3″，保留秒整数后为285°53′47″。值得注意的是，全站仪测量水平角度与经纬仪类似，需要记录和计算，不能直接出现水平角度，这是因为水平角度是两条线路水平盘读数的差值。

若技术娴熟，整个右侧角∠ABC测量在几分钟内就能够完成，前提是要保证测量精度。

本测量是依据广州市地铁十一号线沙河站（地铁车站）导线复测成果而来，导线等级为Ⅲ级，角度测量采用6测回。测量依据《城市轨道交通工程测量规范》GB 50308—2008，见表3-7。从表3-7可以看出，测回数与导线等级有关，不同行业也有不同要求，公路工程、铁路工程、市政工程、水电工程等应按相应规范要求执行。

测回法观测手簿 表3-5

测回序号	照准点名	水平度盘读数		2c ″	平均方向值 ° ′ ″	归零方向值 ° ′ ″	各测回平均方向值 ° ′ ″
		盘左 ° ′ ″	盘右 ° ′ ″				
1	SHJ04	0 00 27.0	180 00 25.0	2.0	0 00 26.0	285 53 46.5	285 53 47.5
	XIJ049-1	285 54 11.0	105 54 14.0	−3.0	285 54 12.5		
2	SHJ04	30 00 28.0	210 00 28.0	0.0	30 00 28.0	285 53 48.5	
	XIJ049-1	315 54 18.0	135 54 15.0	3.0	315 54 16.5		
3	SHJ04	60 00 20.0	240 00 17.0	3.0	60 00 18.5	285 53 47.5	
	XIJ049-1	345 54 05.0	165 54 07.0	−2.0	345 54 06.0		

测回法观测手簿　　　　　　　　　　　　　　　　　　　　表 3-6

测回序号	照准点名	水平度盘读数		2c ″	平均方向值 ° ′ ″	归零方向值 ° ′ ″	各测回平均方向值 ° ′ ″
		盘左 ° ′ ″	盘右 ° ′ ″				
1	XIJ049-1	15 54 08.0	195 54 07.0	1.0	15 54 07.5	74 06 13.5	74 06 12.8
	SHJ04	90 00 23.0	270 00 19.0	4.0	90 00 21.0		
2	XIJ049-1	45 54 09.0	225 54 05.0	4.0	45 54 07.0	74 06 14.0	
	SHJ04	120 00 22.0	300 00 20.0	2.0	120 00 21.0		
3	XIJ049-1	75 54 08.0	255 54 07.0	1.0	75 54 07.0	74 06 11.0	
	SHJ04	150 00 18.0	330 00 18.0	0.0	150 00 18.0		

水平位移监测控制网主要技术要求　　　　　　　　　　　　　表 3-7

等级	相邻基准点的点位中误差（mm）	平均边长（m）	测角中误差（″）	最弱边相对中误差	全站仪标称精度	水平角观测测回数	距离观测测回数	
							往测	返测
I	±1.5	150	±1.0	≤1/120000	±1″, ±(1mm+1×10⁻⁶×D)	9	4	4
II	±3.0	150	±1.8	≤1/70000	±2″, ±(2mm+2×10⁻⁶×D)	9	3	3
III	±6.0	150	±2.5	≤1/40000	±2″, ±(2mm+2×10⁻⁶×D)	6	2	2

思　考　题

1. 名词解释

（1）水平角；（2）竖直角；（3）盘左。

2. 简答题

（1）经纬仪的主要功能和附加功能有哪些？

（2）经纬仪对中、整平目的是什么，如何进行？若用光学对中器应如何对中？

（3）经纬仪基本操作步骤有哪些？

（4）简述水平角测量的步骤。

（5）简述竖直角测量的步骤。

（6）经纬仪的主要轴线有哪些，它们之间的理想关系是什么？

（7）右侧水平角计算公式是什么？

（8）望远镜视准轴应垂直于横轴的目的是什么，如何检验和校正？

（9）如何快速准确的实现经纬仪的对中和整平？

3. 计算题

采用经纬仪测量 JD_{10} 的右侧角，计算并完善表 3-8 中内容。

测回法观测手簿

表 3-8

测站	盘位	定向目标	水平盘读数	右侧水平角度		转角	分角线读数
				半测回值	测回值		
JD_{10}	盘左	JD_9	113°22′26″				
		JD_{11}	10°01′34″				
	盘右	JD_9	293°23′20″				
		JD_{11}	191°01′32″				

第4章 直线水平距离测量与定向

4.1 概　述

一、直线水平距离测量方法

工程上常常需要使用直线或线段任意两点之间的距离，这个距离指水平距离。工程上很少有使用倾斜距离的，因为倾斜距离不便测量和界定。因此在没有特别说明（比如高程、高差）的情况下，直线或线段任意两点之间的距离默认为水平距离。

水平距离测量方法较多，有全站仪测量，也有传统的皮尺或钢尺量距。全站仪测量方便、快捷、准确，特别是长距离、大高差地方更显优越性，广泛应用于公路、桥梁、隧道及铁路工程、水利、电力工程等。在短距离、平坦地形采用传统的皮尺或钢尺测量也可以完成，快速方便，但是精度受到相应限制，皮尺测量精度一般能够达到 1/500，钢尺测量一般能够达到 1/2000。在精度要求不高的地方，比如地形测量，可以采用经纬仪视距测量水平距离，其精度能够达到 1/50。

二、直线定向概念

确定地面任意两点的平面位置，不仅需要测量这两点之间的水平距离，还要确定该直线的方向。确定该直线方向之前，需要选择一种方法确定一个标准方向，该直线与该标准方向之间的关系以确定该直线方向。

4.2　全站仪量距

4.2.1　全站仪概述

随着各种新颖光源（红外光、激光）的相继出现，光电测距技术也得到迅速发展，出现了以红外光、激光为载波的光波测距和以微波为载波的微波测距仪，统称为电磁波测距仪，即全站仪。全站仪式测距方法的技术革命，开创了距离测量的新纪元。全站仪与传统的钢尺或基线丈量距离相比，具有精度高（可达 $1\mathrm{mm} + 1 \times 10^{-6}D$）、作业迅速、受气候及地形影响小等突出优点。目前，全站仪正向小型化、自动化、多功能方向发展。全站仪详细介绍见第 13 章。

一、全站仪基本功能

1. 距离测量

全站仪测量距离原理就是光电测距，即红外测距和红外激光测距。

2. 角度测量

全站仪测量水平角度一般是用电子经纬仪测角，与一般经纬仪测角基本相同，见第 3 章。

3. 坐标测量及高程测量

全站仪具有三维坐标测量功能，能够进行平面直角坐标测量和高程测量，特别是平面直角坐标测量，在工程设计、施工中得到广泛应用。

二、全站仪测量距离原理

1. 全站仪的测程

全站仪一次所测得的最远距离，称为测程。测程分为短程测程（5km以内）、中程测程（5～30km）、远程测距仪（大于30km）。

2. 全站仪的测距精度

全站仪的测距精度，见式（4-1）。

$$m_D = \pm(a + b \times 10^{-6}D) \tag{4-1}$$

式中 m_D——测距中误差，mm；

a——固定误差，mm；

b——比例误差；

D——测程，km。

测距精度目前常采用标称精度表示，标称精度有时简称为$\pm(a+b)$；普通全站仪标称精度一般为 2＋2，即观测 1km 长的距离，误差为 4mm；其中固定误差和比例误差各为 2mm。

3. 全站仪测距基本原理

全站仪是利用电磁波（光波、微波）在空气中的传播时间与速度乘积来计算水平距离的，见图 4-1 和式（4-2）。

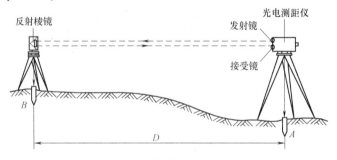

图 4-1 全站仪测距原理

$$D = \frac{1}{2}ct_{2D} \tag{4-2}$$

式中 D——表示全站仪与反射棱镜之间的水平距离，m；

c——表示光在空气中的传播速度，约 300000000m/s；

t_{2D}——表示电磁波从全站仪到反射棱镜的往返消耗的时间，s；

$\frac{1}{2}$——表示往返时间或距离的一半，即单程时间或单程距离。

4. 全站仪测距类型

按照测定时间 t_{2D} 的方法，全站仪测距主要分为脉冲式测距和相位式测距两种类型。

脉冲式测距仪是直接测定仪器发出的脉冲信号往返于被测距离的传播时间，根据已知的电磁波传播速度乘以时间，就可以简单地求出两点之间的水平距离。相位式测距仪是测定仪器发射的测距信号往返于被测距离的滞后相位来间接推算信号的传播时间，从而求得两点之间的水平距离，当前电磁波测距仪中相位测距仪居多。

4.2.2 全站仪测量水平距离

以徕卡 TS02 全站仪为例说明水平距离测量。任意选择一条边（BC 边）来介绍其测距过程，BC 边水平距离测量，如图 3-17 所示。

全站仪测量水平距离比测量水平角度更为快捷，耗费时间也更少，徕卡 TS02 全站仪测量水平距离共分为 2 个步骤，见表 4-1。BC 边测量记录表，见表 4-2。

全站仪测量距离步骤   表 4-1

序号	操作步骤	图例	备注
1	点击"F4"出现"测距"选项	【常规测量】1/3 点号　　：　SHJ05 棱镜高　：　1.350m 注记　　： 水平角　：　285°54′11″ 垂直角　：　85°53′47″ 　　　　：　．　　m Ⅱ 测距　记录　编码　↓ F1　F2　F3　F4　ESC	
2	点击"F1"进行测距，并读取数据	【常规测量】1/3 点号　　：　SHJ05 棱镜高　：　1.350m 注记　　： 水平角　：　285°54′11″ 垂直角　：　85°53′47″ 　　　　：　148.594　m Ⅱ 测距　记录　编码　↓ F1　F2　F3　F4　ESC	

全站仪测距记录表   表 4-2

测站	目标点	测回 1(m)	测回 2(m)	平均距离(m)
SHJ05	SHJ04	148.594	148.593	148.594
		148.595	148.594	
		148.594	148.594	
		148.594	148.594	

本测量是依据广州市地铁十一号线沙河站（地铁车站）控制网复测成果而来，导线等级为Ⅲ级，水平距离测量采用 2 测回。与测量水平角度类似，测量水平的测回数与导线等级有关，不同行业也有不同要求，公路工程、铁路工程、市政工程、水电工程等应按相应规范要求执行。

BC 边测量进行 2 个测回，每个测回读取 4 组读数，最后取平均值。最终测量 BC 边的距离为 148.594m，见表 4-2。值得注意的是，全站仪测量距离，每一测回可以从显示屏上直接读出读数，其平均值要通过记录表进行计算，这与钢尺量距计算平均值是相似的。但是全站仪测量距离与钢尺量距是有本质区别的；钢尺量距需要分段（超过尺长距离时）、尺子需要人工抬平和拉紧，在斜坡和有拉尺障碍的地方是比较困难的；全站仪量距是仪器自身可以直接读出水平距离（只要两点之间通视），这是非常方便、快捷的，测量精度也非常高。

4.3 皮尺或钢尺量距

钢尺量距根据不同的精度要求，可以采用相应的工具和方法。普通钢尺是不锈钢制带尺，尺宽约 $10\sim15mm$，常见的钢尺有 30m 和 50m 两种规格。钢尺一般精度为 1/2000，按照标准方法量距时，最高精度可达 1/10000。

此外，还有因瓦尺和皮尺等可以丈量距离。因瓦尺是用镍铁合金制成，因瓦尺受温度气候变化引起尺长伸缩小，测量精度可达 1/1000000。皮尺与钢尺类似，它是用牛皮或仿牛皮材料制作而成，随温度气候变化伸缩大，测量精度可达 1/500。

4.3.1 钢尺量测水平距离的仪器工具

一、钢尺

各种量距钢尺形状各有不同，基本原理相似，即均包括手提塑料架、旋转轴承、手摇把和钢尺卷带，如图 4-2 所示。

钢尺上有相应的 m、cm、mm 刻度，多数钢尺的零刻度是端点尺零刻度，如图 4-3 所示。

图 4-2 钢尺和皮尺

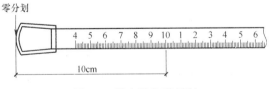

图 4-3 端点尺的零刻度

二、测钎

两点之间的水平距离超过钢尺长度时，往往需要分段丈量，用测钎临时记号分段，如图 4-4 所示。测钎一般用 8 号铅丝或不锈钢组成，长 $30\sim40cm$，一端磨尖便于插入软土中，另一端卷成圆环，便于穿在扶手圈上。

当然分段丈量临时记号还可以在水泥混凝土路面打入水泥钉，也可用红色或其他非绿色且鲜艳油漆标记。

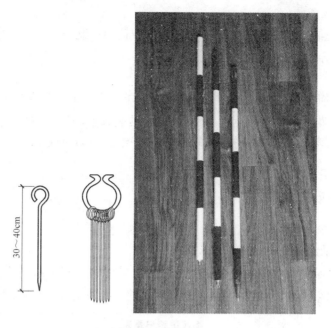

图 4-4　钢钎和花杆

三、花杆

量距时抬平拉紧准确对点往往需要花杆，花杆上有红白 20cm 间隔油漆标记，便于现场找寻和估测高度，如图 4-4 所示。花杆高度有 2m、3m，2m 的是一根独立的，3m 的是组合连接的。从材质上看，花杆有木质的，一般是 2m 的；也有铝合金质的，一般是螺纹组合连接的 3m 花杆。图 4-4 是 3m 铝合金螺纹组合花杆。

4.3.2　钢尺测量水平距离要点

钢尺量距一般适宜量测水平距离，不宜直接量测倾斜距离。如图 4-5 所示，若地面任意两点 A（起点）、B（终点），分若干段进行往返丈量，钢尺量测水平距离应遵循下列要点。

一、花杆要对点正

A（起点）、B（终点）花杆要与点位对正，中间穿线点 C、D……用测钎或花杆穿线的点位也应对正。对点错误或误差较大将影响测量水平距离的准确性。

二、花杆要立直

每一次测量距离时，花杆应立竖直。花杆前后倾斜或左右倾斜均影响距离测量精度。

三、钢尺要抬平

鉴于测量的是水平距离，每一次读数之前应将钢尺抬平。如果两点距离稍远、

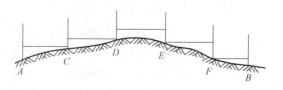

图 4-5　钢尺量距示意图

钢尺稍长，拉尺的人难以判断钢尺是否抬平时，可以借助第三人在该两点大致中部适当位置观察钢尺是否抬平，如果不平，指挥其中一侧将钢尺适当抬高或降低来调节钢尺水平。

四、钢尺要拉紧

每一次读数之前，应将钢尺拉紧。拉紧力度应适当，既不能让钢尺弯曲松弛，也不能让钢尺用力过猛或将对方拉动难以对正点位。

五、先卡尺再读数

读数前一端将刚钢尺的零刻度对正端点的花杆中线，另一端卡尺人员立即对点卡尺（即对正另一端的花杆中线）。对点卡尺无误后，迅速放松钢尺，然后在卡尺点仔细读数，并立即记录相应读数。注意在张拉紧绷的钢尺上仔细读数易导致钢尺晃动，难以保证读数的精度。

4.3.3 钢尺量距记录及精度

一、钢尺量距记录

钢尺量距记录没有统一规定，力求简单明了。

【例题 4-1】 某设计单位进行公路勘测设计，采用钢尺测量水平距离。现测得 JD₉ ～ JD₁₀ 的往返测记录数据，相应的小计、测量相对误差、允许相对误差和平均距离，见表 4-3。

钢尺量距记录表 表 4-3

拉尺 1：　　　　拉尺 2：　　　　记录：　　　　复核：　　　　日期：

起终点	测向	测段 1	测段 2	测段 3	测段 4	测段 5	测段 6	小计(m)	相对误差	允许相对误差	平均距离(m)
JD₉～ JD₁₀	往测	41.293	32.176	28.205	43.779	47.805	18.637	285.412	$\dfrac{1}{31712}$	$\dfrac{1}{2000}$	285.408
		29.113	44.404								
	返测	45.715	28.049	20.666	49.133	40.270	20.125	285.403			
		31.514	49.931								

二、钢尺量距精度

衡量钢尺量距精度采用相对误差，按式（7-4）计算。

$$K=\frac{|m|}{D}=\frac{1}{\dfrac{D}{|m|}}=\frac{1}{\dfrac{285.408}{|285.412-285.403|}}==\frac{1}{\dfrac{285.408}{|0.009|}}=\frac{1}{31712}$$，其中平均距离 D 按式

（4-3）计算。

$$D=\frac{\sum D_{wi}+\sum D_{fi}}{2} \tag{4-3}$$

式中 $\sum D_{wi}$——表示往测各个测段的距离之和；

$\sum D_{fi}$——表示返测各个测段的距离之和。

将计算相对误差 1/31712 与允许相对误差 1/2000 比较。分母越大精度越高，测量精度满足允许误差要求，则平均距离即为该段起点终点之间的水平距离。显示的测量精度越高，并不能完全代表这次测量就很准确，测量受到主观和客观因素限制较多，测量符合精度就好。

4.3.4 钢尺量距的相应改正

现场量测水平距离要求精度较高，且只有钢尺（没有全站仪等精度较高的仪器工具）时，往往需要将初测距离进行改正。精度要求不高时，一般没有这些繁琐程序。

钢尺改正主要有尺长改正、温度改正、倾斜改正和拉力误差等。

一、尺长改正

$$\Delta l_{cc} = \frac{\Delta l}{l_0} \times l = \frac{l - l_0}{l_0} \times l \tag{4-4}$$

式中　Δl_{cc}——任意丈量长度的尺长改正量；

l——在标准拉力、标准温度下钢尺的检定长度；

l_0——钢尺的名义长度，即钢尺尺面上标注的长度。

二、温度改正

$$\Delta l_{wd} = \alpha(t - t_0)l \tag{4-5}$$

式中　α——钢尺的线膨胀系数；

t_0——钢尺鉴定时的温度；

t——钢尺丈量时的温度。

三、倾斜改正

$$\Delta l_{qx} = -\frac{h^2}{2l_x} \tag{4-6}$$

式中　h——测段两端点之间的高差；

l_x——测段两端点之间的斜距。

四、考虑改正后的测量距离

考虑改正后的测量距离按式（4-7）计算。

$$D_g = D + \Delta l_{cc} + \Delta l_{wd} + \Delta l_{qx} \tag{4-7}$$

式中　D_g——表示改正后的该测段起点终点之间的距离；

D——该测段往返测量之和的平均距离；

Δl_{cc}——在标准拉力、标准温度下的尺长改正增量；

Δl_{wd}——在标准拉力下的温度改正增量；

Δl_{qx}——在标准拉力、标准温度下的倾斜改正增量。

【例题 4-2】钢尺名义长度 30m，20℃时检定。实测距离为 29.8655m，量距所用钢尺的尺长方程式为 $l = [30 + 0.005 + 0.0000125 \times 30(t - 20)]$m，丈量时温度 30℃，所测高差 0.238m。计算其实际水平距离。

【解】

1. 尺长改正

由式（4-4）得：$\Delta l_{cc} = \dfrac{0.005}{30} \times 29.8655 = 0.0050$m。

2. 温度改正

由式（4-5），$\Delta l_{wd} = 0.0000125 \times (30 - 20) \times 29.8655 = 0.0037$m。

3. 倾斜改正

由式 (4-6)，$\Delta l_{qx} = -\dfrac{0.238^2}{229.8655} = -0.0009\text{m}$。

4. 改正后的水平距离

由式 (4-7) 得：$D_g = 29.8655 + 0.0050 + 0.0037 - 0.0009 = 29.8733\text{m}$。

4.4 经纬仪视距测量

4.4.1 概述

经纬仪视距测量是利用经纬仪望远镜内的视距装置配合视距尺（水准板尺或塔尺），根据集合光学和三角测量原理，可以同时测定距离和高差。一般是在经纬仪（水准仪也可以）的望远镜十字丝分化板上刻制上下对称的视距丝，又称为上丝和下丝。

视距测量精度较低，一般相对误差 1/50 左右，可以用在测量精度不高而又要求测量速度的地方。早期利用经纬仪视距测量原理测量地形图，公路上用来测量横断面地面线。目前随着全站仪的普及，利用经纬仪视距测量原理测量地形图、横断面地面线的情况已经很少了。当然作为一种方法，在仅有经纬仪时仍然可以使用。

4.4.2 经纬仪视距测量公式

经纬仪视距测量完成后，按式 (4-8) 和式 (4-9) 计算距离和高差。

$$D = Kn \cdot \cos^2\alpha \tag{4-8}$$

式中　D——测点与经纬仪之间的水平距离；

　　　K——视距乘常数，一般 $K = 100$；

　　　n——通过经纬仪望远镜读取的水准尺的上丝读数与下丝读数之差的绝对值，即尺间隔读数；

　　　α——竖直角度，计算高差时注意正负。

$$h = \frac{1}{2}Kn \cdot \sin 2\alpha + i - m \tag{4-9}$$

式中　h——测点与经纬仪之间的高差，测点高于经纬仪地面高程时 $h > 0$，测点低于经纬仪地面高程时 $h < 0$，h 的正负可以通过式 (4-9) 自动计算；

　　　i——经纬仪安置高度；

　　　m——通过经纬仪望远镜读取的水准尺的中丝读数。

4.4.3 经纬仪视距示例及测量记录表

【例题 4-3】　某公路勘测设计现场地形图测量，测站点 CZ 高程为 903.21m（测站点中线位置 ZY1K+289.31），经纬仪安置后的仪器高度为 1.56m，定向点 JD₆（定向角度 0°00′）。现需要测站点 CZ 测定若干地形点和地物点相应的水平距离和高程，如图 4-6 所示。

【解】

1. 首先理解平面点位置确定

任意测点位置是基于起始边CZ～JD₆ 为定向角度 0°00′，只要测定了 CZ 到测点的水平角度和测站 CZ 到测点的水平距离，就可以确定测点的平面位置。

2. 计算各个测点到测站的水平距离和高差

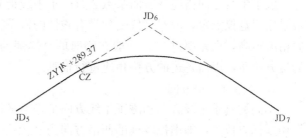

图 4-6　地形测量测站点和定向点示意图

按式（4-8）和式（4-9）计算距离和高差，例如测点 1：

$$D=100\times0.321\times\cos^2(-18°35')=28.84\text{m};$$

$$h=\frac{1}{2}\times100\times0.321\times\sin2(-18°35')+1.56-1.25=-9.37\text{m};$$

则测点高程 $H=903.21+(-9.37)=893.82\text{m}$。

各个测点计算结果，见表4-4。

当然，测量各个测点的平面位置和高程后，就可以绘制该测区的地形图了。

地形测量记录样表　　　　　　　　　　　　表 4-4

测站高程：903.21　　　　　记录：　　　计算：　　　司仪：　　　制图：　　　立尺：
　　　　　　　　　　复核：

测站 仪器高	点号	详细 说明	水平角	竖盘 读数	竖直角	尺间隔 （＞0）	中丝 读数	高差 （m）	高程 （m）	距离 （m）	备注
	JD₆	定向	0°00′								
	1	地形	25°20′	278°35′	−18°35′	0.321	1.25	−9.37	893.82	28.84	
	2	地形	28°12′	284°16′	−14°16′	0.102	1.45	−2.33	900.88	9.58	
ZY1K+289.31 1.56	3	地形	56°13′	293°01′	−23°01′	0.056	2.33	−2.79	900.42	4.74	沟边
	4	地形	72°46′	267°12′	2°48′	0.462	2.79	1.02	904.23	46.09	
	5	房角	189°20′	265°34′	4°26′	0.851	2.46	5.66	908.87	84.59	地形
	6	旧路	315°39′	254°45′	15°45′	0.179	1.55			16.58	

第　页 共　　页

4.5　直线定向

4.5.1　直线定向概念

测量中作为直线定向用的基准方法有三种。

1. 真子午线方向

真子午线方向指地球表面某点通过真子午面指向正北方的方向。真子午线方向可以用天文测量方法或陀螺经纬仪测量，其方向是最为标准的北方向，但是因测量难度、精度等因素，在实际工程中使用较少。

2. 磁子午线方向

磁子午线方向指地球表面某点通过磁子午线指向地球北磁极的方向。磁子午线方向一般采用罗盘仪测定，因罗盘仪受到带有磁性的铁质物品、磁铁、磁场等影响，磁子午线方向精度不高，误差超过 1°。一般在临时的、局部的小工程，可以使用罗盘仪测定起始边的磁方位角，以后各边的方位角应进行推算。

3. 坐标方位角方向

不同的真子午线方向和磁子午线方向都是不平行的，这在工程中极不方便。工程常常采用坐标方位角，即虚拟较远的西南方向为坐标原点（0，0），高斯平面直角坐标系中用 3°带或 6°带投影的中央子午线作为纵坐标轴，这一纵轴拟定为坐标 y 方向（可以理解为北方向），与纵轴 y 方向垂直的横轴 x 方向（可以理解为东方向）。

目前工程上已经广泛使用坐标方位角方向。因虚拟较远的西南方向为坐标原点（0，0），我国的土地上任意点位于该坐标系下的第一象限（$x>0$，$y>0$）。在坐标方位角方向条件下，可以理解为在局部范围内（10km）各个边的北方向是相互平行的，这样便于解决工程问题。基于此，部分城市或地区设置的局部坐标也是这种理念，只是这些局部坐标没有在国家大坐标网（国家坐标原点及国家北方向）范围内，它们的计算方法和测量方法基本相同。

4.5.2 直线定向方法

测量中常常采用方位角表示直线方向。

一、真方位角和磁方位角之间的关系

工程测量中常用方位角表示直线方向。由标准的真子午线方向（简称标准方向）的北方向出发，沿顺时针旋转到某直线的夹角，称为方位角。

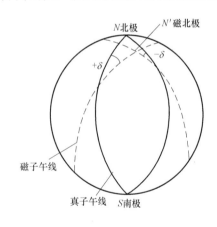

图 4-7 磁偏角示意图

如果标准方向为真子午线方向，其方位角称为真方位角，用 A 表示。如果标准方向为磁子午线方向，其方位角称为磁方位角，用 δ 表示。如果标准方向为坐标方位角方向，其方位角称为坐标方位角，用 α 表示。

由于地球旋转轴南北极与地球磁极不重合，过地面上某点的真子午线与磁子午线也不重合，真方位角 A 与磁方位角 δ 不相等，如图 4-7 所示。二者之间的夹角为磁偏角，用 δ 表示。磁子午线北端偏向真子午线以东为东偏（$+\delta$），偏向真子午线以西为西偏（$-\delta$），地球上不同地点磁偏角也不相同。直线的真子午线方位角与磁子午线的磁偏角之间，按式（4-10）换算。我国的磁偏角变化幅度大概在 $+6°\sim-10°$。

$$A = A_{\mathrm{m}} + \delta \qquad (4\text{-}10)$$

式中　A——直线的真子午线的真方位角；

　　　A_{m}——直线的磁子午线的磁方位角；

　　　δ——真子午线方位角与磁子午线的磁偏角。

二、真方位角和坐标方位之间的关系

地球上不同经度的真子午线都会交汇于两级，真子午线除了在赤道上的各点外，彼此是不平行的。地球表面上任意两点子午线方向的夹角，称为子午线收敛角，用 γ 表示。纬度越低，子午线收敛角越小，在赤道上子午线收敛角为 $0°$。

因子午线收敛角的存在，离开各个投影带中央子午线各个点纵坐标方向与子午线方向不重合，如图 4-8 所示。真方位角和坐标方位角之间的关系，见式 (4-11)。

$$A=\alpha+\delta \qquad (4-11)$$

式中　α——坐标方位角。

考虑到地球上任意两边坐标方位角的纵向坐标轴（北向）并不是平行的，一般可以假定局部范围内任意两边坐标方位角的纵向坐标轴（北向）是平行的，这对于国家大地坐标系的建立和城市独立坐标系的建立及工程测量具有现实意义。

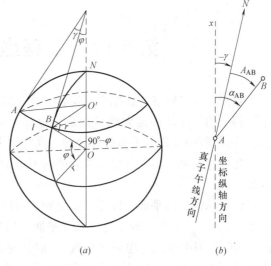

图 4-8　子午线收敛示意图

三、坐标方位角的计算

坐标方位角的计算，详见第 5 章和第 12 章。

思　考　题

1. 简述题

(1) 直线的水平距离测量方法有哪些？

(2) 钢尺或皮尺测量水平距离要点有哪些？

(3) 直线定向的方法有哪些？

(4) 经纬仪视距测量主要测量什么，它们各自的计算公式是什么？

2. 计算题

某设计单位进行山区四级公路勘测设计，采用钢尺测量水平距离。现测得 $JD_2 \sim JD_3$ 的往返测记录数据，相应的小计、允许相对误差，见表 4-5。计算并完善表 4-5。

钢尺量距记录表　　　　　　表 4-5

拉尺 1：　　　　　拉尺 2：　　　　　记录：　　　　　复核：　　　　　日期：

起终点	测向	测段 1	测段 2	测段 3	测段 4	测段 5	测段 6	小计(m)	相对误差	允许相对误差	平均距离(m)
$JD_2 \sim$ JD_3	往测	28.36	26.78	29.45	20.31	25.44	18.47			$\dfrac{1}{5000}$	
		26.41	28.31	23.47							
	返测	35.56	26.47	22.31	20.46	26.42	19.23				
		27.32	22.24	27.02							

第5章 工程坐标基础知识

坐标涉及内容较多，根据空间位置分为地球坐标和天球坐标，详见14.5节。直接应用于工程上的坐标往往是大地坐标系或地方坐标系；理论上讲坐标系是三维的（包括高程），实际工程中高程与平面分开处理，高程常采用水准测量仪器单独完成，因此可以理解为工程坐标系是二维的（仅仅考虑平面不考虑高程）。本节仅介绍工程坐标的二维平面坐标系。

工程坐标的二维平面坐标系主要是确定点的二维坐标，简单来说就是确定地面点的平面位置 (x, y)。在切平面上建立独立平面直角坐标系，以该地区真子午线或磁子午线为 x 轴（实际工程中往往考虑磁子午线），向北为正。为了避免坐标出现负值，将坐标原点虚设在测区西南方向，地面点垂直投影到这个平面上。平面点位测设方法较多，其中适用最多、最重要的是坐标法，本节不仅介绍工程坐标的二维平面坐标系，还将介绍坐标计算及测设基本原理。

坐标法测设原理简单，操作方便；坐标法不仅仅测设直线加桩，还可以测设平曲线、缓和曲线上的加桩，可以测设测区范围内所有点位。坐标法可以结合自动办公软件（如Excel、AutoCad）和先进的电子设备（如全站仪、GPS设备）半自动或自动完成测设。基于这些特点，坐标法逐渐得到广泛认可和应用推广，目前已经广泛使用在公路、铁路、市政、发电站等工程领域。

可以说不懂坐标法及其测设就不能称懂工程测设。本节从方位角及其坐标理念、坐标计算、坐标测设及坐标应用等方面对坐标法进行详细介绍，深入浅出，层次分明，易于读者把握和工程实际应用。

5.1 方 位 角

一、方位角概念

从北向出发，顺时针旋转到计算边前进方向，所旋转的角度称为方位角，如图5-1所示。全面理解方位角应关注下面几个要点：

1. N 向（即北向）方位角为 $0°00'00''$。

2. N 向直接套在计算边的起点上。如起始边 $JD_1 \sim JD_2$ 的起点 JD_1 上套上 N 向，起始边 $JD_1 \sim JD_2$ 的方位角 θ_{12}；又如边 $JD_2 \sim JD_3$ 的起点 JD_2 上套上 N 向，边 $JD_2 \sim JD_3$ 的方位角 θ_{23}；又如边 $JD_4 \sim JD_5$ 的起点 JD_4 上套上 N 向，边 $JD_4 \sim JD_5$ 的方位角 θ_{45}。

3. 方位角是指计算边与 N 向的夹角或方位，一条边才有方位角之说，一个点没有方位角之说。

4. 方位角是指从 N 向开始，顺时针旋转，而不是逆时针旋转。

5. 方位角大小范围为 $0° \leqslant \theta \leqslant 360°$，不得出现负值。

6. 在测区内默认坐标方位角的 N 向是互相平行的，而不是指向地球绝对方位角的北极。

7. 工程上的方位角默认为坐标方位角。

8. 导线起始边的方位角一经确定（可以联测国家坐标网方位角，可以是局部假定）就不得随意变动，以后各边就以此为推算依据。

二、方位角的计算

1. 测设路线交点的右侧角，见 3.6 节。

2. 根据交点的右侧角计算路线在交点处的转角，见 3.6 节。

3. 方位角的计算，如图 5-1 所示。

（1）JD$_2$右转，显然当交点为右转角时，前一边方位角等于后一边方位角加上该交点的右转角，按式（5-1）计算。

（2）JD$_3$左转，显然当交点为左转角时前一边方位角等于后一边方位角减去该交点的左转角，按式（5-2）计算。

$$\theta_{23} = \theta_{12} + \alpha_{2y} \tag{5-1}$$

$$\theta_{34} = \theta_{23} - \alpha_{3z} \tag{5-2}$$

式中　　θ_{12}——边 JD$_1$～JD$_2$ 的方位角；

　　　　θ_{23}——边 JD$_2$～JD$_3$ 的方位角；

　　　　α_{2y}——交点 JD$_2$ 的右转角；

　　　　θ_{34}——边 JD$_3$～JD$_4$ 的方位角，结算结果小于 0°时加上 360°；

　　　　α_{3z}——交点 JD$_3$ 的左转角。

（3）以此类推，可以连续不断计算出以后各条边的方位角，直至计算出最后一条边的方位角。

三、方位角计算示例

在图 5-1 中，若 $\theta_{12} = 70°21'49''$，JD$_2$ 的右转角 $\alpha_{2y} = 38°36'28''$，JD$_3$ 的左转角 $\alpha_{3z} = 34°16'06''$，JD$_4$ 的左转角 $\alpha_{4z} = 99°46'44''$。计算边 JD$_2$～JD$_3$ 的方位角 θ_{23}、边 JD$_3$～JD$_4$ 的方位角 θ_{34}、边 JD$_4$～JD$_5$ 的方位角 θ_{45}。

由式（5-1）和式（5-2）得：

$\theta_{23} = \theta_{12} + \alpha_{2y} = 70°21'49'' + 38°36'28'' = 108°58'17''$；

$\theta_{34} = \theta_{23} - \alpha_{3z} = 108°58'17'' - 34°16'06'' = 74°42'11''$；

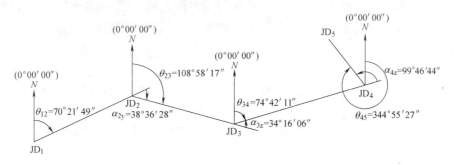

图 5-1　方位角计算示意

$$\theta_{45}=\theta_{34}-\alpha_{4z}+360°=74°42'11''-99°46'44''+360°=334°55'27''.$$

θ_{45} 可以直接由式（5-1）和式（5-2）计算，即等于起始边方位角加上起始边到计算边的所有右转角 $\sum\alpha_y$ 并减去起始边到计算边的所有左侧转角 $\sum\alpha_z$，计算结果小于 0° 时加上360°，见式（5-3）。

$$\theta_{45}=\theta_{12}+\sum\alpha_y-\sum\alpha_z \tag{5-3}$$

则 $\theta_{45}=\theta_{12}+\alpha_{2y}-\alpha_{3z}-\alpha_{4z}+360°=334°55'27''$。

5.2 工程坐标计算公式

众所周知，数学坐标系中，水平向右为 x 轴，竖直向上为 y 轴。工程坐标系中，竖直向上为 x 轴，水平向右为 y 轴，如图 5-2 所示，一般来说工程上的坐标就是指工程坐标。工程坐标系与数学坐标系不同点为坐标轴的方向不同；数学坐标系可以在四个象限中进行布点计算，而工程坐标系仅仅在第一象限中布点计算。工程坐标系与数学坐标系的相同点是具有类似的数学计算逻辑。

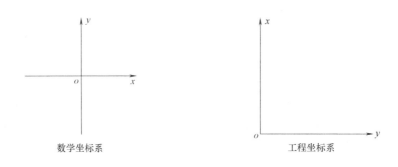

图 5-2　工程坐标系与数学系坐标对比

一、工程坐标系意义

测区内建筑物、构筑物和点的平面位置常用平面工程坐标表示，即通常所说的二维坐标 $(x，y)$；有的也采用三维坐标 $(x，y，H)$，其中的 H 表示高程。本节讨论二维坐标 $(x，y)$，不讨论三维坐标。在图 5-2 工程坐标系中，x 轴表示坐标方位轴的北方向（即 N 向），y 轴表示坐标方位轴的东向（即 E 向）；为了便于计算和减少实际工程中的错误，工程坐标往往在第一象限内研究问题，即默认所有坐标点的 x、y 坐标大于 0；要做到这一点，常常虚设坐标原点 o（0，0）在西南方向较远处，确保该测区内所有点的 x、y 坐标大于 0。

二、工程坐标计算

设定了工程坐标系、坐标原点及轴向，也就确定了该测区内点的具体位置，就可以进行点的坐标计算和测设。

1. 已知 A（x_A，y_A），线段 AB 的方位角 θ_{AB}，线段 AB 之间的水平距离 D_{AB}，计算 B（x_B，y_B）。

工程坐标的计算见式（5-4）、式（5-5）及图 5-3。

$$x_B=x_A+\Delta x=x_A+D_{AB}\cos\theta_{AB} \tag{5-4}$$

$$y_B = y_A + \Delta y = y_A + D_{AB} \sin\theta_{AB} \tag{5-5}$$

式中　Δx——x 轴向线段 AB 之间的坐标增量（m），计算时线段 AB 的方位角 θ_{AB} 按实际代入，Δx 的大小和正负由 $\cos\theta_{AB}$ 自动计算；

　　　　Δy——y 轴向线段 AB 之间的坐标增量（m），计算时线段 AB 的方位角 θ_{AB} 按实际代入，Δy 的大小和正负由 $\sin\theta_{AB}$ 自动计算。

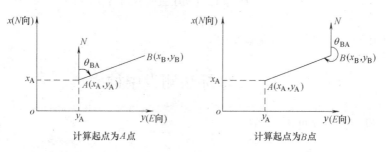

图 5-3　工程坐标计算

2. 已知 B（x_B，y_B），线段 BA 的方位角 θ_{BA}，线段 BA 之间的水平距离 D_{BA}，计算 A（x_A，y_A）。

工程坐标的计算见式（5-6）、式（5-7）和图 5-3。计算时注意区别式（5-4）、式（5-5）与式（5-6）、式（5-7）的异同。

（1）二者的 Δx、Δy 不同；

（2）二者的方位角不同；

（3）二者的计算起点不同；

（4）二者的水平距离相等。

$$x_A = x_B + \Delta x = x_B + D_{AB} \cos\theta_{BA} \tag{5-6}$$

$$y_A = y_B + \Delta y = y_B + D_{AB} \sin\theta_{BA} \tag{5-7}$$

式中　Δx——x 轴向线段 BA 之间的坐标增量（m），计算时线段 BA 的方位角 θ_{BA} 按实际代入，Δx 的大小和正负由 $\cos\theta_{BA}$ 自动计算；

　　　　Δy——y 轴向线段 BA 之间的坐标增量（m），计算时线段 BA 的方位角 θ_{BA} 按实际代入，Δy 的大小和正负由 $\sin\theta_{AB}$ 自动计算。

3. 坐标计算要领

由式（5-4）～式（5-7）可以看出，坐标计算应具备三要素：

（1）计算起点；

（2）方位角（计算起点到计算点方向的方位角）；

（3）距离（计算起点到计算点之间的水平距离）。

只要明确了上述三要素，也就能计算点的坐标了。

利用坐标法测设点位、直线上中桩、圆曲线上中桩、缓和曲线上中桩和复杂曲线上中桩，可以采用传统的经纬仪配合钢尺完成，也可以通过全站仪方便快捷地完成，也可以采用 GPS 完成。这些测设方法，详见第 12 章、第 13 章和第 14 章。问题的焦点集中在如何计算相关点位坐标，显然坐标计算回归到数学问题，只要把握坐标计算三要素，坐标计算就显得思路清晰、方法简单了。

5.3 直线上中桩坐标计算示例

点位坐标和直线上中桩坐标计算，详见12.4节。

5.4 平曲线上中桩坐标计算示例

平曲线上中桩坐标计算，详见12.4节。

5.5 坐标法测设中桩

坐标法测设中桩，详见12.4节。

思 考 题

1. 名词解释

方位角。

2. 简述题

（1）坐标计算有哪三要素？

（2）方位角的角度范围是什么？方位角可以为负值吗？

（3）坐标增量可以为负值吗？坐标增量的正负依据什么来体现？

（4）工程坐标与数学坐标的异同点是什么？

3. 计算题

（1）已知 JD_2 的左转角 $\alpha_z = 28°14'27''$，JD_3 的左转角 $\alpha_z = 162°17'36''$，JD_4 的右转角 $\alpha_y = 148°27'36''$，起始边 JD_1 到 JD_2 的方位角 $\theta_{12} = 303°17'05''$，计算各边方位角（要求末边方位角 α_{45} 采用2种算法）。

（2）已知 $\theta_{12} = 313°16'37''$，$JD_2$ 的 $\alpha_y = 13°16'34''$，JD_3 的 $\alpha_y = 179°36'39''$，JD_4 的 $\alpha_z = 99°36'01''$，JD_5 的 $\alpha_z = 88°16'17''$，计算各边方位角（要求末边方位角 θ_{56} 采用2种算法）。

（3）已知边 JD_7 到 JD_8 的方位角 $\theta_{78} = 138°16'17''$，$JD_8$ 的右侧水平角 $\beta = 213°16'27''$，计算边 JD_8 到 JD_9 的方位角 θ_{89}。

第 6 章　地形图基本知识

6.1　比例尺及地形图图示

6.1.1　地理空间数据与地图

一、地理空间数据

通常将地理信息中反映研究实体空间位置的信息称为基础地理信息。基础地理信息的载体是地理空间数据，它是地理信息和建立 GIS 的基础。

地理空间数据指通过测量所得到的地球表面上地物和地貌空间位置的数据。尽管地球上地物位置和形状各异，地貌高低起伏、复杂多样，但总可以在某一特定的参考坐标系统下，通过对特定点位的测量，确定某点的空间位置或点与点之间的相对位置，并通过相关点位的校核形成线或面，以点、线、面这三种基本元素，再加上必要的说明和注记，就可以描述实体空间位置。比如，用点的坐标和相应的符号，可表示不同平面和高程控制点，或表示某些固定地物如电杆、独立坟墓、水井、独立大树等；用不同的线型和符号，可区分河流、铁路、公路、城市道路、乡村道路等；用规则或不规则的面实体和面状符号，可表示不同类型、形状的建筑物等。

二、地图概念

地图是用数学所确定的经过综合概括并用形象符号表示的地球表面在水平面上的图形。

地图包括三方面内容，即数学要素、几何要素（地形要素）和地图综合要素。数学要素指地球上的实际点位或物体形态在地图平面上表示时，所映射的函数关系，包括坐标系统、高程系统、地图投影以及分幅和比例关系等。几何要素及地形要素，是对地球上地物和地貌的总称，地形要素就是统一规范的地物和地貌符号。地图综合要素指由于地图图幅比例的限制或数据采集能力的局限等因素所造成的，对某些现象表示如细部地物、次要地物等的合理取舍和综合概括。

地图包括既表示地球上地物位置和分布，又表示地表高低起伏形态的普通地图和地形图及在图上仅仅表示地物平面位置的平面图，还包括如城市交通图、旅游图、资源分布图、人口分布图、地籍图等专题地图。公路上的平面图常包括设计中线、地物和地形（等高线）等，实际工程中平面图还包括地物和地形（平缓地形可以忽略地形）。不少场合地形图和平面图难以区分，在工程测量上强调地形起伏时可以称为地形图；在工程设计图上强调设计线和地物时，可以称为平面图。

随着现代科学技术的不断发展进步，先后出现了数字地图、电子地图等无纸地图。

6.1.2　地形图的比例尺

地形图上任意一线段的水平距离与地面上相应线段的实际水平距离之比，称为地形图的比例尺。

一、比例尺的种类

1. 数字比例尺

数字比例尺一般用分子为 1 的分数形式表示。设图上某线段的水平距离为 d，地面上相应的水平距离为 D，该图的比例尺见式（6-1）。比例尺可以采用 $\frac{1}{M}$ 或 $1:M$ 等方式表示。

$$\frac{d}{D} = \frac{1}{\frac{D}{d}} = \frac{1}{M} \tag{6-1}$$

式中　M——比例尺分母。

比例尺为 $1:1000$，可以将图上 1cm 表示地面 1000cm，或可以将地面 1000cm 在图上用 1cm 表示。分母 1000 是将实地的水平距离缩绘在图上的倍数，或将图上的水平距离扩大在地面的倍数。

比例尺的大小是以比例尺的比值来衡量的，比例尺的分母越大，比例尺越小。$1:100$、$1:500$、$1:1000$、$1:2000$、$1:5000$、$1:10000$ 比例尺的地形图称为大比例地形图；$1:25000$、$1:50000$、$1:100000$ 称为中等比例尺的地形图；$1:250000$、$1:500000$、$1:1000000$ 称为小比例尺的地形图。工程上使用较多的是大比例地形图，如图 6-1～图 6-3 所示。

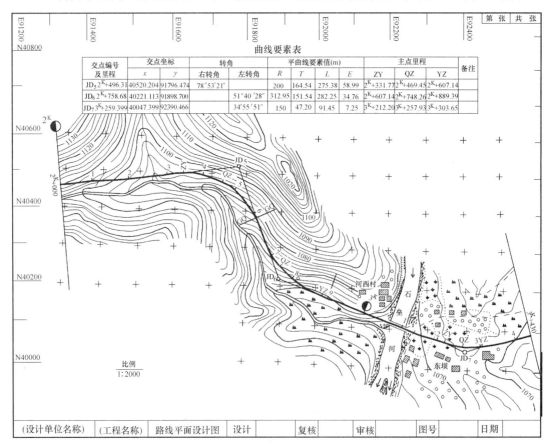

图 6-1　某公路平面图（本图已缩放）

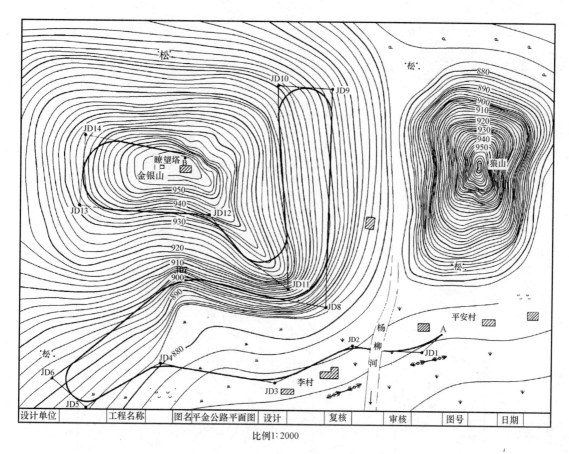

图 6-2 平金公路平面图（本图已缩放）

2. 图示比例尺

当使用纸质地形图时，为了便于用分归直接在图纸上量取线段的水平距离，以及减小由于图纸伸缩而引起的误差，在绘制地形图时，有时在图纸的下方绘制图示比例尺。即在一条直线上截取若干相等的线段（1cm 或 2cm），称为比例尺基本单位，再把最左端的一个基本单位分成 10 等份。在图 6-4 中，是 1∶4000 的图示比例尺（缩定无缩放），其基本单位为 2cm，所表示的实地长度为 80m，分成 10 等份后，每 2mm 所表示的实地长度为 8m。图示距离等于实地水平距离 236m。

二、比例尺的精度

在纸质地形图上，正常眼睛的分辨能力是 0.1mm，地形图内 0.1mm 所代表的实地长度，称为比例尺的精度。根据比例尺精度可以确定在测图时丈量地物应准确到什么程度。测绘 1∶1000 比例尺地形图时，其比例尺精度为 $0.1mm \times 1000 = 0.1m$，丈量地物的精度只需 0.1m（小于 0.1mm 在图上表示不出来）。

此外，规定了要表示的地物最短长度时，可根据比例尺精度确定测图比例尺。比如，表示在地形图上的地物最短线段的长度为 0.2m，则应采用的测图比例尺应不小于 $\dfrac{0.1mm}{0.2m} = \dfrac{1}{2000}$。

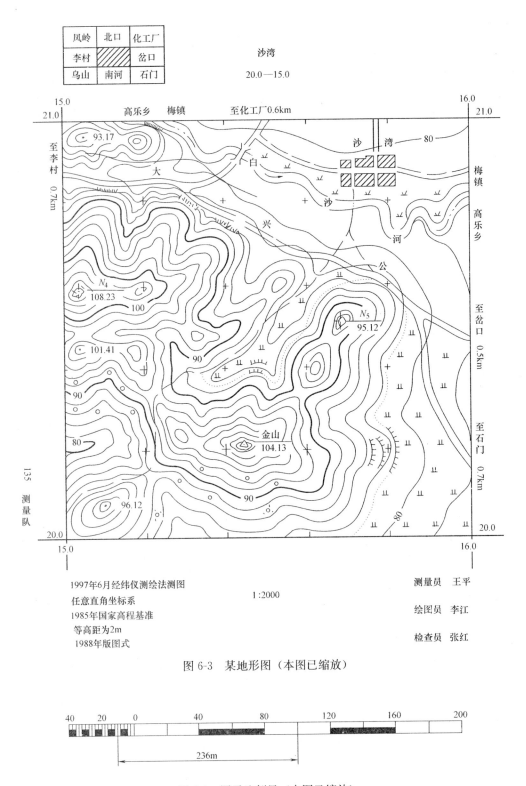

1997年6月经纬仪测绘法测图

任意直角坐标系

1985年国家高程基准

等高距为2m

1988年版图式

1:2000

测量员 王平

绘图员 李江

检查员 张红

图 6-3 某地形图（本图已缩放）

236m

图 6-4 图示比例尺（本图已缩放）

不同测图比例尺精度见表 6-1。显然，比例尺越大，表示地物和地貌的情况越详细，精度越高。但是，同一测区测量同一范围的地形图采用较大的比例尺测图往往比较小比例尺测图的工作量和投资增加相应倍数。工程规划、设计和施工中究竟采用何种比例尺的地形图，也应根据实际需要的精度来确定，不应盲目追求更大比例尺的地形图，但也不宜采用过小比例尺地形图代替需要的大比例地形图。

不同测图比例尺的精度

表 6-1

比例尺	1∶500	1∶1000	1∶2000	1∶5000	1∶10000
比例尺精度 （mm）	0.05	0.10	0.20	0.50	1.00

6.1.3 地物符号

　　一般认为地形是地物和地貌的总称，有的认为地形就是地貌（等高线）。国家标准《国家基本比例尺地图图式　第 1 部分：1∶500、1∶1000、1∶2000 地形图图式》GB/T 20257.1—2007、《国家基本比例尺地图图式　第 2 部分：1∶5000、1∶10000 地形图图式》GB/T 20257.2—2006 和《国家基本比例尺地图图式　第 3 部分：1∶25000、1∶50000、1∶100000 地形图图式》GB/T 20257.3—2006 规定了不同地物、地貌的符号在地形图上的表示方法和规则。工程中常用前面两个规范 GB/T 20257.1—2007 和 GB/T 20257.2—2006。地形图图式符号主要为地物符号、地貌符号和注记符号三种。GB/T 20257.1—2007 中部分图式见表 6-2。绘制地物符号时，宜参照这三个标准中的相应图示符号及规定进行绘制。

1∶500、1∶1000、1∶2000 部分图示符号

表 6-2

编号	名称	图式	
		1∶500、1∶1000	1∶2000
6.1	普通房屋		
6.1.1	一般房屋 混　房屋结构 3　房屋层数	 混3	 10
6.1.2	简单房屋	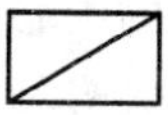	
6.1.3	建筑中的房屋	 建	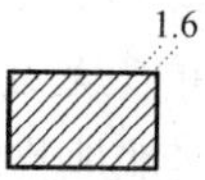 1.6
6.1.4	破坏房屋	 破	
6.1.5	棚房	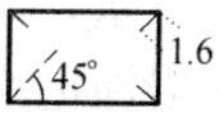 45° 1.6	
6.1.6	架空房屋	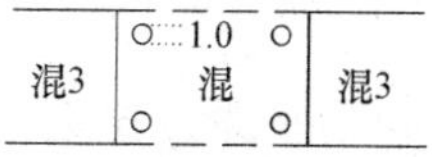 1.0 混3　混　混3	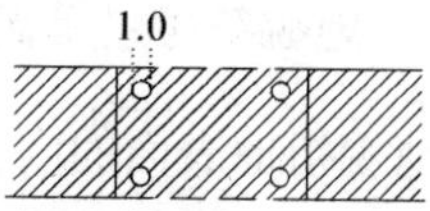 1.0

编号	名称	图式	
		1:500、1:1000	1:2000
6.1.7	廊房、挑空房	混3　混8　混5　1.0	
6.2	特殊房屋		
6.2.1 6.2.1.1	窑洞 地面上的	a	b c
	a. 依比例的		
	b. 不依比例的		2.6 2.0
	c. 房屋式窑洞		

根据地物的大小、测图比例尺和描绘方法的不同，地物符号可分为以下四类：

一、比例符号

当有些地物如房屋、运动场、森林和湖泊等的比例轮廓较大时，可以按照它们的形状和大小依比例尺缩绘在地形图上。在判读这些图式时，可从图上量取它们长度。

二、非比例符号

部分标记点及地物，如独立树木、里程碑、钻孔及三角点、水准点等，轮廓较小，无法将其形状、大小依比例画到地形图上。这些标记点及地物不考虑其实际大小和形状，采用规定的符号和固定的大小表示。绘制非比例符号时应注意：

1. 规则几何图形符号（圆形、正方形、三角形等），以图形几何中心为实地地物中心位置。

2. 宽底符号（烟囱、水塔等），以符号底部中心为实地地物的中心位置。

3. 底端为直角的符号（独立树、路标等），以符号直角顶点为实地地物中心位置。

4. 几何图形符号（路灯、消火栓等），以符号下方的图形几何中心为地物的实际中心位置。

5. 不规则的几何图形，又没有宽底或直角顶点的符号（山洞、窑洞等），以符号下方两端的中心为实地地物的中心位置。

三、半比例符号（线形符号）

部分地物如道路、通信线路、管道等，其长度可依测图比例尺绘制，而宽度无法依比例表示，可以从图上量取它们的长度，而不能确定它们的宽度。半比例符号的中心线，一般表示其实地地物中线位置。

四、地物注记

用数字、文字对地物加以说明，称为地物注记。如城镇、工厂、河流、道路的名称，桥梁的长度、宽度和载重量，江河的流向、流速及水深，道路的去向，森林、果树等的类别等，用数字、文字加以注记说明。

6.1.4　地貌符号（等高线）

地貌指地表面的高低起伏，包括平原、丘陵（微丘陵和重丘陵）、（山区的）山地及凹地、山谷、山脊等地形。地形图上用等高线表示地貌。

一、等高线概念

等高线指地面上高程相等的相邻点连续形成的闭合曲线。等高线可以这么理解，想象有平静湖水中的山头，水位涨到90m时水面与山四周有一条交叉线，这条交叉线的高程就是90m；当水位涨到95m时水面与山四周仍有一条交叉线，这条交叉线的高程就是95m；当水位涨到100m时水面与山四周仍有一条交叉线，这条交叉线的高程就是100m。将这些高程为90m、95m和100m的交叉线全部投影到一个水平面 P 面上，就形成了该山头的等高线（地貌），如图6-5所示。

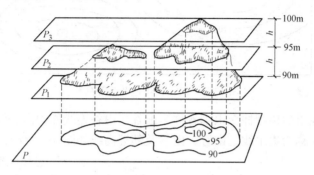

图6-5 等高线示意图

二、等高距和等高线平距

相邻等高线之间的高差称为等高距，用 h 表示，在图6-5中的等高距为5m，在同一幅地形图上，等高距应相等。

相邻等高线之间的水平距离称为等高线平距，用 d 表示。同一地形图上的等高距相等，等高线平距 d 的大小直接反映地面坡度变化。如图6-6所示，地面上 CD 段的坡度大于 BC 段，其等高线平距 cd 小于 bc。显然，等高线平距越小，地面坡度就越大；反之，亦然。据此，可以根据地形图上等高线的疏密来判断地面坡度缓陡。

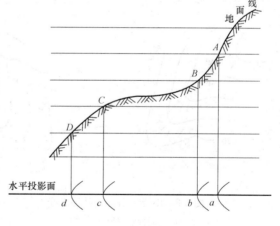

图6-6 等高距和平距

三、典型地貌等高线

了解下面几种典型地貌等高线，有助于识读、应用和测绘地形图。

1. 山丘、洼地及其等高线

图6-7中左侧为山丘及其等高线，地形图上识别方法是：内圈等高线的高程注记大于外圈者为山丘。图6-7中右侧为洼地及其等高线，地形图上识别方法是：内圈等高线的高程注记小于外圈者为洼地。

2. 山脊、山谷及其等高线

山的凸出脊梁由山顶延伸至山脚者称为山脊。山脊连线称为山脊线，因山脊线是雨水分界线，山脊线又称为分水线。

61

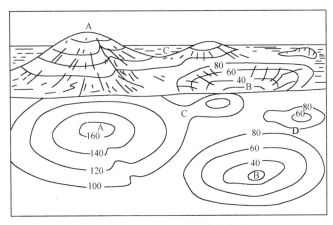

图 6-7　山丘、洼地及其等高线

山的下凹底线由山顶延伸至山脚者称为山谷。山谷连线称为山谷线，因山谷线是雨水汇集线，山谷线又称为集水线。山脊、山谷及其等高线如图 6-8 所示。

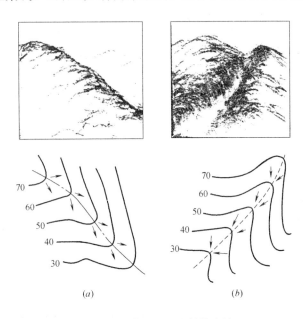

(a)　　　　　　　(b)

图 6-8　山脊、山谷及其等高线

（a）山脊线；（b）山谷线

3. 悬崖峭壁

当地面坡度很陡，一般认为大于 70°时，认为是悬崖峭壁，其等高线可重叠或用一条粗线表示，或用特殊符号表示。

4. 鞍部及其等高线

鞍部又称为丫口，是夹在两山头之间的较低矮部位，如图 6-9 所示。

四、等高线分类

等高线分为首曲线、计曲线，有时还分间曲线和助曲线。

1. 首曲线

首曲线也称为基本等高线，指从高程基准面起算，按规定的基本等高距描绘的等高线，用细实线表示，如图 6-2 中所示的高程为 902m、904m、906m、908m、912m、914m、916m、918m 的等高线。

2. 计曲线

计曲线从高程基准起算，每隔 4 条基本等高线（或 5 倍等高距）有一条加粗的等高线。如图 6-2 中的高程为 900m、910m 和 920m 的等高线。

五、等高线的特性

1. 同一条等高线上，各点的高程应相等。

2. 等高线是闭合曲线，即使在本图幅中没有闭合，在本图幅以外或其他图幅或较小比例的整个图幅中应为闭合曲线。

3. 不同高程的等高线不能相交。某些特殊地貌如悬崖峭壁用特定符号表示其相交或重叠。

4. 同一幅地形图上的等高距是相等的。等高线之间的平距越小，表示地面坡度越陡。

5. 等高线与山脊线、山谷线正交（垂直）。

6.1.5 地形图的坐标、高程系统

一、坐标系统

1. 地理坐标

地理坐标（L，B），又称为大地坐标。国家基本地形图图廓均是由经纬线构成的，图上展绘地理坐标网，用于确定点的地理位置。

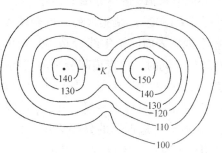

图 6-9 鞍部及其等高线

（1）在 1∶25000、1∶50000、1∶100000 地形图上，上（北）、下（南）内图廓是纬线，左（西）、右（东）内图廓是经线；在图廓四角注有经纬度数值，纬度注在纬线上；在内外图廓之间绘有经纬度的分画线（称为分度带），每隔 1' 标出一个分画线。

（2）识读地理坐标时，只需将两对应边相同数值的分画线连接起来，即可在图上构成地理坐标网。由于在大于 1∶100000 的地形图上，已绘有平面直角坐标网，为了避免两种坐标网在图上相互干扰，所以将经纬线坐标只绘制在图廓上。

2. 高斯平面直角坐标系

我国 1∶10000～1∶500000 比例尺的国家基本地形图均采用了高斯平面直角坐标系。

（1）坐标格网的注记方法是在图廓的四角，注记纵、横坐标的数值，沿东、南图廓注记纵坐标值，其值由南向北增加；沿南、北图廓注记横坐标值，其值由西向东增加。

（2）纵坐标注记为 4 位数，如 3396、3400，标明该线距赤道的千米数。

（3）横坐标注记是 5 位数值，前两位数指明投影带的带号（按我国经度位置，带号应为两位数字，规定在横坐标 Y 值前面冠以投影带带号）；后 3 位数标明该线距纵坐标轴的千米数；其他各坐标线注记后两位数字，如 02、04。

二、高程系统

通常地形图采用的高程系在图廓外的左下方用文字说明。各高程系统之间只需加减一个常数即可进行换算。大多数地形图采用 1985 黄海高程系统，但也有一些地形图采用其他高程系统，如上海及其邻近地区采用吴淞高程系，在地形图应用时，需要加以注意。

6.2 地形图的分幅与编号

为了便于测绘、拼接、使用和管理地形图，需要将各种比例尺的地形图进行统一的分幅和编号。由于图纸的尺寸有限，不可能将测区内的所有地形都绘制在一幅图内，需要进行分幅。地形图的分幅方法有两类：一类是按经纬线分幅的梯形分幅法，又称为国际分幅法；另一类是按坐标格网分幅的矩形分幅法。

6.2.1 梯形分幅法

梯形分幅法又称为国际分幅法，按照国际通用的规定，以 1∶1000000 比例尺的地形图为基础，实行全球统一的分幅和编号。结合我国《国家基本比例尺地形图分幅和标号》GB/T 13989—2012 进行分幅和标号。

一、1∶1000000 地形图的分幅和编号

整个地球表面用子午线分成 60 个 6°纵列，由经度 180°起，自西向东用数字 1、2、3…60 编号。同时，由赤道起分别向北向南直到纬度 88°为止，每隔 4°圈分成 22 个横行，用字母 A、B、C…V 编号，如图 6-10 和图 6-11 所示。我国图幅范围在东经 72°～138°，北纬 0°～56°内，行号 A～N 计 14 行，列号从 43～53 计 11 列。

1∶1000000 地形图的分幅采用国际 1∶1000000 地图分幅标准。每幅 1∶1000000 地形图范围是经差 6°、纬差 4°；纬度 60°～76°之间经差 12°、纬差 4°；纬度 76°～88°之间经差 24°、纬差 4°（在我国范围内没有纬度 60°以上的需要合幅的图幅），由纬差 4°的纬圈和经差 6°的子午线所形成的梯形如图 6-12 所示。例如北京市某地位于东经 116°26′16″，北纬 39°54′22″；都江堰市某地位于东经 103°26′30″，北纬 31°36′06″，如图 6-12 所示。

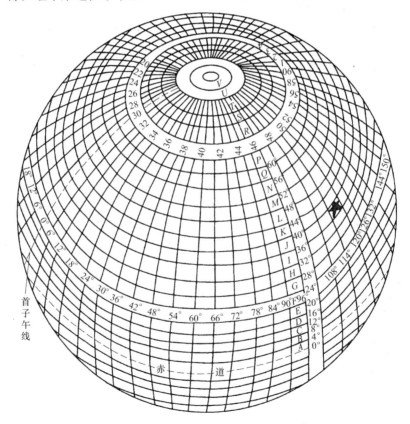

图 6-10 1∶1000000 地形图分幅编号立体示意图

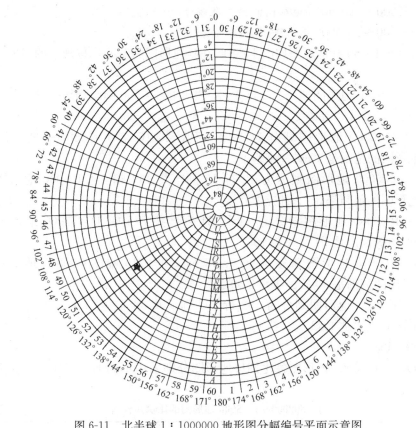

图 6-11 北半球 1∶1000000 地形图分幅编号平面示意图

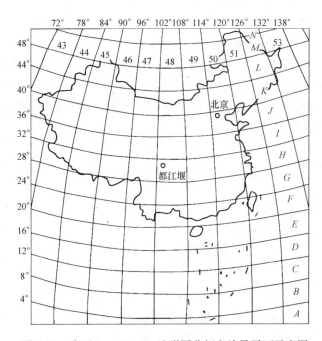

图 6-12 我国 1∶1000000 地形图分幅和编号平面示意图

二、1：500000～1：5000 地形图的分幅及编号

1. 1：500000～1：5000 地形图的分幅

1：500000～1：5000 地形图均以 1：1000000 地形图为基础，按规定的经差和纬差划分图幅。

每幅 1：1000000 地形图划分为 2 行 2 列，共 4 幅 1：500000 地形图，每幅 1：500000 地形图的范围是经差 3°、纬差 2°。

每幅 1：1000000 地形图划分为 4 行 4 列，共 16 幅 1：250000 地形图，每幅 1：250000 地形图的范围是 1°30'、纬差 1°。

每幅 1：1000000 地形图划分为 12 行 12 列，共 144 幅 1：100000 地形图，每幅 1：100000 地形图的范围是 30'、纬差 20'。

每幅 1：1000000 地形图划分为 24 行 24 列，共 576 幅 1：50000 地形图，每幅 1：50000 地形图的范围是 15'、纬差 10'。

每幅 1：1000000 地形图划分为 96 行 96 列，共 9216 幅 1：10000 地形图，每幅 1：10000 地形图的范围是 3'45"、纬差 2'30"。

每幅 1：1000000 地形图划分为 192 行 192 列，共 36864 幅 1：5000 地形图，每幅 1：5000 地形图的范围是 1'52.5"、纬差 1'15"。

2. 比例尺代码

1：500000～1：5000 地形图各比例尺地形图分别采用不同的字符作为其比例尺的代码，见表 6-3。

1：500000～1：5000 地形图的比例尺代码   表 6-3

比例尺	1：500000	1：250000	1：100000	1：50000	1：25000	1：10000	1：5000	1：2000	1：1000	1：500
代码	B	C	D	E	F	G	H	I	J	K

3. 1：500000～1：5000 地形图的图幅编号

1：500000～1：5000 地形图的编号均以 1：1000000 地形图编号为基础，采用行列编号方法。1：500000～1：5000 地形图的图号由其所在 1：1000000 地形图的图号、比例尺代码和各图幅的行列号共 10 位码组成，如图 6-13 所示。各元素均连写，如一幅 1：10000 地形图的图幅编号为 J50G004012。

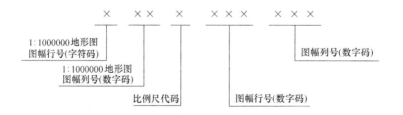

图 6-13 1：500000～1：5000 地形图图幅编号的组成

三、1：2000、1：1000、1：500 地形图的分幅和编号

1. 1：2000、1：1000、1：500 地形图的分幅

1：2000、1：1000、1：500 地形图宜以 1：1000000 地形图为基础，按规定的经差和

66

纬差划分图幅。

每幅1：1000000地形图划分为576行和576列，共331776幅1：2000地形图，每幅1：2000地形图的范围是经差37.5″、纬差25″，即每幅1：5000地形图划分为3行3列，共9幅1：2000地形图。

每幅1：1000000地形图划分为1152行和1152列，共1327104幅1：1000地形图，每幅1：1000地形图的范围是经差18.75″、纬差12.5″，即每幅1：2000地形图划分为2行2列，共4幅1：1000地形图。

每幅1：1000000地形图划分为2304行和2304列，共5308416幅1：500地形图，每幅1：500地形图的范围是经差9.375″、纬差6.25″，即每幅1：1000地形图划分为2行2列，共4幅1：500地形图。

2. 1：1000、1：500地形图的图幅编号方法

1：1000、1：500地形图经、纬分幅的图幅的编号均以1：1000000地形图编号为基础，采用行列编号方法。1：1000、1：500地形图经、纬分幅的图号由其所在1：1000000地形图的图号、比例尺代码和各图幅的行列号共12位码组成，如图6-14所示。各元素均连写，如一幅1：1000地形图的图幅编号为J50J00040012。

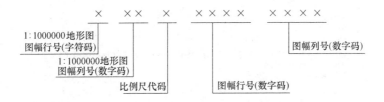

图6-14 1：1000、1：500地形图经、纬分幅的编号组成

6.2.2 矩形分幅法

1：2000、1：1000、1：500地形图也可根据需要采用50cm×50cm正方形分幅和40cm×50cm矩形分幅。不同比例尺的图幅关系见表6-4。

不同比例尺的图幅关系　　　　　　　　　　　　表6-4

比例尺	内幅大小(cm)	实地面积(km²)	一幅1：5000的图幅所包含本图幅的数目
1：5000	40×40	4	1
1：2000	50×50	1	4
1：1000	50×50	0.25	16
1：500	50×50	0.0625	64

大比例地形图的编号一般将图廓坐标原点虚设在西南。有关坐标概念及计算详见第5章和第11章。在图6-15中，图廓西南角点坐标$x=3420.0$km，$y=395201.0$km（工程坐标x为纵坐标，y为横坐标）。大比例地形图，如图6-3所示。

大比例地形图常是小地区或带状地区的工程设计和施工用图，根据具体情况可用其他代号进行编号。可以用测区与阿拉伯数字结合的方法，一般从左到右，从上到下用阿拉伯数字编号，如图6-16中，××-7（××为测区）。还可以用行列编号法，一般以字母为代

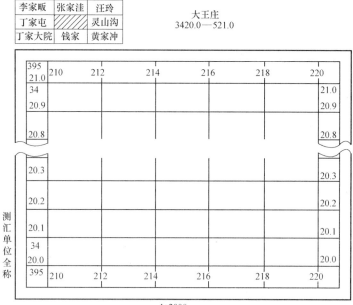

李家畈	张家洼	汪玲
丁家屯	/////////	灵山沟
丁家大院	钱家	黄家冲

大王庄
3420.0—521.0

测汇单位全称

2008年4月测绘　　　　　1:2000
本图采用:
1954 北京坐标系
1985国家高程基准,等高距为1m
《国家基本比例尺地图图式 第1部分1:500 1:1000 1:2000地形图图式》
GB/T 20257.1—2007
(××单位)××××测制

图 6-15　地形图图廓

码表示行号,由上到下排列,以数字代码表示列号,从左到右排列,并以先后列编号,如图 6-17 中 B-3。

大比例地形图的图廓及图外注记,如图 6-3 和图 6-15 所示,包括以下内容:

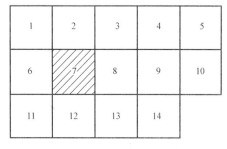

图 6-16　测区与数字综合编号

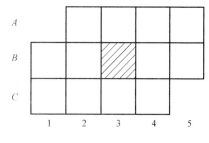

图 6-17　行与列编号

一、图名和图号

图名一般以所在图幅内主要地名来命名,地方较小图名难以确定时,可不标注图名,仅仅标注图号,图名和图号应标注在图幅上部中央,且图名在上,图号在下。

二、图幅结合表(接图表)

图幅结合表绘制在图幅左上角,说明本图幅与相邻图幅的关系,供索取相邻图幅使

68

用。图幅结合表可采用图名注出，仅有图号也可采用图号注出。

三、内外图廓和坐标网格线

矩形分幅的大比例尺地形图有内图廓和外图廓，相当于《建筑制图标准》GB/T 50104—2010 和《道路工程制图标准》GB 50162—92 中要求的外图框线和内图框线。

四、其他图外注记

在图廓左下方应注记测图日期、测图方法、平面和高程坐标系统、等高距及地形图图式的版别。在图廓下方中央应标注比例尺。在图廓的左侧偏下位置应标注测绘单位全称。

思 考 题

1. 名词解释

(1) 地图；(2) 比例尺；(3) 等高线；(4) 等高距；(5) 等高线平距。

2. 简述题

(1) 地图包括哪几方面内容？

(2) 常用比例尺有哪些？

(3) 地形图图示符号有哪三种？

(4) 地貌包括哪些地形？

(5) 典型地貌有哪些？

(6) 等高线分为哪些曲线？

(7) 等高线有哪些特性？

(8) 地形图的分幅方法有哪几类？

第7章　测量误差的基本知识

测量误差涉及内容较为复杂，本章对测量误差的基本知识进行介绍。实际工程测量中，误差是否符合要求，需要根据相关规范进行判定。

7.1　测量误差概述

7.1.1　观测与观测值的分类

一、同精度观测和不同精度观测

按测量时所处的观测条件可分为同精度观测和不同精度观测。

测量工作的构成要素包括观测者、测量仪器和外界条件，通常将这些测量工作的要素统称为观测条件。在相同的观测条件下，即用同一精度等级的仪器、设备，在相同的方法和外界条件下，由具有大致相同技术水平的人所进行的观测称为同精度观测，其观测值称为同精度观测值或等精度观测值。反之，不同精度仪器设备、不同方法、不同技术水平人员对同一测量对象进行观测，则称为不同精度观测，其观测值为不同精度观测值。

二、直接观测和间接观测

按观测量与未知量之间的关系可分为直接观测和间接观测，相应的观测值称为直接观测值和间接观测值。

为确定某未知量而直接进行的观测，即被观测量就是所求未知量本身，称为直接观测，观测值称为直接观测值。通过被观测量与未知量的函数关系来确定未知量的观测称为间接观测，观测值称为间接观测值。

三、独立观测和非独立观测

按各观测值之间相互独立或依存关系可分为独立观测和非独立观测。各观测量之间无任何依存关系，是相互独立的观测称为独立观测，观测值称为独立观测值。若各观测量之间存在一定的几何或物理条件的约束，则称为非独立观测，观测值称为非独立观测值。

7.1.2　测量误差及其来源

一、真值和真误差

在实际的测量工作中，大量实践表明，当对某一未知量进行多次观测时，不论测量仪器有多精密，观测进行的多仔细，所得的观测值总是不尽相同。这种差异都是由于测量中存在误差的缘故。测量所获得的数值称为观测值。由于观测中误差的存在而导致各观测值与真实值（以下简称真值）之间的差异，这种差异称为测量误差（或观测误差）。即真误差等于观测值减去真值，见式（7-1）。

$$\Delta = L - X \tag{7-1}$$

式中　　$\triangle$——真误差；

　　　　L——观测值；

　　　　X——真值。

二、测量误差的来源

由于任何测量工作都是由观测者使用某种仪器、工具，在一定的外界条件下进行的，所以，观测误差主要来源于观测者、测量仪器、外界环境条件。

1. 观测者

由于观测者的视觉、听觉等感官的鉴别能力有一定局限，所以在仪器的安置、使用中都会产生误差，如整平误差、照准误差、读数误差等。同时，观测者的工作态度、技术水平和观测时的身体状况等也是影响观测结果的直接因素。

2. 测量仪器

测量工作要使用测量仪器进行。任何仪器只具有一定限度的精密度，使观测值的精密度受到限制。例如，在用只刻有厘米划分的普通水准尺进行水准测量时，就难以保证估读的毫米值完全准确。同时，仪器因装配、搬运、磕碰等原因导致其存在着自身误差，如水准仪的视准轴不平行于水准管轴，就会使观测结果产生误差。

3. 外界环境条件

测量工作都是在一定的外界环境条件下进行的，如温度、湿度、风力、大气折光等因素，这些因素的差异和变化都会直接对观测结果产生影响，必然给观测结果带来误差。

7.1.3　测量误差的种类

一、粗差

粗差也称错误，是由于观测者使用仪器不正确或疏忽大意，如测错、读错、听错、算错等造成的错误，或因为外界条件以外的显著变动引起的差错。粗差的数值往往偏大，使观测结果显著偏离真值。因此，一旦发现含有粗差的观测值，应将其从观测成果中删除。

二、系统误差

在相同的观测条件下，对某量进行的一系列观测中，数值大小和正负号固定不变，或按一定规律变化的误差，称为系统误差。

系统误差具有累积性，对观测成果的影响显著，应在正式测量前设法消除，或尽量使其减小到对观测量成果的影响可以忽略不计的程度，或采用系统误差的相反值予以抵消。由于这种误差主要是仪器构造不完善而产生的，因此可以采用适当的观测方法或通过计算加以消除。例如，在进行水准测量时，使前后视距离相等，就可以消除或大大减弱视准轴对观测结果的影响；经纬仪测量角采用正、倒镜观测，就可以消除视准轴不垂直于横轴和横轴不垂直竖轴对水平角观测结果的影响；又如用长度不标准的钢尺丈量距离所产生的误差，就可以用钢尺检定的改正数经过计算加以消除。

外界条件和观测者的影响也是产生系统误差的重要因素。例如，温度的变化使钢尺长度发生变化；大气折光对水准测量产生折光差；观测者照准目标时，习惯地把望远镜的十字丝交点对准目标中央的一侧而产生误差等。因此在观测时应注意自然条件的变化，使系统误差的影响减小到最低限度。

三、偶然误差

在相同的观测条件下对某量进行一系列观测，单个误差的出现没有一定的规律性，其数值的大小和符号都不固定，表现出偶然性，但大量的误差却有一定的统计规律，这种误差称为偶然误差，又称为随机误差，例如，读数误差、照准误差等。

产生偶然误差的原因很复杂，如自然条件（观测时空气的跳动、被瞄准目标的照明度、温度、湿度等）的变化；仪器制造不精确及校正不能达到理论上的条件；人的感觉器官所不能避免的误差；甚至观测者操作的熟练程度等都会影响观测结果。偶然误差既不能事先杜绝，也很难从观测结果中完全消除，这就必然使得观测结果中含有偶然误差。

偶然误差反映了观测结果的精密度。精密度是指在同一观测条件下，用同一观测方法对某量多次观测时，各观测值之间互相的离散程度。

系统误差与偶然误差，在观测过程中经常同时产生。有些系统误差的来源是无法事先知道的，致使观测结果不能完全脱离系统误差的影响，因此要设法消除系统误差的影响或使其影响大大小于偶然误差，使观测误差呈现偶然性质。

至于在观测时发生错误，则是由于测量工作者的疏忽大意造成的，在测量成果中绝对不允许存在。为了发现和消除错误，必须采取重复观测和必要的校核。

综上所述，研究观测结果，是在只有偶然误差的情况下来分析它对测量成果的影响，并运用它来判断测量成果的质量，即评定观测值的精度。

7.1.4 偶然误差的特性及其概率密度函数

由前所述，偶然误差单个出现时不具有规律性，但在相同条件下重复观测某一量时，所出现的大量的偶然误差却具有一定的规律性，这种规律性可根据概率原理，用统计学的方法来研究，见表7-1。

偶然误差统计表   表 7-1

误差区间 $d\Delta''$	负误差		正误差	
	个数 k	相对个数	个数 k	相对个数
0.0～0.2	45	0.126	46	0.128
0.2～0.4	40	0.112	41	0.115
0.4～0.6	33	0.092	33	0.092
0.6～0.8	23	0.064	21	0.059
0.8～1.0	17	0.047	16	0.045
1.0～1.2	13	0.036	13	0.036
1.2～1.4	6	0.017	5	0.014
1.4～1.6	4	0.011	2	0.006
1.6 以上	0	0.000	0	0.000
总和	181	0.505	177	0.495

从上表的统计数字中，可以总结出在相同的条件下进行独立观测而产生的一组偶然误差，具有以下四个统计特性：

1. 在一定的观测条件下，偶然误差的绝对值不会超过一定的限度，即偶然误差是有界的；

2. 绝对值小的误差比绝对值大的误差出现的机会大；

3. 绝对值相等的正、负误差出现的个数大致相等；

4. 偶然误差的算术平均值随着观测次数的无限增加趋于零，见式（7-2）。

$$\lim_{n \to \infty} \frac{\Delta_1 + \Delta_2 + \cdots + \Delta_n}{n} = \lim_{n \to \infty} \frac{[\Delta]}{n} = 0 \tag{7-2}$$

式中　Δ_i——第 i 次观测的偶然误差；

　　$[\ ]$——表示求和；

　　n——观测组数。

表 7-1 中，相对个数 $\frac{k}{n}$ 称为频率。若以横坐标表示偶然误差的大小，纵坐标表示 $\frac{频率}{组距}$，即 $\frac{n}{k}$ 除以组距 dΔ（本例取 dΔ=0.2″），即纵坐标代表 $\frac{k}{0.2n}$ 之值，可绘制出误差统计直方图，如图 7-1 所示。

偶然误差一般说来呈正态分布，如图 7-2 所示。

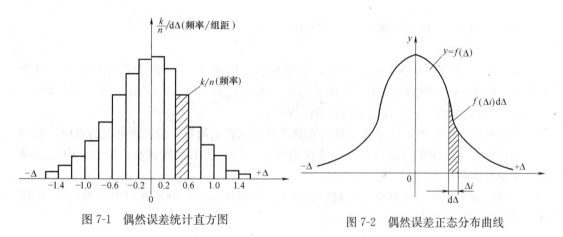

图 7-1　偶然误差统计直方图　　　　图 7-2　偶然误差正态分布曲线

7.2　误差观测精度

7.2.1　精度

精度就是观测成果的精确程度，是指对某一个量的多次观测中其误差分布的密集或离散程度。如果各观测值分布很集中，说明观测值的精度高；反之，如果各观测值分布很分散，说明观测值的精度低。准确度是指观测值中系统误差的大小。精确度是准确度与精密度的总称。

在相同观测条件下所测得的一组观测值，这一组的每一个观测值，都具有相同的精度。虽然它们的真误差不相等，但都对应于同一误差分布，称这些观测值是等精度的。由此，需要建立一个统一的衡量精度的标准，给出一个数值概念，是该标准及其数值大小能反映出误差分布的离散或密集程度，称为衡量精度的指标。

精度的表示方法较多，如皮尺或钢尺量距常用相对误差表示；导线测量、三角形测量网、图根导线测量等常用中误差表示。

7.2.2 中误差

标准差的平方为方差。方差反映的是随机变量总体的离散程度，又称总体方差或理论方差。在测量中，当观测值仅含偶然误差时，方差的大小就反映了总体观测结果接近真值的程度。方差小，观测精度高；方差大，观测精度低。测量条件一定时，误差有确定的分布，方差为定值。但是，计算方差必须知道随机变量的总体，实际上这是做不到的。在实际测量工作中，不可能对某一量作无穷多次观测，因此定义按有限次数观测的偶然误差求得的标准差为中误差。

在测量生产实践中，观测次数 n 总是有限的，以各个真误差的平方和的平均值的平方根作为评定测量质量的标准，称为中误差，用 m 表示，见式（7-3）。

$$m = \pm \sqrt{\frac{[\Delta\Delta]}{n}} \tag{7-3}$$

式中　m——中误差；

　　　$[\Delta\Delta]$——每组等精度观测误差 Δ_i 自乘的总和；

　　　n——观测数。

式（7-3）计算出中误差数值之后，应在数值前加上"±"，因为误差有正负。习惯上，常将标志一个量精确程度的中误差附写于此量之后，如 $83°26'34'' \pm 3''$、458.483 ± 0.005，±后面的数字表示其前边数值的中误差。

应当指出，中误差不同于各个观测值的真误差，它是衡量一组观测精度的指标，它的大小反映出一组观测值的离散程序。中误差越小，观测值的精度就高；反之，中误差越大，表明观测的精度就低。

中误差常用在导线测量（如测距中误差、测角中误差、测距相对中误差）、三角形网测量、电磁波测距和三角高程测量等。

7.2.3 相对误差

在某些测量工作中，绝对误差不能完全反映出测量的质量。例如，用钢尺丈量长度分别为 100m 和 200m 的两段距离，若观测值的中误差都是 ±2cm，不能认为两者的精度相等，显然后者要比前者的精度高，这时采用相对误差就比较合理。相对误差 K 等于误差的绝对值与相应观测值的比值，见式（7-4）。

$$K = \frac{|m|}{D} = \frac{1}{\dfrac{D}{|m|}} \tag{7-4}$$

式中　K——表示相对误差，分子为 1（个单位）；

　　　D——表示两点之间往返测量的平均距离；

　　　m——两点之间往返测量的较差。

计算出的相对误差 K 与规范规定的相对误差比较，分母越大表示精度越高。

工程上在皮尺或钢尺测量水平距离衡量测量精度时，常常使用相对误差。在导线闭合

74

导线和附合导线测量时，也采用相对误差衡量距离坐标增量精度。

7.2.4 极限误差

由偶然误差的特性可知，在一定的观测条件下，偶然误差的绝对值不会超过一定的极限。这个极限就是极限误差。在一组等精度观测值中，绝对值大于 m（中误差）的偶然误差，其出现的概率为 31.7%；绝对值大于 $2m$ 的偶然误差，其出现的概率为 4.5%；绝对值大于 $3m$ 的偶然误差，出现的概率仅为 0.3%。

当误差个数无限增加，并将误差区间 $d\Delta$ 无限缩小时，误差曲线服从"正态分布"，根据正态分布曲线，误差出现在微小区间 $d\Delta$ 的概率计算见式（7-5）。

$$P(\Delta)=f(\Delta)\cdot d\Delta=\frac{1}{\sqrt{2\pi}\sigma}e^{-\frac{\Delta^2}{2\sigma^2}}d\Delta \tag{7-5}$$

在实际测量工作中由于观测次数有限，绝对值大于三倍中误差的偶然误差出现的机会很小。故通常以三倍中误差为偶然误差的极限误差的估值，见式（7-6）。

$$|\Delta_{极}|=3|m| \tag{7-6}$$

极限误差也通常用作测量工作中的容许误差。对精度要求较高时，也可以认为取二倍中误差作为容许误差，见式（7-7）。

$$|\Delta_{容}|=2|m| \tag{7-7}$$

7.3 误差传播定律

函数关系的表现形式分为线性函数和非线性函数两种。由于直接观测值含有误差，因而它的函数必然存在误差。阐述观测值中误差与函数中误差之间关系的定律，称为误差传播定律。

7.3.1 一般函数的中误差

一般函数的中误差传播定律，见式（7-8）。

$$m_z^2=\left(\frac{\partial f}{\partial x1}\right)^2 m_1^2+\left(\frac{\partial f}{\partial x2}\right)^2 m_2^2+\cdots+\left(\frac{\partial f}{\partial x_2}\right)^2 m_n^2$$

$$m_z=\pm\sqrt{\left(\frac{\partial f}{\partial x}\right)^2 m_1^2+\left(\frac{\partial f}{\partial x2}\right)^2 m_2^2+\cdots+\left(\frac{\partial f}{\partial x2}\right)^2 m_n^2} \tag{7-8}$$

式（7-8）称为中误差传播公式，也称为误差传播定律。据式（7-8），导出下列简单函数式的中误差传播公式，见表 7-2。

中误差传播公式 表 7-2

函数名称	函数式	中误差传播公式
倍数函数	$Z=Ax$	$m_z=\pm Am$
和差函数	$Z=x_1\pm x_2$	$m_z=\pm\sqrt{m_1^2+m_2^2}$
	$Z=x_1\pm x_2\pm\cdots\pm x_n$	$m_z=\pm\sqrt{m_1^2+m_2^2+\cdots+m_n^2}$
线性函数	$Z=A_1x_1\pm A_2x_2\pm\cdots\pm A_nx_n$	$m_z=\pm\sqrt{A_1^2m_1^2+A_2^2m_2^2+\cdots+A_n^2m_n^2}$

误差传播定律在测量上应用十分广泛，利用这个公式不仅可以求得观测值函数的中误

差，而且还可以用来研究容许误差的确定以及分析观测可能达到的精度。

7.3.2 误差传播定律在测量上的应用

一、距离丈量的精度

设用长度为 l 的钢尺量距离，如果丈量了 n 个尺段，则全长 $D=nl$。若丈量一尺段中误差为 m，根据误差传播定律，则全长 D 的中误差见式（7-9）。

$$m_D=\pm m\sqrt{n}=\pm m\sqrt{\frac{D}{l}} \tag{7-9}$$

式（7-9）中，m 和 l 在一定的观测条件下，采用一定的钢尺和操作方法，则它们是常数。令 $\mu=\dfrac{m}{\sqrt{l}}$，则：

$$m_D=\pm\mu\sqrt{D} \tag{7-10}$$

式（7-10）中，当 $D=1$ 时，$m_D=\pm\mu$，即 μ 为单位长度的中误差。显然，所丈量距离的中误差与距离 D 的平方根成正比例，距离愈长，中误差愈大。

二、水准测量的精度

设每测站后视读数为 a_1，前视读数为 b_1，其读数中误差为 $m_读$，则一次观测高差为 $h_1=a_1-b_1$。根据误差传播定律，则一次观测高差的中误差见式（7-11）。

$$m_{高差}=\pm m_读\sqrt{2} \tag{7-11}$$

每测站高差是取两次观测高差的平均值，则每测站高差的中误差见式（7-12）。

$$m_站=\pm\frac{m_{高差}}{\sqrt{2}}=\pm m_读 \tag{7-12}$$

若测定 A、B 两水准点间的高差，共观测了 n 个测站，即 $h=h_1+h_2+\cdots+h_n$。

因是等精度观测，所以每个站所测高差的中误差均相同，A、B 两水准点间高差的中误差见式（7-13）。

$$m_b=m_站\sqrt{n}=\pm m_读\sqrt{n} \tag{7-13}$$

设 S 为水准仪至水准尺的距离，L 为 A、B 两水准点间的路线长度，如在较平坦地区进行水准测量，则各测量站的距离大致相等，因而 A、B 两水准点间的测站数 $n=\dfrac{L}{2S}$，代入式（7-13）得到式（7-14）。

$$m_b=m_站\sqrt{\frac{L}{2S}}=m_读\sqrt{\frac{L}{2S}} \tag{7-14}$$

当 $L=1$km 时，每千米单次观测高差的中误差，见式（7-15）。

$$m_{千米}=m_站\sqrt{\frac{1}{2S}}=\frac{m_站}{\sqrt{2S}}=\frac{m_读}{\sqrt{2S}} \tag{7-15}$$

从以上分析可以看出，计算水准测量高差的中误差必须知道水准测量的读数中误差 $m_读$。而影响读数中误差的因素很多，如望远镜的照准误差、水准气泡置中误差、水准尺分划误差、读数凑整误差等。

三、水平角测量的精度

在水平角测量中，影响角度观测精度的因素很多，如仪器误差、对中误差、目标偏心误差、照准误差、读数误差以及外界条件影响的误差等。前三种误差一般属于系统误差，可设法采取适当的观测及计算方法加以消除，并选择有利的外界条件进行观测。因此，影响测角精度的主要因素是照准误差和读数误差。

7.4 等精度直接观测平差

7.4.1 求最或是值

设对某量进行 n 次等精度观测，其真值为 X，观测值为 l_1，l_2，$\cdots$，l_n，相应的真误差为 Δ_1，Δ_2，$\cdots$，Δ_n，则

$$\Delta_1 = l_1 - X$$
$$\Delta_2 = l_2 - X$$
$$\vdots$$

相加 $[\Delta] = [l] - nX$，除以 n 得式（7-16）。

$$\frac{[\Delta]}{n} = \frac{[\Delta]}{n} - X = L - X \tag{7-16}$$

式中，L 按式（7-17）计算。

$$L = \frac{l_1 + l_2 + \cdots + l_n}{n} = \frac{[l]}{n} \tag{7-17}$$

根据偶然误差的第四个特性，当 $n \to \infty$ 时，$\dfrac{[\Delta]}{n} \to 0$，于是 $L \approx X$。即当观测次数 n 无限多时，算术平均值就趋向于未知量的真值。当观测次数有限时，可以认为算术平均值是根据已有的观测数据，所能求得的最接近真值的近似值，称为最或是值，或称为最或然值，用最或是值作为该未知量真值的估值。每一个观测值与最或是值之差，称为最或是误差。最或是误差用符号 ε_i（$i = 1$，2，$\cdots$，n）表示，见式（7-18）。

$$\varepsilon_i = l_i - L \tag{7-18}$$

最或是值与每一个观测值的差值，称为该观测值的改写正数。改写正数与最或是误差绝对值相同，符号相反，即：

$$v_1 = L - l_1$$
$$v_2 = L - l_2$$
$$\vdots$$
$$v_n = L - l_n$$

上面公式相加，得式（7-19）。

$$[v] = nL - [l] \tag{7-19}$$

$[v] = 0$，即改正数总和为零。式（7-19）还可用作计算过程中的校核。

7.4.2 评定精度

一、观测值的中误差

同精度观测值中误差的定义见式（7-20）。

$$m=\pm\sqrt{\frac{[\Delta_1^2+\Delta_2^2+\cdots+\Delta_i^2+\cdots+\Delta_n^2]}{n}}=\pm\sqrt{\frac{[\Delta\Delta]}{n}} \tag{7-20}$$

式中：$\Delta_i=l_i-X$。

由于未知量的真值 X 无法确知，真误差 Δ_i 也是未知数，故不能直接用上式求出中误差，实际工作中，多利用观测值的改正数 v_i（其意义等同于最或是值，而符号相反）来计算观测得中误差，见式（7-21）。

$$m=\pm\sqrt{\frac{[vv]}{n-1}} \tag{7-21}$$

式（7-21）为同精度观测中用观测值的改正数计算观测值中误差的公式，又称为贝塞尔公式。

二、最或是值的中误差

设对某量进行 n 次同精度观测，其观测值为（$l_i=1$，2，$\cdots$，n），观测值中误差为 m，最或是值为 L，见式（7-22）。

$$L=\frac{[l]}{n}=\frac{1}{n}l_1+\frac{1}{n}l_2+\cdots+\frac{1}{n}l_n \tag{7-22}$$

按中误差传播关系，可得式（7-23）。

$$M=\pm\sqrt{\left(\frac{1}{n}\right)^2m^2+\left(\frac{1}{n}\right)^2m^2+\cdots+\left(\frac{1}{n}\right)^2m^2}$$

$$M=\pm\frac{m}{\sqrt{n}} \tag{7-23}$$

式（7-23）为同精度观测的未知量最或是值的中误差计算公式。

7.5 不等精度直接观测平差

在对某量进行不同精度观测时，各观测结果的中误差不同。显然，不能将具有不同可靠程度的各观测结果简单地取算术平均值作为最或是值并评定精度。此时，需要选定某一个比值来比较各观测值的可靠程度，此比值称为权。

7.5.1 权的概念

权是权衡轻重的意思，其应用比较广泛。在测量工作中是一个表示观测结果质量可靠程度的相对性数值，用 P 表示。

一、权的定义

一定的观测条件，对应着一定的误差分布，而一定的误差分布对应着一个确定的中误差，对不同精度的观测值来说，显然中误差越小，精度越高，观测结果越可靠，因而应具有较大的权。故可以用中误差来定义权。

设一组不同精度观测值为 l_i，相应的中误差为 m_i（$i=1$，2，$\cdots$，n），选定任一大于零的常数 λ，P_i 的计算见式（7-24）。

$$P_i=\frac{\lambda}{m_i^2} \tag{7-24}$$

称 P_i 为观测值 l_i 的权。对一组已知中误差的观测值而言，选定一个 λ 值，就有一组对应的权。各观测值权之间的比例关系，见式（7-25）的比例关系式。

$$P_1 : P_2 : \cdots : P_n = \frac{\lambda}{m_1^2} : \frac{\lambda}{m_2^2} : \cdots : \frac{\lambda}{m_n^2} = \frac{1}{m_1^2} : \frac{1}{m_2^2} : \cdots : \frac{1}{m_n^2} \qquad (7\text{-}25)$$

二、权的性质

1. 权和中误差都是用来衡量观测值精度的指标，但中误差是绝对性数值，表示观测值的绝对精度；权是相对性数值，表示观测值的相对精度。

2. 权与中误差的平方成反比，中误差越小，权越大，表示观测值越可靠，精度越高。

3. 权始终取正号。

4. 由于权是一个相对性数值，对于单一观测而言，权没有意义。

5. 权的大小随 λ 的不同而不同，但权之间的比例关系不变。

6. 在同一个问题中只能选定一个 λ 值，不能同时选用几个不同的 λ 值，否则就破坏了权之间的比例关系。

7.5.2　加权平均值及其中误差

一、加权平均值

设对某量进行 n 次不同观测，观测值为 l_1，l_2，$\cdots$，l_n，其相应的权值为 P_1，P_2，$\cdots$，P_n。测量上取加权平均值为该量的最或是值，见式（7-26）。

$$L = \frac{P_1 l_1 + P_2 l_2 + \cdots + P_n l_n}{P_1 + P_2 + \cdots + P_n} = \frac{[Pl]}{[P]} \qquad (7\text{-}26)$$

式（7-26）是不等精度观测时计算最或是值的公式。L 称为加权平均值，或称为广义算术平均值。

最或是误差为

$$v_i = l_i - L$$

将等式两边乘以相应的权值，得

$$P_i v_i = P_i l_i - P_i L$$

相加得

$$[Pv] = [Pl] - [P]L$$

累计相加，见式（7-27）。

$$[Pv] = 0 \qquad (7\text{-}27)$$

式（7-27）可以用作计算过程中的校核。

二、加权平均值的中误差

设 L_1 的中误差为 m_1，L_2 的中误差为 m_2，$\cdots$，L_n 的中误差为 m_n，加权平均值的中误差为 M。因 $L = \dfrac{[Pl]}{[P]} = \dfrac{P_1 l_1}{[P]} + \dfrac{P_2 l_2}{[P]} + \cdots + \dfrac{P_n l_n}{[P]}$，根据误差传播定律，得式（7-28）。

$$M^2 = \frac{1}{[P]^2}(P_1^2 m_1^2 + P_2^2 m_2^2 + \cdots + P_n^2 m_n^2) \qquad (7\text{-}28)$$

式中：m_1，m_2，$\cdots$，m_n 为相应观测值的中误差。

若令单位权中误差 μ 等于第一个观测值 l_1 的中误差，即 $\mu = m_1$，则各观测值的权见式（7-29）。

$$P_i = \frac{\mu^2}{m_i^2} \tag{7-29}$$

将式（7-29）代入式（7-28），得到最或是值的中误差计算表达，见式（7-30）。

$$M^2 = \frac{1}{[P]^2}(P_1 + P_2 + \cdots + P_n)\mu^2 = \frac{1}{[P]^2}[P]\mu^2$$

$$M = \pm \frac{\mu}{\sqrt{[P]}} \tag{7-30}$$

7.5.3 单位权观测值中误差

由式（7-30）知：

$$\mu^2 = m_1^2 P_1$$
$$\mu^2 = m_2^2 P_2$$
$$\vdots$$
$$\mu^2 = m_n^2 P_n$$

将上式累加，得：

$$n\mu^2 = m_1^2 P_1 + m_2^2 P_2 + \cdots + m_n^2 P_n = [Pmm]$$

则，得式（7-31）。

$$\mu = \pm \sqrt{\frac{[Pmm]}{n}} \tag{7-31}$$

当 $n \to \infty$ 时，用真误差 Δ 代替中误差 m，衡量精度的意义不变，见式（7-32）。

$$\mu = \pm \sqrt{\frac{[P\Delta\Delta]}{n}} \tag{7-32}$$

式（7-32）为用真误差计算单位权观测值中误差的公式。利用观测值改正数来计算单位权中误差，得式（7-33）。

$$\mu = \pm \sqrt{\frac{[Pvv]}{n-1}} \tag{7-33}$$

将式（7-33）代入式（7-30）得：

$$M = \pm \sqrt{\frac{[Pvv]}{(n-1)[P]}} \tag{7-34}$$

式（7-34）为用观测值改正数计算不同精度观测值最或是值中误差的公式。

思 考 题

1. 测量误差产生的原因有哪些？
2. 什么是系统误差？如何消除、减弱系统误差？
3. 什么是偶然误差，其具有哪些特性？
4. 什么是中误差、容许误差、相对误差，它们分别使用在什么地方？
5. 什么是误差传播定律？
6. 测量中常用的权的类型有哪些？

第8章 高程测量

本章在第 2 章基础上，详细介绍高程控制测量和依据水准点进行具体点位高程测量，结合示例，浅显易懂。

8.1 水准测量方法

8.1.1 水准点及转点

高程水准测量需要设置水准点和传递高程的转点。水准点指在适当距离范围内设置的高程点位，水准点设置应坚固、稳定、易测，水准点点位的高程可作为其他水准点、待测工程点位引测高程的基准依据。水准点具有传递符合精度的高程的作用，还可作为大地高程测量、工程测量和施工放样高程的依据，需要永久（永久水准点）或较长时间（临时水准点）保存。高程转点是在两相邻水准点之间设置的、临时传递高程的瞬时需要的点位。

一、水准点

1. 水准点分类

水准点分类较多，按照使用持续时间可以分为永久水准点和临时水准点，按照《工程测量规范》GB 50026—2007，水准测量等级分为二、三、四、五等水准点和墙角水准点。此外，根据工程实际需要设置临时水准点。

（1）高程控制点标志

二、三、四等水准点标志可采用磁质金属等材料制作，其规格如图 8-1 和图 8-2 所示。

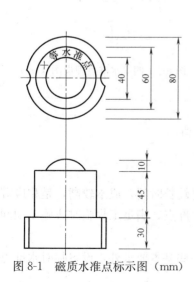

图 8-1　磁质水准点标示图（mm）

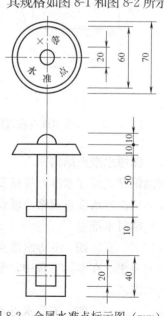

图 8-2　金属水准点标示图（mm）

三、四等水准点及四等以下高程控制点可以利用平面控制点点位标志。

墙角水准点标志制作和埋设规格如图8-3所示。

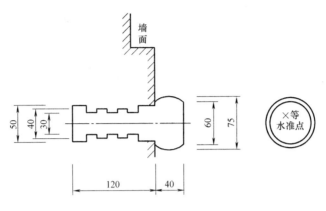

图8-3 墙角水准点标示图（mm）

（2）水准点标石埋设

二、三等水准点标石规格及埋设结构如图8-4所示。

四等水准点标石规格及埋设结构如图8-5所示。

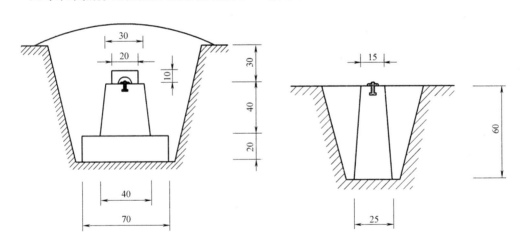

图8-4 二、三等水准点埋设图（cm）　　　图8-5 四等水准点埋设图（cm）

（3）深埋水准点结构图

测温钢管式深埋水准点规格及埋设结构如图8-6所示。

双金色深埋水准点规格及埋设结构如图8-7所示。

（4）临时水准点

设置二、三、四、五等水准点和墙角水准点需要较长时间，成本较高，是相应等级水准测量的要求。在实际工程中，常常需要增设临时水准点，满足工程临时或施工期间内高程传递的需求。

除了二、三、四、五等水准点和墙角水准点的一些基本要求外，设置临时水准点具有临时性、简单性、低成本。设置临时水准点要求：在使用期间坚固、稳定、易测，距离施工地点近，可以设置在房屋屋檐下、上坡石头上、水泥混凝土地面上等。临时水准点容易被损坏或移动，需要进场进行附合测量，确保其高程可靠。

二、高程转点

水准点之间的距离一般较远，在相邻水准点之间需要找寻若干临时高程转点相互传递高程。这些在水准点之间相互传递高程的点，称为高程转点。每一个高程转点需要竖立水准尺，在高程转点需要测量水准读数2次，即前尺（视）读数和后尺（视）读数。

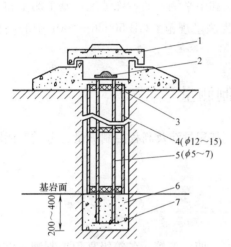

图 8-6 测温钢管标剖面图（cm）

1—标盖；2—标心（有测温孔）；3—相交环；4—钻孔保护钢管；5—心管（钢管）；6—混凝土（或 M20 水泥砂浆）；7—心管封底钢板与根络

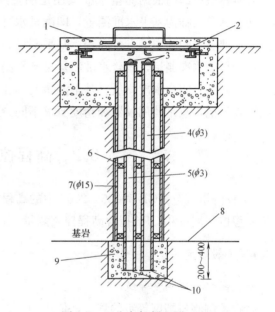

图 8-7 双金色标剖面图（cm）

1—钢筋混凝土标盖；2—钢板标盖；3—标心；4—钢心管；5—铝心管；6—橡胶环；7—钻孔保护钢管；8—新鲜基岩面；9—M20 水泥砂浆；10—心管底板与根络

高程转点重要性与水准点和临时水准点一样重要。其间只要有一个高程转点出现问题，测量水准点的高程，或已知水准点的高程测量其中间点位的高程等工作将无法获得可信赖数据。高程转点具有瞬时性，在水准仪测量该高程转点的后视和前视读数瞬间，高程转点应保持坚固、稳定、易测特性，测量完毕就不用担心该高程转点是否存在、是否可靠了。

有条件的地方，应将高程转点选择在坚固、突出、稳定的石头上的浑圆点位上；没有条件的软弱土层上，应用脚踩踏松土直至板结，在其上面安置尺垫，然后在尺垫上安置水准尺。

为了提高水准测量精度，一般在两相邻高程转点的大致中间安置水准尺，换句话说，水准仪大致安置在两相邻高程转点之间，同一测站的前尺（视）读数和后尺（视）读数宜大致相等。每一条水准视线长度不宜超过水准仪的最大视线长度，一般水准仪视线长度宜保持在 50~120m。

8.1.2 水准测量方法分类

根据《工程测量规范》GB 50026—2007，水准测量分为二、三、四、五等，不同等级有相应仪器及精度要求。根据水准点及水准路线不同，分为闭合水准测量和附合水准测量，闭合水准测量一般用在闭合圈内的场地水准测量，附合水准测量一般用在公路、铁路等路线水准测量。

交通和铁道部门根据测量水准点还是测量点位高程，可分为基平测量和中平测量两类。基平测量又称为基平水准测量，即测量水准点高程。中平测量又称为中平水准测量，即测量水准点之间的中桩点位高程。基平测量和中平测量是比较典型的水准测量分类，适合一般工程的水准测量，闭合水准测量是基平测量和中平测量的特殊情况，基平测量和中平测量同样适合闭合水准测量。基平测量与《工程测量规范》GB 50026—2007 中的高程控制测量类似，只是使用仪器和精度要求不同。

8.2 高程控制测量

《工程测量规范》GB 50026—2007 中的高程控制测量涉及高程控制测量、电磁波测距三角高程控制测量和 GPS 拟合高程控制测量。

8.2.1 一般规定

一、高程控制测量等级

高程控制测量精度等级的划分，依次为二、三、四、五等。各等级高程控制测量宜采用水准仪进行测量（水准测量），四等级以下等级可采用电磁波测距三角高程控制测量，五等也可采用 GPS 拟合高程控制测量。

二、首级高程控制网

首级高程控制网的等级，应根据工程规模、控制网的用途和精度要求合理选择。首级网应布设成环形网，加密网宜布设成附合路线或结点网。

三、测区高程系统

测区的高程系统，宜采用 1985 国家高程基准。在已有高程控制网的地区测量时，可沿用原有的高程系统；当小测区联测有困难时，也可采用假定高程系统。

四、高程控制点间距

高程控制点的距离，一般地区应为 1~3km，工业厂区、城镇建筑区宜小于 1km。但一个测区及周围至少应有 3 个高程控制点。

8.2.2 水准仪高程控制测量

一、水准测量技术要求

水准测量技术要求，见表 8-1。

水准测量主要技术指标 表 8-1

等级	每 km 高差全中误差（mm）	路线长度(km)	水准仪型号	水准尺	观测次数		往返较差、附合或环线闭合差	
					与已知点联测	附合或环线	平地(mm)	山地(mm)
二等	2	/	DS_1	因瓦	往返各 1 次	往返各 1 次	$4\sqrt{L}$	/
三等	6	≤50	DS_1	因瓦	往返各 1 次	往 1 次	$12\sqrt{L}$	$4\sqrt{n}$
			DS_3	双面		往返各 1 次		
四等	10	≤16	DS_3	双面	往返各 1 次	往 1 次	$20\sqrt{L}$	$6\sqrt{n}$
五等	15	/	DS_3	单面	往返各 1 次	往 1 次	$30\sqrt{L}$	/

注：1. 有结点的水准路线长度，不应大于表中规定的 0.7 倍；

　　2. L 为往返水准路线测段、附合或环线的水准路线长度（km），n 为测站数量。

二、水准测量仪器工具

1. 水准仪视准管轴的夹角 i，DS_1 型不应超过 $15''$，DS_3 型不应超过 $20''$。

2. 补偿式自动安平水准仪的补偿误差，对于二等水准测量不应超过 $0.2''$，三等水准测量不应超过 $0.5''$。

3. 水准尺上的米间隔平均长与名义长之差，对于因瓦水准尺不应超过 0.15mm，对于条形码尺不应超过 0.10mm，对于木质双面水准尺不应超过 0.5mm。

三、布设水准点与埋石

1. 应将点位选在土质坚实、稳固可靠的地方或稳定的建筑物上，且便于寻找、保存和引测；当采用数字水准仪作业时，水准路线还应避开电磁场的干扰。

2. 宜采用水准标石，也可采用墙水准点。标志及标石的埋设应符合规定。

3. 埋设完成后，二、三等点应绘制点之记，其他控制点可视需要而定，必要时还应设置指示桩。

四、水准观测技术指标

水准观测应在标石埋设稳定后进行，各等级水准观测的主要技术指标见表 8-2。

水准测量主要指标 表 8-2

等级	水准仪型号	视线长度(m)	前后视的距离较差(m)	前后视的距离较差累计	视线离地面最低高度(m)	基、辅分划或黑、红面读数较差(mm)	基、辅分划或黑、红面所测高差较差(mm)
二等	DS_1	50	1	3	0.5	0.5	0.7
三等	DS_1	100	3	6	0.3	1.0	1.5
	DS_3	75				2.0	3.0
四等	DS_3	100	5	10	0.2	3.0	5.0
五等	DS_3	100	近似相等	/	/	/	/

注：1. 二等水准视线长度小于 20m 时，其视线高度不应低于 0.3m；

　　2. 三、四等水准采用变动仪器高度观测单面水准尺时，所测两次高差较差，应与黑面、红面所测高差之差的要求相同；

　　3. 数字水准仪观测，不受基、辅分划或黑、红面读数较差指标的限制，但测站两次观测的高差较差，应满足表中相应等级基、辅分划或黑、红面所测高差较差的限制。

五、重测条件

两次观测高差较差超限时应重测。重测后，对于二等水准应选取两次异向观测的合格结果，其他等级则应将重测结果与原测结果分别比较，较差均不超过限制时，取三次结果的平均数。

六、跨越江河的水准测量

当水准路线需要跨越江河（湖塘、宽沟、洼地、山谷等）时，应符合下列规定：

1. 水准作业场地应选择在跨越距离较短、土质坚硬、密实，便于观测的地方；标尺点需设立木桩。

2. 两岸测站和立尺点应对称布置。当跨越距离小于 200m 时，可采用单线过河；大于 200m 时，应采用双线过河并组成四边形闭合环。往返较差、环线闭合差应符合表 8-1 的要求。

3. 水准观测的主要技术指标见表 8-3。

跨河水准测量主要指标 表 8-3

跨越距离 (m)	观测次数	单程测回数	半测回远尺读数次数	测回差(mm)		
				三等	四等	五等
<200	往返各 1 次	1	2	/	/	/
200～400	往返各 1 次	2	3	8	12	25

注：1. 一测回的观测顺序：先读近尺，再读远尺；仪器搬至对岸后，不动焦距，先读远尺，再读近尺；

2. 当采用双向观测时，两条跨河视线长度宜相等，两岸岸上长度宜相等，并大于 10m；当采用单向观测时，可分别在上午、下午各完成半数工作量。

4. 当跨越距离小于 200m 时，也可采用在测站上变换仪器高度的方法进行测量，两次观测高差较差不应超过 7mm，取其平均值作为观测高差。

七、水准测量数据处理

1. 当每条水准路线分测段施测时，应按式（8-1）计算每千米水准测量的高差偶然中误差，其绝对值不应超过表 8-1 中相应等级每千米高差全中误差的 $\frac{1}{2}$。

$$M_\Delta = \sqrt{\frac{1}{4n}\left[\frac{\Delta\Delta}{L}\right]} \qquad (8-1)$$

式中 M_Δ——高差偶然中误差（mm）；

Δ——测段往返高差不符合值（mm）；

L——测段长度（km）；

n——测段数。

2. 水准测量结束后，按式（8-2）计算每千米水准测量高差全中误差，其绝对值不应超过表 8-1 中相应等级的规定。

$$M_W = \sqrt{\frac{1}{N}\left[\frac{WW}{L}\right]} \qquad (8-2)$$

式中 M_W——高差全中误差（mm）；

W——附合或环线闭合差（mm）；

L——计算各 W 时，相应的路线长度（km）；

N——附合路线和闭合环的总个数。

3. 当二、三等水准测量与国家水准点附合时，高山地区除应进行正常位水准面不平行修正外，还应进行其重力异常的归算修正。

4. 各等级水准网，应按最小二乘法进行平差并计算每千米高差全中误差。

5. 高程成果的取值，二等水准应精确至0.1mm，三、四、五等水准应精确至1mm。

8.2.3 电磁波测距三角高程控制测量

一、网线布设

电磁波测距三角高程测量，宜在平面控制点的基础上布设成三角高程网或高程导线。

二、电磁波测距三角高程测量技术指标

电磁波测距三角高程测量技术指标见表8-4。

电磁波测距三角高程测量技术指标 表8-4

等级	每千米高差全中误差(mm)	边长(km)	观测方式	对向观测高差较差(mm)	附合或环线闭合差(mm)
四等	10	≤1	对向观测	$40\sqrt{D}$	$20\sqrt{\sum D}$
五等	15	≤1	对向观测	$40\sqrt{D}$	$30\sqrt{\sum D}$

注：1. D 为测距边的长度（km）；

2. 起讫点的精度等级，四等应起讫于不低于三等水准点的高程上，五等应起讫于不低于四等的高程上；

3. 路线长度不应超过相应等级水准路线的长度限值。

三、电磁波测距三角高程观测技术要求

1. 电磁波测距三角高程观测技术要求见表8-5。

电磁波测距三角高程观测技术要求 表8-5

等级	垂直角观测			边长测量	
	仪器精度等级	测回数	指标差较差	测回较差	仪器精度等级	观测次数
四等	2″仪器	3	≤7″	≤7″	10mm级仪器	往返各1次
五等	2″仪器	2	≤10″	≤10″	10mm级仪器	往1次

注：当采用2″级光学经纬仪进行垂直角观测时，应根据仪器的垂直角检测精度，适当增加测回数。

2. 垂直角的对向观测，当直觇完成后应即刻迁站进行返觇测量。

3. 仪器、反光镜或觇牌的高度，应在观测前后各量测一次并精确至1mm，取其平均值作为最终高度。

四、电磁波测距三角高程测量的数据处理

1. 直返觇的高差，应进行地球曲率和折光差的改正。

2. 平差前，应按式（8-2）计算每千米高差全中误差。

3. 各等级高程网，应按最小二乘法进行平差并计算每千米高差全中误差。

4. 高程成果的取值，应精确至1mm。

8.2.4 GPS拟合高程控制测量

一、GPS拟合高程测量适用范围

GPS拟合高程测量仅仅适用于平原或丘陵地区的五等及以下等级高程测量。

二、GPS拟合高程测量测量时段

GPS拟合高程测量宜与GPS平面控制测量一起进行。

三、GPS拟合高程测量技术指标

1. GPS网应与四等或四等以上的水准点联测。联测的GPS点，宜分布在测区的四周和中央。若测区为带状地形，则联测的GPS点应分布于测区两端及中部。

2. 联测点数，宜大于选用计算模型中未知参数个数的1.5倍，点间距宜小于10km。

3. 地形高差变化较大的地区，应适当增加联测的点数。

4. 地形趋势变化明显的大面积测区，宜采取分区拟合的方法。

5. GPS观测技术标准，应按《工程测量规范》GB 50026—2007卫星定位测量的有关规定执行；其天线高应在观测前后各量测1次，取其平均值为最终高度。

四、GPS拟合高程计算

1. 充分利用当地的重力大地水准面模型或资料。

2. 应对联测得已知高程点进行可靠性检验，并剔出不合格点。

3. 对于地形平坦的小测区，可采用平面拟合模型；对于地形起伏较大的大面积测区，宜采用曲面拟合模型。

4. 对拟合高程模型应进行优化。

5. GPS点的高程计算，不宜超出拟合高程模型所覆盖的范围。

五、GPS点的拟合高程成果检验

对于GPS的拟合高程成果应进行检验。检测点数不少于全部高程点的10%且不少于3个点；高差检验可采用相应等级的水准测量方法或电磁波测距三角高程测量方法进行，其高差较差不应大于$30\sqrt{D}$mm（D为检查路线的长度，单位为km）。

8.3　高程测量应用

8.3.1　基平测量

水准点测量根据水准点等级不同，应采用相应的仪器设备及方法进行测量，记录表格也采用相应的记录格式。这里仅介绍公路和铁路中常用的水准点高程测量方法，基平测量。其他水准点测量宜按照相应要求进行，其原理和方法与基平测量基本相同。

一、基平测量

基平测量的目的是测量水准点之间的高差，进而计算出待测水准点的高程。

1. 基平测量方法

基平测量一般采用一台水准仪往返测量，也可以采用同等精度的水准仪同向测量。

2. 基平测量的测站和转点

基平测量需要在两个起终点（水准点）之间安置若干测站，即安置若干次水准仪，水准仪应安置在稳定、易测、通视地点，水准仪应大致居于前后尺的中部位置，水准视线距离适中（一般不超过80～120m）。

基平测量需要在两个起终点（水准点）之间设置若干高程转点ZD，以传递高差或高程。要求转点设置在坚固、稳定、易测位置，能够稳定传递高差，转点是临时性的，每一个转点在读前尺和后尺读数时应可靠稳定，测量并记录完毕。基平测量示意图和测站、转点如图 8-8 和图 8-9 所示。基平测量往测和返测的转点位置不宜完全重合，转点数量不一定相等。

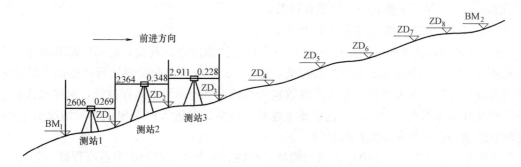

图 8-8　基平测量往测和测站、转点示意图

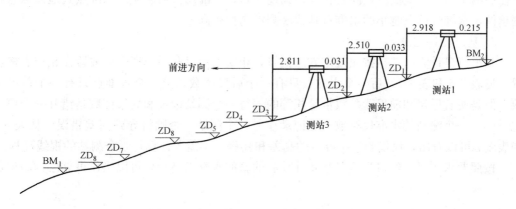

图 8-9　基平测量返测和测站、转点示意图

3. 基平测量

提前按照 8.1 节要求设置好永久水准点或临时水准点。每一次读数之前，需要精平水准仪，水准尺需要立竖直。先测量后尺读数，后测量前尺读数。基平测量宜安排 4 人，其中 1 人视仪，1 人记录，1 人前尺，1 人后尺，前后尺需要经常转换。

二、基平测量计算及记录

1. 基平测量计算

基平测量计算一般计算后尺或前尺累计读数，再计算累计高差。往测高差的绝对值与返测高差的绝对值之差，称为两个水准点之间的高差较差。高差较差与允许误差比较，如果符合要求则计算往测高差的绝对值与返测高差的绝对值的平均高差，从而计算待测水准点的高程；如果不符合要求，则返工重新测量。

计算高差或累计高差宜养成良好习惯，宜按式（8-3）或式（8-4）计算。

$$h_i = h_{hou-i} - h_{qian-i} \tag{8-3}$$

式中　h_i——第 i 个测站的高差，m；

h_{hou-i}——第 i 个测站的后尺读数，m；

h_{qian-i}——第 i 个测站的前尺读数，m。

$$\sum h_i = \sum h_{\text{hou}-i} - \sum h_{\text{qian}-i} \qquad (8\text{-}4)$$

式中 $\sum h_i$——往测或返测的所有测站累计高差，m；可用 $|h_{\text{wang}}| = \sum 后 - \sum 前$ 或 $|h_{\text{fan}}| = \sum 后 - \sum 前$ 表示；

$\sum h_{\text{hou}-i}$——第 i 个测站的后尺累计读数，m；

$\sum h_{\text{qian}-i}$——第 i 个测站的前尺累计读数，m。

$h_i > 0$ 表示前进方向的测站所在的后一个转点地面测点高程高，$h_i < 0$ 表示前进方向的测站所在的后一个转点地面测点高程低，$h_i = 0$ 表示前进方向的测站所在的两个转点地面测点高程相等。其规律是，水准尺读数越大的转点其地面测点高程越低，水准尺读数越小的转点其地面测点高程越高。这里要注意基平测量的前进方向是根据实际情况规定的，往测和返测的前进方向是大致相反的。

类似地，$\sum h_i > 0$ 表示前进方向的测站所在的后一个水准点地面测点高程高，$\sum h_i < 0$ 表示前进方向的测站所在的后一个水准点地面测点高程低，$\sum h_i = 0$ 表示前进方向的测站所在的两个水准点地面测点高程相等。其规律是，水准尺读数越大的水准点其地面测点高程越低，水准尺读数越小的水准点其地面测点高程越高。

2. 基平测量记录

基平测量计算应严格按照规定方法记录，相应的前尺和后尺读数应放置在相应表格位置，见表 8-6 和表 8-7。后一个水准点只有一个后尺读数，前一个水准点只有一个前尺读数，但是所有后尺和前尺读数数量是相等的。每一个测站前尺和后尺读数是错开一个格子记录的，一个测站的水准尺读数不能记录在另一个测站，否则将导致高差错误。从表 8-6 和表 8-7 可以看出，仅仅测量水准点的高差和高程，不需要计算每一个测站的视线高程。

按照要求测量，经过精度复核和计算后的新的水准点高程，可以当作可靠已知高程点使用。

基平测量记录表（往测）   表 8-6

记录：   视仪：   立尺：   复核：

| 测点 | 水准尺读数(m) | | 视线高(m) | 高程(m) | 备注 |
	后尺(视)	前尺(视)			
BM1	2.606			900.000	已知
ZD1	2.364	0.269			
ZD2	2.911	0.348			
ZD3	2.785	0.228			
ZD4	2.252	0.142			
ZD5	2.861	0.221			
ZD6	2.637	0.261			
ZD7	2.349	0.111			
ZD8	2.784	0.079			
BM2		0.085		921.810	可以当作已知高程
$\sum$	23.549	1.744			

往测高差:$h_{wang}=\sum$后$-\sum$前$=23.549-1.744=21.805$	BM2高,BM1低
返测高差:$h_{fan}=\sum$后$-\sum$前$=2.395-24.210=-21.815$	见表8-7
往返高差较差:$h=\|h_{wang}\|-\|h_{fan}\|=21.805-21.815=-0.010$m	$\|h\|=10$mm
限差:$H_{BM2}=\pm30\sqrt{L}=\pm30\sqrt{0.3}=\pm17$mm,$L\approx0.3$km	限差按照相应规范计算
较差与限差比较:$\|h\|=10$mm$<\|h_{xian}\|=17$mm,符合测量精度	
平均高差:$\bar{h}=(\|h_{wang}\|+\|h_{fan}\|)/2=21.810$m	
BM2高程:$H_{BM2}=H_{BM1}+\bar{h}=900.000+21.810=921.810$m	可信赖高程

基平测量记录表（返测）　　　　　　　　表 8-7

记录:　　　视仪:　　　立尺:　　　复核:

测点	水准尺读数(m)		视线高(m)	高程(m)	备注
	后尺(视)	前尺(视)			
BM2	0.215			921.810	可以当作已知高程
ZD1	0.033	2.918			
ZD2	0.031	2.510			
ZD3	0.733	2.811			
ZD4	0.279	2.853			
ZD5	0.245	2.591			
ZD6	0.308	2.655			
ZD7	0.419	2.772			
ZD8	0.132	2.570			
BM1		2.530		900.000	已知
$\sum$	2.395	24.210			
返测高差:$h_{fan}=\sum$后$-\sum$前$=2.395-24.210=-21.815$					

8.3.2 中平测量

一、中平测量

中平测量的目的是测量两个已知水准点之间的点位或中桩的高差,进而计算出待测点位或中桩的高程。

91

1. 中平测量方法

中平测量一般采用一台水准仪附合水准测量，即从一个具有已知可靠高程的水准点出发，中间设置若干个转点，同时在相应测站上测量待测点位或中桩的中尺读数，最终附合到下一个具有已知可靠高程的水准点，附合测量精度达到要求后计算出待测点位或中桩高程。

2. 中平测量的测站、转点及待测点位

中平测量的测站和转点设置及要求同基平测量，所不同的是中平测量的转点需要沿着路线（点位或中桩）方向设置，便于测量点位或中桩高程。中平测量的精度要求一般比基平测量低一些，具体要求需要根据相应工程及相应规范而定。

3. 中平测量

中平测量可以按照下列简单而逻辑清晰的步骤进行：

首先测量后尺转点读数，其次测量前尺转点读数，最后测量中尺读数。先测量转点读数、后测量中尺读数的目的是确保转点高差传递精度，因时间延迟的风、仪器震动等导致个别中桩误差稍微大一些，而对中平测量附合精度不产生影响（已经测量完毕转点读数）。测量前，需要根据后尺转点位置及视线要求等安置水准仪器，前尺需要根据水准仪位置及视线要求选择前一个转点，同时适当照顾中桩点位。测量前需要安置并调平水准仪，读数前，特别是转点读数前必须精平（自动安平水准仪除外）。中间的转点有前尺读数和后尺读数，在前尺读数和后尺读数完成之前，应保证转点可靠稳定、不沉降、不位移。

二、中平测量计算及记录

1. 中平测量记录

中平测量记录比基平测量稍微复杂一点，依据测量步骤宜按照下列顺序记录，见表 8-8。

（1）同一测站首先记录后尺转点读数。

（2）同一测站其次记录前尺转点读数，估计中间需要测设几个中桩就预留几个格子。

（3）同一测站最后测量中尺（点位或中桩）读数，将中尺读数填写在相应预留空格。

以此类推，在该测站测量并记录完成后，方可拆移水准仪进行下一个测站测量。

例如在图 8-10 中的测站 2（在 ZD1 和 ZD2 之间设置测站 2，其间有一个中桩 $0^k+068.34$），先测量并记录后尺读数"2.721"和"0.246"，中间预留一个中桩 $0^k+068.34$ 位置。将"2.721"记录在 ZD1 与后尺交接的格子里，将"0.246"记录在 ZD2 与前尺交接的格子里。最后在该测站测量并记录中桩 $0^k+068.34$ 的中尺读数"2.40"。

2. 中平测量计算

中平测量计算，依据测量和记录顺序，按式（8-5）～式（8-7）计算，如图 8-10 所示。

$$H_{shixian}＝H_{hou-zd}＋h_{hou} \tag{8-5}$$

式中　$H_{shixian}$——该测站视线高程，m；

　　　H_{hou-zd}——该测站后一转点高程，m；

　　　　h_{hou}——该测站后尺读数，m。

$$H_{qian-zd}＝H_{shixian}－h_{qian} \tag{8-6}$$

式中　$H_{qian-zd}$——该测站前一转点高程，m；

h_{qian}——该测站前尺读数，m。

$$H_{zhong} = H_{shixian} - h_{zhong} \qquad (8\text{-}7)$$

式中　H_{zhong}——该测站待测点或中桩高程，m；

　　　h_{zhong}——该测站待测点或中桩点位的中尺读数，m。

中平测量按下列顺序计算：

（1）首先计算并判断测量成果是否满足精度要求

这个步骤仅仅涉及起止水准点和转点，即仅计算所有转点的后尺读数之和与前尺读数之和，然后计算该后尺读数之和减去前尺读数之和的差值，这个差值再与已知起止水准点高差的较差，最后将较差与规定的精度比较，判断测量误差是否符合精度要求。如果不符合，进行返工测量；如果测量精度符合要求，进行下一步计算步骤。这个步骤不涉及点位或中桩的中视读数。

一般转点测量精度要求较高，宜采用 3m 板尺。中尺读数精度要求较低时，可以采用 5m 塔尺。

（2）计算测站视线高和转点高程

测站视线高按式（8-5）计算。转点高程按式（8-6）计算。

从起水准点 BM1 开始，计算 ZD1，然后计算 ZD2…，一直计算到止水准点 BM2。止水准点 BM2 有两个高程数据，一个是已知的基平测量的可靠高程，一个是中平测量从 BM1、ZD1、ZD2…计算到 BM2 的高程。这两个高程数据的差值应等于中平测量与基平水准点的较差，否则计算错误，需要重新计算。这个计算步骤吻合后，方可进行下一步骤计算。

（3）计算中间点位或中桩的高程

中间点位或中桩的高程计算，应采用相应测站对应的视线高程减去相应的中尺读数，一般可以保留两位（大中桥等要求精度较高时）或一位小数（路基中桩等要求精度较低时）。

【例题 8-1】 已知基平测量成果 BM1、BM2 高程分别为 900.000m、921.810m。中平测量数据见表 8-8 中的 1、2、3、4 栏。该段测量大致水准路线长度 300m，中平测量运行误差 $\pm 50\sqrt{L}$（mm），其中 L 为大致水准路线长度（km）。判断该中平测量是否符合精度要求。如果中平测量符合精度要求，计算相应的中桩高程。

【解】 （1）首先计算并判断测量成果是否满足精度要求

中平测量高差：$h_{zhong} = \sum 后 - \sum 前 = 23.929 - 2.101 = 21.828$m

中平测量与基平水准点较差：$h_{zhong-ji} = |h_{zhong}| - |h_{BM12}| = 21828 - 21810 = 18$mm

其中，基平测量的已知可靠水准点高差 $|h_{BM12}| = 921.828 - 900.000 = 21.828$m。

中平测量精度：$h_{zhong-ji} = 18$mm$< 50\sqrt{L} = 50\sqrt{0.3} = 27$mm，中平测量精度符合要求。

（2）计算测站视线高和转点高程

测站视线高按式（8-5）计算。转点高程按式（8-6）计算。中平测量及计算，以表 8-8 测站 2 的实测数据为例，如图 8-10 所示。

ZD1 高程 889.782m 由测站 1 测量并计算得到，在测站 2 为已知高程。测站 2 测量 ZD1 的后尺读数 2.721，前尺读数 0.246。

按式（8-5），测站 2 的视线高程 = 889.782 + 2.721 = 902.503m。

按式（8-6），测站 2 的前一站点 ZD2 的高程＝902.503－0.246＝902.257m。

其余同理可得。

（3）计算中间点位或中桩的高程

按式（8-7），测站 2 的中桩 $0^k＋068.34$ 的高程＝902.503－2.40＝900.103≈900.10m。其余同理可得。

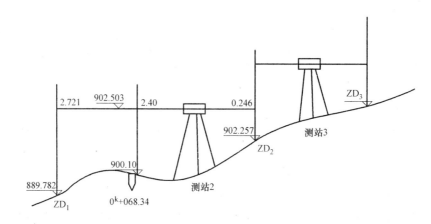

图 8-10 中测量及计算示意图

中平测量记录表 表 8-8

记录： 视仪： 立尺： 复核：

测点	水准尺读数（m）			视线高（m）	高程（m）	备注
	后尺（视）	中尺（视）	前尺（视）			
1	2	3	4	5	6	7
BM1	0.160			900.160	900.000	对应基平
$0^k＋000$		2.50			897.66	
ZD1	2.721		0.378	902.503	899.782	
$0^k＋068.34$		2.40			900.10	
ZD2	2.860		0.246	905.117	902.257	
$0^k＋080$		1.75			903.37	
ZD3	2.793		0.172	907.738	904.945	
$0^k＋100$		1.14			906.60	
ZD4	2.878		0.055	910.561	907.683	
$0^k＋120$		0.40			910.16	
ZD5	2.425		0.079	912.907	910.482	
$0^k＋140$		1.59			911.32	
ZD6	2.682		0.072	915.517	912.835	
$0^k＋160$		0.63			914.89	
ZD7	2.328		0.241	917.604	915.276	
$0^k＋180$		2.44			915.16	

测点	水准尺读数(m)			视线高(m)	高程(m)	备注
	后尺(视)	中尺(视)	前尺(视)			
0^k+200		1.66			915.94	
ZD8	2.128		0.095	919.637	917.509	
0^k+220		3.54			916.10	5m 塔尺
ZD9	2.954		0.748	921.843	918.889	
BM2			0.015		921.810	921.828
					对应基平	对应中平
Σ	23.929		2.101			
中平测量高差：$h_{zhong} = \sum 后 - \sum 前 = 23.929 - 2.101 = 21.828m$						
中平测量与基平水准点较差： $h_{zhong\text{-}ji} = \|h_{zhong}\| - \|h_{BM12}\| = 21828 - 21810 = 18mm$ 其中，$\|h_{BM12}\| = 921.810 - 900.000 = 21.810m$						$\|h_{BM12}\|$ 为已知水准点可靠高差
中平测量精度：$h_{zhong\text{-}ji} = 18mm < 50\sqrt{L} = 50\sqrt{0.3} = 27mm$，符合精度要求						$L \approx 0.3km$

第　页 共　页

三、其他高程测量

具体点位或中桩高程测量，除了公路、铁路、电站沟渠等中线上的中桩外，还有比较集中的点位高程测量，比如公路路基、路面分层点位较多，桥梁 U 形桥台也有多个点位，房屋建筑的基础也有多个点位，这些点位高程测量与中平测量方法和原理基本相同。值得注意的是其他高程测量也应采取附合等校核措施，防止发生错误或损失。其他高程测量，见表 8-9 和图 8-11。

桥 11^k+440 第一台基础顶面高程测量记录表　　　　表 8-9

记录：　　视仪：　　立尺：　　复核：

测点	水准尺读数(m)		高程(mm)			备注
	后尺	前尺	实测	设计	实测与设计之差	
1	2	3	4	5	6=4-5	7
BM29-4	1.652		视线高：569.508	567.856		已知临时水准点
1		4.743	564.765	564.770	-5	
2		4.735	564.773	564.770	3	
3		4.742	564.766	564.770	-4	
4		4.656	564.852	564.850	2	
5		4.650	564.858	564.850	8	
6		4.667	564.841	564.850	-9	

8.3.3　全站仪测量两点高差

精度要求不高的工程放样，可以采用全站仪测量高程或高差。

利用全站仪的高程测量模式测量目标点的高程，也可在测量模式中测得两点之间的高差。

以徕卡 TS02 全站仪为例，测量 A、B 两点的高差，如图 8-12 所示。在 A 点架设全站仪，在 B 点架设棱镜（有的是免棱镜）。高程或高差测量具体操作步骤，见表 8-10。水准仪测量高程或高差时，必须将水准仪安置水平，每一测站测量的高差受到限制；而全站仪没有这一限制，且显示屏可以直接读出待测点 B 的高程或高差，这在精度要求不高或测量难度较大环境（例如隧道洞顶），显得十分方便和快捷。

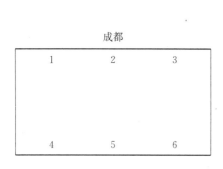

图 8-11　某桥桥台第一层基础高程测量示意图

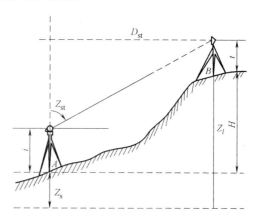

图 8-12　全站仪测量两点高差示意图

全站仪测量两点高差步骤　　　　　　　　　　　　　　表 8-10

序号	操作步骤	图例	备注
1	调平仪器，打开显示窗进入【主菜单】界面		
2	在【主菜单】界面点击"测量"，进入【常规测量】界面		

序号	操作步骤	图例	备注
3	点击"F4",出现"测站"选项	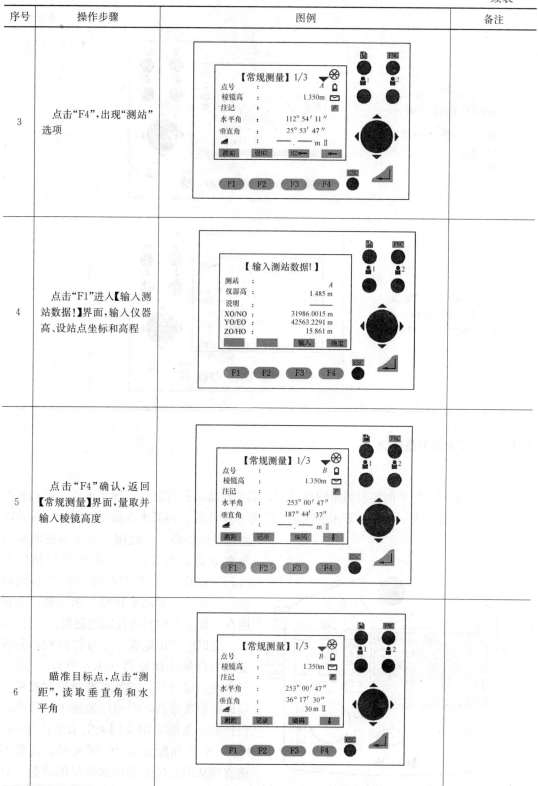	
4	点击"F1"进入【输入测站数据!】界面,输入仪器高、设站点坐标和高程		
5	点击"F4"确认,返回【常规测量】界面,量取并输入棱镜高度		
6	瞄准目标点,点击"测距",读取垂直角和水平角		

序号	操作步骤	图例	备注
7	点击翻页"▢"键,翻页到【常规测量】2/3界面,读取"◣"对应数值,就是 A 点至 B 点所测高差	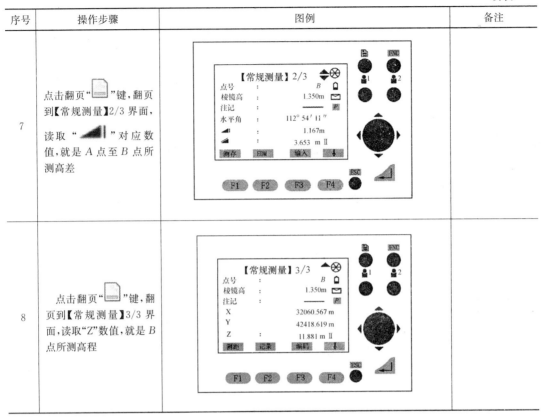	
8	点击翻页"▢"键,翻页到【常规测量】3/3界面,读取"Z"数值,就是 B 点所测高程		

8.3.4 二等水准测量实例

一、概述

高程控制测量与平面控制测量同样重要,需要设置高程控制点,即水准点。高程控制测量等级有一等水准测量、二等水准测量、三等水准测量、四等水准测量。其中一等水准测量精度很高,一般用在大地水准测量等非常重要的场合;二等水准测量精度较高,一般用在重要工程的高程控制网测量;三等和四等水准精度要求一般,常常用在一般工程的高程控制网测量。

现以广州市地铁十一号线高程控制网复测为背景(详见第 9.4.3 节),介绍二等水准测量过程。二等水准测量对测量仪器设备要求很高,广州市地铁十一号线高程控制网复测采用美国天宝水准仪 Trimble DiNi03 和配套的 2m 因瓦尺。肉眼不能直接从因瓦尺上读出水准尺的读数,只能由仪器自动判读水准尺读数,类似于条

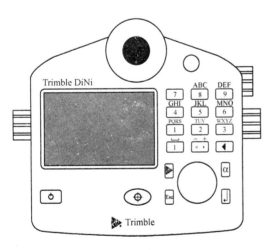

图 8-13 Trimble DiNi03

形码二维码。天宝水准仪 Trimble DiNi 03 和配套的 2m 因瓦尺照片，分别如图 8-13～图 8-17 所示。

图 8-14　Trimble DiNi03 测量照片

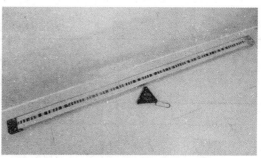

图 8-15　因瓦尺及尺垫总体照片

图 8-16　因瓦尺测量照片 1

图 8-17　因瓦尺测量照片 2

Trimble 的 DiNi03 电子水准仪是世界上精度较高的数字水准仪，采用北京三维导航测绘公司开发的软件可全自动数据处理，可实现无纸化作业，自动出报表。Trimble DiNi 数字水准仪只需读取 30cm 的条码尺就可以计算出正确结果，其优势如下：Trimble DiNi 读数受标尺遮挡、丘陵地形变化的影响比较小，因此设站次数减少了高达 20%；在光线较暗的环境（隧道）整平变得比较容易；受地面附近的折射影响小，确保更高的精度。Trimble DiNi 技术指标精度，每千米往返中误差 0.3mm。Trimble DiNi 0.3 电子测量每千米高程观测值分辨率 0.01mm。铟钢尺（又称为因瓦尺），其原理就是一根用铟钢带尺刻划，并按一定条件固定在尺框内，主要用于精密水准测量。用铟钢带作刻划读数的基质，热膨胀系数较小，材料很贵；另一个是刻划精度较高（并不要求刻划等分很细），一般水准尺是做不到的；再就是固定铟钢带有讲究，基本上是正好自由状态，用手触动可以感觉到。

测区目前共设置 9 个水准点，水准点布置，如图 8-18 所示。9 个水准点中，II11-13、II11-14、II11-15、II11-82、E35 是设计给定已知高程控制点，高程基准采用 1985 国家高程基准；SHJ01、SHJ02、SHJ04、SHJ05 是根据本项目需要加密设置的水准点。本次二等水准测量目的是复核 II11-13、II11-14、II11-15、II11-82、E35 设计给定已知高程控制点，并测量加密水准点 SHJ01、SHJ02、SHJ04、SHJ05 高程。如果是初次测量加密高程水准点，需要计算出这些加密点的高程，后续测量就是复核测量。

以已知高程控制点 II11-15 和待测加密水准点 SHJ04 为例说明高程控制测量思路，如

图 8-18 所示。高程控制测量采用往测与返测共 2 个测回进行校核，二等水准测量精度要求见表 8-11 和第 9.4.3 节，这与第 8.3.1 节的普通水准点测量的思路基本相似。

水准测量的主要技术指标   表 8-11

等级	每千米高差全中误差（mm）	路线长度（km）	水准仪型号	水准尺	观测次数		往返较差、附合或环线闭合差	
					与已知点联测	附合或环线	平地（mm）	山地（mm）
二等	2	/	DS1	因瓦尺	往返各一次	往返各一次	$4\sqrt{n}$	/
三等	6	≤50	DS1	因瓦尺	往返各一次	往一次	$12\sqrt{n}$	$4\sqrt{n}$
			DS3	双面尺		往返各一次		

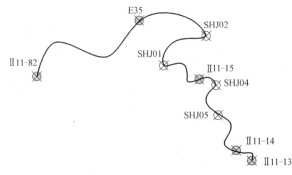

图 8-18 水准线路布置示意图

具体的操作步骤见表 8-12。

二、测量步骤

表 8-12 以已知高程控制点 II11-15 和待测加密水准点 SHJ04 为例，说明天宝水准仪 Trimble DiNi 03 和配套的 2m 因瓦尺进行高程控制测量的步骤。其余每一站的操作步骤与之相同。每一站测量数据自动记录，测量结束后通过数据线传输数据到电脑，采用仪器设备自身携带的软件自动计算。

水准仪测量操作步骤   表 8-12

序号	操作步骤	图例	备注
1	整平架设仪器，开机进入主菜单界面	主菜单 Prj:gzdt 123 1 文件 2 配置 测量 4 计算	
2	点击"测量"进入"测量菜单"界面	测量菜单 123 1 单点测量 2 水准线路 3 中间点测量 4 放样 5 继续测量	

序号	操作步骤	图例	备注
3	进入"开始水准线路"界面,选择"新线路"	开始水准线路　123 线路?　新线路 线路名:　2 继续 从项目 测量模式　aBFFB 奇偶站交替?　✓ 继续	如果选择"继续",则继续未完成的测量,如选"从项目"需输入线路名。可以对数据进行平差
4	选择测量模式,这里选择"aBFFB"	开始水准线路　123 线路?　新 aBF 线路名:　2 aBFFB aBFBF aBBFF 测量模式　a aFBBF 奇偶站交替?　✓ 继续	根据规范要求选择
5	选择"奇偶站交替",按"回车"进入下一页	开始水准线路　123 线路?　新线路 线路名:　2 测量模式　aBFFB 奇偶站交替?　✓ 继续	
6	在下拉菜单中选择或键入点号;在下拉菜单中选择代码或键入代码;输入基准高	水准线路基准　123 输入 点号:　Ⅱ-82 代码: 基准高:　23.52100m 继续	
7	瞄准水准尺,按"拍照"键进行后视测量	水准线路　123 SNo:001　BFFB Z:　23.52100m　点号间隔 Ⅱ-82 代码: 信息　→+	准备测量

101

序号	操作步骤	图例	备注
8	测量完后视将显示读数,并选择"点号步进"	水准线路 123 ✓ B FFB SNo:001 BFFB 点号步进: 42 Rb: 1.04594m 代码: HD: 19.111m 信息 重测 →	测量完毕,自动记录并自动增加
9	如果前视与后视的距离相差较大,则仪器不能够自己读出数据,点击"重测"	水准线路 123 ✓ BFFB SNo:001 BFFB 警告! 前视与后视偏差太大! Rf 6.6m>2m HD 确定 信息 重测 →	
10	在重复测量中选择"重复最后的测量"	重复测量 123 1 重复最后的测量 2 重复最后测站	
11	调整前后视距离后,重新瞄准,点击"拍照"键,进行测量	水准线路 123 ✓ BFFB SNo:001 BFFB 点号步进: 42 Rf: 1.78080m 代码: HD: 18.332m 信息 重测 →	上方左边的 BFFB 中阴影选项为此次对准的目标点,右边的 BFFB 中阴影选项为下次应该瞄准的目标点
12	根据仪器提示,进行前视测量	水准线路 123 ✓ BFFB SNo:001 BFFB 点号间隔: II-82 Rf: 1.78073m 代码: HD: 18.332m 信息 重测 →	

序号	操作步骤	图例	备注
13	根据仪器提示进行后视测量,完成一个测站	水准线路 123 ✓ BFFB SNo:002 RBBF Z: 22.78619m 点号步进: h: -0.73481m 43 dR: 0.00010m 代码: 显示 信息 重测 →十	

两个控制点之间可以根据实际设置多个站,往测和返测的观测方法应当根据《城市轨道交通工程测量规范》GB 50308—2008 确定。即往测奇数站上,后→前→前→后;偶数站上,前→后→后→前。返测奇数站上,前→后→后→前;偶数站上,后→前→前→后。

三、测量成果

Trimble DiNi 03 水准测量内业及成果报告,见附录 1 控制网复测成果报告和表 8-13、表 8-14。

设计给定高程控制点复测较差表   表 8-13

序号	点名	复测高程(m)	设计高程(m)	较差(mm)	备注
1	II11-13	14.395	14.395	0	
2	II11-14	14.281	14.281	0	
3	II11-15	16.877	16.878	−1	
4	II11-82	23.521	23.521	0	
5	E35	16.020	16.020	0	

加密控制点测量成果表   表 8-14

序号	点号	高程(m)	备注
1	SHJ05	15.341	加密
2	SHJ04	15.861	加密
3	SHJ01	16.358	加密
4	SHJ02	16.531	加密

思 考 题

1. 名词解释

(1) 水准点;(2) 高程转点;(3) 基平测量;(4) 中平测量。

2. 简述题

(1) 高程转点设置要求有哪些?

(2) 根据《工程测量规范》GB 50026—2007,水准测量分为几等?

（3）高程控制测量精度等级可分为哪几个等级？

（4）测区的高程系统宜采用哪年的国家高程基准？

（5）中平测量与基平测量的转点一定要求一样吗，中平测量与基平测量的水准路线一定要求一样吗，实际水准测量工作中能否做到二者完全一样，为什么？

（6）高程控制测量等级有哪些等级，各等级高程控制测量分别适用于什么情况？

3. 计算题

（1）某测量小组进行基平测量，已知 BM5 的高程为 763.213m，测量数据见表 8-15 和表 8-16。完善表 8-15 和表 8-16，计算 BM6 的高程。水准路线大致长度 0.85km，测量精度要求 $\pm 30\sqrt{L}$mm，要求写出基本计算过程。如果测量错误，需要明确判断依据，可以不再进行后续计算。

基平测量记录表（往测）   表 8-15

记录：   视仪：   立尺：   复核：

| 测点 | 水准尺读数（m） | | 视线高（m） | 高程（m） | 备注 |
	后尺（视）	前尺（视）			
BM5	2.031			763.213	已知
ZD1	1.869	0.821			
ZD2	1.923	0.234			
ZD3	2.632	0.562			
ZD4	1.789	0.235			
ZD5	1.654	0.536			
ZD6	2.562	0.568			
ZD7	2.463	0.235			
ZD8	2.897	0.652			
ZD9	1.236	1.582			
ZD10	2.468	0.463			
ZD11	2.568	0.365			
BM6		0.895			
Σ					

表 8-16

基平测量记录表（返测）

记录： 视仪： 立尺： 复核：

测点	水准尺读数(m)		视线高(m)	高程(m)	备注
	后尺（视）	前尺（视）			
BM6	0.256				
ZD1	0.569	2.569			
ZD2	0.896	2.568			
ZD3	0.456	2.736			
ZD4	0.598	1.690			
ZD5	0.895	2.589			
ZD6	0.789	2.564			
ZD7	0.369	2.887			
ZD8	0.489	1.557			
ZD9	0.698	2.886			
ZD10	0.689	1.758			
BM5		1.858		763.213	已知
Σ					

（2）某测量小组进行基平测量，已知 BM8 的高程为 452.231m，测量数据见表 8-17
和表 8-18。完善表 8-17 和表 8-18，计算 BM9 的高程。水准路线大致长度 0.55km，测量
精度要求 $\pm 30\sqrt{L}$mm，要求写出基本计算过程。如果测量错误，需要明确判断依据，可
以不再进行后续计算。

表 8-17

基平测量记录表（往测）

记录： 视仪： 立尺： 复核：

测点	水准尺读数(m)		视线高(m)	高程(m)	备注
	后尺（视）	前尺（视）			
BM8	0.568			452.231	已知
ZD1	0.487	1.235			
ZD2	0.268	1.562			
ZD3	1.568	0.258			
ZD4	0.784	0.981			
ZD5	0.481	0.689			
ZD6	0.483	1.256			
ZD7	1.284	0.462			

续表

测点	水准尺读数(m)		视线高(m)	高程(m)	备注
	后尺(视)	前尺(视)			
ZD8	1.211	0.472			
BM9		1.226			
Σ					

第　　页 共　　页

基平测量记录表（返测）　　　　**表 8-18**

记录：　　视仪：　　立尺：　　　　复核：

测点	水准尺读数(m)		视线高(m)	高程(m)	备注
	后尺(视)	前尺(视)			
BM9	0.568				
ZD1	0.238	1.235			
ZD2	0.469	0.486			
ZD3	0.138	0.456			
ZD4	0.786	1.011			
ZD5	0.584	0.470			
ZD6	0.432	0.586			
ZD7	0.781	0.285			
ZD8	0.474	0.458			
BM8		0.486		452.231	已知
Σ					

第　　页 共　　页

(3) 利用基平测量成果，已知 BM5 的高程为 763.313m，BM6 的高程为 782.164m。水准路线大致长度 0.85km，中平测量精度要求 $\pm 50\sqrt{L}$mm，计算该段部分中桩的高程。要求写出基本计算过程，完善表 8-19。如果测量错误，需要明确判断依据，可以不再进行后续计算。

中平测量记录表 表 8-19

记录：   视仪：   立尺：   复核：

测点	水准尺读数（m）			视线高（m）	高程（m）	备注
	后尺（视）	中尺（视）	前尺（视）			
1	2	3	4	5	6	7
BM6	0.212				782.164	对应基平
ZD1	0.462		1.289			
ZD2	0.324		2.156			
ZD3	0.521		2.021			
4^k+040		1.89				
ZD4	0.248		1.921			
4^k+060		1.62				
ZD5	0.527		1.890			
ZD6	0.247		1.561			
4^k+080		1.56				
$0^k+082.56$		2.99				沟（小桥）
4^k+100		1.26				
ZD7	0.430		2.121			
4^k+120		0.46				
ZD8	0.346		2.513			
4^k+140		0.89				
ZD9	0.386		2.452			
4^k+160		2.12				
ZD10	1.289		1.247			
4^k+180		1.98				
ZD11	0.267		1.952			
4^k+200		2.87				
4^k+220		1.48				
ZD12	0.820		1.864			
4^k+240		2.54				
ZD13	0.851		1.588			
ZD14	0.377		0.560			
BM5			1.001		763.313	
					对应基平	对应中平
Σ						

第9章 平面控制测量

9.1 概　　述

9.1.1 平面控制测量概念

测量工作要遵循"从整体到局部"和"先控制后碎部"的原则来组织实施。即先在测区范围内选定一些对整体具有控制作用的点（称为控制点）组成一定的几何图形。用符合精度的仪器、严密的测量及数据处理等精确测定各控制点的平面坐标。这种在地面上按一定规范布设，并进行测量而得到的一系列相互联系的控制点，所构成的网状结构称为测量控制网，简称控制网。在一定区域内，为地形测图、工程测量（放样）建立控制网所进行的测量工作称为控制测量。控制测量包括平面控制测量和高程控制测量。测定控制点平面坐标 (x, y) 所进行的测量工作，称为平面控制测量。平面控制测量网的建立，从测量方法划分可采用传统的导线测量、三角测量、三边测量、边角测量等；从仪器设备方面划分可以采用早期的经纬仪测量，现在应用较多的全站仪和 GPS 测量。本章重点对传统的导线测量和三角测量进行介绍，并侧重以全站仪介绍导线测量。

9.1.2　平面控制测量目的意义

测绘工作的主要目的是解决地物（工程）的定位（平面位置）问题，从而为各种工程建设和国家经济建设提供可靠的技术保障。解决这一问题是通过测定或测设一些特征点的相对位置来实现的。这就需要先在测量工作范围内建立统一的坐标系统，测定一些点的位置作为下一级测量的起算点。但在测量过程中，不可避免产生误差，为尽可能消除或减弱这些误差影响，防止误差的累积，使测量结果（点位）满足精度要求，测量工作必须遵循"从高级到低级，由整体到局部，先控制后碎部"的基本原则。

按照测量工作的基本原则，在测量作业时，首先需要在测区内选择少部分具有控制意义的点，并在点上建立固定的测量标志，这些点被称为控制点。

由控制点组成的网状图形称为控制网。控制点（网）是测区后续测量工作的基础，为后续测量工作提供起算数据。这样既可以减小误差的累积，保证各项测量工作的精度，又便于分组作业，提高工作效率。如图 9-1 所示，设 A、B、C、D、E、F 点为该测量区域的控制点，后续测量工作可把这些控制点作为已知点来测量下一等级点的位置，可以依据这些控制点测量该测区内的房屋、道路中线、桥梁、隧道、电站等的平面位置。

工程建设的各个阶段首先要进行控制测量，其次依据控制测量成果才能进行具体点位的平面测量。控制测量贯穿于工程建设的各阶段。在工程勘测设计阶段，需要进行控制测量；在工程施工阶段，需要进行施工控制测量；在工程竣工后的营运阶段，必要时需要为建筑物变形观测提供专用控制测量；在城市规划、建设和使用阶段需要进行控制测量。可见，作为其他各项测量工作的基础，控制测量具有传递点位坐标、控制全面精度、限制测量误差的传播和累积的作用，可以说控制测量起到基础和前提、核心和骨干的引领作用。

9.1.3 平面控制测量分类

一、平面控制测量分类

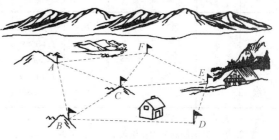

图 9-1　控制点和控制网示意图

平面控制测量的目的是为了确定控制点的平面位置（x，y），按照平面控制测量方法分类可分为导线网、三角网、GPS网等。

导线网是把控制点连成一系列折线（附合导线），或构成相连接的多边形（闭合导线），测定各边的边长和相邻边的水平夹角，按照规定程序测量和计算，最终确定这些控制点的可靠坐标（平面位置）。闭合导线测量的控制点布设，如图9-2所示。

三角网是把控制点按三角形的形式连接起来，测定三角形的所有内角及少量边，按照规定程序测量和计算，最终确定这些控制点的可靠坐标（平面位置）。三角测量的控制点布设如图9-3所示。

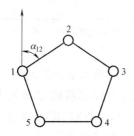

图 9-2　闭合导线测量

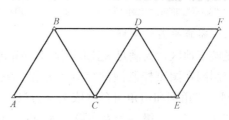

图 9-3　三角测量

二、国家平面控制网

根据《工程测量规范》GB 50026—2007，平面控制网的建立，可采用卫星定位测量、导线测量、三角测量等方法。平面控制网精度等级的划分，卫星定位测量网依次为二、三、四等和一、二级，导线级导线网依次为三、四等和一、二、三级，三角形网依次为二、三、四等和一、二级。卫星定位测量控制网的主要技术指标，见表9-1。导线控制测量的主要技术指标，见表9-2。三角网控制测量的主要技术指标，见表9-3。

卫星定位测量控制网的主要技术指标　　　　　　　表 9-1

等级	平均边长 （km）	固定误差 A （mm）	比例误差系数 B （mm/km）	结束点间的边长 相对中误差	结束平差后最弱 边相对中误差
二等	9	≤10	≤2	≤1/250000	≤1/120000
三等	4.5	≤10	≤5	≤1/150000	≤1/70000
四等	2	≤10	≤10	≤1/100000	≤1/40000
一级	1	≤10	≤20	≤1/40000	≤1/20000
二级	0.5	≤10	≤40	≤1/20000	≤1/10000

导线控制测量的主要技术指标 表 9-2

等级	导线长度（km）	平均边长（km）	测角中误差（"）	测距中误差（mm）	测距相对中误差	测回数 1"级仪器	测回数 2"级仪器	测回数 6"级仪器	方位角闭合差（"）	导线全长相对闭合差
三等	14	3	1.8	20	1/150000	6	10	—	$3.6\sqrt{n}$	≤1/15000
四等	9	1.5	2.5	18	1/80000	4	6	—	$5\sqrt{n}$	≤1/35000
一级	4	0.5	5	15	1/30000	—	2	4	$10\sqrt{n}$	≤1/15000
二级	2.4	0.25	8	15	1/14000	—	1	3	$16\sqrt{n}$	≤1/10000
三级	1.2	0.1	12	15	1/7000	—	1	2	$24\sqrt{n}$	≤1/5000

注：1. 表中 n 为测站数；

2. 当测区测图的最大比例尺为 1：1000 时，一、二、三级导线长度、平均边长可适当放长，但最大长度不应大于表中规定相应长度的 2 倍。

三角形网控制测量的主要技术指标 表 9-3

等级	平均边长（km）	测角中误差（"）	测边相对中误差	最弱边边长相对中误差	测回数 1"级仪器	测回数 2"级仪器	测回数 6"级仪器	三角形最大闭合差（"）
二等	9	1	≤1/250000	≤1/120000	12	—	—	3.5
三等	4.5	1.8	≤1/150000	≤1/70000	6	9	—	7
四等	2	2.5	≤1/100000	≤1/40000	4	6	—	9
一级	1	5	≤1/20000	≤1/20000	—	2	4	15
二级	0.5	10	≤1/10000	≤1/10000	—	1	2	30

注：当测区测图的最大比例尺为 1：1000 时，一、二级网的平均边长可适当放长，但不应大于表中规定长度的 2 倍。

三、城市平面控制网

在城市地区，为满足大比例测图和城市建设施工的需要，布设城市平面控制网。城市平面控制网在国家控制网的控制下布设，按城市范围大小布设不同等级的平面控制网。GPS 网、三角网和边角组合网依次分为二、三、四等和一、二级；导线网则依次分为三、四等和一、二、三级。当需布设一等网时，应另行设计，经主管部门审批后实施。城市平面控制网的主要技术指标应参照表 9-1～表 9-3，还应参照表 9-4、表 9-5。

边角组合网边长和边长测量的主要技术要求 表 9-4

等级	平均边长（km）	测距中误差（mm）	测距相对中误差
二等	9	≤±30	≤1/300000
三等	5	≤±30	≤1/160000
四等	2	≤±16	≤1/120000
一级	1	≤±16	≤1/60000
二级	0.5	≤±16	≤1/30000

光电测距导线的主要技术要求 表 9-5

等级	闭合环及附合导线长度（km）	平均边长（m）	测距中误差（mm）	测角中误差（"）	导线全长相对闭合差
三等	15	3000	≤±18	≤±1.5	≤1/60000
四等	10	1600	≤±18	≤±2.5	≤1/40000
一级	3.6	300	≤±15	≤±5	≤1/14000
二级	2.4	200	≤±15	≤±8	≤1/10000
三级	1.5	120	≤±15	≤±12	≤1/6000

四、小区域控制网

在小于10km²的范围内建立控制网，称为小区域控制网。在这个范围内，水准面可视为水平面，不需要将测量成果归算到高斯平面上，而是采用直角坐标，直接在平面上计算坐标。在建立小区域平面控制网时，应尽量与已建立的国家或城市控制网联测，将国家或城市高级控制点的坐标作为小区域控制网的起算和校核数据。如果测区内或测区周围无高级控制点，或者不便于联测时，也可建立独立设置局部控制网。在建筑工程测量中，常布设小区域控制网进行控制测量。

9.2 导线测量

9.2.1 导线测量概述

导线测量由于布设灵活，要求通视方向少，边长直接测定，精度均匀，适宜布设在建筑物密集视野不甚开阔的地区，如城市、厂矿等建筑区、隐蔽区、森林区，也适于用作狭长地带（如铁路、公路、隧道、渠道等）的控制测量。随着全站仪的日益普及，使导线边长可以延伸，精度和自动化程度均有提高，从而使导线测量得到了更加广泛的应用，成为公路和铁路、中小城市、厂矿等地区建立平面控制网的主要方法。导线测量的主要技术要求见表9-2。

根据测区的实际情况，导线可布设成闭合导线、附合导线和支导线三种形式。主要的是闭合导线、附合导线，在精度要求不高的地方，可以采用支导线。本书以全站仪为例说明闭合导线和附合导线测量。

一、闭合导线

起讫于同一高级控制点的能够形成闭合多边形的导线，称为闭合导线。如图9-4所示，从高级控制点 A 出发，测量闭合多边形 A (1) 2345，再次回到高级控制点 A （闭合到该点）。

二、附合导线

布设在两高级控制点间的导线，称为附合导线。如图9-5所示，从一条已知的高级导线边的 B 出发，测量导线 $B1234C$，附合到另一个已知的高级导线边的 C 点。

三、支导线

仅从一个已知点和一已知方向出发，支出1~2个点，称为支导线。如图9-6所示，由已知高级导线边的点 N 出发，测量导线 $N\,12$，并不经过其他高级导线点进行闭合或附合。当导线点的数目不能满足局部测图需要时，常采用支导线的形式。由于支导线缺乏校核，所以测量规范中规定支导线一般不超过两个点。支导线仅仅使用在测量精

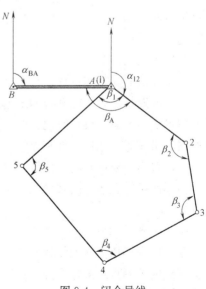

图 9-4 闭合导线

111

度要求不高、控制点等级较低的场合。

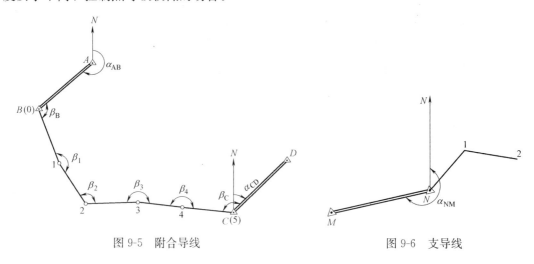

图 9-5　附合导线　　　　　　　　　图 9-6　支导线

9.2.2　导线测量的外业工作

导线测量的外业工作是相对于内业而言的。外业一般指野外作业，有时作业地点距离办公室较远，在导线外业作业驻地常常同时进行内业工作，这有利于现场校核和外业、内业协调进度。导线测量的外业工作包括测区勘察、方案设计、选点、定桩或埋石、外业观测等。外业工作条件艰苦、环境复杂，需要事先认真细致地做好各种准备工作，进行明确的分工，责任到人，有条件时应配备无线通信工具，条件不足时也应协商好联络方法。

一、测区勘察

测区勘察又称为测区踏勘。测区勘察前，要做好踏勘准备工作，包括资料收集、专业仪器设备、野外防护设备和生活设施准备等。首先要收集与测量相关的测量资料，包括国家控制点、城市控制点等各类已知点的成果资料、已有地形图等。其次是利用已有资料研究测区情况，如标石是否完好、是否通视、交通是否便利及人文风俗等情况，以此来确定测区勘察的重点。

二、方案设计

控制测量需要方案设计，包括选择控制点、控制测量方法、导线测量方法等。方案设计是在测区勘察之后，在现有的地形图上根据测区的已知点情况、通视情况等合理设计导线的技术实施方案。设计时先在图上标出测区范围符合起始点要求且现存完好的已知点，再根据测量任务、地形条件和导线测量的技术要求，计划导线的布设形式、路线走向和导线点的位置及需要埋石的点位等。在相对方圆地点，宜选择闭合导线；在狭长的公路、铁路和沟渠测量等宜选择附合导线。可以选择优选方案 A 和比较方案 B，根据实际情况进行取舍。

三、选点

在测区现场依据室内设计和地形条件，经过比较与选择确定图根点的具体位置，选择较为理想的控制点（即导线点）。选点时应满足以下列要求（GPS 测量是基于卫星测量，点位之间不需要通视要求）：

1. 相邻点间必须通视良好，地势较平坦，便于测角和量距。

2. 点位应选在土质坚实处，便于保存标志和安置仪器，不宜将点位选在土质松软或易受损坏的地方，并尽量避开不便作业的地方，也不宜将点位选择在危险地点（过陡坡度、滑坡等），不宜选择容易受到施工、人员干扰的地点。

3. 尽量选在视野开阔之处，使其对测量能有最大效用，便于测图或放样。

4. 导线各边的长度应大致相等，相邻边之比一般应不超过 1∶3，导线边长在 50～350m 之间（特殊条件除外），平均边长符合相应规范的规定。

5. 导线点应有足够的密度，分布较均匀，便于控制整个测区。

四、定桩或埋石

导线点选定之后，要在地面上确定测量标志。临时控制点可以采用木桩上钉铁钉或在水泥路面上钉水泥钉或采用红色油漆标注等，重要的永久性控制点采用混凝土桩预埋不锈钢钉，如图 9-7 所示。

五、外业观测

导线测量观测包括角度测量和边长测量两项内容，角度测量包括导线的交点的角度测量和与已知点之间的连接角观测，交点的角度测量宜测量前进方向的右侧角度。三角测量则仅仅测量角度。

1. 边长测量

早期测量采用传统的经纬仪和钢尺，目前各级导线边长均可用光电测距仪测定，测量时要同时观测竖直角，以供倾斜改正之用。对一、二、三级导线，应在导线边一端测两个测回，或在两端各测一个测回，取其中值并加气象改正；对图根导线，只需在各导线边的一个端点上安置仪器测定一个测回，无需进行气象改正。

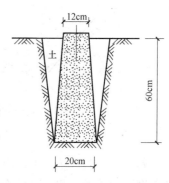

图 9-7　永久性控制点标志

对一、二、三级导线，也可按钢尺量距的精密方法进行。钢尺必须经过检定。对于图根导线，用一般方法往返丈量，当尺长改正数大于 1/10000、量距时平均温度与检定时温度超过 ±10℃、坡度大于 2% 时，应分别进行尺长、温度、倾斜改正。

2. 角度测量

角度测量按测回法施测。对附合导线或支导线，宜测导线前进方向同一侧的右侧角度（图 9-5 中表示的是前进方向的左侧角度），需要左侧角度时可以简单转换。闭合导线也宜测量前进方向的右侧角度，需要内角可以进行简单转换。

3. 连接测量

导线连接角的测量称为导线定向，目的是使导线点的坐标纳入国家坐标系统或该地区的统一坐标系统中。对于高级控制点连接的导线，在闭合导线中需要测出连接角 β_A（图 9-4）；在附合导线中需要测出连接角 β_B、β_C（图 9-5）。有关导线边长测量和角度测量的具体技术要求，见表 9-2、表 9-4。

9.2.3　闭合导线测量内业计算

闭合导线测量的前提是，已知一条基线边，如图 9-8 中的 BA 边，这条边必须现场有

113

可靠点位，室内有可靠坐标数据，其中需要一个起算点（如 B 点）。

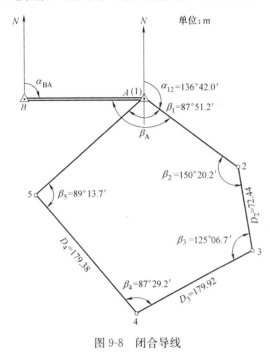

图 9-8　闭合导线

一、闭合导线计算

本书以全站仪为例说明闭合导线内业计算，图 9-8 是图根导线实测略图，计算见表 9-7。闭合导线的计算步骤与调整原理与附合导线基本相同，只是在角度闭合差调整略有不同。闭合导线测量内业计算调整要满足角度闭合差调整和坐标增量闭合差调整 2 个条件。闭合导线是以闭合的几何图形作为校核条件。闭合导线计算有角度闭合差的计算与调整、坐标增量闭合差的计算与调整和坐标计算 3 个步骤。

1. 角度闭合差的计算与调整

闭合导线一般需要内角（可以习惯性测量导线前进方向右侧角度），n 边形内角之和应满足式（9-1）。

$$\sum\beta_{理} = (n-2)\times180° \qquad (9\text{-}1)$$

角度闭合差见式（9-2）。

$$f_\beta = \sum\beta_{测} - \sum\beta_{理} = \sum\beta_{测} - (n-2)\times180° \qquad (9\text{-}2)$$

若 $|f_\beta| > |f_{\beta容}|$，应返工重新测量角度；若 $f_\beta \leqslant f_{\beta容}$，则对各角度值进行调整。各角度属同精度观测，将角度闭合差反符号平均分配（其分配值称为改正数）给各角。

2. 坐标增量闭合差的计算与调整

闭合导线的起、始点为同一个点，理论坐标增量由式（9-3）和式（9-4）计算。

$$\begin{cases}\sum\Delta x_{理} = x_{终} - x_{始}\\ \sum\Delta x_{理} = y_{终} - y_{始}\end{cases} \qquad (9\text{-}3)$$

或

$$\begin{cases}\sum\Delta x_{理} = 0\\ \sum\Delta y_{理} = 0\end{cases} \qquad (9\text{-}4)$$

f_x、f_y 的存在，使最后推得的 A' 点与已知的 A 点不重合。AA' 的距离用 f 表示，称为闭合导线全长闭合差，实测坐标增量闭合差见式（9-5）和式（9-6）。

$$\begin{cases}f_x = \sum\Delta x_i\\ f_y = \sum\Delta y_i\end{cases} \qquad (9\text{-}5)$$

$$f = \sqrt{f_x^2 + f_y^2} \qquad (9\text{-}6)$$

f 值和导线全长 $\sum D$ 的比值 K 称为导线全长相对闭合差，按式（9-7）计算。

$$K = \frac{f}{\sum D} = \frac{1}{\dfrac{\sum D}{f}} \qquad (9\text{-}7)$$

K 值的大小反映了导线测角和测距的综合精度。不同等级的导线相对闭合差的容许值见表9-2。若$K \leqslant K_容$，说明符合精度要求，可以进行坐标增量的调整；否则应进行错误分析，返工重测。对于图根导线，K值应小于$\frac{1}{2000}$，在困难地区，K值可放宽到$\frac{1}{1000}$。式（9-7）中，分母越大，测量精度越高。

分配到各个点上的坐标增量改正值，按照距离比例的相反值分配，见式（9-8）。

$$\begin{cases} V_{xi} = -\dfrac{f_x}{\sum D} \cdot D_i \\ V_{yi} = -\dfrac{f_y}{\sum D} \cdot D_i \end{cases} \tag{9-8}$$

改正后的各点坐标增量等于原始坐标增量加上相应改正值，见式（9-9）。

$$\begin{cases} \Delta x_{i,i+1} = \Delta x'_{i,i+1} + V_{xi} \\ \Delta y_{i,i+1} = \Delta y'_{i,i+1} + V_{yi} \end{cases} \tag{9-9}$$

3. 坐标计算

改正后各点坐标，等于改正后的上一点坐标加上改正后的坐标增量。

$$\begin{cases} x_{i+1} = x_i + \Delta x_{i,i+1} \\ y_{i+1} = y_i + \Delta y_{i,i+1} \end{cases} \tag{9-10}$$

改正后的坐标增量应满足式（9-11）；如果不满足式（9-11），则重新计算。

$$\begin{cases} \sum \Delta x_i = 0 \\ \sum \Delta y_i = 0 \end{cases} \tag{9-11}$$

内业计算中数字的取位应遵守《工程测量规范》GB 50026—2007规定，见表9-6。内业计算中，每一计算步骤都要严格进行校核。只有当角度闭合差消除后，才能进行坐标增量的计算；只有当消除坐标增量闭合差后，才能进行坐标计算。

导线内业计算数字取位的要求

表9-6

等级	观测方向角值及各项修正数（″）	边长观测值及各项修正数（m）	边长与坐标（m）	方位角（″）
三、四等	0.1	0.001	0.001	0.1
一级及以下	1	0.001	0.001	1

二、闭合导线计算示例

【例题9-1】 如图9-8和表9-7所示，五边形12345，高级导线边BA，其中A点与五边形的1点重合，A（1）点既作为高级导线边BA上的控制点，也作为五边形12345的起算（起测）点。A（1000.00，2000.00），根据B（此处略）、A点坐标可以计算出BA边方位角（此处略），根据现场实测连接角β_A，可以计算出五边形的起始边方位角$\alpha_{12} = 136°42'00''$。现场实测五边形12345各个点的前进方向右侧角（此处为内角）分别为$\beta_1 = 87°51'12''$、$\beta_2 = 150°20'12''$、$\beta_3 = 125°06'42''$、$\beta_4 = 87°29'12''$、$\beta_5 = 89°13'42''$。现场实测五边形12345各个边的边长分别为$D_{12} = 107.61\text{m}$、$D_{23} = 72.44\text{m}$、$D_{34} = 179.92\text{m}$、$D_{45} = 179.38\text{m}$、$D_{51} = 224.50\text{m}$。假定角度容许闭合差$f_{\beta 容} = \pm 40'' \sqrt{n}$（$n$为多边形的边或点数），假定坐标增量容许闭合差$K = \frac{1}{2000}$。根据上述外业测量成果和已知条件，计算五边

形 12345 各个点的坐标，完善表格 9-7，计算结果保留两位小数。

【解】 计算结果，如图 9-8 和表 9-7 所示。

1. 角度闭合差的计算与调整

五边形 $n=5$，按式（9-1），根据外业测量五边形内角之和，有 $\sum\beta_{理}=(n-2)\times180°=540°00'00''$。

角度闭合差，按式（9-2），有 $f_\beta=\sum\beta_{测}-(n-2)\times180°=540°01'00''-(5-2)\times180°=00°01'00''=60''$。

显然 $f_\beta\leq f_{\beta容}$，则对各角值进行调整。各角度属同精度观测，将角度闭合差反符号平均分配（其分配值称为改正数）给各角，角度闭合差为 $60''$，$60''/5=12''$，各个角度的角度调整值为 $-12''$。

调整后，多边形各个角度之和应绝对满足多边形内角和：$(n-2)\times180°=540°00'00''$。

2. 坐标增量闭合差的计算与调整

闭合导线的起、始点为同一个点，理论坐标增量由式（9-4）计算，$\sum\Delta x_{理}=0$，$\sum\Delta y_{理}=0$。

实测坐标增量闭合差，按式（9-5）计算，$f_x=\sum\Delta x_i=+0.12$，$f_y=\sum\Delta y_i=+0.19$。

实测坐标增量闭合差，按式（9-6）计算，$f=\sqrt{f_x^2+f_y^2}=0.22$。

导线全长相对闭合差，按式（9-7）计算，$K=\dfrac{f}{\sum D}=\dfrac{1}{\dfrac{\sum D}{f}}=\dfrac{1}{3470}$。

$K=\dfrac{1}{3470}\leq K_{容}=\dfrac{1}{2000}$，说明符合精度要求，可以进行坐标增量的调整。

分配到各个点上的坐标增量改正值，按照距离比例的相反值分配，即按式（9-8）分配计算。例如：$V_{x1}=-\dfrac{f_x}{\sum D}\cdot D_{12}=-\dfrac{+0.12}{763.85}\times107.61=-0.01$，$V_{y1}=-\dfrac{f_y}{\sum D}\times D_{12}=-\dfrac{+0.19}{763.85}\times107.61=-0.03$；余同。

改正后的各点坐标增量等于原始坐标增量加上相应改正值，按式（9-9）计算。例如：$\Delta x_{1,2}=\Delta x'_{1,2}+V_{x1}=-78.32-0.01=-78.33$，$\Delta y_{1,2}=\Delta y'_{1,2}+V_{y1}=73.80-0.03=73.77$；余同。

3. 坐标计算

改正后各点坐标，等于原始坐标加上改正后的坐标增量，按式（9-10）计算。例如：$x_2=x_1+\Delta x_{1,2}=1000-78.33=921.67$，$y_2=y_1+\Delta y_{1,2}=2000+73.77=2073.77$；余同。

改正后的坐标增量应满足式（9-11），即 $\sum\Delta x_i=0$，$\sum\Delta y_i=0$。

9.2.4 附合导线测量内业计算——方位角法

附合导线测量的前提是已知两条基线边，如图 9-5 中的 AB、CD 边，这两条边必须现场有可靠点位，室内有可靠坐标数据；其中 AB 边的 B 点作为坐标起测（起算）点，CD 边的 C 点作为终测（终算）点。附合导线内业计算常用的方法有方位角法和虚拟多边形法。本书就方位角法计算附合导线进行详细介绍。

点号	观测角（右角）	改正后的角度	坐标方位角	边长(m)	增量计算值		改正后的增量值		坐标		备注
					$\Delta x'$	$\Delta y'$	Δx	Δy	x	y	
1	2	3	4	5	6	7	8	9	10	11	12
A(1)	−12″ 87°51′12″	87°51′00″			−0.01 −78.32	−0.03 +73.80	−78.33	+73.77	1000	2000	假定已知
			136°42′00″	107.61							
2	−12″ 150°20′12″	150°20′00″							921.67	2073.77	
3	−12″ 125°06′42″	125°06′30″	166°22′00″	72.44	−0.01 −70.40	−0.02 +17.07	−70.41	+17.05			
									851.26	2090.82	
4	−12″ 87°29′12″	87°29′00″	221°15′30″	179.92	−0.03 −135.25	−0.04 −118.65	−135.28	−118.69	715.98	1972.13	
5	−12″ 89°13′42″	89°13′30″			−0.03 +124.10	−0.04 −129.52	+124.07	−129.56	840.05	1842.57	
			313°46′30″	179.38							
1									1000	2000	计算
			44°33′00″	224.50	−0.04 +159.99	−0.06 +157.49	+159.95	+157.43	1000	2000	已知
Σ	540°01′00″	540°00′00″		763.85	0.12	0.19	0	0			累计

$f_\beta=60″$ $f_{\beta容}=±40″\sqrt{5}=±89.4″$

$f=\sqrt{f_x^2+f_y^2}=0.22m$ $K=\dfrac{f}{\sum D}=\dfrac{0.22}{763.85}≈\dfrac{1}{3470}$

+284.09	+284.36	+284.02	+284.27
−283.97	−284.17	−284.02	−284.27
$f_x=$ +0.12	$f_y=$ +0.19	$\sum\Delta x_i$ =0	$\sum\Delta y_i$ =0

一、方位角法计算附合导线

以图 9-5 的附合导线为例。A、B 和 C、D 是高级控制点，α_{AB}、α_{CD} 及 x_B、y_B、x_C、y_C 为高级控制点 B、C 点的计算和测量数据，β_i 和 D_i 分别为角度（一般可以习惯性测量前进方向的右侧角度然后转化成左侧角度）和边长观测值，计算 1、2、3、4 点的坐标。A、B、C、D 是已知高级控制点，相对于施测的导线来说，可认为其已知坐标是无误差的标准值或可靠值。

方位角法计算附合导线有 2 个几何条件：一个方位角闭合条件，即根据已知方位角 α_{AB}，通过各 β_i 的观测值推算出 CD 边的坐标方位角 α'_{CD}，理论上应等于已知的 α_{CD}；另一个是纵横坐标闭合条件，即由 B 点的已知坐标 x_B、y_B，经各边、角推算求得的 C 点坐标 x'_C、y'_C 应与已知的 x_C、y_C 相等。这两个条件是方位角法计算附合导线观测值的校核条件，是进行方位角法计算附合导线坐标与调整的基础。

方位角法计算附合导线，分坐标方位角的计算与调整、坐标增量闭合差的计算与调整、坐标计算，共 3 个计算步骤。

1. 坐标方位角的计算与调整

根据 C、D 点坐标，可推算出 CD 边的坐标方位角，方位角计算步骤和过程见第 5 章。

由于测角中存在误差，所以 α'_{CD} 一般不等于已知的 α_{CD}，其差数称为方位角闭合差（道理类似于闭合导线角度闭合差，只是这里是推算的方位角而已），即

$$f_\beta=\alpha'_{CD}-\alpha_{CD} \tag{9-12}$$

117

各级导线角度闭合差的容许值 $f_{\beta容}$，见《工程测量规范》GB 50026—2007 规定。例如图根导线首级控制，方位角闭合差见式（9-13）。

$$f_{\beta容} = \pm 40'' \sqrt{n} \qquad (9\text{-}13)$$

式中 n——测站数。

若 $|f_\beta| > |f_{\beta容}|$，应返工重新测量角度；若 $f_\beta \leqslant f_{\beta容}$，则对各角值进行调整。各角度属同精度观测，所以将角度闭合差反符号平均分配（其分配值称为改正数）给各角。然后计算各边方位角。作为检核，由改正后的角度值推算的 α'_{CD} 应与已知的 α_{CD} 相等。这些思路和步骤与闭合导线基本相同。

2. 坐标增量闭合差的计算与调整

附合导线坐标增量闭合差的计算和调整与闭合导线基本步骤相同；不同的是闭合导线起终点是同一个点，附合导线的起点与终点是不同的两个点。从 B 点计算到 C 点，理论坐标增量之和应满足式（9-14）。

$$\begin{cases} \sum \Delta x_{理} = x_{终} - x_{始} = x_C - x_B \\ \sum \Delta x_{理} = y_{终} - y_{始} = y_C - y_B \end{cases} \qquad (9\text{-}14)$$

边长测量的误差和角度闭合差调整后的残余误差，使计算出的 $\sum \Delta x_i$、$\sum \Delta y_i$ 往往不等于 $\sum \Delta x_{理}$、$\sum \Delta y_{理}$，产生的差值分别称为纵坐标增量闭合差 f_x，横坐标增量闭合差 f_y。坐标增量闭合差，按式（9-15）计算。

$$\begin{cases} f_x = \sum \Delta x_i - \sum \Delta x_{理} = \sum \Delta x_i - (x_{终} - x_{始}) \\ f_y = \sum \Delta y_i - \sum \Delta y_{理} = \sum \Delta y_i - (y_{终} - y_{始}) \end{cases} \qquad (9\text{-}15)$$

f_x、f_y 的存在，使最后推得的 C' 点与已知的 C 点不重合。CC' 的距离用 f 表示，称为附合导线全长闭合差，按式（9-16）计算，这与闭合导线类似。

$$f = \sqrt{f_x^2 + f_x^2} \qquad (9\text{-}16)$$

f 值和导线全长 $\sum D$ 的比值 K 称为导线全长相对闭合差，按式（9-17）计算。这与闭合导线相同。

$$K = \frac{f}{\sum D} = \frac{1}{\dfrac{\sum D}{f}} \qquad (9\text{-}17)$$

K 值的大小反映了导线测角和测距的综合精度。不同等级的导线相对闭合差的容许值见表 9-2。若 $K \leqslant K_容$，说明符合精度要求，可以进行坐标增量的调整；否则应进行错误分析，返工重测。

调整的方法是：将闭合差 f_x、f_y 分别反符号按与边长成正比的原则，分配给相应的各边坐标增量，按式（9-18）计算。

$$\begin{cases} V_{xi} = -\dfrac{f_x}{\sum D} \cdot D_i \\ V_{yi} = -\dfrac{f_y}{\sum D} \cdot D_i \end{cases} \qquad (9\text{-}18)$$

作为校核，改正后的坐标增量总和应等于 B、C 两点的坐标差。

3. 坐标计算

根据起点 B 的坐标及改正后的坐标增量，改正后各点坐标，等于改正后的上一点坐标加上改正后的坐标增量，按式（9-19）计算。

$$\begin{cases} x_{i+1}=x_i+\Delta x_{i,i+1} \\ y_{i+1}=y_i+\Delta y_{i,i+1} \end{cases} \tag{9-19}$$

依次计算各点坐标，最后算得的 C 点坐标应等于已知的 C 点坐标；否则计算有误，应重新计算。

改正后的坐标增量应满足式（9-20）；如果不满足式（9-20），重新计算。

$$\begin{cases} \sum \Delta x_i = x_{终} - x_{始} \\ \sum \Delta y_i = y_{终} - y_{始} \end{cases} \tag{9-20}$$

二、方位角法附合导线计算示例

【例题 9-2】 如图 9-9 和表 9-8 所示，已知两条高级导线边 AB（现场有可靠点、室内有可靠坐标数据）和 CD（现场有可靠点、室内有可靠坐标数据），其中 B 点与附合导线的起点 0 点重合，C 点与附合导线的 5 点重合，B、C 点既作为高级导线边上的控制点，也作为附合的起算（起测）点、终算（终测）点。B（2507.687，1215.630）、C（2166.741，1757.266）。根据 A（此处略）、B 点坐标可以计算出 AB 边方位角，$\alpha_{AB}=237°59'30''$，根据 C、D（此处略）点坐标可以计算出 CD 边方位角，$\alpha_{CD}=46°45'24''$。根据现场实测连接角 $\beta_B=99°01'00''$、$\beta_C=129°27'24''$。现场实测附合导线（0）1234（5）各个点的前进方向右侧角（一般宜测量右侧角度）转换成左侧角，分别为 $\beta_0=\beta_B=99°01'00''$、$\beta_1=167°45'36''$、$\beta_2=123°11'24''$、$\beta_3=189°20'36''$、$\beta_4=179°59'18''$、$\beta_5=\beta_C=129°27'24''$。现场实测附合导线（0）1234（5）各条边的边长分别为 $D_{01}=225.85\text{m}$、$D_{12}=139.03\text{m}$、$D_{23}=172.57\text{m}$、$D_{34}=100.07\text{m}$、$D_{45}=102.48\text{m}$。假定角度容许闭合差 $f_{\beta容}=\pm40''\sqrt{n}$（$n$ 为多边形的边或点数），假定坐标增量容许闭合差 $K=\dfrac{1}{2000}$。根据上述外业测量成果和已知条件，计算附合导线（0）1234（5）各个点的坐标，完善表 9-8，计算结果保留 3 位小数。

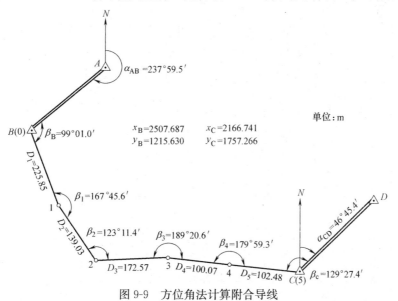

图 9-9 方位角法计算附合导线

【解】

1. 坐标方位角的计算与调整

119

表 9-8

方位角法附合导线计算表

点号	观测角（左角）	改正后的角度	坐标方位角	边长(m)	增量计算值		改正后的增量值		坐标		点号
					Δx'	Δy'	Δx	Δy	x	y	
1	2	3	4	5	6	7	8	9	10	11	12
$\frac{A}{B}$	+6″ 99°01′00″	99°01′06″	237°59′30″						2507.687	1215.630	已知
				225.85	+0.045 −207.911	−0.043 +88.210	−207.866	+88.167			
1	+6″ 167°45′36″	167°45′42″	157°00′36″						2299.821	1303.797	
				139.03	+0.028 −113.568	−0.026 +80.198	−113.540	+80.172			
2	+6″123°11′24″	123°11′30″	144°46′18″						2186.281	1383.969	
				172.57	+0.035 +6.133	−0.033 +172.461	+6.168	+172.428			
3	+6″ 189°20′36″	189°20′42″	87°57′48″						2192.449	1556.397	
				100.07	+0.020 −12.730	−0.019 +99.257	−12.710	+99.238			
4	+6″ 179°59′18″	179°59′24″	97°18′30″						2179.739	1655.635	
				102.48	+0.021 −13.019	−0.019 +101.650	−12.998	+101.631			
$\frac{C}{D}$	+6″ 179°27′24″	129°27′30″	97°17′54″ 46°45′24″						2166.741 2166.741	1757.266 1757.266	计算 已知
Σ				740.00	−341.095	+541.776	−341.946	+541.636			

$\alpha'_{\mathrm{CD}} = 46°44′48″$

$\alpha_{\mathrm{CD}} = 46°45′24″$

$f_\beta = -36″$

$f_{\beta容} = \pm 40″\sqrt{6} = 1′38″$

$|f_\beta| < |f_{\beta容}|$

$$\frac{X_{\mathrm{C}} - X_{\mathrm{B}} = -340.946}{f_{\mathrm{x}} \quad -0.149} \qquad \frac{y_{\mathrm{C}} - y_{\mathrm{B}} = +541.636}{f_{\mathrm{y}} \quad 0.140}$$

$$f = \sqrt{f_{\mathrm{x}}^2 + f_{\mathrm{y}}^2} = 0.20 \qquad K = \frac{0.20}{740} \approx \frac{1}{3700} < \frac{1}{2000}$$

方位角计算步骤和过程见第 5 章。根据外业测量数据，从已知 AB 边方位角、左侧角度 β_i 和 D_i，可以逐边推算出下一条边的方位角，直至推算出 CD 边的方位角 $\alpha'_{CD}=46°44'48''$。

按式（9-12），可以推算出方位角闭合差。

$$f_\beta = 46°44'48'' - 46°45'24'' = -36''。$$

已知图根导线容许闭合差，按式（9-13）。

$n=6$，则 $f_{\beta容} = \pm 40''\sqrt{6} \approx 1'38''。$

$f_\beta \leqslant f_{\beta容}$，对各角值进行调整。各角度属同精度观测，所以将角度闭合差反符号平均分配（其分配值称为改正数）给各角。然后计算各边方位角。作为检核，由改正后的角度值推算的 α'_{CD} 应与已知的 α_{CD} 相等。

2. 坐标增量闭合差的计算与调整

附合导线理论坐标增量之和，按式（9-14）计算。

$$\sum \Delta x_{理} = x_C - x_B = 2166.741 - 2507.687 = -340.946$$

$$\sum \Delta y_{理} = y_C - y_B = 1757.266 - 1215.630 = +541.636$$

$$\sum \Delta x_i = -207.911 - 113.568 + 6.133 - 12.730 - 13.019 = -341.095$$

$$\sum \Delta y_i = +88.210 + 80.198 + 172.461 + 99.257 + 101.650 = +541.776$$

坐标增量闭合差，按式（9-15）计算。

$$f_x = \sum \Delta x_i - (x_{终} - x_{始}) = -341.095 - (-340.946) = -0.149$$

$$f_y = \sum \Delta y_i - (y_{终} - y_{始}) = +541.766 - (+541.636) = +0.140$$

附合导线全长闭合差，按式（9-16）计算。

$$f = \sqrt{f_x^2 + f_y^2} = \sqrt{(-0.149)^2 + 0.140^2} = 0.20$$

导线全长相对闭合差 K，按式（9-17）计算。

$$K = \frac{f}{\sum D} = \frac{0.20}{740} = \frac{1}{3700}$$

对于图根导线，K 值应小于 $\frac{1}{2000}$，说明符合精度要求，可以进行坐标增量的调整；否则应进行错误分析，返工重测。

调整的方法是：将闭合差 f_x、f_y 分别反符号按与边长成正比的原则，分配给相应的各条边坐标增量，按式（9-18）计算。例如：

$$V_{x1} = -\frac{f_x}{\sum D} \cdot D_1 = -\frac{-0.149}{740} \times 225.85 = +0.045$$

$$V_{y1} = -\frac{f_y}{\sum D} \cdot D_1 = -\frac{+0.140}{740} \times 225.85 = -0.043$$

其余同理可得。作为校核，改正后的坐标增量总和应等于 B、C 两点的坐标差。

3. 坐标计算

根据起点 B 的坐标及改正后的坐标增量，改正后各点坐标，等于改正后的上一点坐标加上改正后的坐标增量，按式（9-19）计算。

依次计算各点坐标，最后算得的 C 点坐标应等于已知的 C 点坐标；否则计算有误，应重新计算。

改正后的坐标增量应满足式（9-20）；如果不满足式（9-20），重新计算。

9.2.5　附合导线测量内业计算——虚拟多边形法

一、虚拟多边形法计算附合导线

本节介绍附合导线计算的另一方法——虚拟多边形法。如图 9-10 所示，将附合导线的高级导线边 BA、EF 延长交会于 P 点。这样附合导线 1（A）23456（B）加上 P 点，就虚拟成了 n 个多边形，其中 n 为附合导线的点数量（或为附合导线边数量加 1）。虚拟多边形法从图形上构成了闭合多边形，角度计算可以按照闭合多边形内角和原理计算，坐标增量仍然按照附合导线起终点坐标增量差计算。

虚拟多边形法计算附合导线，有 2 个几何条件：一个虚拟多边形内角闭合条件；另一个是纵横坐标闭合条件，即由 B 点的已知坐标 x_B、y_B，经各边、角推算求得的 E 点坐标 x'_E、y'_E 应与已知的 x_E、y_E 相等。

虚拟多边形法计算附合导线，分虚拟多边形内角的计算与调整、坐标增量闭合差的计算与调整、坐标计算，共 3 个计算步骤。

1. 虚拟多边形内角的计算与调整

在图 9-10 中，虚拟多边形 P 点，根据边 BA、EF 交会于 P 点，容易推算出虚拟多边形 P 点的内角 P，按式（9-21）计算。

$$\angle P = \alpha_{ab} - \alpha_{ef} - 180° = \alpha_{始} - \alpha_{终} - 180° \tag{9-21}$$

按照多边形的内角和原理，得式（9-22）。

$$\angle P + \beta_1 + \beta_2 + \beta_3 + \beta_4 + \beta_5 + \beta_6 = (n-2) \times 180° \tag{9-22}$$

附合导线 1（A）23456（B）的 $\sum \beta_{理}$，可按（9-23）或式（9-24）或（9-25）计算。

$$\sum \beta_{理} = \beta_1 + \beta_2 + \beta_3 + \beta_4 + \beta_5 + \beta_6 \tag{9-23}$$

$$\sum \beta_{理} = (n-2) \times 180° - \angle P \tag{9-24}$$

$$\sum \beta_{理} = n \times 180° - (\alpha_{始} - \alpha_{终}) \tag{9-25}$$

同样理论值与实测值存在误差，这个误差用闭合差 f_β 表示，见式（9-26）。

$$f_\beta = \sum \beta_{测} - \sum \beta_{理} = \sum \beta_{测} - n \times 180° + (\alpha_{始} - \alpha_{终}) \tag{9-26}$$

2. 坐标增量闭合差的计算与调整

虚拟多边形法附合导线坐标增量闭合差的计算与调整与方位角法计算附合导线基本步骤相同；不同的是闭合导线起终点是同一个点，附合导线的起点与终点是不同的两个点。从 B 点计算到 E 点，理论坐标增量之和应满足式（9-27）。

$$\sum \Delta x_{理} = x_{终} - x_{始} = x_E - x_B$$
$$\sum \Delta y_{理} = y_{终} - y_{始} = y_E - y_B \tag{9-27}$$

边长测量的误差和角度闭合差调整后的残余误差，使计算出的 $\sum \Delta x_i$、$\sum \Delta y_i$ 往往不等于 $\sum \Delta x_{理}$、$\sum \Delta y_{理}$，产生的差值分别称为纵坐标增量闭合差 f_x，横坐标增量闭合差 f_y。坐标增量闭合差按式（9-15）计算。

f_x、f_y 的存在，使最后推得的 E' 点与已知的 E 点不重合。EE' 的距离用 f 表示，称为附合导线全长闭合差，按式（9-16）计算。

f 值和导线全长 $\sum D$ 的比值 K 称为导线全长相对闭合差，按式（9-17）计算。这与闭合导线相同。

K 值的大小反映了导线测角和测距的综合精度。不同等级的导线相对闭合差的容许值见表 9-2。若 $K \leq K_{容}$，说明符合精度要求，可以进行坐标增量的调整；否则应进行错误分析，返工重测。

调整的方法是：将闭合差 f_x、f_y 分别反符号按与边长成正比的原则，分配给相应的各边坐标增量，按式（9-18）计算。

作为校核，改正后的坐标增量总和应等于 B、C 两点的坐标差。

3. 坐标计算

根据起点 B 的坐标及改正后的坐标增量，改正后各点坐标，等于改正后的上一点坐标加上改正后的坐标增量，按式（9-19）计算。

依次计算各点坐标，最后算得的 C 点坐标应等于已知的 C 点坐标；否则计算有误，应重新计算。

改正后的坐标增量应满足式（9-20）；如果不满足式（9-20），重新计算。

二、虚拟多边形法附合导线计算示例

【例题 9-3】 如图 9-10 和表 9-9 所示，已知两条高级导线边 AB（现场有可靠点、室内有可靠坐标数据）和 EF（现场有可靠点、室内有可靠坐标数据），其中 B 点与附合导线的起点 1 点重合，E 点与附合导线的 6 点重合，B、E 点既作为高级导线边上的控制点，也作为附合的起算（起测）点、终算（终测）点。B（4318.42，2159.21）、E（4045.72，2592.41）；根据 A（此处略）、B 点坐标可以计算出 AB 边方位角，$\alpha_{AB} = 261°12'30''$，根据 E、F（此处略）点坐标可以计算出 EF 边方位角，$\alpha_{ef} = 13°25'10''$。根据现场实测连接角 $\beta_1 = 75°48'20''$、$\beta_6 = 96°08'10''$。现场实测附合导线 B（1）23456（E）各个点的前进方向右侧角（一般宜测量右侧角度）转换成左侧角，分别为 $\beta_1 = 75°48'20''$、$\beta_2 = 167°45'50''$、$\beta_3 = 123°11'30''$、$\beta_4 = 189°20'40''$、$\beta_5 = 179°59'20''$、$\beta_6 = 96°08'10''$。现场实测附合导线 B（1）23456（E）各条边的边长分别为 $D_{12} = 180.68\text{m}$、$D_{23} = 111.22\text{m}$、$D_{34} = 138.06\text{m}$、$D_{45} = 80.06\text{m}$、$D_{56} = 81.98\text{m}$。假定角度容许闭合差 $f_{\beta容} = \pm 40''\sqrt{n}$（$n$ 为多边形的边或点数），

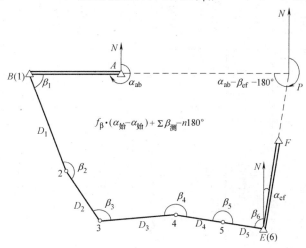

图 9-10　虚拟多边形法计算附合导线

表 9-9

虚拟多边形法附合导线计算表

点号	观测角（左角）	改正后的角度	坐标方位角	边长(m)	增量计算值 Δx'	增量计算值 Δy'	改正后的增量值 Δx	改正后的增量值 Δy	坐标 x	坐标 y	点号
1	2	3	4	5	6	7	8	9	10	11	12
$\dfrac{A}{B(1)}$	$-10''$ 75°48'20"	75°48'10"	261°12'30"						4318.42	2159.21	已知
			157°00'40"	180.68	+0.04 −166.33	−0.07 +70.57	−166.29	+70.50	4152.13	2229.71	
2	$-10''$ 167°45'50"	167°45'40"	144°46'20"	111.22	+0.03 −90.85	−0.04 +64.15	−90.82	+64.11	4061.31	2293.82	
3	$-10''$ 123°11'30"	123°11'20"	87°57'40"	138.06	+0.03 +4.91	−0.05 +137.97	+4.94	+137.92	4066.25	2431.74	
4	$-10''$ 189°20'40"	189°20'30"	97°18'10"	80.06	+0.02 −10.18	−0.03 +79.41	−10.16	+79.38	4056.09	2511.12	
5	$-20''$ 179°59'20"	179°59'00"	97°17'10"	81.98	+0.02 −10.40	−0.03 +81.32	−10.38	+81.29	4045.72	2592.41	计算
$\dfrac{E(6)}{F}$	$-10''$ 96°08'10"	96°08'00"	13°25'10"						4045.72	2592.41	已知
Σ	832°13'50"	832°12'40"		592.00	−272.84	+433.42	−272.70	+433.20			

$\alpha'_{ab} = 261°12'30''$

$\alpha_{cf} = 13°25'10''$

$f_\beta = -70''$

$f_{\beta容} = \pm 40''\sqrt{6} = 1'38''$

$|f_\beta| < |f_{\beta容}|$

$\dfrac{X_E - X_B}{f_x} = \dfrac{-272.70}{-0.14}$ $\qquad \dfrac{y_E - y_B}{f_y} = \dfrac{+433.20}{+0.22}$

$f = \sqrt{f_x^2 + f_y^2} = 0.26$ $\qquad K = \dfrac{0.27}{592} \approx \dfrac{1}{2277} < \dfrac{1}{2000}$

124

假定坐标增量容许闭合差 $K = \dfrac{1}{2000}$。根据上述外业测量成果和已知条件，计算附合导线 B（1）23456（E）各个点的坐标，完善表 9-9，计算结果保留两位小数。

【解】

1. 虚拟多边形内角的计算与调整

在图 9-10 中，虚拟多边形 P 点，根据边 BA、EF 交会于 P 点，容易推算出虚拟多边形 P 点的内角 P，按式（9-21）计算。

$$\angle P = \alpha_{始} - \alpha_{终} - 180° = 261°12'30'' - 13°25'10'' - 180° = 67°47'20''$$

按照多边形的内角和原理，得式（9-22）。

$$\angle P + \beta_1 + \beta_2 + \beta_3 + \beta_4 + \beta_5 + \beta_6 = (n-2) \times 180° = 900°$$

附合导线 1（A）23456（B）的 $\sum \beta_{理}$，可按式（9-23）或式（9-24）或式（9-25）计算。

$$\sum \beta_{理} = \beta_1 + \beta_2 + \beta_3 + \beta_4 + \beta_5 + \beta_6 = 832°12'40''$$

$$\sum \beta_{理} = (n-2) \times 180° - \angle P = 832°12'40''$$

$$\sum \beta_{理} = n \times 180° - (\alpha_{始} - \alpha_{终}) = 832°12'40''$$

闭合差 f_β 按式（9-26）计算。

$$y_2 = y_1 + \Delta y_{12} = 2159.12 + 70.50 = 2229.71$$

《工程测量规范》GB 50026—2007 规定：各级导线，角度闭合差的容许值 $f_{\beta容}$，见表（9-2）。已知图根导线容许闭合差，按式（9-13）计算。

$n=6$，则 $f_{\beta容} = \pm 40'' \sqrt{6} \approx 98''$。

$f_\beta \leqslant f_{\beta容}$，对各角值进行调整。各角度属同精度观测，所以将角度闭合差反符号平均分配（其分配值称为改正数）给各角。然后计算各边方位角。

2. 坐标增量闭合差的计算与调整

计算坐标增量首先要计算各边的方位角，方位角计算步骤和过程见第 5 章。根据外业测量数据，从已知 AB 边方位角、左侧角度 β_i 转换成转角和各边边长 D_i，可以逐边推算出下一边的方位角，直至推算出 EF 边的方位角，$\alpha'_{EF} = 13°25'10''$，并与已知的 EF 边的方位角吻合（否则重新计算）。

从 B 点计算到 E 点，理论坐标增量之和应满足式（9-27）。

$$\begin{cases} \sum \Delta x_{理} = x_{终} - x_{始} = 4045.72 - 4318.42 = -272.70 \\ \sum \Delta y_{理} = y_{终} - y_{始} = 2592.41 - 2159.21 = +433.20 \end{cases}$$

边长测量的误差和角度闭合差调整后的残余误差，使计算出的 $\sum \Delta x_i$、$\sum \Delta y_i$ 往往不等于 $\sum \Delta x_{理}$、$\sum \Delta y_{理}$，产生的差值分别称为纵坐标增量闭合差 f_x，横坐标增量闭合差 f_y。坐标增量闭合差，按式（9-15）计算。

$$\begin{cases} f_x = \sum \Delta x_i - \sum \Delta x_{理} = -272.84 - (-272.70) = -0.14 \\ f_y = \sum \Delta y_i - \sum \Delta y_{理} = +433.20 - (+433.42) = +0.22 \end{cases}$$

附合导线全长闭合差，按式（9-16）计算。

$$f = \sqrt{f_x^2 + f_y^2} = \sqrt{(-0.14)^2 + (+0.22)^2} = 0.26$$

导线全长相对闭合差 K，按式（9-17）计算。

$$K = \frac{f}{\sum D} = \frac{0.26}{592} = \frac{1}{2277}$$

$K \leqslant K_{容}$，说明符合精度要求，可以进行坐标增量的调整。

调整的方法是：将闭合差 f_x、f_y 分别反符号按与边长成正比的原则，分配给相应的各边坐标增量，按式（9-18）计算。以 12 边为例，$V_{x1} = -\frac{f_x}{\sum D}D_1 = -\frac{-0.14}{592} \times 180.68 = +0.04$，$V_{y1} = -\frac{f_y}{\sum D}D_1 = -\frac{+0.22}{592} \times 180.68 = -0.07$。其余同理可得。

作为校核，改正后的坐标增量总和应等于 B、E 两点的坐标差。

3. 坐标计算

改正后各点坐标按式（9-19）计算。以 2 点坐标为例，$x_2 = x_1 + \Delta x_{12} = 4318.42 + (-166.29) = 4152.13$，$y_2 = y_1 + \Delta y_{12} = 2159.12 + 70.50 = 2229.71$。其余同理可得。

依次计算各点坐标，最后算得的 E 点坐标应等于已知的 E 点坐标。

改正后的坐标增量应满足式（9-20）。

9.3 三角测量

9.3.1 三角测量前的准备工作

一、三角网的拟定

三角网是由测区内各个控制点组成若干个相互连接的三角形而构成的网形，这些三角形的顶点也称三角点。按测区的条件和需要，三角网的布设一般有三种方式，分别是单三角、线三角锁、中心多边形，以下主要介绍单三角形的三角测量。

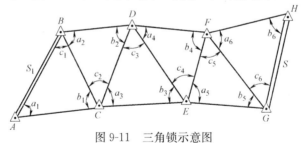

图 9-11 三角锁示意图

二、单三角锁布设

单三角锁是由若干个单三角形组成的带状图形，如图 9-11 所示，A、B、G、H 为已知坐标点，AB 和 GH 构成单三角锁的两条首尾基线，假设通过野外踏勘在测区内选取了若干个待定的平面控制点 C、D、E、F 等。测量时，由起始基线边 AB 出发，将仪器依次安置于各三角形的顶点上，对这些三角形的各个内角（a_i，b_i，c_i）进行观测，直至最后，闭合到基线边 GH 上。这种布网形式通常在隧道勘测时使用，还在独立地区建立首级控制网中使用。其测量成果的检核条件，见式（9-28）。

$$\begin{cases} a_i + b_i + c_i = 180° \\ \dfrac{\sin a_1 \sin a_2 \cdots \sin a_n}{\sin b_1 \sin b_2 \cdots \sin b_n} = \dfrac{D_{GH}}{D_{AB}} \end{cases} \quad (9\text{-}28)$$

9.3.2 三角网点的设置

根据拟定的三角网布设方案，到实地踏勘确定三点，如图 9-12 所示。三角测量的选点工作应注意以下几点：

（1）三角点一般应选在地势较高和土质坚实的地方，除要保证与联测点相互通视外，还应注意视线开阔、控制范围较大和便于保存标志。

（2）三角点所构成的三角形图形结构应以接近等边三角形为宜。若受地形条件限制难以布设成等边三角形时，其内角均不应大于120°或小于30°。

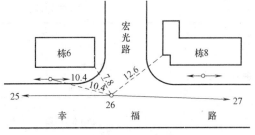

图 9-12　实地踏勘三角点

（3）不同等级三角点的密度和布设应符合《工程测量规范》GB 50026—2007 的规定，见表 9-10。

各等级三角测量的主要技术指标　　　　　　　　　表 9-10

等级	平均边长（m）	测角中误差（″）	测边相对中误差	最弱边边长相对中误差	测回数			三角形最大闭合差(″)
					1″级仪器	2″级仪器	6″级仪器	
二等	9	1	≤1/250000	≤1/120000	12	—		3.5
三等	4.5	1.8	≤1/150000	≤1/70000	6	9	—	7
四等	2	2.5	≤1/100000	≤1/40000	4	6		9
一级	1	5	≤1/40000	≤1/20000	—	2	4	15
二级	0.5	10	≤1/20000	≤1/10000		1	2	30

9.3.3 三角测量的具体内容

一、三角测量的外业施测

1. 测站上的观测

由于三角测量在每一站上通常要对三个以上的方向进行观测，因此，要求采用"方向观测法"进行角度观测。

如图 9-13 所示，欲在测站点 O 上观测 A、B、C、D 四个目标间的水平角 β_i，操作方法是：首先将仪器置于 O 点，先以盘左位置照准起始目标 A，读数为 a_L；然后将照准部顺时针方向依次转至目标 B、C、D，得到读数 b_L、c_L、d_L；最后再将照准部转回到目标 A，读数为 a'_L；同理，以盘右位置起始目标 A，读数为 a_R。

接着按照准部逆时针方向依次转至目标 D、C、B，得读数为 d_R、c_R、b_R；再将照准部转回到目标 A，得读数为 a'_R。如果盘左和盘右的一个方向上归零差 $\Delta a_{L,R}$

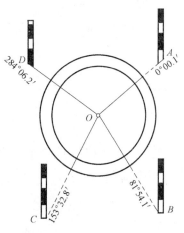

图 9-13　方向观测法测量水平角度

（$\Delta a_{L,R} = a_{L,R} - a'_{L,R}$）、照准差 c（$c = [L-(R\pm180°)]/2$），以及各方向值差 $\Delta\beta$（$\Delta\beta = \beta_L - \beta_R$）均在允许值范围，则取各方向盘左读数和盘右读数的平均值对各方向值进行计算，观测记录见表 9-11。

方向观测法角度测量的观测记录

表 9-11

地点：幸福村糖厂工地　　　　天气：晴间多云　　　　　　　　　观测：×××
日期：1985.6.30　　　　　　　仪器：DJ₆　　　　　　　　　　　　记录：×××

测回	目标	水平度盘读数		2c	各方向平均读数	一测回归零方向值	各测回归零方向平均值	角值
		盘左	盘右					
1	A	0°0.1′	180°0.3′	−0.2	(0°00′16″) 0°00′12″	0°00′00″	0°00′00″	
	B	81°54.1′	261°54.0′	0.1	81°54′03″	81°53′47″	81°53′52″	81°53′52″
	C	153°32.8′	233°32.8′	0.0	153°32′48″	153°32′32″	153°32′32″	71°38′40″
	D	284°6.2′	104°6.1′	0.1	284°06′09″	284°06′53″	284°06′00″	130°33′28″
	A	0°0.4′	180°0.3′	0.1	0°00′21″			
2	A	90°0.2′	270°0.4′	−0.2	(90°00′21″) 90°00′18″	0°00′00″		
	B	171°54.3′	351°54.3′	0.0	171°54′18″	81°53′57″		
	C	243°32.8′	63°33.0′	−0.2	243°32′54″	153°32′33″		
	D	14°6.4′	194°6.5′	−0.1	14°06′27″	284°06′06″		
	A	90°0.3′	270°0.5′	−0.2	90°00′24″			

2. 路线上的观测

与导线测量一样，三角测量在路线上的观测也可以采用三联脚架法。

二、三角测量的内业整理

三角测量的闭合差限差应满足《工程测量规范》GB 50026—2007 的要求。当三角测量的成果符合表 9-10 中的要求时，说明三角测量的外业工作合格，可以进行相应闭合差的调整和坐标改正，目前也是通过相应的计算机软件来完成。计算程序分为第一次角度改正、第二次角度改正、计算各边的边长和三角点的坐标三个步骤。

1. 第一次角度改正

由于角度观测值带有误差，以致不能满足图形条件，产生角度闭合差（f_i），即

$$f_i = (a_i + b_i + c_i) - 180° \tag{9-29}$$

当 $f_i < f_允$ 时，即可计算第一次角度改正，改正数（$v_{ai} + v_{bi} + v_{ci}$）按式（9-30）计算。

$$v_{ai} = v_{bi} = v_{ci} = -\frac{f_i}{3} \tag{9-30}$$

将 f_i 反符号平均分配到三个内角的观测值上，即可得到第一次改正后的角度值，按式（9-31）计算。

$$\begin{cases} a'_i = a_i + v_{ai} \\ b'_i = b_i + v_{bi} \\ c'_i = c_i + v_{ci} \end{cases} \tag{9-31}$$

2. 第二次角度改正

对于单三角锁，在第一次角度改正之后，若设其始边和终边的边长分别为 D_0 和 D_n，则在起始边之间还存在基线闭合差（f_D），即

$$f_D = \frac{D_0 \sin a_1' \sin a_2' \sin a_n'}{D_n \sin b_1' \sin b_2' \sin b_n'} - 1 \tag{9-32}$$

由于基线闭合差主要从角度 a_i 和 b_i 的正弦函数中产生，因此，当 f_D 满足《工程测量规范》GB 50026—2007 时，必须对角 a_i 和 b_i 进行第二次改正。设 a_i、b_i 的第二次改正数为（δ_{ai}，δ_{bi}），则有

$$\frac{D_0 \sin(a_1' + \delta_{a1}) \sin(a_2' + \delta_{a2}) \cdots \sin(a_n' + \delta_{an})}{D_n \sin(b_1' + \delta_{b1}) \sin(b_2' + \delta_{b2}) \cdots \sin(b_n' + \delta_{bn})} = 1$$

令 $F_0 = \dfrac{D_0 \sin a_1' \sin a_2' \cdots \sin a_n'}{D_n \sin b_1' \sin b_2' \cdots \sin b_n'}$

$$F = \frac{D_0 \sin(a_1' + \delta_{a1}) \sin(a_2' + \delta_{a2}) \cdots \sin(a_n' + \delta_{an})}{D_n \sin(b_1' + \delta_{b1}) \sin(b_2' + \delta_{b2}) \cdots \sin(b_n' + \delta_{bn})}$$

则式（9-32）可以简化为

$$f_D = F_0 - F \tag{9-33}$$

由于 δ_{ai}、δ_{bi} 一般只有几秒，若以弧度 ρ 为单位，则是很小的增量，因此，可以将式（9-33）按泰勒级数展开，取至一次项为

$$F = F_0 + \frac{\partial F}{\partial a_1'} \cdot \frac{\delta_{a1}}{\rho} + \frac{\partial F}{\partial a_2'} \cdot \frac{\delta_{a2}}{\rho} + \cdots \frac{\partial F}{\partial a_n'} \cdot \frac{\delta_{an}}{\rho} + \frac{\partial F}{\partial b_1'} \cdot \frac{\delta_{b1}}{\rho} + \frac{\partial F}{\partial b_2'} \cdot \frac{\delta_{b2}}{\rho} + \cdots + \frac{\partial F}{\partial b_n'} \cdot \frac{\delta_{bn}}{\rho}$$

其中

$$\frac{\partial F}{\partial a_1'} = \frac{D_0 \sin a_1' \sin a_2' \cdots \sin a_n'}{D_n \sin b_1' \sin b_2' \cdots \sin b_n'} \cdot \frac{\cos a_1'}{\sin a_1'} = F_0 \cot a_1'$$

$$\frac{\partial F}{\partial b_1'} = \frac{D_0 \sin a_1' \sin a_2' \cdots \sin a_n'}{D_n \sin b_1' \sin b_2' \cdots \sin b_n'} \cdot \frac{\cos b_1'}{\sin b_1'} = F_0 \cot b_1'$$

因 $F_0 \approx 1$，所以，$\dfrac{\partial F}{\partial a_1'} \approx \cot a_1'$，$\dfrac{\partial F}{\partial b_1'} \approx -\cot b_1'$，同理，得式（9-34）。

$$\begin{cases} \dfrac{\partial F}{\partial a_1'} \approx \cot a_1' \\[2mm] \dfrac{\partial F}{\partial b_1'} \approx -\cot b_1' \end{cases} \tag{9-34}$$

将各偏导数代入式（9-34），得式（9-35）。

$$\sum \cot a_1' \cdot \frac{\delta_{ai}}{\rho} - \sum \cot b_1' \cdot \frac{\delta_{bi}}{\rho} + f_D = 0 \tag{9-35}$$

为了保持三角形的图形条件，必须使改正数 δ_{ai} 和 δ_{bi} 的大小相等，符号相反，即得式（9-36）。

$$v = \delta_{ai} = -\delta_{bi} = -\frac{f_D \rho}{\sum \cot a_1' + \sum \cot b_1'} \tag{9-36}$$

于是，线三角锁第二次改正后的角值，按式（9-37）计算。

$$\begin{cases} a''_i = a_1' + v \\ b''_i = b_1' - v \\ c''_i = c_1' \end{cases} \tag{9-37}$$

3. 计算各边的边长和三角点的坐标

对于单三角锁，则直接根据改正后的角值和起始边，按正弦定理计算出各边的边长，各三角点的坐标可按闭合导线来计算。图 9-11 的单三角锁，计算成果见表 9-12 和图 9-14。

单三角锁的测量计算成果表　　　　　　　　　　　　　　　　　　表 9-12

三角	角号	角度观测值	一次改正	第一次改正角值	cota cotb	二次改正	第二次改正角值	边长(m)
2	a_2	41°05′39″	−2″	41°05′37″		+2″	41°05′39″	321.188
	b_2	58°16′12″	−2″	58°16′10″	+1.15		58°16′08″	415.607
	c_2	80°38′15″	−2″	80°38′13″	+0.62	−2″	80°38′13″	482.138
	Σ	180°00′06″	−6″	180°00′00″		0	180°00′00″	
3	a_3	60°08′24″	+4″	60°08′28″		+2″	60°08′30″	312.276
	b_3	63°07′34″	+4″	63°07′38″	+0.57		63°07′36″	321.188
	c_3	56°43′50″	+4″	56°43′54″	+0.51	−2″	56°43′54″	301.061
	Σ	179°59′48″	+12″	180°00′00″		0	180°00′00″	
4	a_4	53°59′25″	−3″	53°59′22″		+2″	53°59′24″	260.732
	b_4	75°39′28″	−3″	75°39′25″	+0.73		75°39′23″	312.276
	c_4	50°21′16″	−3″	50°21′13″	+0.26	−2″	50°21′13″	248.188
	Σ	180°00′09″	−9″	180°00′00″		0	180°00′00″	

三角	左转折角	方向角	边长(m)	坐标增量(m)		坐标(m)	
				Δx	Δy	x	y
A	63°41′23″					500.000	500.000
C	192°00′28″	86°37′23″	420.475	24.768	419.745	524.768	916.745
E	113°28′49″	98°37′51″	301.061	−45.180	297.652	479.588	1217.397
F	75°39′23″	32°06′40″	260.732	220.845	138.595	700.433	1355.992
D	168°59′26″	287°46′03″	248.189	75.736	−236.351	776.169	1119.641
B	106°10′31″	276°45′29″	482.138	56.737	−478.788	832.906	640.853
A	63°41′23″	202°56′00″	361.478	−322.906	−140.853	500.000	500.000

辅助计算
$$f_D=\frac{D_0\sin a_1'\sin a_2'\cdots\sin a_4'}{D_n\sin b_1'\sin b_2'\cdots\sin b_4'}-1=-0.000048$$ $$v=-\frac{f_D\rho}{\sum\cot a_1'+\sum\cot b_1'}=\left(\frac{9.90}{5.13}\right)=1.93''\approx2''$$

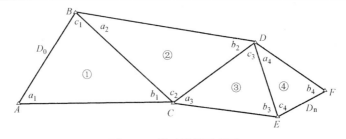

图 9-14　辅助计算示意图

9.4 全站仪控制测量实例

9.4.1 概述

在测量工作中，平面控制测量的传统方法有三角测量和导线测量。在红外测距仪和电子全站仪问世之前，受仪器设备条件（传统的测量角度采用经纬仪，边长一般使用钢尺量距）的限制，为了保证平面点位的精度，对于高精度的平面控制测量，人们主要采用三角测量的形式。因为当时导线测量在边长的测量工作中，用普通的钢尺量距方法测量距离，虽然迅速、简便，但是测量精度较低，并且受到地形条件的限制，测量边长比较困难。高精度的基线尺法，虽然边长精度较高，但组织一次基线测量的工作量非常大，需要许多人员和设备，工作繁重，效率低，在复杂的地形条件下甚至无法工作。这样导线测量就受到一定的局限，特别是在山区的平面控制测量导线测量根本无法进行。

随着科学进步，电子全站仪逐渐普及，导线测量工作中丈量边长的困难已被排除，外业和内业工作有很大改善。由于导线测量自身特点（导线测量的特点是外业的角度测量与距离测量工作量均衡，内业数据近似平差计算的方法比较简单），导线测量的方法在平面控制测量工作中得到了广泛应用。

工程背景：中铁五局集团路桥工程有限责任公司工程测量分公司对广州市轨道交通十一号线及市中心城区地下综合管廊工程 PPP 项目 11304 区段（YCK10＋68.634～YCK13＋595.980，全长约 3.53km）平面控制网进行精密导线复测及加密。平面坐标系统同设计成果，采用广州城市建设工程独立坐标系统。

广州市轨道交通十一号线及市中心城区地下综合管廊工程 PPP 项目基础控制网：本标段共设平面控制桩 19 个，其中 GPS 首级控制点 5 个点号为：GPS201、GPS202、GPS258、GPS259、GPS28，精密导线点 14 个点号为：XIJ036、XIJ038、XIJ041、XIJ042、XIJ043、XIJ044、XIJ045、XIJ046-1、XJ047、XIJ047-1、XIJ048-1、XIJ049-1、XIJ050、XIJ051。高程控制点 9 个，点号为：Ⅱ地 11-13、Ⅱ地 11-14、Ⅱ地 11-15、Ⅱ地 11-82、Ⅱ地 11-83、Ⅱ地 11-84、Ⅱ地 11-16、Ⅱ地 11-17、Ⅱ地 11-18。控制桩的埋设按照规范要求，新加密控制点点号为：TGJM01、TGJM02、TGJM03、SHJ01、SHJ02、SHJ03、SHJ04、SHJ05、SHJ04-1，新加密高程控制点点号为：BM01、SHJ01-1、SHJ02、SHJ04、SHJ05、E35。

9.4.2 附合导线工程测量实例

以广州市轨道交通十一号线及市中心城区地下综合管廊工程 PPP 项目为工程背景，选择其中部分附合导线为实例，采用徕卡 TS02 全站仪进行平面控制网复测。测量采用的仪器设备等级、计算软件精度不低于原测，观测方法、精度指标按三等导线。

图 9-17 中边 A（XIJ048-1）B（XIJ049-1）和 C（XIJ050）D（GPS258）为两条高级导线边（现场有点位，室内有可靠坐标数据），其中 B 点与附合导线的起点重合，C 点与附合导线的终点重合，B、C 点既作为高级导线边上的控制点，也作为附合的起算（起测）点、终算（终测）点。

控制测量分计划安排、外业测量、内业计算和资料整理三个阶段。

计划安排：本项目成立了以项目总工为组长的领导小组，选派具有资质、经验丰富的专业测量人员组成6人的测量小组，计划总体采用附合导线（个别点采用闭合导线或支导线），内业采用附合导线计算中的方位角法。已知导线点现场照片，如图9-15所示。加密导线点根据实际情况设置，要求加密导线点在施工期间稳定可靠，如图9-16所示。

图9-15 已知导线点照片

图9-16 加密导线点 SHJ02 照片

外业测量：外业测量采用徕卡 TS02 全站仪分段测量水平距离、测量点位右侧（宜测右侧角，也可以测量左侧角度）水平角度、测量高等级导线点 B（XIJ049-1）和 C（XIJ050）的连接角。现场实测附合导线 $ABCD$ 各个点的水平角度和边长记录表，见表9-13～表9-17。

内业计算和资料整理：首先搜集整理外业测量资料，其次进行方位角和坐标增量调整和平差，详细内业过程参见9.2节。内业计算发现错误或不符合精度要求，需要进行返工重测。

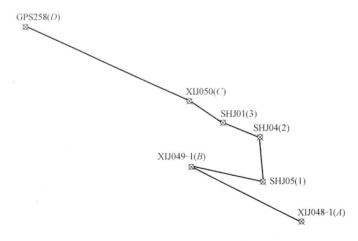

图9-17 附合导线示意图

日期：　　观测：　　复核：　　测站：XIJ049-1

仪器型号/编号：　　记录：　　温度/气压：　　天气/通视：

测回序号	照准点名	水平度盘读数		2c ″	平均方向值 ° ′ ″	归零方向值 ° ′ ″	各测回平均方向值 ° ′ ″	后视测距	前视测距
		盘左 ° ′ ″	盘右 ° ′ ″						
1	XIJ048-1	00-00-14	180-00-14	0	0-00-14	345-32-42		413.904	247.558
	SHJ-05	345-32-57	165-32-56	1	345-32-56			413.904	247.558
2	XIJ048-1	30-00-21	210-00-20	1	30-00-20	345-32-44		413.904	247.558
	SHJ-05	15-33-06	195-33-02	4	15-33-04			413.904	247.558
3	XIJ048-1	60-00-23	24-00-23	0	60-00-23	345-32-42		413.904	247.558
	SHJ-05	45-33-05	225-330-05	0	45-33-05		345-32-42.5	413.904	247.558
4	SHJ-05	90-00-16	270-00-16	0	90-00-16	345-32-44		413.904	247.558
	XIJ048-1	75-33-00	255-33-00	0	75-33-00			413.904	247.558
5	SHJ-05	120-00-10	300-00-12	−2	120-00-12	345-32-42			
	XIJ048-1	105-32-56	285-32-53	3	105-32-54				
6	SHJ-05	150-00-14	33-00-13	1	150-00-14	345-32-41			
	XIJ048-1	135-32-56	315-32-54	2	135-32-55				

日期：　　观测：　　复核：　　测站：SHJ-05

仪器型号/编号：　　记录：　　温度/气压：　　天气/通视

测回序号	照准点名	水平度盘读数		2c ″	平均方向值 ° ′ ″	归零方向值 ° ′ ″	各测回平均方向值 ° ′ ″	后视测距	前视测距
		盘左 ° ′ ″	盘右 ° ′ ″						
1	SHJ-04	0-00-27.0	180-00-25.0	2.0	0-00-26.0	285-53-46.5		148.594	247.556
	XIJ049-1	285-54-11.0	105-54-14.0	−3.0	285-54-12.5			148.594	247.558
2	SHJ-04	30-00-28.0	210-00-28.0	0.0	30-00-28.0	285-53-48.5		148.594	247.557
	XIJ049-1	315-54-18.0	135-54-15.0	3.0	315-54-16.5			148.594	247.557
3	SHJ-04	60-00-20.0	240-00-17.0	3.0	60-00-18.5	285-53-47.5		148.594	247.556
	XIJ049-1	345-54-05.0	165-54-07.0	−2.0	345-54-06.0		285-53-47.5	148.594	247.558
4	XIJ049-1	15-54-08.0	195-54-07.0	1.0	15-54-07.5	74-06-13.5		148.594	247.558
	SHJ-04	90-00-23.0	270-00-19.0	4.0	90-00-21.0			148.594	247.558
5	XIJ049-1	45-54-09.0	225-54-05.0	4.0	45-54-07.0	74-06-14.0			
	SHJ-04	120-00-22.0	300-00-20.0	2.0	120-00-21.0				
6	XIJ049-1	75-54-08.0	255-54-07.0	1.0	75-54-07.0	74-06-11.0			
	SHJ-04	150-00-18.0	330-00-18.0	0.0	150-00-18.0				

日期：　　观测：　　复核：　　　测站：SHJ-04

仪器型号/编号：　　　记录：　　温度/气压：　　　天气/通视：

测回序号	照准点名	水平度盘读数		2c "	平均方向值 ° ′ ″	归零方向值 ° ′ ″	各测回平均方向值 ° ′ ″	后视测距	前视测距
		盘左 ° ′ ″	盘右 ° ′ ″						
1	SHJ-05	00-00-20	180-00-22	−2	0-00-21	114-29-40		148.594	135.425
	SHJ-01	114-30-04	294-29-58	6	114-30-01			148.594	135.425
2	SHJ-05	30-00-30	210-00-28	2	30-00-29	114-29-39		148.594	135.425
	SHJ-01	144-30-07	324-30-09	−2	144-30-08			148.594	135.425
3	SHJ-05	60-00-30	240-00-30	0	60-00-30	114-29-36		148.594	135.424
	SHJ-01	174-30-06	354-30-06	0	174-33-06		114-29-37.7	148.594	135.424
4	SHJ-01	204-30-09	24-30-08	1	204-30-08	114-29-36		148.594	135.424
	SHJ-05	90-00-33	270-00-32	1	90-00-32			148.594	135.424
5	SHJ-01	234-30-09	54-30-10	−1	234-30-10	114-29-37			
	SHJ-05	120-00-33	300-00-33	0	120-00-33				
6	SHJ-01	264-30-08	84-30-07	1	264-30-08	114-29-38			
	SHJ-05	150-00-30	33-00-30	0	150-00-30				

日期：　　观测：　　复核：　　　测站：SHJ-01

仪器型号/编号：　　　记录：　　温度/气压：　　　天气/通视：

测回序号	照准点名	水平度盘读数		2c "	平均方向值 ° ′ ″	归零方向值 ° ′ ″	各测回平均方向值 ° ′ ″	后视测距	前视测距
		盘左 ° ′ ″	盘右 ° ′ ″						
1	XIJ050	0-00-37	180-00-36	1	0-00-36	166-33-38		132.902	135.423
	SHJ04	166-34-14	346-34-15	−1	166-34-14			132.902	135.423
2	XIJ050	30-00-29	210-00-27	2	30-00-28	166-33-42		132.902	135.423
	SHJ04	196-34-10	16-24-09	1	196-34-10			132.901	135.423
3	XIJ050	60-00-24	240-00-24	0	60-00-24	166-33-44		132.901	135.423
	SHJ04	226-34-09	46-34-06	3	226-34-08		166-33-41	132.901	135.424
4	SHJ04	256-34-11	76-34-14	−3	256-34-12	193-26-20		132.901	135.423
	XIJ050	90-00-32	270-00-32	0	90-00-32			132.901	135.423
5	SHJ04	286-34-18	106-34-18	0	286-34-18	193-26-19			
	XIJ050	120-00-38	300-00-36	2	120-00-37				
6	SHJ04	316-34-05	136-34-05	0	316-34-05	193-26-20			
	XIJ050	150-00-23	330-00-27	−4	150-00-25				

日期： 观测： 复核： 测站：SHJ050

仪器型号/编号： 记录： 温度/气压： 天气/通视：

测回序号	照准点名	水平度盘读数		2c ″	平均方向值 ° ′ ″	归零方向值 ° ′ ″	各测回平均方向值 ° ′ ″	后视测距	前视测距
		盘左 ° ′ ″	盘右 ° ′ ″						
1	GPS258	0-00-16	180-00-14	2	0-00-15	189-58-53		616.897	132.902
	SHJ01	189-59-10	09-59-06	4	189-59-08			616.897	132.902
2	GPS258	30-00-17	210-00-14	3	30-00-16	189-58-49		616.897	132.902
	SHJ01	219-59-05	39-59-05	0	219-59-05			616.897	132.902
3	GPS258	60-00-21	240-00-16	5	60-00-18	189-58-54	189-58-52	616.895	132.902
	SHJ01	249-59-12	69-59-11	1	249-59-12			616.895	132.902
4	SHJ01	279-59-13	99-59-10	3	279-59-12	170-01-08		616.895	132.902
	GPS258	90-00-22	270-00-18	4	90-00-20			616.895	132.902
5	SHJ01	309-59-10	129-59-14	−4	309-59-12	170-01-08			
	GPS258	120-00-22	300-00-19	3	120-00-20				
6	SHJ01	339-59-16	159-59-16	0	339-59-16	170-01-08			
	GPS258	150-00-25	330-00-24	1	150-00-24				

本测量是依据广州市地铁十一号线沙河站（地铁车站）导线复测成果而来，导线等级为Ⅲ级，角度测量采用 6 测回，水平距离测量采用 2 测回。测量依据《城市轨道交通工程测量规范》GB 50308—2008，见表 3-7。从表 3-7 可以看出，测回数与导线等级有关，不同行业也有不同要求，公路工程、铁路工程、市政工程、水电工程等应按相应规范要求执行。

附合导线的内业处理，详见 9.2.4 节。图 9-17 中控制网导线复测成果，见表 9-18。

控制网导线复测成果表   表 9-18

点名	复测坐标		备 注
	X(m)	Y(m)	
GPS258	32354.3390	41760.6180	已知点
XIJ048-1	31705.7580	42703.5608	已知点
XIJ049-1	31887.7376	42331.8107	已知点
XIJ050	32106.5155	42325.5455	已知点
SHJ01	32032.8326	42436.1570	新加密
SHJ04	31986.0115	42563.2291	新加密
SHJ05	31837.8324	42574.2832	新加密

9.4.3 控制网复测成果报告

广州市轨道交通十一号线及中心城区综合管廊项目控制网复测成果报告，见附录 1 控制网复测成果报告。成果报告包括平面控制网和高程控制网，测量仪器分别采用全站仪和 GPS。

思 考 题

1. 名词解释

（1）平面控制测量；（2）闭合导线；（3）附合导线；（4）支导线；（5）导线测量；（6）三角测量。

2. 简答题

（1）闭合导线和附合导线测量的已知条件分别是什么？

（2）附合导线的外业测量和内业程序有哪些？

（3）闭合导线的外业测量和内业程序有哪些？

（4）附合导线的内业计算分别有哪几种方法？

（5）三角测量的基本原理是什么？

（6）闭合导线测量的内业需要进行哪几方面的调整？

（7）附合导线测量的内业需要进行哪几方面的调整？

（8）望远镜视准轴应垂直于横轴的目的是什么，如何检验和校正？

（9）如何快速准确的实现经纬仪的对中和整平？

（10）控制测量测量成果报告大致应包括哪些内容？

3. 计算题

（1）某闭合导线测量，如图 9-18 所示。已知高级导线边 BA，其中 A 点与三角形的 1 点重合，A（1）点既作为高级导线边 BA 上的控制点，也作为闭合导线 123 的起算（起测）点。已知高级导线点 A（32103.0543，42541.0786）、B（32103.5740，42456.7362）。三角形导线 123 测量的前进方向为 1→2→3。连接角 $\angle BA2=101°04'10''$，前进方向右侧角（此处为内角）$\angle 1$（即 $\angle 312$）$=66°55'22''$、$\angle 2=59°03'22''$、$\angle 3=54°01'14''$。现场实测三角形导线 123 各个边的边长分别为 $D_{12}=119.120m$、$D_{23}=135.423m$、$D_{31}=126.251m$。假定角度容许闭合差 $f_{\beta容}=\pm40''\sqrt{n}$（$n$ 为多边形的边或点数），假定坐标增量容许闭合差 $K=\dfrac{1}{2000}$。

根据上述外业测量成果和已知条件，计算三边形导线 123 中各个点（点 2 和点 3）的坐

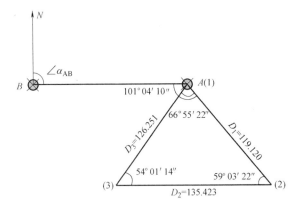

图 9-18　闭合导线测量示意图

标，计算结果保留3位小数。要求写出计算步骤，特别是角度闭合差调整和坐标增量调整步骤。

（2）某附合导线测量，如图9-19所示。已知两条高级导线边 AB（现场有可靠点、室内有可靠坐标数据）和 CD（现场有可靠点、室内有可靠坐标数据），其中 B 点与附合导线的起点 0 点重合，C 点与附合导线的 4 点重合，B、C 点既作为高级导线边上的控制点，也作为附合的起算（起测）点、终算（终测）点。已知 A（31705.754，42703.558）、B（31887.7376，42331.8107）、C（32106.5155，41325.5455）、D（32354.339，41760.618）；实测连接角 $\angle AB1=14°32'43''$、$\angle 3CD=189°58'52''$。附合导线（0）123（4）各个点的前进方向为 1→2→3→4，实测右侧角分别为 $\angle 1=285°53'48''$、$\angle 2=245°30'22''$、$\angle 3=193°26'19''$。实测附合导线（0）123（4）各个边的边长分别为 $D_{01}=47.557$m、$D_{12}=148.594$m、$D_{23}=135.423$m、$D_{34}=132.902$m。假定角度容许闭合差 $f_{\beta容}=\pm40''\sqrt{n}$（$n$ 为多边形的边或点数），假定坐标增量容许闭合差 $K=\dfrac{1}{2000}$。根据外业测量成果和已知条件，计算附合导线（0）123（4）各个未知点的坐标，计算结果保留3位小数。要求采用方位角法，要求写清计算步骤（特别是方位角调整和边长调整）。

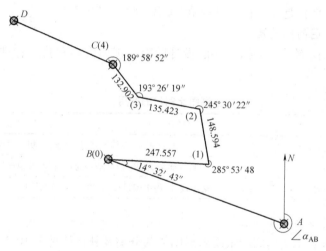

图 9-19　附合导线测量示意图

第10章 地形图测量及其工程应用

大比例地形图在工程中又称为平面图。本章重点介绍工程上常用的大比例地形图（即平面图）；中小比例地形图往往是测绘部门的专业测量任务，一般工程人员涉及较少，本章不介绍中小比例地形图的测量。平面图常包括地物、地貌（等高线）和拟建工程设计图等部分。

10.1 概　　述

10.1.1 一般规定

地形图测量的依据是《工程测量规范》GB 50026—2007。

一、地形图测图的比例尺

地形图测图的比例尺，根据工程的设计阶段、规模大小和营运管理需要，按表 10-1 选用。

测图比例尺的选用　　　　　　　　　　　　　表 10-1

比例尺	用　途
1：5000	可行性研究、总体规划、厂址选择、初步设计等
1：2000	可行性研究、初步设计、矿山总图管理、城镇详细规划等
1：1000　1：500	初步设计、施工图设计；城镇、工矿总图管理；竣工验收等

二、地形图的分类及其特征

地形图可分为数字地形图和纸质地形图，其分类及其特征见表 10-2。

地形图的分类特征　　　　　　　　　　　　　表 10-2

特征	分　类	
	数字地形图	纸质地形图
信息载体	适合计算机存取的介质等	纸质
表达方式	计算机可识别的代码系统和属性特征	线划、颜色、符号、注记等
数学精度	测量精度	测量及图解精度
测绘产品	如原始文件、成果文件、图形信息数据文件等文件	纸图、必要时附细部点成果表
工程应用	借助计算机及其外部设备	几何作图

三、地形的类别划分和地形图基本等高距的确定

1. 根据地面倾角 α 的大小判断地形类型

平坦地形：$\alpha < 3°$；

丘陵地形：$3° \leqslant \alpha < 10°$；

山地地形：$10° \leqslant \alpha < 25°$；

高山地形：$\alpha \geqslant 25°$。

2. 地形图的基本等高距选用。

一个测区宜采用同一个等高距，见表 10-3。

地形图的基本等高距（m） 表 10-3

地形类别	比例尺			
	1：500	1：1000	1：2000	1：5000
平坦地	0.5	0.5	1	2
丘陵地	0.5	1	2	5
山地	1	1	2	5
高山地	1	2	2	5

四、地形测量的区域类型

地形图的区域类型可划分为一般地区、城镇建筑区、工矿区和水域。

五、地形测量的基本精度

1. 地形图上地物点相对于邻近图根点的点位中误差，见表 10-4。

图上地物点的点位中误差 表 10-4

区域类型	点位中误差（m）
一般地区	0.8
城镇建筑区、工矿区	0.6
水域	1.5

2. 等高（深）线的插求点或数字高程模型网格点相对于邻近图根点的高程中误差，见表 10-5。

等高（深）线的插求点或数字高程模型网格点相对于邻近图根点的高程中误差 表 10-5

一般地区	地形类型	平坦地	丘陵地	山地	高山地
	高程中误差（m）	$\frac{1}{3}h_d$	$\frac{1}{2}h_d$	$\frac{2}{3}h_d$	h_d
水域	水底地形倾角 α	$\alpha < 3°$	$3° \leqslant \alpha < 10°$	$10° \leqslant \alpha < 25°$	$\alpha \geqslant 25°$
	高程中误差（m）	$\frac{1}{2}h_d$	$\frac{2}{3}h_d$	h_d	$\frac{3}{2}h_d$

注：h_d 为基本等高距。

3. 工矿区细部坐标点的点位和高程中误差，见表 10-6。

工矿区细部坐标点的点位和高程中误差 表 10-6

地物类型	点位中误差（m）	高程中误差（m）
主要建（构）筑物	5	2
一般建（构）筑物	7	3

4. 地形点的最大点位间距，见表 10-7。

比例尺		1：500	1：1000	1：2000	1：5000
一般地区		15	30	50	100
水域	断面间	10	20	40	100
	断面上测点间	5	10	20	50

5. 地形图上高程点的注记

地形图上高程点的注记，当基本等高距为 0.5m 时，应精确至 0.01m；当基本等高距大于 0.5m 时，应精确至 0.1m。

6. 地形图的分幅和编号

（1）地形图的分幅，可采用正方形或矩形方式。

（2）图幅的编号，宜采用图幅西南角坐标的千米数表示。

（3）带状地形图或小测区地形图可采用顺序编号。

（4）对于已经施测过地形图的测区，也可沿用原有的分幅和编号。

7. 地形图图示和地形图要素分类代码

（1）地形图图式，应采用现行国家标准《国家基本比例尺地图图式　第 1 部分：1：500、1：1000、1：2000 地形图图式》GB/T 20257.1—2007、《国家基本比例尺地图图式　第 2 部分：1：5000、1：10000 地形图图式》GB/T 20257.2—2006 和《国家基本比例尺地图图式　第 3 部分：1：25000、1：50000、1：100000 地形图图式》GB/T 20257.3—2006。

（2）地形图要素分类代码，宜采用现行国家标准《基础地理信息要素分类与代码》GB/T 13923—2006。

（3）对于图式和要素分类代码的不足部分可自行补充，并应编写补充说明。对于同一个工程或区域，应采用相同的补充图式和补充要素分类代码。

8. 地形测图方法

地形测图可采用全站仪测图、GPS-PTK 测图和平板测图等方法，也可采用各种方法的联合作业模式或其他作业模式。在网络 PTK 技术的有效服务区作业，宜采用该技术，但应满足规范对地形测量的基本要求。

9. 数字地形测量软件的选用要求

（1）适合工程测量作业特点。

（2）满足规范的精度要求，功能齐全，符合规范。

（3）操作简便、界面友好。

（4）采用常用的数据、图形输出格式。对软件特有的线型、汉字、符号，应提供相应的库文件。

（5）具有用户开发功能。

（6）具有网络共享功能。

（7）计算机绘图所使用的绘图仪的主要技术指标，应满足大比例成图精度的要求。

10. 地形图应经过内业检查、实地的全面对照及实测检查。实测检查量不应少于测图工作量的 10%，检查的统计结果，应满足表 10-1～表 10-3 的规定。

10.1.2 图根控制测量基本要求

控制测量应遵循"从高级到低级，从整体到局部，控制测量到碎部测量"，有关控制测量详见第 8 章的高程控制测量和第 9 章平面控制测量的相关内容。

平面控制测量就是高一等级的测量，图根控制测量就是从高一等级的平面控制测量导过来的，平面控制测量包括图根控制测量。为满足小区域测图和施工需要而建立的平面控制网，称为小区域平面控制网，小区域平面控制网也应由高级到低级分级建立。测区内建立的最高一级的控制网称为首级控制网；最低一级的控制网直接为测图而建立的，称为图根控制网；当然如果控制测量网庞大时，可能还设有二级控制测量网、三级控制测量网等。首级控制网和图根控制网的外业测量方法和内业计算方法是相同的。二者区别在于作用、精度要求不同；首级控制网起主要控制点之间首级控制作用，要求精度较高，当然首级控制点也可以直接作为图根控制点用来直接测图；图根控制测量是为直接测图设置的控制点，要求精度较低。首级控制网可以是国家测绘部门专门测绘的国家导线点，可以是本地测绘部门测绘的本地导线点，也可以是根据工程实际需要自行测绘的导线点。这里仅仅介绍图根控制测量基本要求。

一、图根点位中误差

图根平面控制和高程控制测量可同时进行，也可分别施测。图根点相对于邻近登记控制点的点位中误差不应大于图上 0.1mm，高程中误差不应大于基本等高距的 1/10。

二、对于较小测区，图根控制测量可作为首级控制测量。

三、图根点点位标志宜采用木（铁）桩，当图根点作为首级控制或登记点稀少时，应埋设适当数量的标石。

四、解析图根点数量

解析图根点数量，一般地区不宜少于表 10-8 的规定。

一般地区解析图根点的数量 表 10-8

测图比例尺	图幅尺寸(cm)	解析图根点数量(个)		
		全站仪测图	GPS-PTK 测图	平板测图
1:500	50×50	2	1	8
1:1000	50×50	3	1~2	12
1:2000	50×50	4	2	15
1:5000	40×40	6	3	30

五、图根控制测量内业计算和成果的取位

图根控制测量内业计算和成果的取位符合表 10-9 的规定。

内业计算和成果的取位要求 表 10-9

各项计算修正值 (″或 mm)	方位角计算值 (″)	边长及坐标计算值 (m)	高程计算值 (m)	坐标成果 (m)	高程成果 (m)
1	1	0.001	0.001	0.01	0.01

10.1.3 图根平面控制测量

一、测量方法

图根平面控制,可采用图根导线、极坐标法、边角交会法和 GPS 测量等方法。

二、图根导线测量规定

1. 图根导线测量,宜采用 $6''$ 级仪器 1 测回测定水平角。图根测量技术要求见表 10-10。

图根导线测量的主要技术要求　　　　　　　表 10-10

导线长度(m)	相对闭合差	测角中误差($''$)		方位角中误差($''$)	
		一般	首级控制	一般	首级控制
$\leq a \cdot M$	$\leq \dfrac{1}{2000a}$	30	20	$60\sqrt{n}$	$40\sqrt{n}$

注:a 为比例系数,一般取 1,当采用 1:500、1:1000 比例尺测图时,可在 1~2 之间选用。M 为测图比例尺的分母;但对于矿区现状图测量,不论测图比例尺大小,均为 500。隐蔽或困难地区导线相对闭合差可放宽,但不应大于 $\dfrac{1}{1000a}$。

2. 在等级点下加密图根控制时,不宜超过 2 次附合。

3. 图根导线的边长,宜采用电磁波测距仪器单项施测,也可采用钢尺单项丈量。

4. 图根钢尺丈量导线距离,应符合下列规定:

(1) 对于首级控制,边长应进行往返丈量,其较差的相对误差为 $\dfrac{1}{4000}$。

(2) 量距时,当坡度大于 2%、温度超过钢尺检定温度范围 ±10° 或尺长修正大于 1/10000 时,应分别进行坡度、温度和尺长的修正。

(3) 当导线长度小于规定长度的 1/3 时,其绝对闭合差不应大于图上 0.3mm。

(4) 对于测定细部坐标点的图根导线,当长度小于 200m 时,其绝对闭合差不应大于 13cm。

三、图根解析补点

图根解析补点可采用有校核条件的测边交会、测角交会、边角交会或内外分点等方法。当采用测边交会和测角交会时,其交会角应在 30°~150°,观测限差见表 10-11。分组计算得到的坐标较差,不应大于图上 0.2mm。

图根点测量限差　　　　　　　表 10-11

半测回归零差($''$)	两测回归零差($''$)	测距读数较差(mm)	正倒镜高程较差(mm)
≤ 20	≤ 30	≤ 20	$\leq \dfrac{h_d}{10}$

注:h_d 为基本等高距(m)。

四、GPS 图根控制测量

GPS 图根控制测量,宜采用 GPS-RTK 方法直接测定图根点的坐标和高程。GPS-RTK 方法的作业半径不宜超过 5km,对每个图根点均应进行同一参考站或不同参考站下的两次独立测量,其点位较差不应大于图上 0.1mm,高程较差不应大于基本等高距的 1/10。

142

10.1.4 图根高程控制测量

一、测量方法

图根高程控制测量可采用图根水准、电磁波测距三角高程等测量方法。

二、图根水准测量

1. 起算点的精度不应低于四等水准高程点。

2. 图根水准测量的主要技术要求见表 10-12。

图根水准测量的主要技术要求　　　　　　　　表 10-12

每千米高差全中误差(mm)	附合路线长度(km)	水准仪型号	视线长度(m)	观测次数		往返较差、附合或环线闭合差(mm)	
				附合或闭合路线	支水准路线	平地	山地
20	≤5	DS10	≤100	往1次	往返各1次	$40\sqrt{L}$	$12\sqrt{n}$

注：L 为往返测段、附合或环线水准路线的长度（km）；n 为测站数。

三、图根电磁波测距三角高程测量规定

1. 起算点的精度不应低于四等水准高程测量。

2. 图根电磁波测距三角高程的主要技术要求见表 10-13。

图根电磁波测距三角高程的主要技术要求　　　　　表 10-13

每千米高差全中误差(mm)	附合路线长度(km)	仪器精度等级	中丝法测回数	指标差(″)	垂直角较差(″)	对向观测高差较差(mm)	附合或环形闭合差(mm)
20	≤5	6″级仪器	2	25	25	$80\sqrt{D}$	$40\sqrt{\sum D}$

注：D 为电磁波测距边的长度（km）。

10.2 大比例尺平面图的测绘

为了便于测绘、拼接、使用和管理地形图，需要将各种比例尺的地形图进行统一的分幅和编号。由于图纸的尺寸有限，不可能将测区内的所有地形都绘制在一幅图内，需要进行分幅。地形图的分幅方法有两类：一类是按经纬线分幅的梯形分幅法，又称为国际分幅法；另一类是按坐标格网分幅的矩形分幅法。

10.2.1 传统方法测绘大比例地形图

传统方法测绘大比例地形图大致分为图根控制测量、碎部测量前的准备工作、碎部测量和地形图的绘制四个阶段。

一、图根控制测量及其数据处理

图根控制测量是直接提供碎部测量（即测图）使用的平面控制点或高程控制点（需要进行高程测量时才进行图根高程控制测量，平原地区地形平坦时测量地形的意义不大）。图根控制测量提供的图根点（即平面控制点或高程控制点）应具有完善准确的资料和现场按照要求设置可靠的点位。图根控制测量参见第 10.1 节。

二、碎部测量（测图）前的准备工作

1. 收集资料

测图前，应收集测区内所有的控制点资料（平面位置和高程位置）、已有的图片、测图规范及地形图图示等资料。

2. 选用图纸

地形图测绘应选用质地较好的图纸，如聚酯薄膜、普通优质绘图纸等。聚酯薄膜是一面拉毛的半透明图纸，其厚度0.07～0.1mm，伸缩率较小，坚韧耐湿，污染后可清洗，在图纸上着墨后，可直接复晒蓝图。但聚酯薄膜图纸易燃，有折痕后不能消除，在测图、使用、保管时要多加注意。普通优质的绘图纸容易变形，为了减少图纸伸缩，可将图纸临时裱糊在铝板或胶合板上绘图、保存。

3. 绘制坐标网格

测图前，首先要精确地绘制直角坐标网格，每个方格为10cm×10cm，每张图纸一般

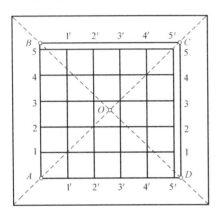

图10-1 对角线法绘制坐标网格

5个纵向方格和5个横向方格。坐标网格可以在绘图软件（如CAD、南方CASS7.1成图系统等）上绘制。现将对角线方绘制坐标网格作简单介绍：如图10-1所示，沿图纸的四角，用长尺画出两条对角线交于O点，自O点在对角线上量取OA、OB、OC、OD四段相等的长度得出A、B、C、D四点，并连接，得矩形ABCD，从A、B两点沿AD和BC向右每隔10cm截取1点，再从A、D两点沿AB、CD向上每隔10cm截取1点。连接相应各点得到由10cm×10cm组成的正方形坐标网格。

不论手绘、购买的，还是计算机绘制打印出来的坐标网格，均应检查其误差。各方格的角点在同一条直线上，偏离限差0.2mm，各个方格的对角线长度为141.4mm，图廓实际长度与理论长度之差应在±0.3mm之内。

4. 展绘控制点

展绘控制点时，首先应确定比例尺（以1：1000为例），判定控制点在哪一幅图内，然后将便于判读的整数坐标标注于适当位置（500、600、700、800、900、1000），将控制点1的坐标 $x_1 = 324624.32$m，$y_1 = 175686.18$m，展绘到图10-2中，以此类推，可以将其他控制点2、3、4、5一一展绘到图上相应位置。控制点在图上误差不应超过±0.3mm。

5. 检查和校正仪器

仪器设备好坏、精度高低直接影响地形图的测设质量，无论是常规测量的经纬仪、水准仪，还是现代测量仪器如全站仪、GPS仪，在测图前应进行检查，超过使用期限的仪器设备应按规定

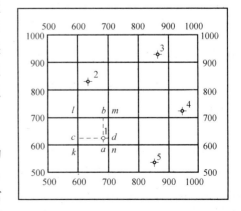

图10-2 控制点的展绘

144

自检或送有资质的单位检定。

6. 其他准备工作

包括编写地形图测量技术设计书、踏勘了解测区的地形情况、平面和高程控制点的位置和完好情况，拟定作业计划。

三、碎部测量

碎部测量是建立在图根控制测量、碎部测量前的准备工作完成后的基础上的，碎部测量需要依据图根平面控制点，测量等高线时还需要依据图根高程控制点。

碎部测量包括测站选择、碎部点的选择、选择碎部测量方法和地形图的绘制。测站一般选择在图根控制点上，必要时需要加密控制点作为测站。

1. 碎部点的选择

要完整测量出测区的平面图，包括地物和地形，就要恰当选择测点，即碎部点。碎部点选择是否得当，将直接影响测图的速度和精度；如果选择过多，浪费测量时间，反之，漏选碎部点，将导致地形图失真或难以完整绘制地物，影响工程设计或施工用图。

（1）地物点选择

地物点选择应以能够完整绘制和表达地物为原则，通常选择地物特征点。地物特征点如建筑物的轮廓点、交叉点，河流和道路拐弯中心点、独立地物的中心点等。测绘地物需要根据规定的测图比例尺，按《工程测量规范》GB 50026—2007 和《国家基本比例尺地图图式　第 1 部分：1∶500、1∶1000、1∶2000 地形图图式》GB/T 20257.1—2007、《国家基本比例尺地图图式　第 2 部分：1∶5000、1∶10000 地形图图式》GB/T 20257.2—2006 等的要求，经过综合取舍，将各种地物绘制在图上。

（2）地形点选择

地形（或貌）点应选择地形特征点，地形特征点如山脊线、山谷线上的点，山脊、山谷的坡度变化点，山顶的最高点、山脚的最低点，鞍部、山脊、山谷、山坡、山脚的地形变化点等。

2. 选择碎部测量方法

高程测量方法有水准仪、经纬仪视距、全站仪等。水准仪测量地形中的高程精度较高，但是较慢；经纬仪视距测量稍微快些，但是误差较大；全站仪测量克服二者缺点，兼具二者优点。高程测量首先需要测量待测点的平面位置，绘制等高线稍显麻烦、复杂，这里不再赘述。

碎部点地物或平面位置测量方法有极坐标法、方向交会法和直角坐标法。按照使用的仪器又可分为经纬仪测图、全站仪测图、GPS-RTK 测图和平板测图等方法。有关经纬仪测图、全站仪测图、GPS-RTK 测图和平板测图方法参见《工程测量规范》GB 50026—2007。

（1）极坐标法

极坐标法是测量测站（控制点）至碎部点（地物或地形点）方向和测站至后视点（另一个控制点）方向间的水平角度 β，测量测站至碎部之间的距离 D，便能确定碎部点的平面位置，如图 10-3 所示。

（2）方向交会法

方向交会法是测量测站（控制点）A 至碎部点（地物或地形点）方向和测站 A 至后

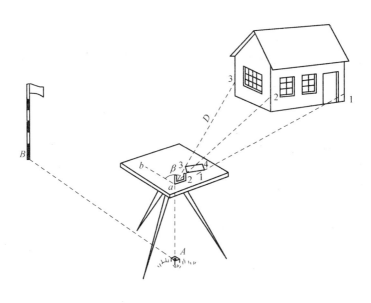

图 10-3　极坐标法测量碎部点平面位置

视点方向间的水平角 β_1，测量测站（另一控制点）B 至碎部点方向和测站 B 至后视点方向间的水平角度 β_2，便能够确定碎部点的平面位置，如图 10-4 所示。

（3）距离交会法

距离交会法是测量已知点 1 至碎部点 M 距离 D_1，测量已知点 2 至碎部点 M 的距离 D_2，便能够确定碎部点的平面位置，如图 10-5 所示。

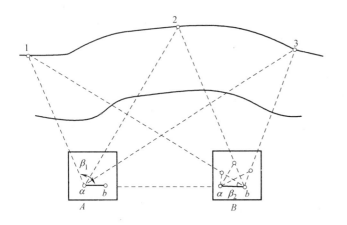

图 10-4　方向交会法测量碎部点平面位置

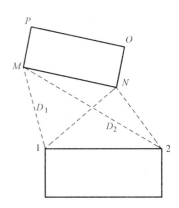

图 10-5　距离交会法测量碎部点平面位置

（4）直角坐标法

直角坐标法利用数学上坐标的基本原理，但是工程坐标向上 x 轴为北方向，向右 y 轴为东向，其坐标原点虚设在西南方向，如图 10-6 所示。例如已知测区内有若干高级控制点，其中高级控制点 KZD$_7$（4721.49，8930.88）、KZD$_9$（4340.19，8800.39）。可以利用已知控制点测量碎部点 A 点（4467.98，8882.81）和 S 点（4652.50，8959.98）在施工现场的平面位置。

四、绘制地形图

传统方法测绘大比例地形图时，地形和地物较为复杂测区宜边测边绘制图形，至少应在现场绘制出草图，现场绘制直观，易发现错误。

1. 描绘地物

根据地物特征点绘制地物，主要特征点应单独测量，次要特征点可采用测量距离、交会、推平行线等几何作图方法绘制。大比例地形图绘制地物原则如下：

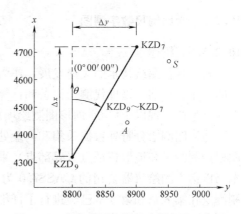

图 10-6　直角坐标法测量碎部点平面位置

（1）房屋凹凸转折，可测量其主要转折角（至少 2 个点），测量有关房屋边长，按照几何关系用推平行线法画出房屋轮廓线。

（2）圆形建筑可测量其中心点位置，并测量其平面直径或半径，比较容易绘制出其图形。

（3）公路、铁路、道路等测量其转折点、两侧边线，也可以测量其交点位置及交点平面曲线半径、路幅宽度绘制其图形。简易道路可以只绘制其中心线。

（4）围墙应实测其特征点，按半比例符号绘制。

2. 勾绘地形

现场地物碎部测量完成或同步测量后，即可以勾绘地形（即等高线）。首先用铅笔轻轻描绘出山脊线、山谷线、鞍部等典型等高线。因所测地形特征点一般不在等高线上，需要在相邻地形点之间内插或外延确定基本等高线，再将相邻各等高程的点参照实际地形用光滑曲线进行连接，如图 10-7 所示。

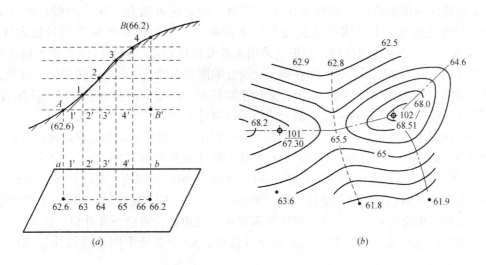

图 10-7　等高线的内插及勾绘

五、测绘地形图的其他工作

测绘地形图还应按照有关规定拼接地形图、检查地形图（室内、外业和仪器检查）、修饰地形图和验收地形图等。

10.2.2 大比例尺数字测图

10.2.2.1 概述

随着现代测绘技术的飞速发展，作为现代测绘技术基础的数字测图技术也呈现日新月异的变化。目前，以现代测绘设备和计算机应用软件为主体的数字测图技术已经广泛应用于测绘生产。现以1∶500地形图测绘项目为例，介绍地形图测量基本要求。

地形图测绘分野外数据采集和内业处理两个阶段。野外数据采集又包括两个阶段，即图根控制测量和地形特征点（碎部点）采集。内业处理一般采用人机交互图形编辑软件，本书以南方测绘仪器公司的CASS7.0为主进行介绍，CASS7.0是CAD的衍生软件。控制测量在第8章和第9章已经进行了详细介绍，本节仅仅介绍碎部测量。

一、地形图测量一般规定

1. 一般规定

（1）测量地形图比例尺为1∶500时，地形图符号应按《国家基本比例尺地图图式第1部分：1∶500、1∶1000、1∶2000地形图图式》GB/T 20257.1—2007执行。

（2）地形图的等高距为0.5m。

（3）测站点相对于邻近图根点的点位中误点，不得大于图上0.3mm；高程中误差，平地不得大于1/10基本等高距，丘陵地不得大于1/8基本等高距。

（4）地形图高程精度：城市建筑区的平坦地区，其高程注记点相对于邻近图根点的高程中误差不得大于±0.15m。其他地区地形图高程精度应以等高线插求点的高程中误差来衡量。

（5）图根控制测量要求：图根点是直接供测图使用的平面和高程的依据，宜在城市各等级控制点下逐级加密。图根平面控制点的布设，可采用图根三角锁（网）图根导线的方法，不宜超过两次附合，图根导线在个别极困难的地区可附合三次。图根点亦可采用GPS测量方法布设，其技术要求按现行行业标准《全球定位系统城市测量技术规程》CJJ/T 73—2010有关规定执行。图根点采用木桩及铁桩定点，但测区内等级控制点稀少或离测区较远有等级控制点时，应在第一次附合的图根点导线中，适当选择相互通视的点埋石，以满尽城市地形图修测的需要。采用全站仪时，因地形限制图根导线无法附合时，可布设支导线，但不得超过三站，最大边长不得超过150m。

（6）高程注记点的分布要求，地形图上的高程注记点应分布均匀，丘陵地区高程注记点间距为15m（1∶500比例尺图），平坦及地形简单地区可放宽到22m（1∶500比例尺图）。山顶、鞍部、山脊、山脚、谷底、谷口、沟底、沟口、凹地、台地、河川湖池岸旁、水涯线上以及其他地面倾斜变换处，均应测高程注记点。城市建筑区高程注记点应测设在街道中心线，街道交叉中心、建筑物墙基脚和相应的地面管道检查井井口、桥面、广场、较大的庭院内或空地上以及其他地面倾斜变换处。1∶500地形图的高程注记点应注至厘米。

2. 图根控制测量

范围较大，精度要求较高，控制等级应符合《工程测量规范》GB 20026—2007、《城市测量规范》CJJ/T 8—2011相关规定，宜采用静态法进行控制点测绘。在精度要求不高的情况下，直接布设图根控制点。有关控制测量，参见第8章和第9章。

图根点是直接供测图使用的平面和高程控制依据。

为满足地形测图的需要，宜选择高级导线点作为首级控制（这里选择一级 GPS 点作为首级控制网），在此基础上加密布设图根控制点。图根据控制点的布设可采用附合导线、闭合导线和导线网的形式布设。另外，也可在一级 GPS 网下利用 VRS 求解转换参数，直接测量图根控制点。图根点的密度根据规范要求每平方公里不少于 64 点，似大地水准面精化图根点高程要满足五等水准精度指标。图根光电测距导线测量应符合表 10-14 规定。

图根光电测距导线测量技术指标　　　　　　　　　　　　　　　　表 10-14

比例尺	附合导线长度(m)	平均边长(m)	导线相对闭合差	测回数	方向角闭合差(″)	测距	
						仪器类型	方法与测回数
1：500	900	80	1/4000	1	$\pm40\sqrt{n}$	Ⅱ级	单程观测Ⅰ

3. 地形图测绘内容及取舍

地形图应表示测量控制点，居民地和垣栅、工矿（构）建筑物及其他设施、交通及附属设施、管线及附属设施、水系及附属设施、境界、地貌和土质植被等各项地物地貌要素，以及地理名称注记等。着重显示与城市规划、建设有关的各项要素。

（1）测量控制点的测绘要求

各等级的测量控制点，应以测点位置为符号的几何中心位置，按图式规定符号表示。

测量控制点是测制地形图和工程测量施工放样的主要依据，在图上应精确表示，控制点间的图上长度与坐标反算长度之差应小于 0.2～0.3mm。

（2）居民地和垣栅的测绘要求

居民地的各类建筑物、构筑物及主要附属设施应准确测绘实地外围轮廓和如实反映建筑结构特征。

房屋的轮廓应以墙基外角为准，并按建筑材料和性质分类注记层数。在 1：500 地形图中所有房屋应全表示。临时性房屋可适当取舍。

建筑物和围墙轮廓凹凸在图上小于 0.4mm 可用直线连接。

1：500 比例尺地形图的测绘中，围墙一律用双线符号表示。

1：500 比例尺测图，房屋内部天井宜区分表示。

测绘垣栅应类别清楚，取舍得当，城墙按城基轮廓依比例尺表示，城楼、城门、豁口均应实测；围墙、栅栏、栏杆等可根据其永久性、规整性、重要性等综合考虑取舍。

二层以上的坚固房屋要测注室内高程注记，七层以上房屋和部分临道路的不足七层坚固房屋要测注房角坐标，十层以上的高层建筑物房屋要测注记房屋最高构筑物顶点的高程。

（3）工矿建（构）筑物及其他设施

工矿建（构）筑物及其他设施的测绘图上应准确表示其位置、形状和性质特征。

工矿建（构）筑物及其他设施依比例尺表示的，应实测其外部轮廓，并配置符号或按图式规定用依比例尺符号表示；不依比例尺表示的，应准确测定其定位点或定位线。

（4）交通及附属设施的测绘

图上应准确反映陆地道路的结构与附属设施的关系；正确处理道路的相交关系及与其他要素的关系；交待各道路通过的关系。

铁路轨顶（曲线段取内轨顶）、公路路中、道路交叉处、桥面等应测注高程，隧道、涵洞应测注底面高程。

公路与其他道路在图上均应按实宽依比例尺表示（包括乡间小路），各类道路按其铺面材料分别以混凝土、沥、砾、石、砖、碴、土等注记于图中路面上，铺面材料改变处应用点线分开。

铁路与公路或其他道路平面相交时，铁路符号不中断，而将另一道路符号中断；城市道路为立体交叉或高架道路时，应测绘桥位、匝道与绿地等，多层交叉重叠，下层被上层遮住的部分用虚线表示，桥墩和立柱应表示。

路堤、路堑应按实地宽度绘出边界，并应在其坡顶、坡脚适当测注高程。

道路通过居民地不宜中断，应按实际位置测绘道路边线。高速公路应绘出两侧围建的栅栏和出入口，注明公路名称，永久性的中央分隔带要表示，市区街道应将车道、过街天桥、过街地道的出入口、分隔带、环岛、街心花园、人行道与绿化带等绘出。

跨河的桥梁，应实测桥头、桥身和桥墩位置并加注建筑结构和桥名。码头应实测轮廓线，有专有名称的加注名称。码头上的建筑物应实测表示。

（5）管线及附属设施的测绘

永久性的电力线、电信线均应准确表示，电杆、铁塔位置应实测，铁塔式电杆应测注其中四角的坐标。

电力线、电信线等在通集团式村庄和街区时可以不连线，只绘出连线方向；与道路、铁路平行的电力线、电信线可不连线，只绘电杆符号和方向；其余地区的电力线、电信线要连线。电力线入地处要实测并注明"入地"字样。

架空的、地面上的、有管堤的管道均实测，分别用相应符号表示，并注记传输物质的名称。

地下管线按其地上标志测绘检修井（只测井位不连线），检修井附近增注高程注记。

污水检修井与雨水检修井要分开表示。

（6）水系与附属设施的测绘

河流、水沟要测绘岸边线和测出河底、沟底高程。水渠底高程注记间隔为图上 10cm 左右，并测出沟渠宽（注记到分米）。水库、塘要测注底高程，沟渠流入田，应注"止"字样；季节性流水沟不用干沟符号，仍用一般水沟符号表示，可以不绘流向，凡河、沟、渠、塘岸边应测高程。

1∶500 地形图上，河流、水沟均应用双线表示。水沟宽在图上小于 0.5mm 的可以综合取舍或放大表示。

河流、水沟、湖泊、水库等水涯线宜按测图时的水位测定，当水涯线与陡坎线在图上投影距离小于 1mm 时，以陡坎线符号表示。

（7）地貌和土质的测绘

地貌和土质的测绘，正确表示其形态、类别和分布特征。

各种天然形成和人工修筑的坡坎，其坡度在 70°以上时表示为陡坎，70°以下时表示为斜坡。

梯田坎坡顶及坡脚宽度在图上大于 2mm 时，应实测坡脚。

各种土质测绘应按图式规定的相应符号表示。

（8）植被的测绘

地形图上应正确反映出植被的类别特征和分布。对耕地、园地应实测范围，并配置相应的符号表示。大面积分布的植被在能表达清楚的情况下，可采用注记说明。同一地段生长多种植物时，可按经济价值和数量，适当取舍。同一地段符号配置不得超过三种（连同土质符号）。

一年分几季种植不同作物的耕地，应以夏季主要作物为准配置符号表示。

田埂宽度在图上大于 1mm 的应用双线表示田埂，小于 1mm 的用单线表示田埂。每一田块内应测有代表性的高程注记。

（9）注记

注记是地图内容不可缺少的要素，对各种名称说明注记和数字注记应准确注出。

图上所有居民地、道路、市镇的街、巷、山岭、沟谷、河流等自然地理名称，以及主要单位等名称，均应进行调查核实，有法定名称的应以法定名称为准。

注记的排列要按图式要求执行，并要美观易读。

（10）地形图的各要素配合表示

当两个地物中心重合或接近，难以同时准确表示时，可将较重要的地物准确表示，次要物移位 0.3mm 或缩小表示。

独立性地物与房屋、道路、水系等其他地物重合时，可中断其他地物符号，间隔 0.3mm 将独立性地物完整绘出。

房屋或围墙等高出地面的建筑物，直接建筑在陡坎、斜坡上且建筑物边线与坎坡上沿线重合时，可用建筑物边线代替坎坡上沿线；当坎坡上沿线距建筑物边线很近时，可移位间隔 0.3mm 表示。

悬空建筑在水上的房屋与水涯线重合，可间断水涯线，房屋照常绘出。

水涯线与陡坎重合，可用陡坎边线代替水涯线；水涯线与斜坡脚重合，仍应在坡脚将水涯线绘出。

双线道路与房屋、围墙等高出地面的建筑物边线重合时，可以建筑物线代替边线。

境界以线状地物一侧为界时，应离线状地物 0.3mm 在相应一侧不间断地绘出境界符号；以线状地物中心或河流主航道为界时，应在河流中心线位置或主航道线上每隔 5mm 绘出 3～4 节境界符号。

地类界与地面上有实物的线状符号重合时，可省略不绘地类界符号；与地面无实物的线状符号（如架空管线、等高线等）重合时，可将地类界移位 0.3mm 绘出。

二、数据处理及成图

全站仪和 GPS 采集的外业测量数据，通过 U 盘拷贝或导出数据，转换格式之后，导入到计算机的南方 CASS 绘图软件中。其中，带状地形图采用 RTK，部分结合全站仪。一般城市地形图，采用全站仪测量（高层建筑较多，采用 GPS 时影响定位精度和效率）。农村地区（前提是已经覆盖基站，或新设基站），采用全站仪结合 RTK 进行测量。

1. 一般要求

每天的外业数据应在当天处理完成，按以下要求绘图：

（1）按 CASS7.0 分层，即有用要素必须位于 CASS7.0 所定义的图层中，其他自定义图层视为无用图层；严格按 CASS7.0 所定义的编码来表示地物，无编码、错误编码的地物及用线来表示点状地物都视为错误。

（2）围墙、防洪墙、铁路等组合线形需有骨架线，若骨架层影响操作，可将其关闭，但不得删除骨架层及骨架线。在绘制这三种线形时，应采用"＋"值输入。

（3）注记分层，特别强调道路名称、水系名称分别置于交通设施层和水系设施层，其他注记（单位名、地名、房角坐标、顶高、室内高等）可全部置于注记层；高程注记、房屋性质注记按现有分层处理。

（4）道路中隔离带置于交通设施层，独立的绿化带、与房屋线或道路边线发生简单共线关系的绿化带要求封闭。

（5）城市街道基本分为主干道、次干道、一般道路、街道巷道四个等级，一条街道的两条边线应为同一级别，不要出现两边线不一致的情况，接边时注意检查。

（6）上交文件统一为实地坐标。

2. 注记要求

注记按照《国家基本比例尺地图图式　第 1 部分：1∶500、1∶1000、1∶2000 地形图图式》GB/T 20257.1—2007 执行，注记文字采用等线体（在用 CASS7.0 绘图时一般采用默认字体）。注记文字字高按以下要求执行：

（1）道路名称的注记文字高度为 4.0，按道路延伸方向分散排列注出，一般在图上每隔 15～20cm 注记一处。

（2）水系名称的注记，依其主次、长度不同和面积大小选用不小于 4.0 的文字高度，按自然形状排列注出，一般在图上每隔 15～20cm 注记一处。居民地名称的注记，一般乡、镇政府驻地文字高度为 5.5，镇以上按行政等级选用高度为 5.5 以上的字注记。

（3）房屋结构形式（如混凝土、砖、木、钢等）的文字注记高度为 3.0。

（4）图中所涉及的一些必要的文字备注或说明的文字高度为 2.0。

（5）图上坐标注记准确至毫米，高程注记准确至厘米，文字高度为 2.0。

10.2.2.2　大比例尺地形图测绘实例

结合成都市温江区金马镇蓉西新城区域基础地形图更新工程，本次测图采用野外全数字化测图，外业采用天宝 TrimbleR10 GNSS 和天宝 Trimble S6 全站仪，测绘成图软件采用 CASS7.0，CASS7.0 软件以 AutoCAD 2006 为平台。

一、仪器设备简介

1. 天宝 TrimbleR10 GNSS

在 Trimble R10 中，集成了先进的 Trimble HD-GNSS 处理引擎。这一突破性技术超越了传统的固定/浮动技术，比传统 GNSS 技术提供的误差估算评价更加精确，尤其是在具有挑战性的环境中。它显著地减少了收敛时间并且提高了定位和精度的可靠性。定位精度：静态 GNSS 测量水平 3mm＋0.1ppm RMS，垂直 3.5mm＋0.4ppm。实时动态测量单基线＜30km，水平 8mm＋1ppm，垂直 15mm＋1ppm。网络 RTK 水平 8mm＋0.5ppm，垂直 15mm＋0.5ppm。本系统是在第 14.10 节的基础上，增加了网络 RTK 内容。天宝 R10GNSS 接收机如图 10-8 所示。天宝 TSC3 手簿如图 10-9 所示。

2. 天宝 Trimble S6 全站仪

天宝 Trimble S6 全站仪是天宝系列全站仪中一款专业型全站仪，附加了更大容量数据存储，USB 和蓝牙选项，以及更多的本地化应用，能够满足较高要求测量作业。天宝

Trimble S6 全站仪如图 10-10 所示。

图 10-8　天宝 R10GNSS 接收机

图 10-9　天宝 TSC3 手簿

图 10-10　天宝 S6 全站仪

3. 南方 CASS 软件

南方 CASS 软件是由广州南方数码科技股份有限公司基于 CAD 平台开发的一套集地形、地籍、空间数据建库、工程应用、土石方算量等功能为一体的软件系统。

二、现场踏勘和搜集资料

通过现场踏勘，了解作业区的自然地理情况；了解测区对作业有影响的气象气候情况（如风、雨、雪、雾、气温、气压、能见度等）以及冻土深度，高秆作物季节，每年可作业月份，月平均作业天数，交通情况等。

搜集与该区域地形图测量有关的资料，包括气象资料、地籍资料、已有历史地形图资料等。

三、布设首级控制网

根据设计好的测绘路线，均匀合理的布设首级控制网，测区范围内及周边有勘测院布设的 E 级 GPS 控制点和四等水准点，平面控制点和水准点一致，为本项目提供了控制基础。

四、地形图测绘

1. 网络 RTK 简介

地形图测绘采用网络 RTK。有关 RTK 详细内容，参见第 14 章。

网络 RTK 也称基准站 RTK，是近年来在常规 RTK 和差分 GPS 的基础上建立起来的一种新技术，目前尚处于试验、发展阶段。我们通常把在一个区域内建立多个（一般为三个或三个以上）GPS 参考站，对该区域构成网状覆盖，并以这些基准站中的一个或多个为基准计算和发播 GPS 改正信息，从而对该地区内的 GPS 用户进行实时改正的定位方式称为 GPS 网络 RTK，又称为多基准站 RTK。

它的基本原理是在一个较大的区域内稀疏地、较均匀地布设多个基准站，构成一个基准站网，那么我们就能借鉴广域差分 GPS 和具有多个基准站的局域差分 GPS 中的基本原理和方法来设法消除或削弱各种系统误差的影响，获得高精度的定位结果。

网络 RTK 是由基准站网、数据处理中心和数据通信线路组成的。基准站上应配备双频全波长 GPS 接收机，该接收机最好能同时提供精确的双频伪距观测值。基准站的站坐标应精确已知，其坐标可采用长时间 GPS 静态相对定位等方法来确定。此外，这些站还应配备数据通信设备及气象仪器等。基准站应按规定的采样率进行连续观测，并通过数据通信链实时将观测资料传送给数据处理中心。数据处理中心根据流动站送来的近似坐标（可根据伪距法单点定位求得）判断出该站位于由哪三个基准站所组成的三角形内。然后根据这三个基准站的观测资料求出流动站处所受到的系统误差，并播发给流动用户来进行修正以获得精确的结果。有必要时可将上述过程迭代一次。基准站与数据处理中心间的数据通信可采用数字数据网 DON 或无线通信等方法。流动站和数据处理中心间的双向数据通信则可通过移动电话 GSM 等方式进行。

2. 网络 RTK 测量程序（点位测量和放样）

利用网络 RTK（必要时结合全站仪）进行地形特征点（碎部点）采集（即碎部测量），分为四大步骤：通过蓝牙将手簿和 GPS 接收机配对、联网设置（手簿与通信基站联网）、GPS 碎部点测量、利用南方 CASS7.0 软件处理和绘制大比例地形图。

通过蓝牙将手簿和 GPS 接收机配对的程序见表 10-15。联网设置（手簿与通信基站联网）的程序见表 10-16。在设置好项目参数后，即可在满足要求的环境下使用 GPS 进行碎部点测量，GPS 碎部点测量的程序见表 10-17。南方 CASS7.0 软件处理和绘制大比例地形图，见表 10-18。高层建筑较多，采用 GPS 时影响定位精度和效率；可以考虑采用全站仪，在布设的图根控制点上架设全站仪，对中整平后输入测站和后视点坐标，完成定向后即可开始进行碎部点测量。

通过蓝牙将手簿和 GPS 接收机配对　　　　　　　　　　　　　　表 10-15

序号	操作步骤	图　例	备注
1	打开手簿，点击"设置"		

154

序号	操作步骤	图　　例	备注
2	点击"连接"	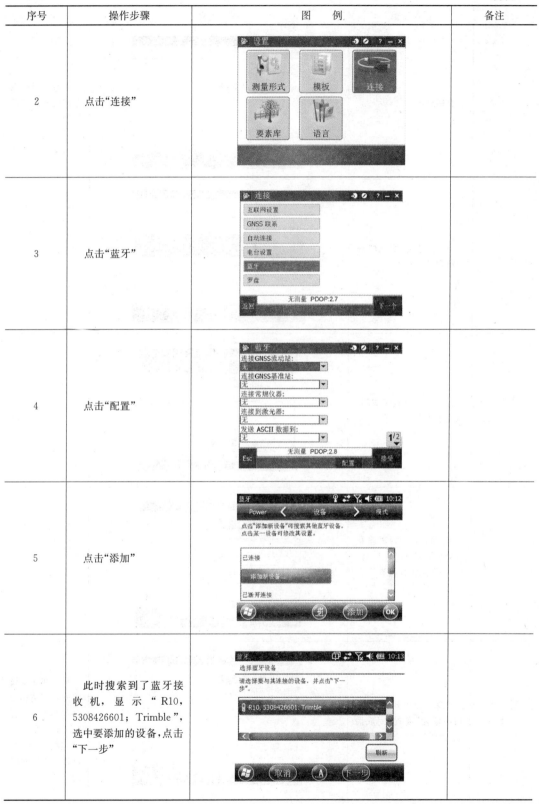	
3	点击"蓝牙"		
4	点击"配置"		
5	点击"添加"		
6	此时搜索到了蓝牙接收机，显示"R10，5308426601；Trimble"，选中要添加的设备，点击"下一步"		

序号	操作步骤	图　例	备注
7	直接点击"下一步"		天宝的所有机型连接不需要任何密码
8	点击"完成"即完成这台机器的配对		
9	添加蓝牙设备完成后，点击右下角的"OK"		
10	此时，第一项"连接GNSS流动站/基准站"下拉列表里面就有了蓝牙设备可选		
11	在第二页可开启"自动启用蓝牙"设置，完成后点"接受"		只要在这里设置好基准站和流动站以后，当连接GPS接收机时，软件就会自动连接上接收机

序号	操作步骤	图　　例	备注
1	打开手簿的电话功能在系统主界面点击"设置"		
2	点击"连接"		
3	点击"无线管理器"		
4	打开手机热点 WiFi		
5	选择"WLAN"，连接WiFi 即可		

序号	操作步骤	图　　例	备注
1	在待测点位上安置流动站,把杆放在要测的点上		
2	将气泡居中,使杆竖直		
3	打开手簿,点击"常规测量"		
4	点击"任务"		
5	点击"新任务"		

序号	操作步骤	图 例	备注
6	输入任务名	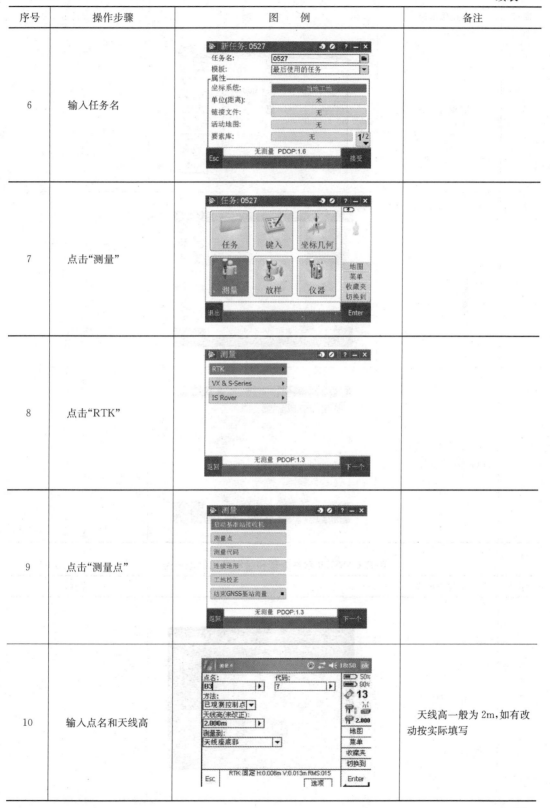	
7	点击"测量"		
8	点击"RTK"		
9	点击"测量点"		
10	输入点名和天线高		天线高一般为 2m,如有改动按实际填写

序号	操作步骤	图　例	备注
11	点击"储存"	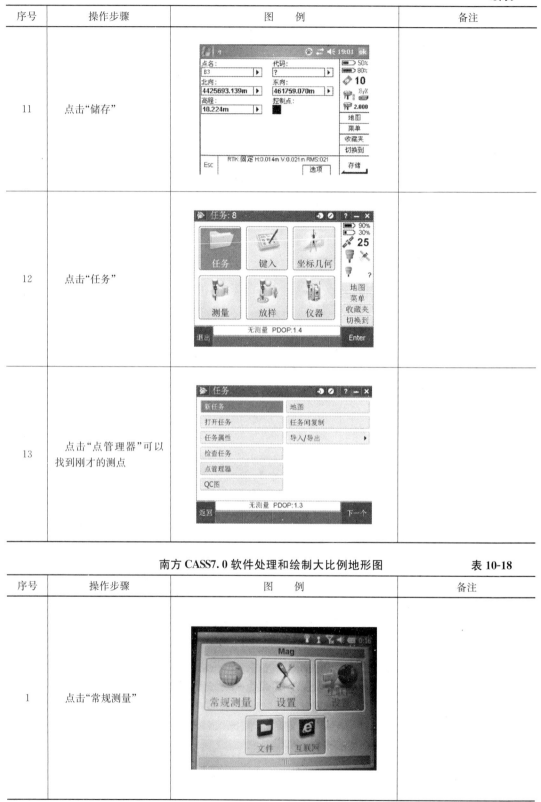	
12	点击"任务"		
13	点击"点管理器"可以找到刚才的测点		

南方 CASS7.0 软件处理和绘制大比例地形图　　　　　　　　表 10-18

序号	操作步骤	图　例	备注
1	点击"常规测量"		

序号	操作步骤	图 例	备注
2	点击"任务"	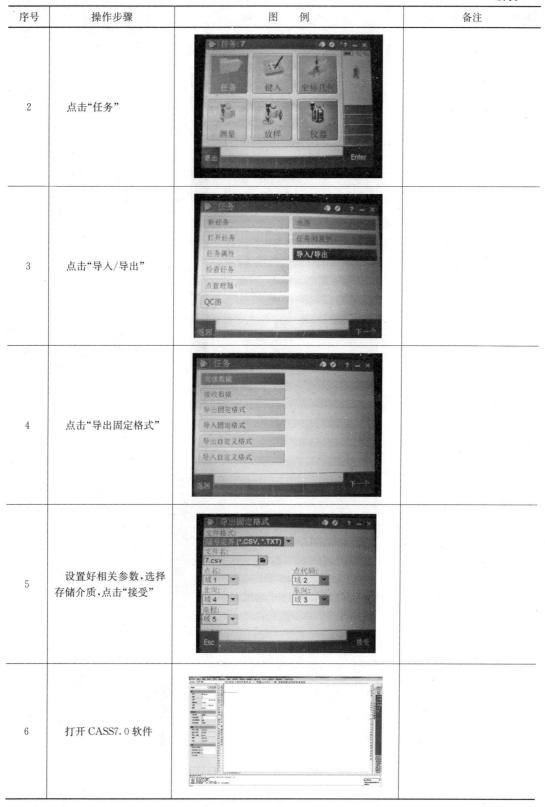	
3	点击"导入/导出"		
4	点击"导出固定格式"		
5	设置好相关参数,选择存储介质,点击"接受"		
6	打开 CASS7.0 软件		

序号	操作步骤	图 例	备注
7	"绘图处理—展野外测点代码"选择实测 * . dat 数据,如 20170101. dat		
8	选择相应的地物符号在点位上进行绘制		
9	绘制完成后进行检查、修改、接图等后续工作		

3. 对成果进行检查清理

（1）按照规定的质量体系文件的要求，对地形图测绘过程的各道工序实行质量控制。

（2）严格执行相应的技术规范，执行事先指导、中间检查和成果审核的管理制度。

（3）测绘成果按照国家测绘局发布的《测绘成果质量检查与验收》GB/T 24356—2009，执行三级检查验收制度。

（4）观测使用的仪器、设备进行必要的检测，以保证在整个测量过程中，仪器的各项性能指标处于良好状态，确保观测数据的可靠性。

4. 成果整理

技术报告、成果资料整理、检查，提交成果，按照合同及技术设计书的规定，整理并装订好最终成果。成果包括技术设计（纸质）、技术报告（纸质）、质量检查表（纸质）和测量成果（光盘）。现在由于 pdf 文档的便利及不易复制性，有的单位要求提交的所有纸质文档需转换成 pdf 文档。

有关地形图测量详细内容，参见附录 2　金马镇蓉西新城区域基础地形图更新工程技术设计书。

10.3　地形图的工程应用

地形图的工程应用十分广泛，包括一般应用、面积测量、场地平整土石方估算，还包括应用地形（平面图）进行施工组织管理策划（如布置施工及临时驻地等），也可以应用在城市方案比较和规划设计等方面。平面图测量精度不高，审慎使用平面图中的一般平面位置和高程数据进行精确的施工测量和放样；但对于一般精度要求不高的面积测量、土石方估算和施工及临时驻地布置、城市规划设计等是可以的。

10.3.1　地形图的理论应用

大多数教材认为，地形图的一般应用包括在地形图上确定点位坐标、量算线段长度、量算点位高程和直线坡度。实际上，这些所谓的基本应用是理论上的，作为一般的判断分析数据是可以的。由于地形图的测量精度不高，是不能利用这些数据进行结构工程的施工测量和放样的，也不能将这些数据作为控制测量的计算依据，读者应根据实际情况进行取舍。

一、在地形图上确定点位坐标

打算计算 p 点的坐标，先依据图廓上的坐标注记，找出 p 点在坐标格网的 a、b、c、d 四点，过 p 点作 x 轴的平行线交于 k、g 两点，量取 ak、kp 两条线段的距离，根据比例尺推算其长度，如图 10-11 所示。

$$ak = 50.3\text{m}$$
$$kp = 80.2\text{m}$$

则 p 点坐标：

$$x_p = x_a + kp = 40100 + 80.2 = 40180.2\text{m}$$
$$y_p = y_a + ak = 60200 + 50.3 = 60250.3\text{m}$$

如果采用数字地形图，可在南方 CASS7.1 成图系统右击或菜单【工程应用】下，单击【查询指定点坐标】，在图上用鼠标点取 p 点，即可得到该点的坐标。同理可得 q

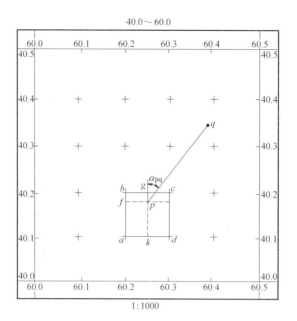

图 10-11 在地形图上确定点位坐标

（40350.9，60396.2）。

二、在地形图上量算线段的长度

在图 10-11 中，已知两点 p、q 的坐标可以计算其距离。

$$
\begin{aligned}
D_{pq} &= \sqrt{(x_p - x_q)^2 + (y_p - y_q)^2} \\
&= \sqrt{(40180.2 - 40350.9)^2 + (60250.3 - 60396.2)^2} \\
&= 224.6\text{m}
\end{aligned}
$$

需要近似距离时，也可采用圆规、卡规或尺子直接量取，按照相应比例计算出 D_{pq}。

三、在地形图上量算直线的坐标方位角

在图 10-11 中，线段 pq 的坐标方位角可以根据两点坐标反算。

$$
\begin{aligned}
\alpha_{pq} &= \arctan \frac{y_q - y_p}{x_q - x_p} \\
&= \arctan \frac{60392.6 - 60250.3}{40350.9 - 40180.2} \\
&= 39°48'56''
\end{aligned}
$$

当然可以用量角器直接在图上量取方位角。如果采用数字地形图，可在南方 CASS7.1 成图系统右击或菜单【工程应用】下，单击【查询两点距离及方位】，在图上用鼠标点取两点坐标之后，自动显示 p、q 两点之间的距离和方位角。

四、在地形图上量算点的高程

图 10-12 中，如何量算 c 点高程呢？过 c 点作一条线段 mn，线段 mn 应大致与地形坡度走向方向垂直，显然可以判读 m 点和 n 点的高程分别为 722m 和 724m。在 m 点和 n 点之间可以通过内插法计算出 c 点高程，在图上量取线段 mc 和 cn 的长度分别为 0.42cm 和

0.96cm，如果图示比例为 1∶2000，换算为实际长度分别为 8.4m 和 19.2m。通过内插法，可以计算出 c 点高程：

$$H_c = H_m + h_1$$
$$= H_m + \frac{d_1}{d} h_0$$
$$= 722 + \frac{8.4}{(8.4 + 19.2)} \times (724 - 722)$$
$$= 722 + 0.6$$
$$= 722.6\text{m}$$

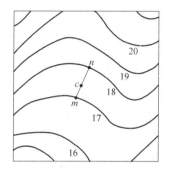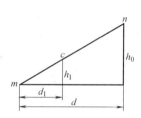

图 10-12　在地形图上量算点的高程

如果采用数字地形图，可在南方 CASS7.1 成图系统右击或菜单【工程应用】下，单击【查询点位高程】，在图上用鼠标点取 c 点可知其高程。

五、在地形图上量算线段坡度

在图 10-12 中，可以简单地量算 m 点和 n 点之间的地面坡度。即只要量出两点之间的高差和水平距离，就可以按照坡度概念计算出坡度。

$$i_{mn} = \frac{h_{mn}}{l_{mn}} \times 100\%$$
$$= \frac{724 - 722}{8.4 + 19.2} \times 100\%$$
$$= 7.2\%$$

10.3.2　用地形图测量平面面积

工程设计中，河流汇水面积往往是沿河流的山脊线内的面积，用地设计及规划需要计算相应区域的面积，如图 10-13 所示。这些面积可以利用平面图（地形图）进行量测计算。测区平面图上规定范围的面积计算方法有绘图软件法、多边形几何图形法、解析法、方格网法等。

图 10-13　某地形图汇水面积

一、绘图软件法

绘图软件法如 CAD、南方 CASS7.1 成图系统等，右击或菜单【查询】下，单击【查询面积】，在图上用鼠标逐一选择需要计算面积范围内的边界点，就可以将面积统计出来。这种方法简单快捷，但是需要电子平面图，传统测图用手工绘制时无法采用这种方法实现。

二、多边形几何图形法

多边形几何图形法是将需要计算面积的范围分割成相应的规则几何图形，如三角形、矩形、梯形等，分别量测每一个规则几何图形的要素（如边长、内角等），然后分别计算每一个规则几何图形的面积。

三、解析法

图 10-14 中，多边形 1234 是一个不规则的几何图形，各点坐标已知后，可按照下列公式计算其面积。

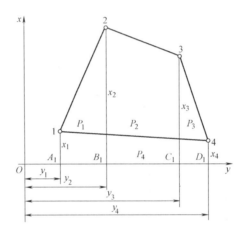

图 10-14　解析法计算多边形面积

$$S=\frac{1}{2}\left[(x_2+x_1)(y_2-y_1)+(x_3+x_2)(y_3-y_2)+(x_4+x_3)(y_4-y_3)+(x_1+x_4)(y_1-y_4)\right]$$

$$(10-1)$$

或
$$S=\frac{1}{2}\sum_{i=1}^{n}(x_{i+1}+x_i)(y_{i+1}-y_i)\quad i=1,2,\ldots,n \tag{10-2}$$

或
$$S=\frac{1}{2}\left\{\begin{vmatrix}x_1 & y_1\\x_2 & y_2\end{vmatrix}+\begin{vmatrix}x_2 & y_2\\x_3 & y_3\end{vmatrix}+\cdots+\begin{vmatrix}x_n & y_n\\x_1 & y_1\end{vmatrix}\right\} \tag{10-3}$$

或
$$S=\frac{1}{2}\int_{y_1}^{y_{i+1}}(x_i+x_{i+1})\mathrm{d}y \tag{10-4}$$

野外需要尽快计算面积时开可以采用计算器编制程序。

四、方格网法

方格网法常采用方格透明薄膜（或纸张），蒙在需要测量面积的平面图上，方格纸上厘米方格尺寸为 10mm×10mm 和毫米方格尺寸为 1mm×1mm。以 1：1000 比例尺为例，1 厘米方格 10mm×10mm 面积为 100m²，1 毫米方格 1mm×1mm 面积为 1m²。不足 1mm

的方格可以采用估算、大致几何图形等方法计算，它们的计算精度对主体方格影响不大。最后累计所有方格的面积，即得出需要测量范围的面积，如图 10-15 所示。

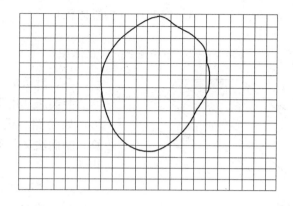

图 10-15　方格网法计算几何图形面积

10.3.3　用地形图估算平整场地的土石方

在公路、市政、建筑等工程建设中，有时会遇到坡地平整成平地（水平面或有一点坡度的倾斜面），平地对坡度和高程有一致性要求，比较棘手的问题是网格点的平均填挖施工高度和土石方计算。应用地形图估算平整场地土石方有等高线法、断面法和网格法三种方法。

一、等高线法

等高线法可以从设计高程相应的等高线（可以理解为基准线或零线）开始（当然也可以从其他高程开始），量测各个等高线所围成的面积。用相邻等高线所围成的面积的平均值，乘以两等高线间的高差，就得到相邻两等高线间的体积。将每层的体积相加，最后得到总的土石方。

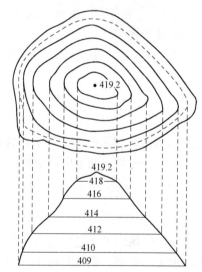

图 10-16　等高线法估算土石方（体积）

图 10-16 中，地形图的首曲线等高距（即高差）为 2m，场地的设计高程为 409m。先在图上内插出409m 的等高线，用虚线表示。然后依次量测 409m、410m、412m…418m 等 6 条等高线所围成的面积 A_{409}、A_{410}、A_{412}…A_{418}。其中，最下面一层的高度为 1m、顶部高度为 1.2m。每一层的体积及总体积按下列公式计算：

$$V_1 = \frac{1}{2}(A_{409} + A_{410}) \times 1 \tag{10-5}$$

$$V_2 = \frac{1}{2}(A_{410} + A_{412}) \times 2 \tag{10-6}$$

……

$$V_5 = \frac{1}{2}(A_{416} + A_{418}) \times 2 \tag{10-7}$$

$$V_6 = \frac{1}{3}A_{418} \times 1.2 \quad (\text{棱锥体积}) \tag{10-8}$$

$$V = V_1 + V_2 + \cdots + V_6 \quad (\text{总体积}) \tag{10-9}$$

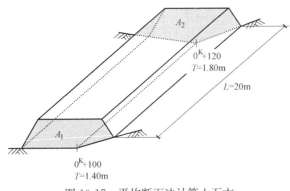

图 10-17　平均断面法计算土石方

二、断面法

断面法常用于路线性质的带状地形，如公路、道路的路基土石方计算。断面法又分平均断面法和棱台体积法。

1. 平均断面法

平均断面法按式（10-10）计算，如图 10-17 所示。

$$V = \frac{A_1 + A_2}{2} \times l \tag{10-10}$$

式中　V——相邻两个中桩之间的土石方量（m^3）；

A_1——后一个中桩的横截面面积（m^2）；

A_2——前一个中桩的横截面面积（m^2）；

l——相邻两个中桩之间的水平距离（即中桩桩号之差）（m）。

2. 棱台体积法

棱台体积法，按式（10-11）计算。

$$V = \frac{A_1 + A_2}{3} \times \left(1 + \frac{\sqrt{m}}{1+m}\right) \times l \tag{10-11}$$

式中　A_1——相邻两个中桩中横截面较小的一个中桩的横截面面积（m^2）；

A_2——相邻两个中桩中横截面较大的一个中桩的横截面面积（m^2），$A_2 > A_1$；

m——比例系数，$m = \dfrac{A_1}{A_2}$。

三、网格法

如何使场地平整过程技术经济合理，通常考虑填方和挖方平衡。需要提醒读者的是，实际上难以做到，挖方是松土，填方是压实方土，一般来说每一压实方约为挖方松土的 1.2～1.5 倍，具体多少要通过击实试验和压实度试验确定。

网格法是平整场地，利用地形图计算填、挖土石方量的基本方法。网格法的基本思路是利用挖出的土石方来回填，力求填挖平衡。网格法的步骤如下（图 10-18）：

1. 平面图上的拟建场地范围内绘制方格网

方格网的大小取决于地形的复杂程度、地形图比例尺的大小和土石方计算的精度要求。方格网的一般边长为 10m 或 20m。

2. 计算每一个方格网的理论设计高程

$$\overline{H_i} = \frac{1}{4} \sum_{j=1}^{4} H_j \quad (10\text{-}12)$$

式中　$\overline{H_i}$——每一个方格网的 4 个角点的平均高程；

　　　H_j——每一个方格网的各个角点的地面高程，$j=$ 1，2，3，4。

3. 计算全部方格网的平均高程（即理论设计高程）

$$\overline{H_0} = \frac{1}{n} \sum_{i=1}^{n} \overline{H_i} \quad (10\text{-}13)$$

式中　$\overline{H_0}$——全部方格网的平均高程（即理论设计高程）；

　　　n——方格网的数量。

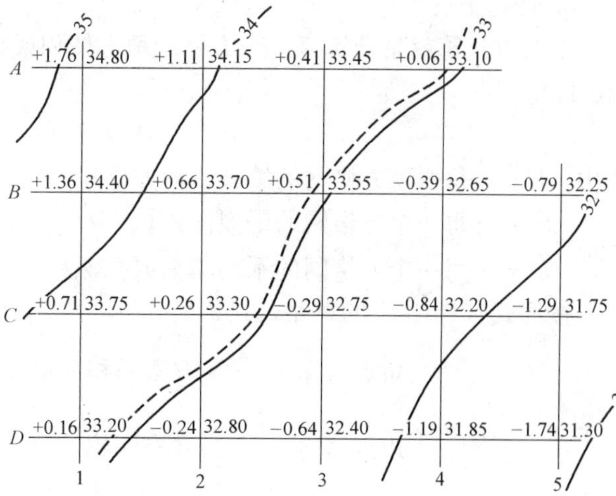

图 10-18　方格网法平整场地估算土石方数量

分析式（10-13）和图 10-18，方格网的角点 A_1、A_4、B_5、D_5 的高程在计算平均高程是仅仅使用了 1 次，边点 A_2、A_3、B_1、C_1，D_2，D_3 的高程使用了 2 次，拐点 B_4 的高程使用了 3 次，中间的点 B_2、B_3、C_2、C_3 的高程使用了 4 次。故式（10-13）可以替换为式（10-14）

$$\overline{H_0} = \frac{\sum H_{角} + 2 \sum H_{边} + 3 \sum H_{拐} + 4 \sum H_{中}}{4n} \quad (10\text{-}14)$$

式中　$H_{角}$——各个角点的高程；

　　　$H_{边}$——各个边点的高程；

　　　$H_{拐}$——各个拐点的高程；

　　　$H_{中}$——各个中间点的高程。

4. 计算填挖值

每一个方格各个顶点的填高或挖深，按式（10-15）计算。

$$h_j = \overline{H_0} - H_j \quad (10\text{-}15)$$

式中　h_j——每一个方格网的各个角点的填高或挖深。当 $h_j > 0$ 时，表示填高；当 $h_j < 0$，表示挖深；

　　　$\overline{H_0}$——全部方格网的平均高程（即理论设计高程）；

　　　H_j——每一个方格网的各个角点的地面高程，$j=1$，2，3，4。

每一个方格的平均填高或挖深，按式（10-16）计算。

$$\overline{h_i} = \sum_{j=1}^{4} h_j \quad (10\text{-}16)$$

式中　$\overline{h_i}$——每一个方格网的平均填高或挖深。当 $\overline{h_i} > 0$ 时，表示填高；当 $\overline{h_i} < 0$，表示挖深；

　　　h_j——每一个方格网的各个角点的填高或挖深。

169

5. 计算土石方量

土石方计算就是计算每一个方格的填方体积或挖方体积，按照近似立方体计算，见式（10-17）。

$$V=S_i\times\overline{h_i} \tag{10-17}$$

式中　V——每一个方格网的填方或挖方体积；

S_i——每一个方格网的平面面积；

$\overline{h_i}$——每一个方格网的平均填高或挖深。

按照式（10-14）的思路，式（10-17）可以按照下列式计算：

$$角点:V_角=\frac{1}{4}\times方格面积\times填高（挖深）=\frac{1}{4}\times S_i\times\overline{h_i} \tag{10-18}$$

$$边点:V_边=\frac{2}{4}\times方格面积\times填高（挖深）=\frac{1}{2}\times S_i\times\overline{h_i} \tag{10-19}$$

$$拐点:V_拐=\frac{3}{4}\times方格面积\times填高（挖深）=\frac{3}{4}\times S_i\times\overline{h_i} \tag{10-20}$$

$$中点:V_中=\frac{4}{4}\times方格面积\times填高（挖深）=S_i\times\overline{h_i} \tag{10-21}$$

式中　$V_角$——角点方格网的填方或挖方体积；

$V_边$——边点方格网的填方或挖方体积；

$V_拐$——拐点方格网的填方或挖方体积；

$V_中$——中间点方格网的填方或挖方体积；

$\overline{h_i}$——每一个方格网的平均填高或挖深。

上述公式的计算可以在 Excel 表格中自动计算。

前面提到压实方约为挖方松土的 1.2～1.5 倍，为了使得计算更贴近实际，不妨在理论填方数量前面考虑一个符合实际的系数，达到真正的填挖平衡。实际工作当中，实现真正的填挖平衡并不容易，可能存在有挖方的软弱土体不适合填筑、有的边设计边施工工程的随意变更等难以预料的因素，读者应根据具体情况具体分析。

思 考 题

1. 地形测图的方法有哪些？
2. 图根平面控制可采用哪些方法？
3. 图根高程控制测量可采用哪些方法？
4. 传统方法测绘大比例地形图大致分为哪些方法？
5. 地形图的工程应用有哪些？

第 11 章　平面位置测量

11.1　概　　述

建筑工程、道路工程、桥梁工程、隧道工程、市政工程等建（构）筑物的平面位置，往往是由组合中心线（平面上的直线或曲线）表示，而中心线往往是由点替代。

平面位置测量又称为建（构）筑物的平面位置放样，即将其位置测量（放样）到空间（地面或楼面）相应准确位置。平面位置放样本质是点的平面位置测量。点的平面位置测量方法较多，最常用的是直角坐标法（又称为坐标法）测量，坐标法测量首先应依据控制点，是在控制测量基础上进行的点的平面位置测量。

平面位置放样除了坐标法测量之外，还有根据已有建（构）筑物的相对位置放样、极坐标法放样、角度交会法放样和距离交会法放样等。

从使用的仪器设备来说，平面位置放样可以采用钢尺或皮尺（距离交会、勾股定理、相对位置）、经纬仪结合钢尺（极坐标、坐标）、全站仪（坐标）、GPS（卫星定位）等。

本章侧重介绍平面位置放样方法，至于重要的坐标法放样，参见第 5 章（坐标理念）、第 12 章（中线点位坐标放样）和第 15 章（建筑放样）。

11.2　平面位置测量

本节着重介绍几种典型的平面位置测量方法，包括相对位置法、直角坐标法、极坐标法、角度交会法和距离交会法。

11.2.1　相对位置法

相对位置法多用于市政工程或已有建筑物附近的新建工程，它是依据已有建筑物与新建建筑物之间的相对位置，特别是平行位置更方便快捷。这种方法也适用于规则网格放样，或根据规则网格边界放样内部网格等。

如图 11-1 所示，已知某已建工程 A，在 A 旁边平行位置，放样新建工程 E，A、E 相距 22m。

11.2.2　坐标法

坐标法是最为常用的一种方法，适用于经纬仪测量、

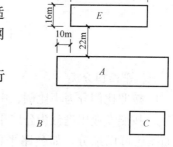

图 11-1　相对位置法放样示意图

全站仪测量、GPS 测量，坐标法不仅快捷、方便、准确，还能结合 CAD、Excel 及相应软件实现半自动化或自动化计算。

有关坐标法测量详见第 5 章、第 9 章和第 12 章。

11.2.3　极坐标法

极坐标法是已知一条边，根据这条边测量未知的点或边，该未知的点或边已知其一个水平角和一条边的水平距离。

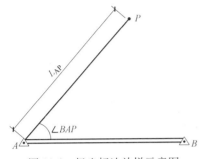

图 11-2　极坐标法放样示意图

如图 11-2 所示，已知控制点 A 和 B，已知角度 $\angle BAP$ 和距离 L_{AP}，放样边 AP 或放样点 P。

采用全站仪和经纬仪比较容易放样边 AP 或放样点 P，即在 A 点置仪，B 点定向，拨角度 $\angle BAP$，从 A 点沿该角度方向即 P 点方向量测距离定 P 点。

11.2.4　角度交会法

角度交会法是已知一条边和两个水平角度，测量未知的点。

如图 11-3 所示，已知控制点 A 和 B，已知两个角度 α 和 β，放样点 P。

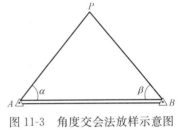

图 11-3　角度交会法放样示意图

采用全站仪和经纬仪比较容易放样点 P，即在 A 点置仪、B 点定向、拨角 α，同时另外一台仪器在 B 点置、A 点定向、拨角 β，两台仪器视线交会定 P 点。

11.2.5　距离交会法

距离交会法是已知一条边和另外两条边的水平距离，测量未知的点。

如图 11-4 所示，已知控制点 A 和 B，已知另外两条边的水平距离 D_1、D_2，放样点 P。

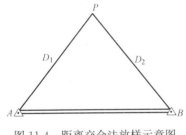

图 11-4　距离交会法放样示意图

采用钢尺或皮尺比较容易放样点 P，即在 A 往 P 点方向测量水平距离 D_1，在 B 往 P 点方向测量水平距离 D_2，两把尺子抬平并拉紧，交会于 P 点。

11.3　全站仪平面图测量

一、平面图分类

1. 按照比例分为小比例、中等比例和大比例平面图。

2. 按照专业用途分为公路平面图、铁路平面图、小区平面图、城市平面图等。这些平面图还可以细分，如公路平面图可以分为路线平面图（即带状平面图）和工点平面图等。

3. 按照地形地物分地形图和地物图。

4. 按照全局和局部分为总体规划图、总平图、施工平面图等。

二、平面图测量程序

一般来说，平面图测量程序分为两大步骤：控制测量、碎部测量（具体测量）。

1. 控制测量

平面图测量的第一步是控制测量，控制测量详见第 9 章。如果需要测定地形，还需要进行高程控制测量，高程控制测量详见第 8 章。本节不再进行控制测量介绍。

2. 碎部测量

控制测量结束，现场有可靠控制点，室内有符合精度要求的控制点坐标。在此基础上，方可进行碎部测量，碎部测量是平面图测量的第二步。

碎部测量是依据控制测量的控制点，测量具体地物和地形点的坐标。地形点还需依据高程控制点测量地形点的高程。

三、平面图的作用

不同平面图有不同的作用。下面列举几个平面图的作用。

1. 测量地形时，平面图的工程应用详见第 10.3 节。

2. 总平面图的作用

（1）总平面图：主要表示整个建筑基地的总体布局，具体表达新建房屋的位置、朝向以及周围环境（原有建筑、交通道路、绿化、地形）基本情况的图样。

（2）作用：新建房屋定位、施工放线、布置施工现场的依据。

3. 公路平面图的作用

公路平面图具有下列作用：了解公路的布置状况，了解新建公路与周围地物、地形的相对位置，了解公路的交点、中线、直线、曲线、转向状况，进行施工布置（料场、施工场地、临时驻地、预制厂等）安排等。

四、碎部测量

碎部测量分三个步骤：第一步，采用全站仪进行碎部测量，与经纬仪类似，首先选择控制点安置仪器（对中整平），然后再选择一个控制点作为后视点，起到定向和保证北向方位角为 0°00′00″，见 12.4 节。第二步，在待测点安置棱镜（有棱镜时），全站仪对准棱镜，测定出待测点的坐标。第三步，拷贝或下载数据，绘制图纸，绘制图纸需要考虑比例和图例。

现在以徕卡 TS02 全站仪来说明平面图测量，如图 11-5 所示。首先在控制点 SHJ04 安置全站仪，SHJ04-1 设站（后视点）。设站完成后，对待测点 SHJ02 进行观测，便可直接从仪器中读出待测点 SHJ02 坐标。具体的操作步骤，见表 11-1。

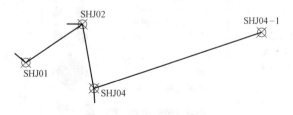

图 11-5　平面图测量示意图

序号	操作步骤	图例	备注
1	调平仪器,打开显示窗进入【主菜单】界面		
2	在【主菜单】界面点击"程序"进入【程序】界面		
3	点击"F2"进入【测量】界面		
4	点击"F2"进入【设站】界面		
5	点击"F4"开始,进入【输入测站数据】界面。本例选择方法为:坐标定向		输入测站:SHJ04

序号	操作步骤	图例	备注
6	点击"F4",下方出现"坐标"选项	【输入测站数据】 方法 ： 坐标定向 测站 ： SHJ04 注释 ： —— 仪器高 1.485m 刺表 坐标	
7	点击"F2"坐标,进入【坐标输入】界面并输入设站点坐标、点号、高程点击"F4"确定	【坐标输入】 作业 DEFAULT 点号 ： SHJ04 X ： 31986.0015 m Y ： 42563.2291 m Z ： 10.8 m 返向 输入 确实	输入测站 SHJ04 坐标
8	进入【输入测站数据】界面,量取仪器高输入并按"F2"确定	【输入测站数据】 方法 ： 坐标定向 测站 ： SHJ04 注释 ： —— 仪器高 ： 1.485 m 查找 确定 读入 ↑	测量并输入测站 SHJ04 的仪器高
9	进入【目标点输入】界面,输入后视点,确认后显示该点已存入的提示	【目标点输入】 点号 ： SHJ04-1 测表 坐标 输入	输入后视点号 SHJ04-1
10	对准后视点,点击"测存"	【测量目标的】1/2 1/ 点号 ： SHJ04 1 棱镜高 ： 1.350m 注记 ： 垂直角 45° 04′ 36″ ∠ Hz ： 134° 59′ 38″ △ ↑ 247.355 m I 测存 记录 输入 ↑	

175

序号	操作步骤	图例	备注
11	进入【结果】界面,点击"F1"		
12	进入【设站结果】界面		查看设站结果
13	翻页,点击"F4"(新值),此时提示设站已完成		新值表示新设置测站,需要保存数据
14	对准目标点,点击"F4"(开始)		
15	进入【测量】界面		进入待测点状态

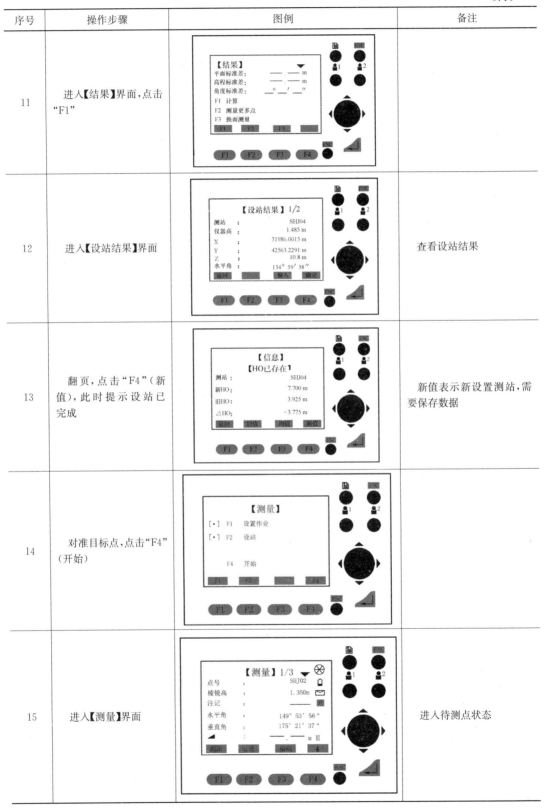

序号	操作步骤	图例	备注
16	翻页到"3/3"读取数据		翻页,读取待测点坐标

思 考 题

1. 平面位置测量方法有哪些?
2. 平面图测量程序分为哪两大步骤?

第 12 章　路线中线测量

公路、铁路、沟渠等常用其路线中线研究平面问题，路线中线的计算和测量显得十分重要。本章讨论公路路线的圆曲线、缓和曲线的计算和测量问题，也适用于坐标点位测量和放样。平面设计更为详细的内容，参见《公路勘测设计》（黄显彬主编，武汉理工大学出版社）。

12.1　概　　述

12.1.1　平面的概念

工程制图将工程中的几何体投影到平面、立面，用图形语言来反映该几何体。公路工程中常常将具有一定宽度的公路投影到水平面上，这个投影为一个路线带。为了方便计算、设计和测设，常用公路中线简单代表路线带，显然在中线左右两侧各加上规定路基宽度，就又变成了路线带。因此，从定义概念来说，平面指公路中线在水平面上的投影。本章以中线代替具有一定宽度的路线带，实际工程中常常也是这么做的。规定从起点到终点为前进方向，中线沿着前进方向，有左转和右转，如图 12-1 所示。

图 12-1　平面示意简图与中线

12.1.2　平面的基本线形

一、平面的基本线形分类

平面的基本线形用中线替代，中线（平面）分为直线、平曲线、缓和曲线或缓和段，如图 12-1 所示。

二、直线

两相邻平曲线起终点之间线条为直线，又称为间直线（平曲线起终点之间的直线），用 L_j 表示，如图 12-2 所示。显然，为了行车平顺和安全，直线不宜过短，也不宜过长，平面线形必须与地形、景观、环境等相协调，同时注意线形的连续与均衡性，并同纵断面、横断面相互配合，减少占地、减少征地拆迁，降低造价等综合考虑。

《公路路线设计规范》JTG D20—2006 规定直线的长度不宜过长。受地形条件或其他特殊情况（如城市环线）限制而采用长直线时，应结合沿线具体情况采取相应的技术措施。

直线是平面线形基本要素之一，具有能以最短的距离连接两控制点和线形易于选定的特点。但是由于直线线形缺乏变化，不易与地形相适应等原因，位于山岭重丘区的公路，往往造成工程量增大、破坏自然环境等弊端；在高速公路、一级公路行车速度快的情况下，长直线更易使驾驶员感到单调、疲劳，难以准确目测车辆间距，增加夜间行车车灯炫目的危险，还会导致超速行驶状态。因而在设计直线线形和确定直线长度时，必须慎重选用。

三、平曲线

平面上凡是交点（国内用字母 JD 表示，国际上用英文字母 IP 表示）位置均需要设置圆曲线，圆曲线是具有固定圆心、半径和固定起终点的一段曲线，如图 12-3 和图 12-4 所示。因圆曲线在平面上投影，又称为平曲线。平曲线具有三个主点（又称为平曲线控制点）：起点（国内用字母 ZY 表示，国际上用英文字母 BC 表示）、中间点（用字母 QZ 表示，国际上用英文字母 MC 表示）、终点（用字母 YZ 表示，国际上用英文字母 EC 表示）。平曲线的半径、长度，在《公路路线设计规范》JTG D20—2006 中根据其设计速度有相应规定。

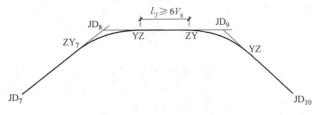

图 12-2　同向平曲线间直线

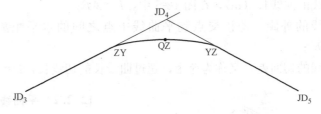

图 12-3　国内通用平曲线交点和主点示意

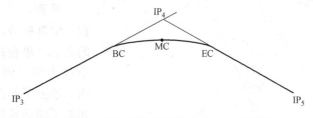

图 12-4　国际上通用平曲线交点和主点示意

四、缓和曲线或缓和段

不同等级公路其相应设计速度下有不同平曲线半径要求，当半径小于其相应规定数值时，就需要在平曲线上进行加宽和超高；从正常直线段逐渐过渡到平曲线的全加宽和全超高需要一个适宜的过渡段，这个过渡段如果采用直线过渡就称为缓和段，这个过渡段如果采用曲线过渡就称为缓和曲线，见 12.5 节。

12.2 中线里程及平曲线

12.2.1 平曲线要素计算

一、测设交点的右侧角度

交点的右侧角度测量见第 3 章。

二、计算交点的转角

交点的转角计算见第 3 章和第 5 章。

三、平曲线要素计算

已知交点的转角和平曲线半径，可以计算平曲线要素。平曲线要素有切线长、曲线长、外距和切曲差，见式（12-1）～式（12-4）。

$$T = R\tan\frac{\alpha}{2} \tag{12-1}$$

$$L = \frac{\pi\alpha R}{180} \tag{12-2}$$

$$E = R\left(\sec\frac{\alpha}{2} - 1\right) \tag{12-3}$$

$$D = 2T - L \tag{12-4}$$

式中　T——平曲线的切线长（m），在图 12-5 中，$T = AD = BD$；

　　　L——平曲线的曲线长（m），在图 12-5 中，$L = \overset{\frown}{AB}$；

　　　E——平曲线的外距，即该交点到平曲线中点之间的水平距离，在图 12-5 中，$E = DC$；

　　　D——平曲线的切曲差，又称为超距，超过曲线长的切线长，$D = 2T - L$。

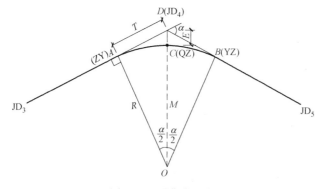

图 12-5　平曲线要素

12.2.2 平曲线主点里程计算

一、里程概念

里程，又称桩号、中桩里程、中桩桩号，是一个非常重要的概念。里程指从起点出发，沿中线方向，到计算点的水平距离。知道了起点和终点里程，就知道了路线长度；知道了任意两个中桩里程，就知道了这两个中桩之间的水平距离。值得注意的是里程概念不仅包含中线上的直线长度，还包含平曲线长度；里程指的是水平距离，不是斜距，更不是高差。里程概念里面有三个关键词，即起点、中线方向、计算点，把握了这

180

三个关键词就很容易把握里程的概念。

里程表示方式实例：14^k+600，表示该中桩距离起点 0^k+000 水平距离为 14600m，k 表示公里，＋号以后数字单位为"m"。又如：$ZY14^k+647.39$，表示某交点的平曲线起点 ZY 点距离起点 0^k+000 水平距离为 14647.39m。

二、平曲线主点里程计算

1. 平曲线主点

平曲线主点，又称为控制点，有 ZY、QZ 和 YZ 三个主点。ZY 点为平曲线的起点，又称为直线和平曲线相切点；QZ 点为平曲线中间点；YZ 点为圆曲线和直线相切点，如图 12-5 所示。

2. 主点里程计算

在计算平曲线要素的切线长、曲线长、外距和切曲差基础上，计算平曲线主点里程。

根据里程概念，主点里程计算见式（12-5）、式（12-6）、式（12-7），式（12-8）为校核公式。

$$ZY \text{ 里程} = JD \text{ 里程} - T \tag{12-5}$$

$$YZ \text{ 里程} = ZY \text{ 里程} + L \tag{12-6}$$

$$QZ \text{ 里程} = YZ \text{ 里程} - L/2 \tag{12-7}$$

$$JD \text{ 里程} = QZ \text{ 里程} + D/2 \tag{12-8}$$

三、下一个交点里程计算

从上述平曲线主点里程计算来看，要计算主点里程首先要计算出交点里程。那么要计算下一个平曲线主点里程，首先应计算下一个交点里程。

根据里程概念，虽然交点没有在中线上，但是里程概念还有一个关键词"计算点（即到计算点的水平距离）"，见式（12-9）和图 12-6。

下一个 JD 里程＝上一个交点的 YZ 里程＋该两交点之间的链距 K－上一个交点的切线长 T

$$\tag{12-9}$$

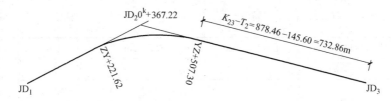

图 12-6　平曲线主点里程及下一个交点里程计算

四、里程计算示例

【例题 12-1】　假设某线起点 JD_1 的里程为 0^k+000，JD_1 到 JD_2 的链距 $K_{12}=367.22$m，JD_2 的右转角为 $27°16'48''$，JD_2 到 JD_3 的链距 $K_{23}=878.46$m，如图 12-6 所示。计算：

（1）JD_2 的里程；

（2）JD_2 的主点里程；

（3）JD_3 的里程。

【解】

（1）JD_2 的里程计算

按照里程概念，JD_2 的里程应为 $0^k+367.22$。

（2）JD_2 的主点里程计算

计算方法：首先用式（12-1）～式（12-4）计算平曲线要素，计算结果见表 12-1；然后用式（12-5）～式（12-7）计算主点里程，用式（12-8）校核计算里程计算结果。手算宜按表 12-1 列竖式计算。当然，主点里程计算也可以在 Excel、程序计算器等工具里编程计算。

表 12-1 中不仅记录平曲线上的中桩，还应记录所在交点附近直线上的中桩，这些中桩在室内按照桩距规定就可以确定。中桩记录表还应记录桥涵加桩、地形变化地点加桩、地物加桩及其他特殊加桩，这些加桩应根据现场实际情况确定。一个交点中可以用一个中桩记录表，也可以用 2 个表或 3 个表。

（3）JD_3 的里程计算（下一个交点里程计算）

表 12-1 中，下一个交点里程计算：

JD_3 里程＝JD_2 的 YZ 里程＋K_{23}－T_2

JD_3 里程＝507.30＋878.46－145.60＝1240.16m

即 JD_3 的里程为 $1^k+240.16$。

计算出 JD_3 的里程后，如果已知 JD_3 里程的平曲线半径和转角，按照式（12-5）～式（12-7）和表 12-1 的方法，同理可以轻松地计算出的 JD_3 平曲线要素和主点里程，以此类推，后面的交点及平曲线可以采用同样的方法进行计算。

由此可以看出下一个交点里程计算是非常重要的，如果交点里程计算错误，后续平曲线主点里程及后续交点里程将会错误，式（12-8）和表 12-1 只能依据已知交点里程校核本平曲线内的要素及进行主点里程计算，无法自行判断该交点本身里程是否正确，因此交点里程计算应小心仔细。实际勘测设计中尽量不要出现因里程计算错误人为产生断链，当然改线等不得已的困难情况除外。

圆曲线中桩记录表   表 12-1

交点编号及里程	JD_2 $0^k+367.22$	转角	$\alpha_y=27°16'48''$	桩号	编号	备注
$R=600m$	$T=145.60m$	$L=285.68m$	$K_{12}=367.22m$	0^k+200	10	
$E=17.41m$	$D=5.52m$	／	$K_{23}=878.46m$	ZY+221.62	11	
				+240	12	
				+260	13	
				+280	14	
JD	367.22			+286	15	涵洞
－）T	145.60			+300	16	
ZY	221.62			+320	17	
＋）L	285.68			+340	18	
YZ	507.30			QZ+364.46	19	
－）$L/2$	142.84			+380	20	
QZ	364.46			+400	21	
＋）$D/2$	2.76			+420	22	

JD	367.22		+440	23	
			+452	24	地形
			460	25	
			+480	26	
			YZ+507.30	27	
			+520	28	
			+540	29	

12.2.3 中桩设置

某交点及其主点里程计算完毕，就可以设置中桩了，见表12-1中的桩号和编号栏。中桩的设置需要考虑下列因素：

一、规定桩距加桩

《公路勘测规范》JTG C10—2007规定路线中桩间距不应大于表12-2规定。

转角小于或等于7°的平曲线最小长度　　　　　　　表12-2

直线（m）		曲线（m）			
平原、微丘	重丘、山岭	不设超高的曲线	$R>60$	$30<R<60$	$R<30$
50	25	25	20	10	5

一般来说，桩距为20m的较多，实际勘测设计中一般默认的桩距就是20m，表12-1中桩号栏的桩距就是20m（个别起终点段和中点段除外）。当然，地形平坦处，工程量变化不大，桩距可以为50m。地形变化较大，且平曲线半径较小，桩距可以加密到10m甚至5m。桩距越大，测设速度越快，测设成本越低，但是工程量误差就越大；反之，桩距越小，测设速度越慢，测设成本越高，工程量精度就越高。

二、固定点加桩

固定点是比较重要的中桩点，这些点桩如果丢失或偏差较大，将会影响其他加桩；当然固定点根据测设方法和使用的仪器不同也有所不同，传统测设方法就将圆曲线主点当成固定点，而使用全站仪或GPS采用坐标法测设时，可以采用少数几个控制点坐标即可，无需太多控制点。

一般认为控制点可以有：路线起点、终点、公里桩、百米桩、平曲线及缓和曲线控制桩、桥梁或隧道轴线控制桩、交点桩、中线转点桩。

三、地形和地物加桩

在各类特殊地点应设加桩，加桩的位置和数量必须满足路线、构造物、沿线设施等专业勘测调查的需要。根据《公路勘测细则》JTG/T C10—2007，具体而言，路线经过下列位置应设加桩：

1. 路线纵、横向地形变化处；
2. 路线与其他线状物交叉处；

3. 拆迁建筑物处；

4. 桥梁、涵洞、隧道等构造物处；

5. 土质变化及不良地质地段起、终点处；

6. 道路轮廓及交叉中心；

7. 省、地（市）、县级行政区划分界处；

8. 改、扩建公路地形特征点、构造物和路面面层类型变化处。

12.2.4 断链加桩

断链加桩参见《公路勘测设计》（黄显彬主编，武汉理工大学出版社）。

12.3 平曲线上加桩的测设

12.3.1 加桩分类及测设方法分类

一、加桩分类

中线加桩分直线上加桩、平曲线上主点加桩和平曲线上一般加桩。

二、加桩测设方法

1. 平曲线上主点测设

以图 12-7 和表 12-4 的实例说明平曲线上主点的测设。已知 JD_2 的 $T=145.60$m，$E=17.41$m；JD_2 的主点 $ZY0^k+221.62$、$QZ0^k+364.46$、$YZ0^k+507.30$。

一般来说某交点的主点以该交点为起点进行测设，这里介绍常规测设方法，坐标法在 12.4 节中介绍。在 JD_2 置仪（经纬仪即可），JD_1 定向，从 JD_2 往 JD_1 方向测量水平距离 145.60m 很容易定打 $ZY0^k+221.62$ 中桩；在 JD_2 置仪，JD_3 定向，从 JD_2 往 JD_3 方向测量水平距离 145.60m 很容易定打 $YZ0^k+507.30$ 中桩。在 JD_2 置仪，角平分线 M 点定向，从 JD_2 往 M 点方向测量水平距离 17.41m 很容易定打 $QZ0^k+364.46$ 中桩，如图 12-7 所示。以此类推，可以方便准确地测设出交点 JD_3、JD_4、JD_5 等的主点。

由此可以看出，平曲线上主点桩的测设也类似直线上加桩测设，即定向量距（切线长或外距）。以该交点为起点测设平曲线主点的好处在于误差不累计，即误差仅限于该平曲线主点，不会累积到下一个交点的平曲线主点上，因为下一个交点的平曲线主点是以下一个交点为起点测设平曲线主点的。

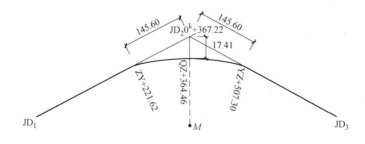

图 12-7 平曲线上主点测设

2. 直线上加桩测设

平曲线上主点测设完后，就可以进行直线上加桩和平曲线上加桩的测设。

直线上加桩测设比较简单。本书以图 12-8 为例叙述直线上加桩 0^k+020 和 0^k+040 的测设。测设方法分定向测设法和坐标测设法，这里介绍定向测设法，坐标测设法在 12.4 节中介绍。在 JD_1 置仪（经纬仪即可），JD_2 定向，在距离 JD_1 稍远（超过 20m）立一花杆 G_1，JD_1 司仪人员指挥 G_1 确保其在 JD_1 到 JD_2 的直线上，用钢尺从 JD_1 往 G_1 方向测量水平距离 20m 定打中桩 0^k+020。在距离 G_1 稍远（超过 20m）立一花杆 G_2，JD_1 司仪人员指挥 G_2 确保其在 JD_1 到 JD_2 的直线上，用钢尺从 G_1 往 G_2 方向测量水平距离 20m 定打中桩 0^k+040。以此循环往复，定打直线上的其余中桩，一直可以定打出 0^k+200，也可以采用此法定打 $ZY0^k+221.62$（从 JD_1 往 JD_2 方向定打的，仅仅作为复核）。定打直线中桩需要注意，经纬仪、钢尺应在标定有效期范围内，经纬仪定向应确保中桩在直线上（定打好后，可以再用经纬仪复核，然后用细铁钉打点）。

从一个高级点出发定打一系列中桩，一直可以定打到下一个高级点，如图 12-8 所示，从 JD_1 往 JD_2 方向定打中桩，可以定打 0^k+020、0^k+040、……、0^k+200、$ZY0^k+221.62$，即从一个高级点 JD_10^k+000 到另一个高级点 $ZY0^k+221.62$。高级点是之前就已经可靠地测设出来，而中间的加桩是后面加打出来的，是否符合精度要求，需要校核。校核方法有多种，一种是直接量出中桩 0^k+200 到固定点 $ZY0^k+221.62$ 的水平距离是否满足精度要求，另一种是从一个高级点 JD_10^k+000 出发，测设出新的 $ZY0^k+221.62$，与高级点（原来已经测设出来）$ZY0^k+221.62$ 比较纵横向误差。

中桩平面桩位精度，见表 12-3。通常可以采用纵横向误差校核，加桩横向误差 ±10cm，加桩纵向误差 $\pm(S/1000+0.1)$m，S 为一个高级点（交点、主点或者设转点）到另一个高级点（交点、主点或者设转点）之间的水平距离。

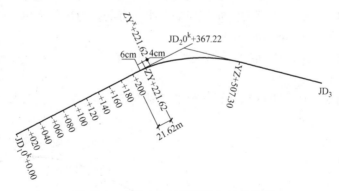

图 12-8　直线上加桩测设及加桩的校核

中桩平面桩位精度　　表 12-3

公路等级	中桩位置中误差(cm)		桩位检测之差(cm)	
	平原、微丘	重丘、山岭	平原、微丘	重丘、山岭
高速公路，一、二级公路	≤±5	≤±10	≤10	≤20
三级及以下公路	≤±10	≤±15	≤20	≤30

3. 平曲线上的加桩测设方法

平曲线上加桩测设方法较多，早期传统的方法有切线支距法（包括 20 世纪七十、八

185

十和九十年代初期查表法）、弦长纵距交会法和偏角法（包括查表法），近年来比较常用的有坐标法（必要时采用GPS）。目前支距法、弦长纵距交会法和偏角法已经较少使用了，因方法的系统性和坐标法当中坐标的计算与之有一定关联，本节一并介绍。因平曲线上加桩测设比直线上加桩和平曲线上主点加桩复杂得多，后续章节将介绍支距法、弦长纵距交会法、偏角法和坐标法，重点介绍偏角法和坐标法。

12.3.2 切线支距法

采用切线支距法进行平曲线加桩，参见《公路勘测设计》（黄显彬主编，武汉理工大学出版社）。早期切线支距法采用木质十字架测设，如图12-9所示。这里仅仅把涉及切线支距法的公式简单列出。

支距法以ZY（或YZ）为坐标原点，以指向交点方向为x轴，指向圆心方向为y轴，计算从ZY到QZ或从YZ到QZ上的中桩的支距，如图12-10所示。支距计算见式（12-10）和式（12-11），支距近似计算见式（12-12）和式（12-13）。

$$x = R\sin\varphi \tag{12-10}$$

$$y = R - R\cos\varphi \tag{12-11}$$

由圆曲线理论，将$l = \dfrac{\pi\varphi R}{180}$代入式（12-10）和式（12-11），自变量变成弧长l，按照高等数学级数展开，得：

$$x = l - \frac{l^3}{6R^2} \tag{12-12}$$

$$y = \frac{l^2}{2R} - \frac{l^4}{24R^3} \tag{12-13}$$

式中　x——平曲线上任一中桩的x轴方向的支距（有的称为局部坐标x）（m）；

　　　y——平曲线上任一中桩的y轴方向的支距（有的称为局部坐标y）（m）；

　　　R——交点的平曲线半径（m）；

　　　φ——平曲线上任一中桩到计算支距坐标原点ZY（或YZ）的弧长所对应的圆心角；

　　　l——平曲线上任一中桩到计算支距坐标原点ZY（或YZ）的弧长（m）。

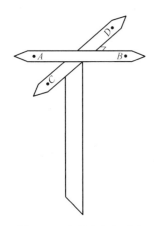

图12-9　木质十字架示意

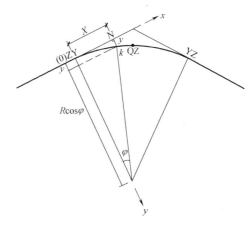

图12-10　切线支距坐标建立及公式推导示意

186

12.3.3 弦长纵距交会法

采用弦长纵距交会法进行平曲线加桩，参见《公路勘测设计》（黄显彬主编，武汉理工大学出版社）。这里仅仅把涉及弦长纵距交会法的公式简单列出。

弦长纵距交会法，是支距法的改进方法，它不需要单独寻找垂直支距 y 方向，垂直支距 y 自动产生。与切线支距法相比，精度稍微高一些，可以采用钢尺量距；与偏角法和坐标法相比精度较低。当中桩较多时，测量弦长要受到皮尺或钢尺长度的限制，往往采用从上一点测设就能克服这个不足。为提高精度，与切线支距法类似，以 QZ 点为界，左右侧分开测设。弦长计算见式（12-14）或式（12-15）和图 12-11。

$$C = 2R\sin\frac{\varphi}{2} \tag{12-14}$$

将式（12-14）中自变量用弧长表示，并按照高等数学级数展开，近似公式弦长为：

$$C = l - \frac{l^3}{24R^2} \tag{12-15}$$

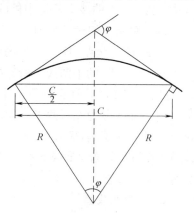

图 12-11　已知弧长计算弦长示意

式中　R——交点的平曲线半径（m）；

φ——平曲线上两个中桩之间的弧长所对应的圆心角，这里指平曲线上任意中桩到支距原点支距的弧长所对应的圆心角；

l——平曲线上两个中桩之间的弧长，这里指平曲线上任意中桩到支距原点支距的弧长（m）。

式（12-15）后一项为弦弧差。

12.3.4 偏角法

一、概述

偏角法测设一般采用整桩号法，测设精度比切线支距法和弦长纵距交会法高，测设速度稍慢，需要使用经纬仪测设角度。偏角指平曲线上任意中桩到平曲线起点 ZY 或终点 YZ 的连线与其切线的夹角，相当于数学上的弦切角，如图 12-12 所示。

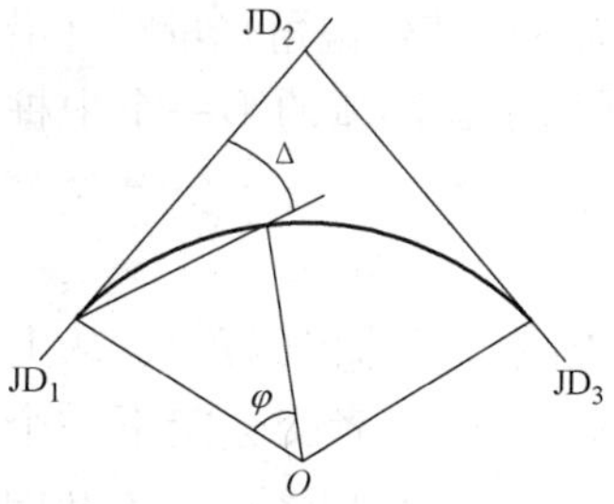

$$L = \frac{\pi\alpha R}{180} \tag{12-16}$$

已知平曲线上任意中桩到平曲线起点 ZY 的弧长 l，可以计算出该段弧长对应的圆心角 φ，众所周知偏角（即弦切角）等于圆心角的一半（即 $\Delta = \varphi/2$），偏角计算见式（12-17）式（12-18）。

图 12-12　偏角计算示意

$$\Delta = \frac{90°l}{\pi R} \tag{12-17}$$

式中　Δ——平曲线上任意中桩的偏角，计算结果单位为"°"，经纬仪测设还应转化为度分秒；

l——平曲线上任意中桩到平曲线起点 ZY 或终点 YZ 的弧长（m）；

R——平曲线半径（m）。

$$\Delta = \frac{l}{2R} \tag{12-18}$$

式中 Δ——平曲线上任意中桩的偏角，计算结果单位为"弧度"。

二、偏角法测设及实例

以表 12-4 交点 JD_2 的数据为例，说明偏角法的计算及测设。

1. 计算 JD_2 的平曲线上所有中桩的偏角

由式（12-17）计算偏角，计算结果见表 12-4。为了提高测设精度，一般以 QZ 点为界，将平曲线分为左右两半。无论是经纬仪还是全站仪，顺时针旋转其水平度盘读数是逐渐增加的，认识到这一点很重要，便于偏角法测设。偏角法测设不足的是仅仅限于在 ZY 或 YZ 点置仪，若 ZY 或 YZ 点与待测中桩之间因障碍物不通视则无法采用偏角法完成测设任务。

2. 左半曲线测设

左半曲线测设以 ZY 点置仪，JD_2 定向可以采用两种方法：一种是 JD_2 定向角度为 $0°00'00''$（严格说来应为水平盘读数而不是角度，两条直线之间才能夹出角度，而经纬仪对正某一点方法只能是水平盘读数，因此实际当中有时称的角度实际上是水平盘读数）；另一种是 JD_2 定向，确保第一个加桩 +240 的水平盘读数为 $0°00'00''$。

（1）左半曲线以 ZY 点置仪，JD_2 定向，定向角度为 $0°00'00''$。

JD_2 为右转角，测设左半曲线时显然经纬仪需要顺时针旋转，故测设偏角等于计算偏角，见表 12-4。平曲线上加桩较少采用这种方法。

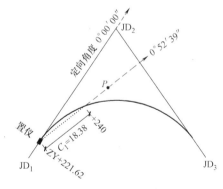

图 12-13 +240 测设示意
（JD_2 定向角度 $0°00'00''$）

1）测设 +240

以 ZY 点置仪，JD_2 定向，定向角度为 $0°00'00''$，然后将经纬仪水平度盘读数调整到 +240 的测设偏角 $0°52'39''$，从 ZY 点往此方向稍远（距离大于 18.38m）钉一临时方向点 P，从 ZY 点往 P 点方向量弦长（即水平距离 18.38m）定打 +240 桩。总之测设机理就是定向（经纬仪偏角）量距（沿偏角方向量距），仅仅适用于首段弧的第一个中桩 +240，如图 12-13 所示。

2）测设 +260

测设机理是定向视线（经纬仪偏角）、从上一点量距（距离上一点弦长），二者交会定下一个中桩，从上一点测设是为了避免距离太长不便测量距离。测设 +260 需要甲乙丙 3 人共同配合完成。

甲以 ZY 点置仪，JD_2 定向，定向角度为 $0°00'00''$，然后将经纬仪水平度盘读数调整到 +260 的测设偏角 $1°49'57''$。乙以 +240 为圆心（位置不变）画圆弧进行交会，丙以 +240～+260 的弦长 19.99m 为半径量水平距离，乙丙钢尺拉紧保持两点之间的距离恒为

19.99m，钢尺抬平，甲指挥丙，当甲在经纬仪视线里面交会对正丙的花杆时，定打（确定打桩）+260，如图 12-14 所示。

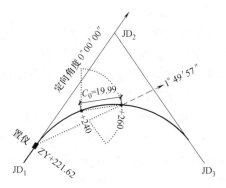

图 12-14　+260 测设示意
（JD₂ 定向角度 0°00′00″）

3）+280 等中桩测设

其余 +280、+300、+320、+340 等中桩的测设方法同 +260 桩，值得注意的是宜从上一点测设下一点，测设机理是经纬仪偏角定向，从上一点测量弦长交会定下一个中桩。

（2）左半曲线以 ZY 点置仪，JD₂ 定向，定向角度为 359°07′21″（=360°-0°52′39″），确保 +240 方向水平度盘读数为 0°00′00″，见表 12-5。从表 12-5 中可以看出整桩距为 20m，整弧长 20m 对应的弦长按式（12-14）或式（12-15）计算，$C_0=19.99m$，整弧长 20m 对应的偏角按式（12-17）计算，$\Delta_0=0°57′18″$。

平曲线偏角计算及测设表（JD₂ 定向角度 0°00′00″）　　　　　　　　　　表 12-4

中桩桩号	距离起点弧长 l_i（m）	计算偏角	测设偏角	距离上一点弧长 l_i（m）	距离上一点弦长（m）	备注
ZY0ᵏ+221.62	ZY 为左半曲线安置经纬仪点，JD₂ 定向，定向角度为 0°00′00″					
+240	18.38	0°52′39″	0°52′39″	18.38	18.38	
+260	38.38	1°49′57″	1°49′57″	20	19.99	
+280	58.38	2°47′15″	2°47′15″	20	19.99	
+300	78.38	3°44′33″	3°44′33″	20	19.99	
+320	98.38	4°41′50″	4°41′50″	20	19.99	
+340	118.38	5°39′08″	5°39′08″	20	19.99	
QZ+364.46						
+380	127.30	6°04′41″	353°55′19″	20	19.99	
+400	107.30	5°07′24″	354°52′36″	20	19.99	
+420	87.30	4°10′06″	355°49′54″	20	19.99	
+440	67.30	3°12′48″	356°47′12″	20	19.99	
+460	47.30	2°15′30″	357°44′30″	20	19.99	
+480	27.30	1°18′13″	358°41′47″	20	19.99	
+500	7.30	0°20′55″	359°39′05″	7.30	7.30	
YZ+507.30	YZ 为右半曲线安置经纬仪点，JD₂ 定向，定向角度为 0°00′00″					

平曲线上加桩较多采用这种方法，不需要计算每一个加桩的偏角，只计算整段弧长的偏角即可。

1）测设 +240

ZY 点置仪，JD₂ 定向，定向角度为 359°07′21″，然后将经纬仪水平度盘读数调整到其测设偏角 0°00′00″，从 ZY 点往此方向稍远（距离大于 18.48m）钉一临时方向点 P，从 ZY 点往 P 点方向量水平距离 18.38m 定打 +240 桩。总之测设机理就是定向（经纬仪偏角）量距（沿偏角方向量距），仅仅适用于首段弧的第一个中桩 +240，如图 12-15 所示。

2）测设＋260

测设机理是定向视线（经纬仪偏角）、从上一点量距（距离上一点弦长），二者交会定下一个中桩，从上一点测设是为了避免距离太长不便测量距离，且仅仅计算整弧段的偏角和弦长。需要甲乙丙3人共同配合完成。

甲以 ZY 点置仪，JD_2 定向，定向角度为 $359°07'21''$，然后将经纬仪水平度盘读数调整到其测设偏角 $\Delta_0=0°57'18''$。乙以 0^k+240 为圆心（位置不变）画圆弧进行交会，丙以 $+240\sim+260$ 的整弧段弦长 $C_0=19.99m$ 为半径量水平距离，乙丙钢尺拉紧保持两点之间的距离恒为 19.99m，钢尺抬平，甲指挥丙，当甲在经纬仪视线里面对正丙的花杆时，定打＋260，如图 12-16 所示。

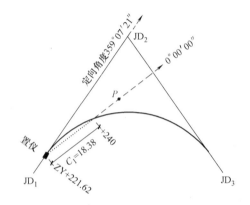

图 12-15　＋240 测设示意（JD_2 定向
角度 $359°07'21''$）

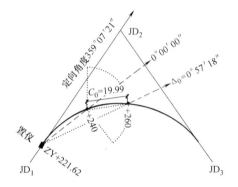

图 12-16　＋260 测设示意（JD_2 定向
角度 $359°07'21''$）

3）＋280 等中桩测设

其余＋280、＋300、＋320、＋340 等中桩的测设方法同＋260 桩，值得注意的是宜从上一点测设下一点，测设机理是经纬仪偏角定向，从上一点测量整弧段弦长 C_0 交会定下一个中桩。所不同的是其偏角为整弧长 20m 的倍数对应的偏角。

平曲线偏角计算及测设表（JD_2 定向且保证第一个加桩为 $0°00'00''$）　　表 12-5

中桩桩号	距离起点弧长 l_i（m）	计算偏角	测设偏角	距离上一点弧长 l_i（m）	距离上一点弦长（m）	备注
$ZY0^k+221.62$	左半曲线 ZY 点安置经纬仪，JD_2 定向角度为 $359°07'21''$（$360°-0°52'39''$）					
＋240	18.38	$0°52'39''$	$0°00'00''$	18.38	18.38	
＋260	38.38		$0°57'18''$	20	19.99	Δ_0/C_0
＋280	58.38		$1°54'36''$	20	19.99	$2\Delta_0/C_0$
＋300	78.38		$2°51'54''$	20	19.99	$3\Delta_0/C_0$
＋320	98.38		$3°49'12''$	20	19.99	$4\Delta_0/C_0$
＋340	118.38		$4°46'30''$	20	19.99	$5\Delta_0/C_0$
$QZ+364.46$						
＋380	127.30		$354°16'12''$	20	19.99	$360°-6\Delta_0/C_0$
＋400	107.30		$355°13'30''$	20	19.99	$360°-5\Delta_0/C_0$

中桩桩号	距离起点弧长 l_i（m）	计算偏角	测设偏角	距离上一点弧长 l_i（m）	距离上一点弦长（m）	备注
+420	87.30		356°10′48″	20	19.99	$360°-4\Delta_0/C_0$
+440	67.30		357°07′06″	20	19.99	$360°-3\Delta_0/C_0$
+460	47.30		358°05′24″	20	19.99	$360°-2\Delta_0/C_0$
+480	27.30		359°02′42″	20	19.99	$360°-1\Delta_0/C_0$
+500	7.30	0°20′55″	0°00′00″	7.30	7.30	
YZ+507.30	右半曲线 YZ 点安置经纬仪，JD_2 定向，JD_2 定向角度为 0°20′55″					

3. 右半曲线测设

右半曲线测设与左半曲线测设基本相同，不同点有：右半曲线在 YZ 点置仪，右半曲线测设角度转向与左半曲线相反。右半曲线测设计算数据见表 12-4 和表 12-5。

4. 校核

校核分两个方面：一是从一个主点测设到下一个主点，包括从上一个交点的 YZ 点测设到下一个交点的 ZY 点、从一个交点的 ZY 测设到该交点的 QZ 点、从一个交点的 YZ 点测设到该交点的 ZQ 点，如图 12-17 所示；二是平面曲线的主点校核，包括平曲线上主点校核和带有缓和曲线的曲线主点校核。

在进行平曲线上加桩测设首先要对平曲线上主点进行校核。以图 12-17 测设 +240 和 +260 为例，在 ZY 点置仪，JD_2 定向角度 0°00′00″，在测设 +240、+260 之前首先校核 ZY、QZ、YZ 点的可靠性（其相对位置是否正确），如图 12-17 所示。

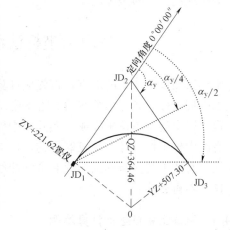

图 12-17　主点校核（JD_2 定向角度 0°00′00″）

（1）ZY 点置仪，JD_2 定向角度 0°00′00″。

（2）计算 ZY 点到 QZ 点方向的偏角和 ZY 点到 YZ 点方向的偏角。

显然，ZY 点到 QZ 点方向的偏角 $\Delta_{ZY\sim QZ}=\dfrac{\alpha_y}{4}=6°49′12″$；

ZY 点到 YZ 点方向的偏角 $\Delta_{ZY\sim YZ}=\dfrac{\alpha_y}{2}=13°38′24″$。

（3）校核 ZY、QZ、YZ 点的可靠性

在 QZ 点立花杆，经纬仪对正 QZ 点花杆底部，经纬仪水平盘读数为 6°49′12″，说明 ZY 点与 QZ 点的相对位置正确无误；在 YZ 点立花杆，经纬仪对正 YZ 点花杆底部，经纬仪水平盘读数为 13°38′24″，说明 ZY 点与 YZ 点的相对位置正确无误。

只有确定 ZY、QZ、YZ 点位置正确可靠之后，才能进行后续中桩的测设。如果 ZY、QZ、YZ 点位置校核误差超过限制，应重新测设主点 ZY、QZ、YZ 点，并重新校核。

1. 偏角法测设优点

偏角法测设平曲线中桩精度高，采用传统的经纬仪结合钢尺就可以完成测设，也可以采用全站仪测设；可以从平曲线起点 ZY 测设到平曲线中间 QZ 点，从平曲线终点 YZ 测设到平曲线中间 QZ 点；也可以从平曲线起点 ZY 测设到平曲线终点 YZ，或从平曲线终点 YZ 测设到平曲线起点 ZY。与此同时，熟悉偏角法后，熟练计算偏角和弦长对坐标法测设中桩计算坐标大有裨益。

2. 偏角法测设缺点

偏角法测设置仪点仅仅局限于平曲线起点 ZY 或平曲线终点 YZ，不能在其他地方安置仪器；平曲线起点 ZY 或平曲线终点 YZ 置仪点与待测平曲线上中桩需要相互通视，二者之间有障碍物无法采用偏角法完成测设；偏角法仅仅能够测设平曲线或缓和曲线上的中桩，无法测设直线上的中桩；偏角法无法结合自动办公软件（如 Excel、AutoCAD）和先进的电子设备（如全站仪、GPS 设备）自动完成测设，先进性和自动化程度介于早期的支距法和现代先进的坐标法。

12.4　坐标法测设中线上的加桩

坐标法测设中线上的加桩，首先应计算中线上加桩的坐标，本节首先介绍直线上和平曲线上中桩坐标计算，然后再介绍坐标法测设中桩。中桩坐标计算可以由设计单位来完成，也可以由施工单位来完成。实际上中桩坐标计算往往是数学问题，不是纯粹的工程问题。有的中桩坐标计算是比较麻烦的，比如缓和曲线（见 12.5 节）、城市立交桥的匝道复杂曲线（有的不是简单的圆曲线和缓和曲线，而是其他复杂曲线），这需要数学知识来完成，这里不再赘述。

12.4.1　直线上中桩坐标计算示例

工程坐标计算分直线和曲线上的中桩，曲线又分平曲线和带有缓和曲线的曲线。其中直线和平曲线上中桩坐标的计算以 12.2.2 节中例题 12-1 和图 12-6 为例。按照坐标理念将图 12-6 绘制成正北方向，如图 12-18 所示。现以例题 12-2 说明直线上坐标计算。

【例题 12-2】　已知 JD_1 的里程 0^k+000，JD_1 到 JD_2 的链距 $K_{12}=367.22m$，JD_2 的右转角 $\alpha_{2y}=27°16'48''$，JD_2 的半径 $R=600m$，JD_2 的 $ZY0^k+221.62$、$YZ0^k+507.30$，JD_2 到 JD_3 链距 $K_{23}=878.46m$，见图 12-18 和表 12-6。从测区控制点引测来的 JD_1（4689.42，8975.36），边 $JD_1 \sim JD_2$ 的方位角 $\theta_{12}=202°36'52''$。计算：JD_2 和 JD_3 的坐标；平曲线主点 $ZY0^k+221.62$、$YZ0^k+507.20$ 的坐标；直线上中桩 0^k+020、0^k+040、0^k+060、0^k+080、0^k+100、0^k+120、0^k+140、0^k+160、0^k+180、0^k+200 的坐标。有关平曲线要素计算见 12.2 节。

【解】

1. 计算 JD_2 和 JD_3 的坐标

（1）JD_2 的坐标计算

JD$_2$位于边 JD$_1$～JD$_2$的直线段上，可以按式（5-4）和式（5-5）直接计算。计算 JD$_2$坐标的三要素为：起点为 JD$_1$（4689.42，8975.36），方位角为 $\theta_{12}=202°36'52''$，计算起点到计算点的距离为 JD$_1$ 到 JD$_2$ 的链距 $K_{12}=376.12$m，则

$$x_2 = x_1 + \Delta x = x_1 + K_{12}\cos\theta_{12}$$
$$= 4689.42 + 367.22\cos202°36'52''$$
$$= 4350.43\text{m}$$
$$y_2 = y_1 + \Delta y = y_1 + K_{12}\sin\theta_{12}$$
$$= 8975.36 + 367.22\sin202°36'52''$$
$$= 8834.15\text{m}$$

即 JD$_2$（4350.43，8834.15）。

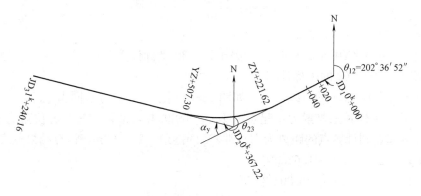

图 12-18　直线上中桩及交点坐标计算

边 JD$_1$～JD$_2$ 的直线段上中桩坐标计算　　　　　　　表 12-6

桩号	起点到计算点的方位角	计算点到起点的水平距离(m)	x	y	备注
JD$_1$0^k+000	202°36′52″		4689.42	8975.36	起点/已知
+020	202°36′52″	20	4670.96	8967.67	
+040	202°36′52″	40	4652.50	8959.98	
+060	202°36′52″	60	4634.03	8952.29	
+080	202°36′52″	80	4615.57	8944.60	
+100	202°36′52″	100	4597.11	8936.91	
+120	202°36′52″	120	4578.65	8929.22	
+140	202°36′52″	140	4560.18	8921.53	
+160	202°36′52″	160	4541.72	8913.84	
+180	202°36′52″	180	4523.26	8906.14	
+200	202°36′52″	200	4504.80	8898.45	
ZY0^k+221.62	202°36′52″	221.62	4484.84	8890.14	
JD$_2$0^k+367.22	202°36′52″	367.22	4350.43	8834.15	

（2）JD₃ 的坐标计算

JD₃ 位于边 JD₂～JD₃ 的直线段上，可以按式（5-4）和式（5-5）直接计算，如图12-18所示。计算 JD₃ 的坐标其三要素为：起点为 JD₂（4350.43，8834.15），方位角为 θ_{23}（需要计算），计算起点到计算点的距离为 JD₂ 到 JD₃ 的链距 $K_{23}=878.46$m。JD₂ 的右转角 $\alpha_{2y}=27°16'48''$。

边 JD₂～JD₃ 的方位角 $\theta_{23}=\theta_{12}+\alpha_{2y}=202°36'52''+27°16'48''=229°53'40''$。

$$x_3 = x_2 + \Delta x = x_2 + K_{23}\cos\theta_{23}$$
$$= 4350.43 + 878.46\cos229°53'40''$$
$$= 3784.53\text{m}$$

$$y_3 = y_2 + \Delta y = y_2 + K_{23}\sin\theta_{23}$$
$$= 8834.15 + 878.46\sin229°53'40''$$
$$= 8162.25\text{m}$$

即 JD₃（3784.53，8162.25）。

2. 平曲线主点 ZY0ᵏ+221.62、YZ0ᵏ+507.30 坐标计算

（1）ZY0ᵏ+221.62 的坐标计算

ZY 位于边 JD₁～JD₂ 的直线段上，如图 12-18 所示，计算方法同 JD₂。

计算 ZY 的坐标其三要素为：起点为 JD₁（4689.42，8975.36），方位角为 $\theta_{12}=202°36'52''$，计算起点到计算点的距离为 JD₁ 到 ZY 的链距=221.62m，计算结果见表 12-6。

$$x_{ZY} = x_1 + \Delta x = x_1 + 221.62\cos\theta_{12}$$
$$= 4689.42 + 221.62\cos202°36'52''$$
$$= 4484.84\text{m}$$

$$y_{ZY} = y_1 + \Delta y = y_1 + 221.62\sin\theta_{12}$$
$$= 8975.36 + 221.62\sin202°36'52''$$
$$= 8890.14\text{m}$$

即 ZY（4484.84，8890.14）。

（2）YZ0ᵏ+507.30 的坐标计算

YZ 位于边 JD₂～JD₃ 的直线段上，如图 12-18 所示。计算 YZ 坐标的三要素为：起点为 JD₂（4350.43，8834.15），方位角为 $\theta_{23}=229°53'40''$，计算起点到计算点的距离为 JD₂ 到 YZ 的距离 145.60m（即 JD₂ 的切线长），计算结果见表 12-7。

$$x_{YZ} = x_2 + \Delta x = x_2 + 145.60\cos\theta_{23}$$
$$= 4350.43 + 145.60\cos229°53'40''$$
$$= 4256.63\text{m}$$

$$y_{YZ} = y_2 + \Delta y = y_2 + 145.60\sin\theta_{23}$$
$$= 8834.15 + 145.60\sin229°53'40''$$
$$= 8722.79\text{m}$$

即 YZ（4256.63，8722.79）。

（3）0ᵏ+020、0ᵏ+040 等中桩坐标计算

直线上中桩 0ᵏ+020、0ᵏ+040、0ᵏ+060、0ᵏ+080、0ᵏ+100、0ᵏ+120、0ᵏ+140、0ᵏ+160、0ᵏ+180、0ᵏ+200 全部位于边 JD₁～JD₂ 的直线段上，计算方法同 JD₂。计算结果见表 12-6。

桩号	起点到计算点的方位角	计算点到起点的水平距离(m)	x	y	备注
JD$_2$0^k+367.22			4350.43	8834.15	起点/已知
YZ0^k+507.30	229°53′40″	145.60	4256.63	8722.79	
JD$_3$1^k+240.16	229°53′40″	878.46	3784.53	8162.25	

12.4.2 平曲线上中桩坐标计算示例

【例题 12-3】 已知 JD$_1$ 的里程 0^k+000，JD$_1$ 到 JD$_2$ 的链距 K_{12}=367.22m，JD$_2$ 的右转角 α_{2y}=27°16′48″，JD$_2$ 的半径 R=600m，JD$_2$ 的 ZY0^k+221.62、YZ0^k+507.30，JD$_2$ 到 JD$_3$ 的链距 K_{23}=878.46m，如图 12-18 所示。从测区控制点引测来的 JD$_1$ (4689.42，8975.36)，边 JD$_1$~JD$_2$ 的方位角 θ_{12}=202°36′52″，计算：平曲线上中桩 0^k+240、+260、+280、+300、+320、+340，QZ+364.46、+380、+400、+420、+440、+460、+480，YZ+507.30 的坐标。有关平曲线要素计算，见 12.2 节。

【解】

1. 计算 0^k+240 的坐标

计算 0^k+240 的坐标其三要素为：起点为 ZY (4484.84，8890.14)（可以为 YZ 点），起点到计算点的方位角（需要计算），计算起点到计算点的距离（需要计算）（即弦长）。

令 0^k+240 点号为 A，如图 12-19 所示。

（1）计算起点 ZY 到 A 边的方位角

在计算起点 ZY 上标注 N 向，起点 ZY 到 A 边的方位角 $\theta_{ZY~A}$ 等于 JD$_1$~JD$_2$ 边方位角 θ_{12} 加上 ZY 到 A 边的偏角 Δ_1（加上还是减去偏角应根据具体情况而定），如图 12-19 所示，建议用电子表格 Excel 自动计算，计算结果见表 12-8。

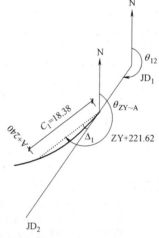

图 12-19 +240 中桩坐标计算

$$\theta_{ZY~A}=\theta_{12}+\Delta_1=\theta_{12}+\frac{90l}{\pi R}=202°36′52″+0°52′39″=203°29′31″$$

（2）计算起点 ZY 到 A 边的水平距离

起点 ZY 到 A 边的水平距离，即平曲线上起点 ZY 到 A 边的弦长 C_1，按式（12-14）或式（12-15）计算。

$$C_1=2R\sin\frac{\varphi}{2}=2R\sin\Delta_1=2×600×\sin0°52′39″=18.38\text{m}$$

（3）计算 A 点的坐标

$$x_A=x_{ZY}+\Delta x=x_A+C_1\cos\theta_{ZY~A}$$
$$=4484.84+18.38\cos203°29′31″$$
$$=4467.98\text{m}$$

$$y_A = y_{ZY} + \Delta y = y_{ZY} + C_1\sin\theta_{ZY\sim A}$$
$$= 8890.14 + 18.38\sin203°29'31''$$
$$= 8882.81\text{m}$$

即 YZ (4467.98，8882.81)。

边 ZY～YZ 的平曲线上中桩坐标计算　　　　　　　　　　表 12-8

桩号	JD$_1$～JD$_2$的方位角 θ_{12}	起点到计算点的偏角	计算点到起点的水平距离(m)	x	y	备注
ZY0^k+221.62	202/36/52			4484.84	8890.14	起点/已知
+240	202/36/52	0/52/39	18.38	4467.98	8882.81	
+260	202/36/52	1/49/57	38.37	4449.91	8874.26	
+280	202/36/52	2/47/15	58.36	4432.12	8865.11	
+300	202/36/52	3/44/33	78.32	4414.66	8855.37	
+320	202/36/52	4/41/50	98.27	4397.52	8845.05	
+340	202/36/52	5/39/08	118.19	4380.75	8834.17	
QZ0^k+364.46	202/36/52	6/49/12	142.50	4360.73	8820.11	
+380	202/36/52	7/33/44	157.92	4348.32	8810.76	
+400	202/36/52	8/31/01	177.72	4332.71	8798.26	
+420	202/36/52	9/28/19	197.48	4317.53	8785.24	
+440	202/36/52	10/25/37	217.18	4302.79	8771.73	
+460	202/36/52	11/22/54	236.82	4288.50	8757.73	
+480	202/36/52	12/20/12	256.39	4274.69	8743.26	
+500	202/36/52	13/17/30	275.89	4261.38	8728.34	
YZ0^k+507.30	202/36/52	13/38/24	282.99	4256.64	8722.79	校核/已知

注：1. 表中 202/36/52 表示 202°36'52''，其余角度均如此表示；
　　2. 采用 Excel 计算时角度以弧度计；
　　3. 起点到计算点的方位角等于 JD$_1$～JD$_2$的方位角 θ_{12} 加上相应边的偏角。
　　4. 从 ZY 点计算 YZ 点坐标与从 JD$_2$ 计算 YZ 点坐标进行校核。

2. 计算 0^k+260 的坐标

计算 0^k+260 坐标的三要素为：起点为 ZY（4484.84，8890.14）（可以为 YZ 点），起点到计算点的方位角（需要计算），计算起点到计算点的距离（需要计算）（即弦长）。

令 0^k+260 点号为 B，如图 12-20 所示。

（1）计算起点 ZY 到 B 边的方位角

在计算起点 ZY 上标注 N 向，起点 ZY 到 B 边的方位角 $\theta_{ZY\sim B}$ 等于 JD$_1$～JD$_2$边方位角 θ_{12} 加上 ZY 到 B 边的偏角 Δ_2（加上还是减去偏角应根据具体情况而定），如图 12-20 所示，建议用电子表格 Excel 自动计算，计算结果见表 12-8。

$$\theta_{ZY\sim B} = \theta_{12} + \Delta_2 = \theta_{12} + \frac{90l}{\pi R} = 202°36'52'' + 1°49'57'' = 204°26'49''$$

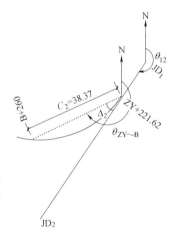

图 12-20　+260 中桩坐标计算

（2）计算起点 ZY 到 B 边的水平距离

起点 ZY 到 A 边的水平距离，即平曲线上起点 ZY 到 B 边的弦长 C_2，按式（12-14）或式（12-15）。

$$C_2 = 2R\sin\frac{\varphi}{2} = 2R\sin\Delta_2 = 2 \times 600 \times \sin1°49'57'' = 38.37\text{m}$$

（3）计算 B 点的坐标

$$\begin{aligned}
x_B &= x_{ZY} + \Delta x = x_{ZY} + C_2\cos\theta_{ZY \sim B} \\
&= 4484.84 + 38.37\cos204°26'49'' \\
&= 4449.91\text{m} \\
y_B &= y_{ZY} + \Delta y = y_{ZY} + C_2\sin\theta_{ZY \sim B} \\
&= 8890.14 + 38.37\sin204°26'49'' \\
&= 8874.26\text{m}
\end{aligned}$$

即 YZ（4449.91，8874.26）。

3. 计算 $0^k + 280$ 到 $YZ0^k + 507.30$ 所有中桩的坐标

$0^k + 280$ 到 $YZ0^k + 507.30$ 所有中桩的坐标，计算方法同 $0^k + 240$ 和 $0^k + 260$ 中桩。建议用电子表格 Excel 自动计算，计算结果见表 12-8。

12.4.3 坐标法测设中桩

计算坐标的目的是利用坐标法测设中桩，工程上称为放样（投点）。

坐标法测设中桩与偏角法、支距法、弦长纵距交会法比较，具有不少优点，表现在：置仪点灵活，不像偏角法仅仅局限于 ZY 或 YZ 点置仪；减少通视障碍，如果一个高级控制点置仪无法通视可以变通，比如调整置仪点或者使用全站仪转站等；测设精度高；测设速度快；已知坐标的待测点和已经测设点可以利用自动化软件自动灵活处理，如 Auto-CAD、Excel 及相关专业软件；可以采用传统仪器测试，如经纬仪等；可以结合先进的电子产品快速测设，如采用全站仪、GPS、北斗系统等。坐标法测试迅速普及，目前坐标法测试已经广泛使用在工程建设的各个领域，可以说不熟悉和掌握坐标法测设就不能叫做懂得工程测量和公路勘测设计。

一、测设原理方法

坐标法测设中桩原理基于工程坐标方位角，即测区内所有边的北向方位角为 $0°00'00''$，待测边的方位角是与北向方所夹的水平角度，经纬仪测定待测边的方位角，从置仪点到待测边方位角方向测量水平距离（待测点到置仪点之间的水平距离），即可测定待测点中桩。

理论上讲在置仪点可以测设出能够通视的中桩，包括直线上加桩、曲线上加桩及其他非中线加桩（如交点桩）；如果二者之间存在通视障碍，调整置仪点进行测设。置仪点选择的原则是通视、就近、方便、快捷。

当然坐标法采用全站仪将更为方便快捷，目前绝大多数全站仪具有内置简单程序，能够自动识别坐标。经过标定后的全站仪，免去了经纬仪测设需要钢尺测量水平距离的困难，全站仪可以自动测定水平距离，精度高，速度快，利用反光镜测设距离远，甚至能够部分避开钢尺逐段测量距离的困扰。此外坐标法测设中桩可以结合现代先进科技成果——全球卫星定位系统 GPS，GPS 测量可以不需要点位之间的通视情况，仅仅通过卫星信号传递数据，这对于隧道进出口等有通视障碍的工程测量非常方便。

二、坐标法测设示例（采用经纬仪）

【例题 12-4】 （以例题 12-2 和例题 12-3 为背景）已知测区内有若干高级控制点，其中高级控制点 KZD_7（4721.49，8930.88）、KZD_9（4340.19，8800.39）。在表 12-6、表 12-7 和表 12-8 中已知直线上中桩 S 点 0^k+040（4652.50，8959.98）、平曲线上中桩 A 点 0^k+240（4467.98，8882.81）。

（1）若 KZD_7 与 S 点和 A 点不通视，通过计算测设 S 点和 A 点。

（2）若各个点位之间相互通视，要求选择距离待测点较近的位置安置经纬仪，通过计算测设 S 点和 A 点。

【解】

（1）在控制点 KZD_9 置仪，KZD_7 定向保证 N 向方位角为 $0°00'00''$，测设 S 点和 A 点。

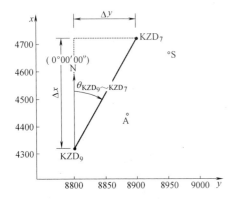

图 12-21　KZD_9 置仪的点位相对位置示意

因为 KZD_7 与 S 点和 A 点不通视，只能在 KZD_9 置仪。

1）画出点位相对位置示意图

画出 KZD_7、KZD_9 与 S、A 点相对位置示意图，在置仪点 KZD_9 位置（即计算起点）画出 N 向，如图 12-21 所示。测设前画出一个草图，草图不一定非常准确，能够起到点位相对位置示意即可，已知点位 x 坐标的最大值与最小值之差为 $4721.49-4340.19=381.30$，已知点位 y 坐标的最大值与最小值之差为 $8959.98-8800.39=159.59$，x 轴和 y 轴数值标注如图 12-21 所示，x 轴和 y 轴数值不一定成比例。

2）计算控制点 KZD_9 置仪，KZD_7 定向保证 N 向方位角为 $0°00'00''$ 的定向角度。

如图 12-21 所示，锐角 $\theta_{KZD_9 \sim KZD_7}$ 即边 $KZD_9 \sim KZD_7$ 的方位角。显然

$$\tan\theta_{KZD_9 \sim KZD_7} = \frac{|\Delta_y|}{|\Delta_x|} = \frac{|8930.88-8800.39|}{|4721.49-4340.19|} = \frac{130.49}{381.30}，则：$$

$$\theta_{KZD_9 \sim KZD_7} = 18°53'32''$$

计算 Δ_x 和 Δ_y 时加上绝对值是为了减少错误，在采用传统的经纬仪测设时就可以避免这种错误出现。而采用全站仪测设时，全站仪默认坐标，就显得非常简单了。

3）确定 N 向

控制点 KZD_9 置仪，KZD_7 定向，并把经纬仪水平读盘读数调整到 $18°53'32''$，即能保证 N 向方位角为 $0°00'00''$。保证 N 向为 $0°00'00''$ 以后，松开经纬仪水平读盘读数锁键，就可以进行具体点位坐标的测设了。

4）计算并测设 S 点

如图 12-22 所示，锐角 $\theta_{KZD_9 \sim S}$ 即边 $KZD_9 \sim S$ 的方位角（计算时采用锐角和绝对值以免判断失误）。显然

$$\tan\theta_{KZD_9\sim S}=\frac{|\Delta_y|}{|\Delta_x|}=\frac{|8800.39-8959.98|}{|4340.19-4652.50|}=\frac{159.59}{312.31}，则：$$

$$\theta_{KZD_9\sim S}=27°04'01''$$

设边 $KZD_9\sim S$ 的水平距离 $D_{KZD_9\sim S}$，则：

$$D_{KZD_9\sim S}=\sqrt{\Delta_x^2+\Delta_y^2}=\sqrt{159.59^2+312.31^2}=350.72m$$

将经纬仪水平读盘读数调整到 $27°04'01''$，即为边 KZD_9 到 S 点的方向，从控制点 KZD_9 往此方向测量水平距离 350.72m，定打直线上中桩 S 点 0^k+040。

5）计算并测设 A 点

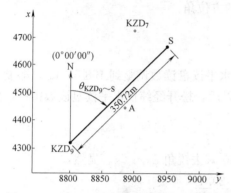

图 12-22　KZD_9 置仪 S 点的计算及测设示意

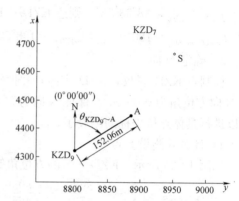

图 12-23　KZD_9 置仪 A 点的计算及测设示意

如图 12-23 所示，锐角 $\theta_{KZD_9\sim A}$ 即边 $KZD_9\sim A$ 的方位角（计算时采用锐角和绝对值以免判断失误）。显然

$$\tan\theta_{KZD_9\sim A}=\frac{|\Delta_y|}{|\Delta_x|}=\frac{|8800.39-8882.81|}{|4340.19-4467.98|}=\frac{82.42}{127.79}，则：$$

$$\theta_{KZD_9\sim A}=32°49'14''$$

设边 $KZD_9\sim A$ 的水平距离 $D_{KZD_9\sim A}$，则：

$$D_{KZD_9\sim A}=\sqrt{\Delta_x^2+\Delta_y^2}=\sqrt{82.42^2+127.79^2}=152.06m$$

将经纬仪水平读盘读数调整到 $32°49'14''$，即为边 KZD_9 到 A 点的方向，从控制点 KZD_9 往此方向测量水平距离 152.06m，定打平曲线上中桩 A 点 0^k+240。

（2）在控制点 KZD_7 置仪，KZD_9 定向保证 N 向方位角为 $0°00'00''$，测设 S 点和 A 点符合距离较近要求。

题干中各个已知点之间相互通视，可以在控制点 KZD_7 置仪，也可在控制点 KZD_9 置仪（前面已经叙述）。实际勘测中应选择待测点位距离置仪点位近一些、比较好安置经纬仪的控制点置仪。

1）画出点位相对位置示意图

画出 KZD_7、KZD_9 与 S、A 点位相对位置示意图，在置仪点 KZD_7（即计算起点）上画出 N

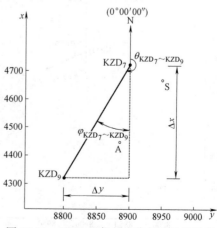

图 12-24　KZD_7 置仪的点位相对位置示意

向，如图 12-24 所示。测设前画出一个草图，草图不一定非常准确，能够起到点位相对位置示意即可，已知点位 x 坐标的最大值与最小值之差为 $4721.49-4340.19=381.30$，已知点位 y 坐标的最大值与最小值之差为 $8959.98-8800.39=159.59$，x 轴和 y 轴数值标注如图 12-24 所示，x 轴和 y 轴数值不一定成比例。

2）计算控制点 KZD_7 置仪，KZD_9 定向保证 N 向方位角为 $0°00'00''$ 的定向角度。

如图 12-24 所示，边 $KZD_7 \sim KZD_9$ 的方位角等于锐角 $\varphi_{KZD_7 \sim KZD_9}$ 加上 $180°$。显然

$$\tan\varphi_{KZD_7 \sim KZD_9} = \frac{|\Delta_y|}{|\Delta_x|} = \frac{|8930.88-8800.39|}{|4721.49-4340.19|} = \frac{130.49}{381.30}$$

$\varphi_{KZD_7 \sim KZD_9} = 18°53'32''$，则边 $KZD_7 \sim KZD_9$ 的方位角：

$$\theta_{KZD_7 \sim KZD_9} = 180° + \varphi_{KZD_7 \sim KZD_9} = 198°53'32''。$$

3）确定 N 向

控制点 KZD_7 置仪，KZD_9 定向，并把经纬仪水平读盘读数调整到 $198°53'32''$，即能保证 N 向方位角为 $0°00'00''$。保证 N 向为 $0°00'00''$ 以后，松开经纬仪水平读盘读数锁键，就可以进行具体点位坐标的测设了。

4）计算并测设 S 点

如图 12-25 所示，$KZD_7 \sim S$ 的方位角等于 $180°$ 减去锐角 $\varphi_{KZD_7 \sim S}$。显然，

$$\tan\varphi_{KZD_7 \sim S} = \frac{|\Delta_y|}{|\Delta_x|} = \frac{|8930.88-8959.98|}{|4721.49-4652.50|} = \frac{29.1}{68.99}$$

$\varphi_{KZD_7 \sim S} = 22°52'12''$，则 $KZD_7 \sim S$ 的方位角为：

$$\theta_{KZD_7 \sim S} = 180° - \varphi_{KZD_7 \sim S} = 157°07'48''。$$

设边 $KZD_7 \sim S$ 的水平距离为 $D_{KZD_7 \sim S}$，则：

$$D_{KZD_7 \sim S} = \sqrt{\Delta_x^2 + \Delta_y^2} = \sqrt{29.10^2 + 68.99^2} = 74.88\text{m}$$

将经纬仪水平读盘读数调整到 $157°07'48''$，即为边 KZD_7 到 S 点的方向，从控制点 KZD_7 往此方向测量水平距离 74.88m，定打直线上中桩 S 点 0^k+040。

5）计算并测设 A 点

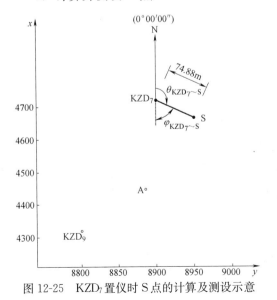

图 12-25　KZD_7 置仪时 S 点的计算及测设示意

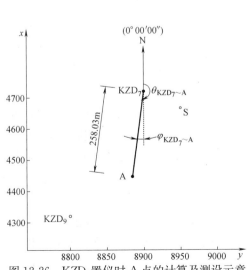

图 12-26　KZD_7 置仪时 A 点的计算及测设示意

如图 12-26 所示，$KZD_7 \sim A$ 的方位角等于锐角 $\varphi_{KZD_7 \sim A}$ 加上 $180°$。显然，

$$\tan\varphi_{KZD_7 \sim A} = \frac{|\Delta_y|}{|\Delta_x|} = \frac{|8930.88 - 8882.81|}{|4721.49 - 4467.98|} = \frac{48.07}{253.51}$$

$\varphi_{KZD_7 \sim A} = 10°44'13''$，则 $KZD_7 \sim A$ 的方位角为：

$$\theta_{KZD_7 \sim A} = 180° + \varphi_{KZD_7 \sim A} = 190°44'13''$$

设边 $KZD_7 \sim A$ 的水平距离为 $D_{KZD_7 \sim A}$，则：

$$D_{KZD_7 \sim A} = \sqrt{\Delta_x^2 + \Delta_y^2} = \sqrt{48.07^2 + 253.51^2} = 258.03\text{m}$$

将经纬仪水平读盘读数调整到 $190°44'13''$，即为边 KZD_7 到 A 点的方向，从控制点 KZD_7 往此方向测量水平距离 258.03m，定打平曲线上中桩 A 点 $0^k + 240$。

从上述计算测设过程来看，坐标法可以改变置仪点，灵活多变。在一个测站可以测设若干个能够通视待测点，可以测设直线上的中桩，也可以测设曲线上的中桩。只要已知点位坐标，无论直线、平曲线还是缓和曲线，其测设机理和测量方法是一样的，问题还是归结到计算坐标这一原始问题，而计算坐标往往是数学问题。

当然采用全站仪和 GPS 仪测量点位坐标，比采用经纬仪方便得多，仪器内设程序无需手工计算，仪器自动测量水平距离无需钢尺量距，详见第 13 章和第 14 章。

12.5 缓 和 曲 线

12.5.1 概述

一、缓和曲线概念

缓和曲线是指在直线和圆曲线之间或半径相差较大的两同向复曲线之间设置的一种曲率连续均匀变化的曲线。举例来说，由正常的直线路拱过渡到具有超高或加宽的平曲线段，需要一个过渡段，这个段落如果用曲线来过渡就称为缓和曲线，这个段落如果用直线来过渡称为做缓和段。本节将详细介绍公路缓和曲线的计算及其测设。

二、设置缓和曲线或缓和段的基本条件

1. 直线与平曲线径向连接（公路等级条件和半径条件）

《公路路线设计规范》JTG D20—2006 规定，高速公路、一级公路、二级公路、三级公路的直线与小于不设超高的平曲线最小半径径向连接处，应设置回旋线（即缓和曲线）。简单来说设置缓和曲线有 2 个条件：一个是公路等级条件（高速公路、一级公路、二级公路、三级公路），二是平曲线半径条件（即平曲线半径小于无超高半径或小于无加宽半径 250m），同时满足这 2 个条件就需要设置缓和曲线，由此可见设置缓和曲线的情况是比较普遍的。

2. 平曲线与平曲线径向连接一般需要设置缓和曲线

半径不同的同向平曲线径向连接处，应设置回旋线（即缓和曲线）。这是因为两个平曲线具有不同的超高加宽值（或者其中一个平曲线具有超高加宽而另一个没有），不同的超高加宽值必然需要过渡段。

12.5.2 缓和曲线的特性、螺旋角及支距公式

一、公路和铁路缓和曲线的类型

公路和铁路上的缓和曲线类型有辐射螺旋线、三次抛物线、双扭线、多圆弧线等。目

前我国公路和铁路均采用辐射螺旋线。如图 12-27 所示。

二、带有缓和曲线的曲线主点

假定交点两端的缓和曲线均为直线，如图 12-28 所示。

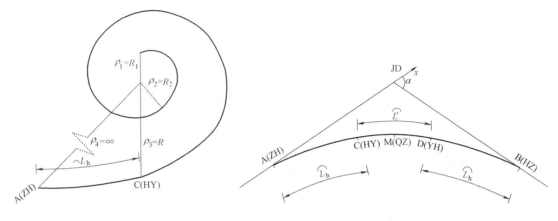

图 12-27　辐射螺旋线中的末段（缓和曲线）　　　　图 12-28　缓和曲线主点

带有缓和曲线的曲线共有 5 个主点（控制点），即 ZH（线路起点方向直线与第一缓和曲线相切点）、HY（第一缓和曲线与所夹圆曲线相切点）、QZ（整个曲线中间点）、YH（所夹圆曲线与第二缓和曲线相切点）、HZ（第二缓和曲线与线路终点方向直线相切点）。图 12-28 中，缓和曲线是对称的，路线起点方向的缓和曲线称为第一缓和曲线（即 ZH 点到 HY 点），路线终点方向的缓和曲线称为第二缓和曲线（即 YH 点到 HZ 点），在第一缓和曲线和第二缓和曲线之间还夹了一段曲线称为所夹圆曲线（即 HY 点到 YH 点）。如图 12-28 中的 ZH 点用字母 A 点表示，HY 点用字母 C 点表示，QZ 点用字母 M 点表示，YH 点用字母 D 点表示，HZ 点用字母 B 点表示。

三、缓和曲线的特性

1. 缓和曲线特性

令曲线（含圆曲线和缓和曲线）的半径和曲率分别为 ρ 和 k，则曲线的半径和曲率互为倒数，即 $k=\dfrac{1}{\rho}$。

显然 A（ZH）点和 B（HZ）点位于直线上，则其曲率半径 $\rho=\infty$，曲率 $k=0$；C（HY）点、D（YH）点及 C（HY）点到 D（YH）点所夹圆曲线上的任一点位于所夹圆曲线上，则其曲率半径 $\rho=R$（R 为平曲线半径），曲率 $k=\dfrac{1}{R}$；ZH 点到 HY 点之间的第一缓和曲线上的任意点、YH 点到 HZ 点之间的第二缓和曲线上的任意点，其曲率半径为 ρ，曲率为 k，在缓和曲线上的点曲率半径是变化的，曲率 k 从 0 到 $\dfrac{1}{R}$ 连续均匀变化。

设缓和曲线上任意点 P，P 点到缓和曲线起点的弧长为 l，ZH 点到 HY 点或 YH 点到 HZ 点之间的缓和曲线长度为 l_h，P 点到缓和曲线起点所对应的中心角（又称为螺旋角）为 β。缓和曲线上的曲率是连续均匀变化的，即曲率随弧长的增加而成正比增加，则

$$\frac{l}{l_\mathrm{h}}=\frac{k_\mathrm{P}}{k_\mathrm{C}}=\frac{\frac{1}{\rho}}{\frac{1}{R}}=\frac{R}{\rho} \qquad (12\text{-}19)$$

式中　k_P——缓和曲线上任意点的曲率；

　　　k_C——缓和曲线终点 C 的曲率。

将式（12-19）变换成式（12-20）：

$$\rho l=Rl_\mathrm{h} \qquad (12\text{-}20)$$

式（12-20）表明缓和曲线特性：缓和曲线上任意点的曲率半径与该点到缓和曲线起点的弧长 l 成反比。

2. 缓和曲线长度的确定

因曲线半径 R 可以按规定选定，缓和曲线长能够确定，则 Rl_h 为常数。令

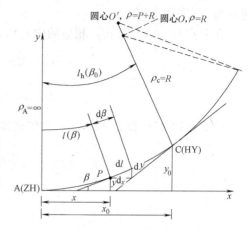

图 12-29　缓和曲线特性公式推导

$$Rl_\mathrm{h}=A^2 \qquad (12\text{-}21)$$

$$A=\sqrt{\rho L}=\sqrt{Rl_\mathrm{h}} \qquad (12\text{-}22)$$

式中　A——缓和曲线参数。

四、螺旋角公式

缓和曲线上任意点 P 到缓和曲线起点的弧长 l，如图 12-29 所示。在 P 点取一微分弧 $\mathrm{d}l$，相应的中心角 $\mathrm{d}\beta$。

借助圆曲线理论 $l=R\varphi$（弧长等于半径乘以圆心角），缓和曲线近似有：

$$\mathrm{d}l=\rho\mathrm{d}\beta \qquad (12\text{-}23)$$

$$\mathrm{d}\beta=\frac{\mathrm{d}l}{\rho}(\rho l=Rl_\mathrm{h}) \qquad (12\text{-}24)$$

则缓和曲线上任意点到缓和曲线起点的中心角（螺旋角）为：

$$\beta=\frac{l^2}{2Rl_\mathrm{h}}（弧度） \qquad (12\text{-}25)$$

当 $l=l_\mathrm{h}$（即缓和曲线终点）时，缓和曲线的总中心角（总螺旋角）为：

$$\beta_0=\frac{l_\mathrm{h}}{2R}（弧度） \qquad (12\text{-}26)$$

式中　l——缓和曲线上任意点到缓和曲线起点的弧长；

　　　R——平曲线半径；

　　　l_h——缓和曲线长；

　　　β——缓和曲线上任意点到缓和曲线起点的中心角（螺旋角）（弧度），也可以转化为度分秒；

　　　β_0——缓和曲线起点到缓和曲线终点的总中心角（总螺旋角）（弧度），也可以转化为度分秒。

五、支距公式

缓和曲线上任意点 P，到缓和曲线起点的弧长 l，如图 12-29 所示。第一缓和曲线以 A（ZH）点为支距原点，指向交点方向为 x 轴，指向圆心方向为 y 轴，建立支距坐标系。第二缓和曲线以 B（HZ）点为支距原点，指向交点方向为 x 轴，指向圆心方向为 y 轴，

建立另一支距坐标系。

在 P 点取一微分弧 dl，相应的中心角 dβ，微分弧 dl 可以分解为 dx、dy。

$$\mathrm{d}x=\mathrm{d}l\cos\beta=\cos\frac{l^2}{2Rl_h}\mathrm{d}l \tag{12-27}$$

$$\mathrm{d}y=\mathrm{d}l\sin\beta=\sin\frac{l^2}{2Rl_h}\mathrm{d}l \tag{12-28}$$

将式（12-27）和式（12-28）按照高等数学级数展开，得：

$$x=l-\frac{l^5}{40R^2l_h^2} \tag{12-29}$$

$$y=\frac{l^3}{6Rl_h} \tag{12-30}$$

式中　x——缓和曲线上任意点到缓和曲线起点的 x 方向的支距；

　　　y——缓和曲线上任意点到缓和曲线起点的 y 方向的支距。

当 $l=l_h$（即缓和曲线终点）时，缓和曲线的支距公式为：

$$x_0=l_h-\frac{l_h^3}{40R^2} \tag{12-31}$$

$$y_0=\frac{l_h^2}{6R} \tag{12-32}$$

式中　x_0——缓和曲线上终点到缓和曲线起点的 x 方向的总支距；

　　　y_0——缓和曲线上终点到缓和曲线起点的 y 方向的总支距。

12.5.3　带有缓和曲线的曲线要素计算

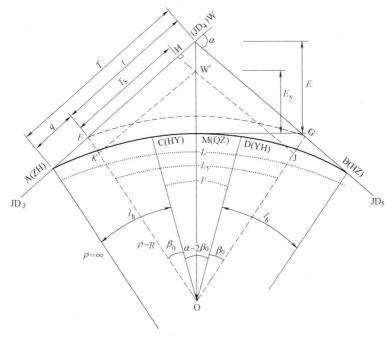

图 12-30　缓和曲线要素及里程计算

一、平曲线要素计算

设半径为 R、转角为 α 的平曲线要素为切线长 T_y、曲线长 L_y、外距 E_y、切曲差（超距）D_y，则：

$$T_y = R \tan \frac{\alpha}{2} \tag{12-33}$$

$$L_y = \frac{\pi \alpha R}{180} \tag{12-34}$$

$$E_y = R \left(\sec \frac{\alpha}{2} - 1 \right) \tag{12-35}$$

$$D_y = 2T_y - L_y \tag{12-36}$$

式中　T_y——未设缓和曲线时半径为 R、转角为 α 圆曲线的切线长（即圆曲线内移后的切线长），在图 12-30 中，$T_y = W'K = W'J$；

　　　L_y——未设缓和曲线时半径为 R、转角为 α 圆曲线的曲线长（即圆曲线内移后的曲线长），在图 12-30 中，$L_y = \overset{\frown}{KCMDJ}$；

　　　E_y——未设缓和曲线时半径为 R、转角为 α 圆曲线的外距，在图 12-30 中，$E_y = W'M$；

　　　D_y——未设缓和曲线时半径为 R、转角为 α 圆曲线的切曲差（超距）。

二、有关符号意义

1. 内移值 p

p 为圆曲线内移值，即设置缓和曲线后圆心不变，原半径减小的值，内移目的是使缓和曲线的起点与直线相切、缓和曲线的终点与所夹圆曲线相切。在图 12-30 中，$p = FK = GJ$。分析图 12-29，y 轴方向，$p + R = y_0 + R\cos\beta_0$，将 $y_0 = \frac{l_h^2}{6R}$ 和 $\beta_0 = \frac{l_h}{2R}$ 代入，则：

$$p = \frac{l_h^2}{24R} \tag{12-37}$$

p 值不求推导理解，只要会按照公式计算即可。

2. 切线增长值 q

q 为缓和曲线起点至原圆曲线起点或终点之间的距离，即增设缓和曲线后切线的增长值。在图 12-30 中，$q = AF = BG$。分析图 12-29，x 轴方向，$q = x_0 - R\sin\beta_0$，将 $x_0 = l_h - \frac{l_h^3}{40R^2}$ 和 $\beta_0 = \frac{l_h}{2R}$ 代入，则：

$$q = \frac{l_h}{2} - \frac{l_h^3}{240R^2} \tag{12-38}$$

计算 q 时取式（12-38）中的 2 项，分析 q 时近似取 $q \approx \frac{l_h}{2}$。

3. 所夹圆曲线长 l'

l' 为增设缓和曲线后圆曲线保留部分的长度，在图 12-30 中，$l' = \overset{\frown}{CMD}$。这是由于缓和曲线在圆曲线两端各占去一部分，圆曲线两端占去这一部分所对应的中心角 $\beta_0 = \frac{l_h}{2R}$，其近似弧长等于 $\frac{l_h}{2R}R = \frac{l_h}{2}$，即两端缓和曲线共占去了 $\frac{l_h}{2} + \frac{l_h}{2} = l_h$，从而所夹圆曲线 $l' =$

$\overset{\frown}{CMD}$（即圆曲线保留部分）的中心角变成 $\alpha-2\beta_0$。

三、增设缓和曲线后曲线的变化

曲线增设缓和曲线后与未设缓和曲线相比，有如下变化：

1. 圆心不变，半径由 $R+p$ 缩短为 R，整个曲线内移 p 值。

2. 切线增长 q，q 近似等于 $\dfrac{l_h}{2}$。

3. 缓和曲线的一半位于直线段 q 内，另一半位于圆曲线内。也可以这么理解，缓和曲线中靠近直线的一半近似于直线（计算时当直线处理），而另一半近似于圆曲线（计算时当圆曲线处理）。

4. 两端缓和曲线所对应中心角各为 β_0，所夹圆曲线对应的中心角为 $\alpha-2\beta_0$。也可以这么理解，缓和曲线中靠近直线的一半近似于直线无法产生中心角，而另一半近似于圆曲线产生中心角 β_0。即图 12-30 中，整个弧长 $L=\overset{\frown}{AKCMDJB}$，其中 $\overset{\frown}{AK}$ 和 $\overset{\frown}{JB}$ 近似于直线，而弧 $\overset{\frown}{KCMDJ}=L_y$ 近似于圆曲线，K 点近似位于第一缓和曲线 $\overset{\frown}{AC}$ 的中间点，J 点近似位于第二缓和曲线 $\overset{\frown}{BD}$ 的中间点。

四、带有缓和曲线的整个曲线要素计算（图 12-30）

1. 切线长 T

$$\begin{aligned}
T&=t+q\\
&=\left(T_y+p\tan\frac{\alpha}{2}\right)+q\\
&=\left(T_y+p\tan\frac{\alpha}{2}\right)+\left(\frac{l_h}{2}-\frac{l_h^3}{240R^2}\right)\\
&=T_y+\frac{l_h^2}{24R}\tan\frac{\alpha}{2}+\frac{l_h}{2}-\frac{l_h^3}{240R^2}
\end{aligned}$$

$$T=R\tan\frac{\alpha}{2}+\frac{l_h^2}{24R}\tan\frac{\alpha}{2}+\frac{l_h}{2}-\frac{l_h^3}{240R^2} \tag{12-39}$$

$$T=T_y+t_w \tag{12-40}$$

式中 t_w——带有缓和曲线的整个曲线的切线长尾加数。

带有缓和曲线整个曲线的切线长可以按照式（12-39）计算，也可以按式（12-40）计算。

2. 曲线长 L

$$L=\frac{l_h}{2}+L_y+\frac{l_h}{2}=L_y+l_h \tag{12-41}$$

$$L=l_h+l'+l_h=l'+2l_h \tag{12-42}$$

一般来说带有缓和曲线的整个曲线长 L 应按式（12-41）计算，曲线长 L 的尾加数为 l_h。有时也可以按式（12-42）计算，显然 $L_y=l'+l_h$。

3. 外距 E

$$E=E_y+\frac{p}{\cos\frac{\alpha}{2}}=E_y+\frac{\frac{l_h^2}{24R}}{\cos\frac{\alpha}{2}}$$

$$E=R\left(\sec\frac{\alpha}{2}-1\right)+\frac{l_{\mathrm{h}}^{2}}{24R\cos\frac{\alpha}{2}} \tag{12-43}$$

$$E=E_{\mathrm{y}}+e_{\mathrm{w}} \tag{12-44}$$

式中 e_{w}——带有缓和曲线整个曲线的外距的尾加数。

带有缓和曲线整个曲线的外距可以按照式（12-43）计算，也可以按式（12-44）计算。

4. 切曲差 D

计算完带有缓和曲线的整个曲线的切线长 T 和曲线长 L 后，直接按式（12-45）计算带有缓和曲线的整个曲线的切曲差，显得更为简便。

$$D=2T-L \tag{12-45}$$

12.5.4 缓和曲线主点里程计算

一、缓和曲线的主点里程计算

带有缓和曲线的整个曲线要素计算完成后，就可以计算带有缓和曲线的整个曲线的主点里程。

假定交点里程已知，如图 12-31 所示。带有缓和曲线的整个曲线的主点里程由里程概念推导如下：

$$ZH\ 里程=JD\ 里程-T \tag{12-46}$$

$$HY\ 里程=ZH\ 里程+l_{\mathrm{h}} \tag{12-47}$$

$$YH\ 里程=HY\ 里程+l' \tag{12-48}$$

$$HZ\ 里程=YH\ 里程+l_{\mathrm{h}} \tag{12-49}$$

$$QZ\ 里程=HZ\ 里程-\frac{L}{2} \tag{12-50}$$

$$JD\ 里程=QZ\ 里程+D/2 \tag{12-51}$$

式（12-51）为校核公式，采用软件或 Excel 计算时可以不校核。

二、下一个交点里程计算

从上述平曲线主点里程计算来看，要计算主点里程首先要计算交点里程。那么要计算下一个平曲线主点里程，首先应计算下一个交点里程。计算交点里程与 12.2 节中圆曲线是一致的。

$$下一个交点里程=上一个交点的 HZ 里程+$$
$$该两交点之间的链距-上一个交点的切线长 \tag{12-52}$$

三、缓和曲线主点里程计算示例

【例题 12-5】 已知 JD_7 的里程 $6^{\mathrm{k}}+920.31$，JD_7 到 JD_8 的链距 $K_{78}=932.71\mathrm{m}$，JD_7 的左转角 $\alpha_{\mathrm{z}}=18°23'17''$，$JD_7$ 的半径 $R=800\mathrm{m}$，若缓和曲线长 $l_{\mathrm{h}}=160\mathrm{m}$。

（1）计算 JD_7 的曲线要素；

（2）计算 JD_7 的主点里程；

（3）计算 JD_8 的里程。

【解】

（1）计算 JD_7 的曲线要素

1）计算 JD_7 的圆曲线要素

左转角 $\alpha_z = 18°23'17''$，半径 $R = 800\text{m}$，按式（12-33）～式（12-36）计算 JD_7 的平曲线要素：

$$T_y = R\tan\frac{\alpha}{2} = 800 \times \tan\frac{18°23'17''}{2} = 129.49\text{m};$$

$$L_y = \frac{\pi\alpha R}{180} = \frac{\pi \times 18°23'17'' \times 800}{180} = 256.75\text{m};$$

$$E_y = R\left(\sec\frac{\alpha}{2} - 1\right) = 800 \times \left(\sec\frac{18°23'17''}{2} - 1\right) = 10.41\text{m};$$

$$D_y = 2T_y - L_y = 2 \times 129.49 - 256.75 = 2.23\text{m}。$$

2）计算曲线要素

按式（12-39）、式（12-41）、式（12-43）、式（12-45）计算 JD_7 的曲线要素。

$$
\begin{aligned}
T &= T_y + t_w \\
&= R\tan\frac{\alpha}{2} + \frac{l_h^2}{24R}\tan\frac{\alpha}{2} + \frac{l_h}{2} - \frac{l_h^3}{240R^2} \\
&= 129.49 + \frac{160^2}{24 \times 800} \times \tan\frac{18°23'17''}{2} + \frac{16°}{2} - \frac{160^3}{240 \times 800^2} \\
&= 209.67\text{m}
\end{aligned}
$$

$$L = L_y + l_h = 256.75 + 160 = 416.75\text{m}$$

$$
\begin{aligned}
E &= E_y + e_w \\
&= R\left(\sec\frac{\alpha}{2} - 1\right) + \frac{l_h^2}{24R\cos\frac{\alpha}{2}} \\
&= 10.41 + \frac{160^2}{24 \times 800 \times \cos\frac{18°23'17''}{2}} \\
&= 11.76\text{m}
\end{aligned}
$$

$$D = 2T - L = 2 \times 209.67 - 416.75 = 2.60\text{m}$$

（2）计算 JD_7 的主点里程

JD_7 的主点有 ZH、HY、YH、HZ、QZ 五个，可按式（12-46）～式（12-50）分别计算 JD_7 的主点里程。手算宜按表 12-9 列竖式计算。当然，主点里程计算也可以在 Excel、程序计算器等工具里编程计算。

（3）计算 JD_8 的里程（下一个交点里程）

JD_7 到 JD_8 的链距 $K_{78} = 932.71\text{m}$，计算 JD_8 的里程和圆曲线中计算下一个交点里程的方法与 JD_7 相同。

$$
\begin{aligned}
JD_8\text{的里程} &= JD_7\text{的 HZ 里程} + JD_7\text{到 }JD_8\text{的链距} - \text{上一个交点的切线长} \\
&= JD_7\text{的 HZ 里程} + K_{78} - T_7 \\
&= 7127.38 + 932.71 - 209.67 \\
&= 7850.42\text{m}
\end{aligned}
$$

即 JD_8 的里程为 $7^k + 850.42$。

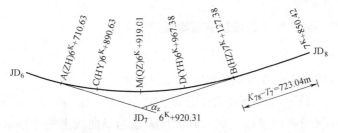

图 12-31　缓和曲线主点里程计算示意

缓和曲线中桩记录表　　　　　　　　　　　　　表 12-9

交点编号及里程	JD_7 6^k+920.31	R=800m	α_z=18°23′17″	桩号	编号	备注
T_y=129.49m	L_y=256.75m	E_y=10.41m	D_y=2.23m	$ZH6^k$+710.63	68	
T=209.67m	L=416.75m	E=11.76m	D=2.60m	+720	69	
l_h=160m	l'=96.75m	p=1.33m	q=79.97m	+740	70	
K_{78}=932.71m	/	/	/	+760	71	
				+780	72	
				+800	73	
				+820	74	
	JD_7		6920.31	+840	75	
	一) T		209.67	+860	76	
	ZH		6710.63	HY+870.63	77	
	+) l_h		160.00	+880	78	
	HY		6870.63	+890	79	
	+) l'		96.75	+900	80	
	YH		6967.38	+910	81	
	+) l_h		160.00	QZ+919.01	82	
	HZ		7127.38	+930	83	
	一) $\dfrac{L}{2}$		208.37	+940	84	
	QZ		6919.01	+950	85	
	+) $\dfrac{D}{2}$		1.30	YH+967.38	86	
	JD_7		6920.31	+980	87	
				7^k+000	1	
				+020	2	
				+040	3	
				+060	4	
				+068	5	小桥
				+080	6	
				+100	7	
				+120	8	
				HZ+127.38	9	

12.5.5 带有缓和曲线的整个曲线加桩范畴及测设方法

一、加桩范畴

带有缓和曲线的整个曲线上的中桩分为主点桩和加桩。

主点桩有 ZH、HY、QZ、YH 和 HZ 点。其中 ZH、QZ 和 HZ 三个主点桩的测设非常简单，可以简单采用定向量距完成，其测设方法与平曲线上的主点 ZY、QZ 和 YZ 一样。而 HY 和 YH 就不能采用此法测定，这两个主点的测设麻烦得多，测设方法同缓和曲线上的一般加桩。

加桩分缓和曲线上的一般加桩和所夹圆曲线上的一般加桩。缓和曲线上的一般加桩包括第一缓和曲线上从 ZH 到 HY（含 HY，不含 ZH）和第二缓和曲线上从 YH 到 HZ（含 YH，不含 HZ）之间加桩。所夹圆曲线上的一般加桩包括所夹圆曲线上从 HY 到 YH 之间的加桩（不含 HY、QZ 和 YH）。

二、带有缓和曲线的整个曲线上的加桩

带有缓和曲线的整个曲线上的加桩按照相关规定，一般默认桩距 20m。

三、测设方法

类似于平曲线，缓和曲线测设可以采用下列方法：

早期传统的方法有切线支距法（包括 20 世纪七十、八十和九十年代初期查表法）、弦长纵距交会法和偏角法（包括查表法），近年来比较常用的有坐标法（必要时采用 GPS）。目前支距法、弦长纵距交会法和偏角法已经较少使用了，因方法的系统性和坐标法当中坐标的计算与之有一定关联，本节一并介绍。因带有缓和曲线的曲线上加桩测设比平曲线上加桩复杂得多，下面将介绍支距法、弦长纵距交会法、偏角法和坐标法，重点介绍偏角法和坐标法，因在 12.3 节中已经详细介绍了平曲线上的加桩测设，在这里侧重介绍带有缓和曲线的曲线加桩的有关测设方法的计算。计算数据完成后，其测设方法与 12.3 节中的平曲线测设方法相同。

12.5.6 支距法测设带有缓和曲线的整个曲线上的加桩

类似平曲线，带有缓和曲线的整个曲线上的加桩采用切线支距测设时，左半曲线和右半曲线必须分开（平曲线可以不分开）。即测设左半曲线时，支距原点应为 ZH 点，从支距原点到该交点方向为 x 轴，指向圆心方向为 y 轴；测设右半曲线时，支距原点应为 HZ 点，从支距原点到该交点方向为 x 轴，指向圆心方向为 y 轴。值得注意的是，同一个支距原点下，既有缓和曲线上的中桩，又有所夹圆曲线上的中桩，如图 12-32 所示。

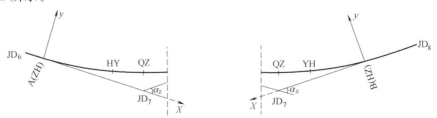

图 12-32 缓和曲线切线支距法的支距建立

一、缓和曲线上的中桩支距计算

缓和曲线上从 ZH 到 HY（含 HY，不含 ZH），或从 HZ 到 YH（含 YH，不含 HZ），按式（12-31）和式（12-32）可以直接计算缓和曲线上任意点的支距。

【例题 12-6】 在例题 12-5 中缓和曲线上加桩桩距为 20m，缓和曲线上加桩见表 12-9。计算出第一缓和曲线上从 ZH 到 HY 上的加桩 6^k＋720、＋740、＋760、＋780、＋800、＋820、＋840、＋860，HY＋870.63 和第二缓和曲线上从 HZ 到 YH 上的加桩 YH6^k＋967.38、＋980，7^k＋000、＋020、＋040、＋060、＋080、＋100、＋120 支距。

【解】

按式（12-31）、式（12-32）计算缓和曲线上中桩的支距，计算结果见表 12-10。

计算支距时，式（12-31）和式（12-32）中的 l 为缓和曲线上任意点到缓和曲线起点的弧长。

缓和曲线支距及弦长计算表　　　　　　　　表 12-10

中桩桩号	距起点弧长 l_i(m)	距上一点弧长 l_i(m)	x_i	y_i	距起点弦长 C_i(m)	距上一点弦长 C_i(m)	备注
ZH6^k＋710.63							左半曲线起点
＋720	9.37	9.37	9.37	0.00	9.37	9.37	
＋740	29.37	20	29.37	0.03	29.37	20	
＋760	49.37	20	49.37	0.16	49.37	20	
＋780	69.37	20	69.37	0.43	69.37	20	
＋800	89.37	20	89.36	0.93	89.37	20	
＋820	109.37	20	109.35	1.70	109.36	20	
＋840	129.37	20	129.31	2.82	129.35	20	
＋860	149.37	20	149.26	4.34	149.32	20	
HY＋870.63	160	10.63	159.84	5.33	159.93	10.63	
＋880	89.37	9.37	169.18	6.32	9.37	9.37	
＋890	99.37	10	179.11	7.50	19.37	10	
＋900	109.37	10	189.03	8.80	29.37	10	
＋910	119.37	10	198.93	10.22	39.37	10	
QZ＋919.01	128.38	9.01	207.83	11.61	48.38	9.01	左半曲线终点
QZ＋919.01	128.37	10.99	207.82	11.61	48.37	10.99	右半曲线终点
＋930	117.38	10	196.96	9.93	37.38	10	
＋940	107.38	10	187.06	8.53	27.38	10	
＋950	97.38	17.38	177.14	7.25	17.38	17.38	
YH＋967.38	160	12.62	159.84	5.33	159.93	12.62	
＋980	147.38	20	147.27	4.17	147.33	20	
7^k＋000	127.38	20	127.33	2.69	127.36	20	
＋020	107.37	20	107.36	1.61	107.387	20	
＋040	87.38	20	87.37	0.87	87.38	20	

中桩桩号	距起点弧长 l_i(m)	距上一点弧长 l_i(m)	x_i	y_i	距起点弦长 C_i(m)	距上一点弦长 C_i(m)	备注
+060	37.38	20	67.38	0.40	67.38	20	
+080	47.38	20	47.38	0.14	47.38	20	
+100	27.38	20	27.38	0.03	27.38	20	
+120	7.38	7.38	7.38	0.00	7.38	7.38	
HZ+127.38							右半曲线起点

注：1. 表中 HY6^k+870.63 到 QZ+919.01 之间所夹左半圆曲线上的中桩计算到起点弧长时，为该中桩到 HY6^k+870.63 的弧长加上 $\frac{l_h}{2}$；

2. 表中 HY6^k+870.63 到 QZ+919.01 之间所夹左半圆曲线上的中桩计算到起点弦长时，为该中桩到 HY6^k+870.63 的弦长；

3. 表中 YH6^k+967.38 到 QZ+919.01 之间所夹右半圆曲线上的中桩计算到起点弧长时，为该中桩到 YH6^k+967.38 的弧长加上 $\frac{l_h}{2}$；

4. 表中 YH6^k+967.38 到 QZ+919.01 之间所夹右半圆曲线上的中桩计算到起点弦长时，为该中桩到 YH6^k+967.38 的弦长。

二、所夹圆曲线上的加桩

测设左半曲线时，支距原点仍然为 ZH 点，从支距原点到该交点方向为 x 轴，指向圆心方向为 y 轴；测设右半曲线时，支距原点仍然为 HZ 点，从支距原点到该交点方向为 x 轴，指向圆心方向为 y 轴。值得注意的是，同一个支距原点下，既有缓和曲线上的中桩，又有所夹圆曲线上的中桩。

图 12-30 中，K 点近似位于第一缓和曲线 $\overset{\frown}{AC}$ 的中间点，J 点近似位于第二缓和曲线 $\overset{\frown}{BD}$ 的中间点。

以第一缓和曲线 $\overset{\frown}{AC}$ 为例，假定（仅仅是假定）一个新的支距原点为 K 点，假定其指向交点 W′方向为 x' 轴（平行于支距原点 A 坐标系下的 x 轴），指向圆心方向为 y' 轴（平行于支距原点 A 坐标系下的 y 轴），则以 K 点为虚拟坐标原点时，所夹圆曲线上的点的坐标按式（12-53）～式（12-56）计算，所夹圆曲线上任意点的支距按式（12-57）和式（12-58）或式（12-59）和式（12-60）计算。

$$x'=R\sin\varphi \tag{12-53}$$

$$y'=R-R\cos\varphi \tag{12-54}$$

或

$$x'=l-\frac{l^3}{6R^2} \tag{12-55}$$

$$y'=\frac{l^2}{2R}-\frac{l^4}{24R^3} \tag{12-56}$$

式中　R——曲线半径（m），在例题 12-5 中 R 为 600m；

φ——所夹圆曲线 HY 到 YH 上的任意点到 K 点的弧长所对应的圆心角，或所夹圆曲线 HY 到 YH 上的任意点到 HY 点加上 $\frac{l_h}{2}$ 所对应的圆心角；

l——所夹圆曲线 HY 到 YH 上的任意点到 K 点的弧长，或所夹圆曲线 HY 到 YH

上的任意点到 HY 点的弧长加上 $\dfrac{l_\mathrm{h}}{2}$。

真正的支距原点仍然在 A 点，按照坐标平移理论，将支距坐标系 K (x',y') 平移到支距坐标系 A (x,y)，所夹圆曲线 HY 到 YH 上的任意点到 A 点的支距按式（12-57）和式（12-58）或式（12-59）和式（12-60）计算。右半曲线计算机理和公式与左半曲线完全一样，只是右半曲线支距原点为 B。

$$x=x'+q=R\sin\varphi+q \tag{12-57}$$

$$y=y'+p=R-R\cos\varphi+p \tag{12-58}$$

或

$$x=x'+q=l-\frac{l^3}{6R^2}+\frac{l_\mathrm{h}}{2} \tag{12-59}$$

$$y=y'+p=\frac{l^2}{2R}-\frac{l^4}{24R^3}+\frac{l_\mathrm{h}^2}{24R} \tag{12-60}$$

式中　x——所夹圆曲线 HY 到 YH 上的任意点到 A 点的 x 支距；

　　　　y——所夹圆曲线 HY 到 YH 上的任意点到 A 点的 y 支距。

【例题 12-7】　计算例题 12-6 中所夹圆曲线左半曲线从 HY+870.63 到 QZ+919.01 之间的加桩为+880、+890、+900、+910 的支距，所夹圆曲线右半曲线从 YH6$^\mathrm{k}$+967.38 到 QZ+919.01 之间的加桩为+950、+940、+930 的支距。

【解】

所夹圆曲线上的加桩支距，按式（12-57）和式（12-58）或式（12-59）和式（12-60）计算，计算结果见表 12-10。

支距计算完毕，就可以按照 12.3 节平曲线支距测设方法测设所夹圆曲线上的中桩。虽然目前较少采用支距测设法；但是计算出各个中桩的支距（可以理解为局部坐标），可以计算所夹圆曲线上任意点之间的弦长（已知两点之间的坐标），也可以计算左半曲线上缓和曲线上任意点到所夹圆曲线上任意点之间的弦长（已知两点之间的坐标），右半曲线如法炮制。计算出左半曲线或右半曲线任意两点之间的弦长，这为采用偏角法和坐标法测设缓和曲线计算任意两点之间的弦长打下基础。表 12-10 中的距起点弦长和距上一点的弦长就是利用任意两点之间的支距计算出来的。

12.5.7　偏角法测设带有缓和曲线的整个曲线上的加桩

一、概述

1. 左侧缓和曲线 ZH 到 HY 之间的偏角计算

左侧缓和曲线起点为 A（ZH），设缓和曲线上任意点 P，连接 AP，弦长 AP 与切线 AW 点所夹的弦切角即为 P 点的偏角 Δ，如图 12-33 所示。

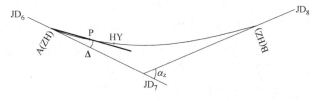

图 12-33　缓和曲线上中桩的偏角

设 P 点的纵向支距为 y，弦长 AP＝c，当 $\Delta \rightarrow 0$，有

$$\Delta \approx \sin\Delta = \frac{y}{c} \tag{12-61}$$

将式（12-25）中的 $\beta = \dfrac{l^2}{2Rl_h}$ 和式（12-30）中的 $y = \dfrac{l^3}{6Rl_h}$ 代入式（12-61），则

$$\Delta = \frac{l^2}{6Rl_h} = \frac{\beta}{3} \tag{12-62}$$

式中 l——缓和曲线上任意点到缓和曲线起点之间的弧长；

  R——带有缓和曲线的曲线半径，在例题 12-5 中 R 为 800m；

  l_h——缓和曲线长，在例题 12-5 中 l_h 为 160m；

  β——缓和曲线上任意点到起点的中心角或螺旋角（rad），采用经纬仪偏角法测设时需要转化为度分秒。

式（12-62）表明，缓和曲线上任意点到起点的偏角等于其中心角的 $\dfrac{1}{3}$。

2. 右侧缓和曲线 YH 到 HZ 之间的偏角计算

右侧缓和曲线 YH 到 HZ 之间的偏角计算，与左侧缓和曲线 ZH 到 HY 之间的偏角计算相同，不同的是右侧缓和曲线的起点为 B（HZ）点。

二、第一缓和曲线及第二缓和曲线偏角法测设及实例

【例题 12-8】 在例题 12-5 和表 12-9 中，采用偏角法计算并测设带有缓和曲线的曲线上所有中桩。

【解】

1. 计算 JD$_7$ 带有缓和曲线的曲线上所有中桩（含 HY 和 YH）的偏角和弦长

由式（12-61）计算偏角，计算时应将弧度转化为度分秒，计算结果见表 12-11。为了提高测设精度，一般以 QZ 点为界，将平曲线分为左右两半，采用经纬仪进行偏角法测设。

弦长分任意点到起点的弦长和任意点到上一点的弦长，一般选择任意点到上一点的弦长较为方便，缓和曲线任意两点之间弦长的计算有三种方法：

（1）由任意两点之间的支距（局部坐标）计算弦长，计算结果见表 12-10。

（2）从缓和曲线起点到 $\dfrac{l_h}{2}$ 点之间中桩的弦长近似等于弧长。

（3）从缓和曲线的 $\dfrac{l_h}{2}$ 点到缓和曲线终点之间中桩的弦长近似按圆曲线弧长计算，即按式（12-14）或式（12-15）计算。

当然弧长较短时多数情况下弦长近似等于弧长。

2. 左侧缓和曲线（第一缓和曲线）上所有中桩（含 HY）的测设

左半曲线测设以 ZH 点置仪，JD$_7$ 定向可以采用两种方法，一种是 JD$_7$ 定向角度为 0°00′00″；另一种是 JD$_7$ 定向，确保第一个加桩＋720 的水平盘读数为 0°00′00″。

（1）左半曲线以 ZH 点置仪，JD$_7$ 定向，定向角度为 0°00′00″。

JD$_7$ 为左转角，测设左半曲线时显然经纬仪需要逆时针旋转，故测设偏角等于 360°减去计算偏角，见表 12-11。缓和曲线上加桩采用这种方法比较方便。

1）测设 6^k+720

以 ZH 点置仪，JD$_7$ 定向，定向角度为 $0°00'00''$，然后将经纬仪水平度盘读数调整到 6^k+720 的测设偏角 $359°59'36''$，从 ZH 点往此方向稍远（距离大于 9.37m）钉一临时方向点 P，从 ZH 点往 P 点方向量弦长（即水平距离 9.37m）定打 6^k+720 桩。总之测设机理就是定向（经纬仪偏角）量距（沿偏角方向量距），仅仅适用于首段弧的第一个中桩 6^k+720，如图 12-34 所示。

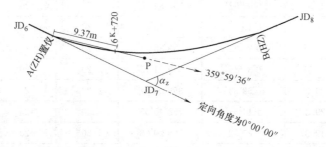

图 12-34　缓和曲线上 6^k+720 测设示意（JD$_7$ 定向角度 $0°00'00''$）

2）测设 $+740$

测设机理是定向视线（经纬仪偏角）、从上一点量距（距离上一点弦长），二者交会定下一个中桩，从上一点测设是为了避免距离太长不便测量距离。测设 6^k+740 需要甲乙丙 3 人配合完成。

甲在 ZH 点置仪，JD$_7$ 定向，定向角度为 $0°00'00''$，然后将经纬仪水平度盘读数调整到 6^k+740 的测设偏角 $359°56'08''$。乙站立在 6^k+720（相当于乙以 6^k+720 为圆心画圆弧进行交会），丙以 6^k+720 到 6^k+740 的弦长 20m 为半径量水平距离，乙丙钢尺拉紧保持两点之间的距离恒为 20m，钢尺抬平，甲指挥丙，当甲在经纬仪视线里面交会对正丙的花杆时，定打 6^k+740。

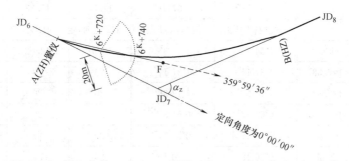

图 12-35　缓和曲线上 6^k+740 测设示意（JD$_7$ 定向角度 $0°00'00''$）

3）$+760$ 等中桩测设

6^k+780、6^k+800、6^k+820、6^k+840、6^k+860、HY$6^k+870.63$ 等中桩的测设方法同 6^k+740 桩，值得注意的是宜从上一点测设下一点，测设机理是经纬仪偏角定向，从上一点测量弦长交会定下一个中桩。

（2）左半曲线以 ZH 点置仪，JD$_7$ 定向，定向角度为 $0°03'52''$，确保 6^k+720 方向水平度盘读数为 $0°00'00''$，测设机理与平曲线的偏角法相同，参见 12.3 节，这里不再赘述。

3. 右侧缓和曲线（第二缓和曲线）上所有中桩（含 YH）的测设

中桩桩号	距离起点 弧长 l_i （m）	计算偏角	测设偏角	距离上一点 弧长 l_i （m）	距离上一点 弦长（m）	备注
ZH6ᵏ+710.63		测设左侧缓和曲线时，ZH 点置仪，JD₇定向，定向角度为 0°00′00″				
+720	9.37	0°00′24″	359°59′36″	9.37	9.37	
+740	29.37	0°03′52″	359°56′08″	20	20	
+760	49.37	0°10′55″	359°49′05″	20	20	
+780	69.37	0°21′32″	359°38′28″	20	20	
+800	89.37	0°35′45″	359°24′15″	20	20	
+820	109.37	0°53′33″	359°06′27″	20	20	
+840	129.37	1°14′55″	358°45′05″	20	20	
+860	149.37	1°39′52″	358°20′08″	20	20	
HY+870.63	160	1°54′35″	358°05′25″	10.63	10.63	
HY+870.63		测设左半所夹圆曲线时，HY 点置仪，ZH 定向，定向角度为 b_0				
+880	9.37	0°20′08″	359°39′52″	9.37	9.37	起点 HY
+890	19.37	0°41′37″	359°18′23″	10	10	起点 HY
+900	29.37	1°03′06″	358°56′54″	10	10	起点 HY
+910	39.37	1°24′35″	358°35′25″	10	10	起点 HY
QZ+919.01	48.38	1°43′57″	358°16′03″	9.01	9.01	起点 HY
QZ+919.01	48.37	1°43′57″	1°43′57″	10.99	10.99	起点 YH
+930	37.38	1°20′19″	1°20′19″	10	10	起点 YH
+940	27.38	0°58′50″	0°58′50″	10	10	起点 YH
+950	17.38	0°37′21″	0°37′21″	17.38	17.38	起点 YH
YH+967.38		测设右半所夹圆曲线时，YH 点置仪，HZ 定向，定向角度为 $360°-b_0$				
YH+967.38	160	1°54′35″	1°54′35″	12.62	12.62	
+980	147.38	1°37′14″	1°37′14″	20	20	
7ᵏ+000	127.38	1°12′38″	1°12′38″	20	20	
+020	107.38	0°51′37″	0°51′37″	20	20	
+040	87.38	0°34′11″	0°34′11″	20	20	
+060	67.38	0°20′19″	0°20′19″	20	20	
+080	47.38	0°10′03″	0°10′03″	20	20	
+100	27.38	0°03′21″	0°03′21″	20	20	
+120	7.38	0°00′15″	0°00′15″	7.38	7.38	
HZ+127.38		测设右侧缓和曲线时，HZ 点置仪，JD₇定向，定向角度为 0°00′00″				

（1）右侧缓和曲线以 HZ 点置仪，JD₇定向，定向角度为 0°00′00″。右侧缓和曲线在 HZ 点置仪（与左缓和半曲线在 ZH 点置仪，经纬仪旋转顺序相反）。同左半曲线一样，右半曲线测设以 HZ 点置仪，JD₇定向可以采用两种方法，一种是 JD₇定向角度为

$0°00'00''$；另一种是 JD_7 定向，确保第一个加桩 7^k+120 的水平盘读数为 $0°00'00''$。

JD_7 为左转角，测设右半曲线时显然经纬仪需要顺时针旋转，故测设偏角等于计算偏角，见表 12-11。

1) 测设 7^k+120

以 HZ 点置仪，JD7 定向，定向角度为 $0°00'00''$，然后将经纬仪水平度盘读数调整到 7^k+120 的测设偏角 $0°00'15''$，从 HZ 点往此方向稍远（距离大于 7.38m）钉一临时方向点 Q，从 YZ 点往 Q 点方向量弦长（即水平距离 7.38m）定打 7^k+120 桩。总之测设机理就是定向（经纬仪偏角）量距（沿偏角方向量距），仅仅适用于首段弧的第一个中桩 7^k+120（从右往左起算），如图 12-36 所示。

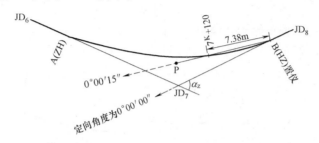

图 12-36　缓和曲线上 7^k+120 测设示意（JD_7 定向角度 $0°00'00''$）

2) 测设 7^k+100

测设机理是定向视线（经纬仪偏角）、从上一点量距（距离上一点弦长），二者交会定下一个中桩，从上一点测设是为了避免距离太长不便测量距离。测设 7^k+140 需要甲乙丙 3 人配合完成。

甲在 HZ 点置仪，JD_7 定向，定向角度为 $0°00'00''$，然后将经纬仪水平度盘读数调整到 7^k+100 的测设偏角 $0°03'21''$。乙站立在 7^k+120（相当于乙以 7^k+120 为圆心画圆弧进行交会），丙以 7^k+120 到 7^k+100 的弦长 20m 为半径量水平距离，乙丙钢尺拉紧保持两点之间的距离恒为 20m，钢尺台平，甲指挥丙，当甲在经纬仪视线里面交会对正丙的花杆时，定打 7^k+100，如图 12-37 所示。

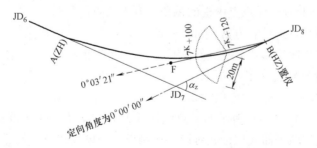

图 12-37　缓和曲线上 7^k+100 测设示意（JD_7 定向角度 $0°00'00''$）

3) 7^k+080 等中桩测设

7^k+080、7^k+060、7^k+040、7^k+020、7^k+000、6^k+980、$YH6^k+967.38$ 等中桩的测设方法同 7^k+100 桩，值得注意的是宜从上一点测设下一点，测设机理是经纬仪偏角定向，从上一点测量弦长交会定下一个中桩。

(2) 右半曲线以 HZ 点置仪，JD_7 定向，确保 7^k+120 方向水平度盘读数为 $0°00'00''$，测设机理与平曲线的偏角法相同，参见 12.3 节，这里不再赘述。

4. 左半所夹圆曲线从 HY 到 QZ 上的中桩测设

（1）计算反偏角

所夹圆曲线上的中桩不能采用缓和曲线上中桩的测设方法，所夹圆曲线上的中桩应采用 12.3 节的平曲线上中桩测设方法。

图 12-38 中，画出 HY 点的切线 Q_1QQ_2，其中 Q 点交于 JD_6 和 JD_7 的直线，在 $\triangle ACQ$ 中，$\angle CAQ = \Delta_0$（缓和曲线的计算总偏角），令 $\angle ACQ = b_0$（缓和曲线的计算总反偏角），近似于圆曲线考虑，$\triangle ACQ$ 中有 $\beta_0 = \Delta_0 + b_0$，而 $\Delta_0 = \dfrac{\beta_0}{3}$，容易得出：

$$b_0 = 2\Delta_0 \tag{12-63}$$

即缓和曲线总的反偏角等于总偏角的 2 倍。

按式（12-63），表 12-11 中 HY 点到 ZH 点的反偏角为 $3°49'10''$。

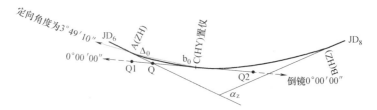

图 12-38　ZH 点置仪保证其切线 QQ_2 方向水平盘读数为 $0°00'00''$

（2）HY 点置仪，ZH 点定向确保 HY 点的切线 QQ_2 方向水平度盘读数为 $0°00'00''$

要测设左半所夹圆曲线从 HY 到 QZ 上的中桩，选择 HY 点置仪，ZH 点定向，且定向应确保 HY 点的切线水平度盘读数为 $0°00'00''$，具体步骤如下：

1）HY 点置仪，ZH 点定向，定向角度为 $3°49'10''$（即反偏角 b_0），确保 HY 点切线方向 QQ_1 方向水平度盘读数为 $0°00'00''$。

2）将经纬仪倒镜，相当于 QQ_2 方向水平度盘读数为 $0°00'00''$。

（3）所夹圆曲线上任意点中桩的测设

1）计算所夹圆曲线上任意点中桩的偏角和到上一点的弦长

计算起点为 HY 点，计算方法同 12.3 节，按式（12-14）和式（12-15）计算所夹圆曲线上任意点中桩的偏角和到上一点的弦长，计算结果见表 12-11。值得注意的是，计算偏角的计算起点为 HY 点。

2）所夹圆曲线上任意点中桩的测设

已经确定 HY 点置仪，并确保 HY 点的切线方向 QQ_2 方向水平度盘读数为 $0°00'00''$。所夹圆曲线上中桩按照平曲线理论就可以直接测设，测设步骤不再赘述。

5. 右半所夹圆曲线从 QZ 到 YH 上的中桩测设

测设方法同左半所夹圆曲线从 HY 到 QZ 上的中桩测设。不同点是置仪点为 YH 点，定向点为 HZ 点，测设步骤不再赘述。

12.5.8　带有缓和曲线的整个曲线上的加桩的坐标计算

在介绍圆曲线坐标法测设时对坐标法已经进行了非常详细的介绍，一旦计算出任意点坐标，利用已知高级坐标点就可以测设出任意点（包括直线中桩、曲线中桩、复杂曲线中桩）。

问题又归结到数学问题即坐标的计算，因此本节仅介绍缓和曲线和所夹圆曲线上中桩的坐标计算。

本节示例仍然以例题 12-5 和表 12-9 中的条件为前提增设其他已知条件进行介绍，便于理解。坐标计算应牢牢把握第 5 章中的坐标计算三要素。

【例题 12-9】 已知 JD_7 的里程 $6^k+920.31$，JD_7 到 JD_8 的链距 $K_{78}=932.71m$，JD_7 的左转角 $\alpha_z=18°23'17''$，JD_7 的半径 $R=800m$，若缓和曲线长 $l_h=160m$。已知 $K_{67}=501.72m$，JD_6 至 JD_7 边的方位角 $\theta_{67}=98°19'56''$，JD_6（7723.18，8032.11）。计算：

（1）ZH 点、JD_7 的坐标和 HZ 点的坐标；

（2）ZH（不含 ZH）到 HY（含 HY）上中桩的坐标；

（3）HY（不含 HY）到 YH（含 YH）上中桩的坐标；

（4）HZ（不含 HZ）到 YH（含 YH）上中桩的坐标。

【解】

（1）直线上中桩 ZH 点、JD_7 的坐标和 HZ 点坐标计算

1）直线上中桩 ZH 点、JD_7 的坐标

计算起点为 JD_6（7723.18，8032.11），起始边方位角为 $\theta_{67}=98°19'56''$，坐标计算三要素中还差一个距离，如图 12-39 所示。

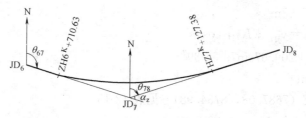

图 12-39 ZH 点、JD_7 的坐标和 HZ 点坐标计算

① JD_7 的坐标计算

已知 $K_{67}=501.72m$，则

$$x_{JD_7}=x_{JD_6}+\Delta x=x_{JD_6}+K_{67}\cos\theta_{67}$$
$$=7723.18+501.72\cos98°19'56''$$
$$=7650.47m$$
$$y_{JD_7}=y_{JD_6}+\Delta y=y_{JD_6}+K_{67}\sin\theta_{67}$$
$$=8032.11+501.72\sin98°19'56''$$
$$=8528.53m$$

即 JD_7（7650.47，8528.53），见表 12-12。

② JD_7 的 ZH 点坐标计算

例题 12-5 的表 12-9 中 JD_7 的切线长 $T_7=209.67m$，JD_6 到 ZH 点的距离为：

$K_{6ZH}=K_{67}-T_7=501.72-209.67=292.05m$。则：

$$x_{ZH}=x_{JD_6}+\Delta x=x_{JD_6}+K_{6ZH}\cos\theta_{67}$$
$$=7723.18+292.05\cos98°19'56''$$

$$=7680.86m$$

$$y_{ZH}=y_{JD_6}+\Delta y=y_{JD_6}+K_{6ZH}\sin\theta_{67}$$

$$=8032.11+292.05\sin98°19'56''$$

$$=8321.08m$$

即 JD_6 的 ZH（7680.86，8321.08），见表 12-12。

JD_7 和 ZH 点坐标计算　　　　　　表 12-12

桩号	$JD_6\sim JD_7$ 的方位角 θ_{67}	计算点到起点的水平距离（m）	x	y	备注
JD_6			7723.18	8032.11	计算起点
ZH6^K+870.63	98°19′56″	292.05	7680.86	8321.08	
$JD_7$6^K+920.31	98°19′56″	501.72	7650.47	8528.53	

2）直线上中桩 HZ 点坐标计算

JD_7 的 HZ 坐标计算起点为 JD_7（7650.47，8528.53），HZ 点到 JD_7 的距离 $K_{7HZ}=T_7=209.67m$，如图 12-39 所示。

边 JD_7 到 HZ 点的方位角 $\theta_{78}=\theta_{67}-\alpha_z=98°19'56''-18°23'17''=79°56'39''$

则：$x_{HZ}=x_{JD_7}+\Delta x=x_{JD_7}+K_{7HZ}\cos\theta_{78}$

$$=7650.47+209.67\cos79°56'39''$$

$$=7687.08m$$

$$y_{HZ}=y_{JD_7}+\Delta y=y_{JD_7}+K_{7HZ}\cos\theta_{78}$$

$$=8528.53+209.67\sin79°56'39''$$

$$=8734.98m$$

即 JD_7 点的 HZ（7687.08，8734.98），见表 12-13。

JD_7 的 HZ 点坐标计算　　　　　　表 12-13

桩号	$JD_7\sim JD_8$ 的方位角 θ_{78}	计算点到起点的水平距离（m）	x	y	备注
JD_7			7650.47	8528.53	计算起点
HZ7^K+127.38	79°56′39″	209.67	7687.08	8734.98	

（2）ZH（不含 ZH）到 HY（含 HY）上中桩的坐标

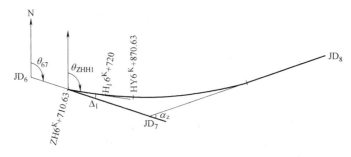

图 12-40　ZH 到 HY 上中桩 6^K+720 的坐标计算

220

1) 6^K+720 的坐标计算

6^K+720 的坐标计算起点为 JD_7 的 ZH（7680.86，8321.08），令 6^K+720 的点号为 H_1，如图 12-40 所示。

需要知道 ZH 到 H_1 点的距离 K_{ZHH_1}，查表 12-11 得 $K_{ZHH_1}=9.37m$。

还需要知道 ZH 到 H_1 点的方位角 θ_{ZHH_1}，分析图 12-40 容易看出 $\theta_{ZHH_1}=\theta_{67}-\Delta_1$，$\Delta_1$ 为 ZH 到 H_1 点的偏角，查表 12-10 得 $\Delta_1=0°00'24''$，故：

$$\theta_{ZHH_1}=98°19'56''-0°00'24''=98°19'32''$$

则：$x_{H_1}=x_{ZH}+\Delta x=x_{ZH}+K_{ZHH_1}\cos\theta_{ZHH_1}$
$$=7680.86+9.37\cos98°19'32''$$
$$=7679.50m$$

$y_{H_1}=y_{ZH}+\Delta y=y_{ZH}+K_{ZHH_1}\sin\theta_{ZHH_1}$
$$=8321.08+9.37\sin98°19'32''$$
$$=8330.35m$$

即 $H_1 6^K+720$（7679.50，8330.35），见表 12-14，表中基础数据来源于表 12-11 和表 12-12。表 12-14 中计算采用与以往不同的 Excel 计算，目的是让大家领会电子表格计算。值得注意的是，Excel 中三角函数计算默认弧度，不是度分秒。

2) ZH（不含 ZH）到 HY（含 HY）上其余中桩的坐标计算

计算方法同 $H_1 6^K+720$，计算结果见表 12-14。

（3）HY（不含 HY）到 YH（含 YH）上中桩的坐标

1) 6^K+880 的坐标计算

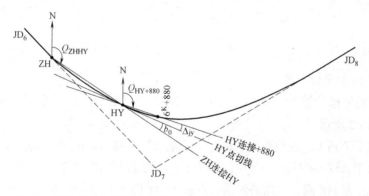

图 12-41　HY（不含 HY）到 YH（含 YH）上中桩 6^K+880 的坐标计算

6^K+880 的坐标计算起点为 C 点（即 HY 点），在表 12-14 中查得 HY$6^K+870.63$（7662.97，8480.01）。令所夹圆曲线上中 6^K+880 的点号为 Y_1，如图 12-41 所示。

需要知道 HY 到 Y_1 点的距离 K_{HYY_1}，查表 12-11 得 $K_{HYY_1}=9.37m$。

还需要知道，HY 到 Y_1 点的方位角 θ_{HYY_1}，分析图 12-41 容易看出：

边 ZH 到 HY 的方位角 $\theta_{ZHHY}=\theta_{67}-\Delta_0$，而边 HY 到 Y_1 的方位角 $\theta_{HYY_1}=\theta_{ZHHY}-b_0-\Delta_{jy}$。其中：$\Delta_0$ 为缓和曲线上边 ZH 到 HY 的总偏角，b_0 为边 ZH 到 HY 的总反偏角，Δ_{jy} 为所夹圆曲线上中桩 $Y_1 6^K+880$ 到 HY 的偏角（按圆曲线偏角公式计算）。查表 12-11 得 $\Delta_0=1°54'35''$，而 $b_0=2\Delta_0=3°49'10''$，$\Delta_{jy}=0°20'08''$，故：

$$\theta_{HYY_1} = \theta_{ZHHY} - b_0 - \Delta_{jy}$$
$$= (\theta_{67} - \Delta_0) - b_0 - \Delta_{jy}$$
$$= (98°19'56'' - 1°54'35'') - 3°49'10'' - 0°20'08''$$
$$= 92°16'03''$$

则 $x_{Y_1} = x_{HY} + \Delta x = x_{HY} + K_{HYY_1}\cos\theta_{HYY_1}$
$$= 7662.97 + 9.37\cos92°16'03''$$
$$= 7662.60\text{m}$$

$y_{Y_1} = y_{HY} + \Delta y = y_{HY} + K_{HYY_1}\sin\theta_{HYY_1}$
$$= 8480.01 + 9.37\cos92°16'03''$$
$$= 8489.37\text{m}$$

即 $Y_1 6^K + 880$ (7662.60，8489.37)，见表 12-14。

2）HY（不含 HY）到 YH（含 YH）上其余中桩的坐标计算

所夹圆曲线上 HY（不含 HY）到 YH（含 YH）上其余中桩的坐标计算，不分左半部分和右半部分，可以直接以 HY 点为计算起点，计算方法同 $6^K + 880$，计算结果见表 12-14。

（4）HZ（不含 HZ）到 YH（含 YH）上中桩的坐标

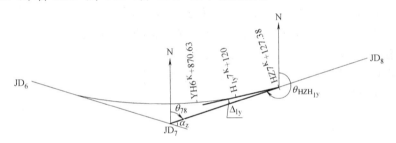

图 12-42　HZ 到 YH 上中桩 $7^K + 120$ 的坐标计算

1）$7^K + 120$ 的坐标计算

$7^K + 120$ 的坐标计算起点为 JD_7 的 HZ（7687.08，8734.98），令 $7^K + 120$ 的点号为 H_{1y}，如图 12-42 所示。

需要知道 HZ 到 H_{1y} 点的距离 $K_{HZH_{1y}}$，查表 12-11 得 $K_{HZH_{1y}} = 7.38\text{m}$。

还需要知道 HZ 到 H_{1y} 点的方位角 $\theta_{HZH_{1y}}$，分析图 12-42 容易看出 $\theta_{HZH_{1y}} = \theta_{78} + 180° + \Delta_{1y}$，$\Delta_{1y}$ 为 HZ 到 H_{1y} 点的偏角，查表 12-11 得 $\Delta_{1y} = 0°00'15''$，故：
$$\theta_{HZH_{1y}} = 79°56'39'' + 0°00'15'' + 180° = 259°56'54''$$

则 $x_{H_{1y}} = x_{HZ} + \Delta x = x_{HZ} + K_{HZH_{1y}}\cos\theta_{HZH_{1y}}$
$$= 7687.08 + 7.38\cos259°56'54''$$
$$= 7685.79\text{m}$$

$y_{H_{1y}} = y_{HZ} + \Delta y = y_{HZ} + K_{HZH_{1y}}\sin\theta_{HZH_{1y}}$
$$= 8734.98 + 7.38\sin259°56'54''$$
$$= 8727.71\text{m}$$

即 $H_{1y}7^K + 120$ (7685.79，8727.71)，见表 12-14，表中基础数据来源于表 12-10 和表 12-11。

222

2）HZ（不含 HZ）到 YH（含 YH）上其余中桩的坐标计算

计算方法同 $H_{1y}7^K+120$，计算结果见表 12-14。

带有缓和曲线的曲线上中桩坐标计算及复核　　　　　　　表 12-14

桩号	数字	距起点 L (m)	距起点 C (m)	到起点偏角 (rad)	到起点方位角 (rad)	x(m)	y(m)	备注
起始边 JD₆ 到 JD₇ 方位角		98°19′56″			1.716221rad			
ZH6ᵏ+710.63	6710.63	0.00				7680.86	8321.08	
720	6720	9.37	9.37	0.000114	1.716107	7679.50	8330.35	起点 ZH
740	6740	29.37	29.37	0.001123	1.715098	7676.64	8350.14	起点 ZH
760	6760	49.37	49.37	0.003174	1.713047	7673.86	8369.95	起点 ZH
780	6780	69.37	69.37	0.006266	1.709955	7671.24	8389.78	起点 ZH
800	6800	89.37	89.37	0.010400	1.705821	7668.83	8409.64	起点 ZH
820	6820	109.37	109.36	0.015575	1.700646	7666.70	8429.52	起点 ZH
840	6840	129.37	129.35	0.021792	0.1694429	7664.91	8449.44	起点 ZH
860	6860	149.37	149.32	0.029051	1.687170	7663.52	8469.39	起点 ZH
HY+870.63	6870.63	160.00	159.93	0.033333	1.682888	7662.97	8480.01	起点 ZH
起始边 HY 到 QZ 方向 HY 切线的方位角		92°36′11″			1.616228rad			
880	6880	9.37	9.37	0.005856	1.610372	7662.60	8489.37	起点 HY
890	6890	19.37	19.37	0.012106	1.604122	7662.33	8499.37	起点 HY
900	6900	29.37	29.37	0.018356	1.597872	7662.18	8509.36	起点 HY
910	6910	39.37	39.37	0.024606	1.591622	7662.15	8519.36	起点 HY
QZ+919.01	6919.01	48.38	48.37	0.030238	1.585991	7662.24	8528.37	起点 HY
930	6930	59.37	59.36	0.037106	1.579122	7662.48	8539.36	起点 HY
940	6940	69.37	69.35	0.043356	1.572872	7662.83	8549.35	起点 HY
950	6950	79.37	79.34	0.049606	1.566622	7663.30	8559.34	起点 HY
YH+967.38	6967.38	96.75	96.69	0.060469	1.555759	7664.42	8576.69	起点 HY
YH+967.38	6967.38	160.00	159.93	0.033333	4.570215	7664.42	8576.66	起点 HZ
980	6980	147.38	147.33	0.028282	4.565164	7665.47	8589.24	起点 HZ
7ᵏ+000	7000	127.38	137.36	0.021127	4.558009	7665.96	8599.25	起点 HZ
20	7020	107.38	107.38	0.015014	4.551896	7669.92	8628.98	起点 HZ
40	7040	87.38	87.38	0.009942	4.546824	7672.68	8648.79	起点 HZ
60	7060	67.38	67.38	0.005912	4.542794	7675.71	8668.57	起点 HZ
80	7080	47.38	47.38	0.002923	4.539805	7678.94	8688.30	起点 HZ
100	7100	27.38	27.38	0.000976	4.537858	7682.33	8708.02	起点 HZ
120	7120	7.38	7.38	0.000071	4.536953	7685.79	8727.71	起点 HZ
起始边 HZ 到 JD₇ 方位角		259°56′39″			4.536882rad			
HZ+127.38	7127.38	0.00				7687.08	8734.98	

（5）校核

1）从 ZH 开始经 HY、QZ 到 YH 和从 HZ 开始到 YH，集中到 YH 点校核。

① 从 ZH 点计算 HY 坐标，再从 HY 点计算 YH 点坐标。

在例题 12-9 和表 12-14 中，已经从 ZH 点计算到 HY 坐标，再从 HY 点计算到 YH 坐标，即 YH（7664.42，8576.69）。

② 从 HZ 点计算 YH 点坐标

在本例中，已经从 HZ 点计算到 YH 坐标，即 YH（7664.42，8576.66）。

上述两种从不同方向求得的 YH 点坐标，x 坐标吻合，y 坐标相差 0.03m，在误差范围内，说明计算正确，误差主要是保留小数位数所致。

2）从 ZH 开始经 HY 到 QZ 和从 JD$_6$ 经 JD$_7$ 到 QZ，集中到 QZ 校核。

① 从 ZH 点计算到 HY 点坐标，再从 HY 点计算到 QZ 点坐标。

在例题 12-9 和表 12-14 中，已经从 ZH 点计算到 HY 点坐标，再从 HY 点计算到 QZ 点坐标，即 QZ（7664.24，8528.37）。

② 从 JD$_7$ 计算 QZ 点的坐标

a. 由表 12-13 查得 JD$_7$ 的坐标为 JD$_7$（7650.47，8528.53），由表 12-9 查得 JD$_7$ 的外距 $E=11.76$m。

b. 计算边 JD$_7$ 到 QZ 的方位角，如图 12-43 所示。

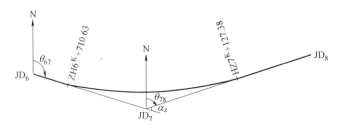

图 12-43　以 JD$_7$ 为计算起点计算 QZ 点坐标

$$\theta_{JD_7QZ}=\theta_{78}-\frac{180°-\alpha_z}{2}+360°$$

$$=79°56'39''-\frac{180°-18°23'17''}{2}+360°$$

$$=359°08'18''$$

c. 计算 QZ 点的坐标

$$x_{QZ}=x_{JD_7}+E\cos\theta_{JD_7QZ}$$

$$=7650.47+11.76\times\cos359°08'18''$$

$$=7662.23m$$

$$y_{QZ}=y_{JD_7}+E\sin\theta_{JD_7QZ}$$

$$=8528.53+11.76\times\sin359°08'18''$$

$$=8528.35m$$

即 QZ（7662.23，8528.35）。

上述两种从不同方向求得的 QZ 点坐标，x 坐标 0.01m，y 坐标相差 0.02m，在误差范围内，说明计算正确，误差主要是保留小数位数所致。

224

12.5.9　坐标法测设带有缓和曲线的整个曲线上的加桩

坐标法采用传统的经纬仪结合钢尺测设缓和曲线的方法与直线上中桩、圆曲线上的中桩测设方法相同，见12.4节。

坐标法采用全站仪测设缓和曲线与直线或圆曲线方法基本相同，详见第13章。

坐标法采用GPS测设缓和曲线与直线或圆曲线方法基本相同，详见第14章。

也就是说需要测设的任意点位，其位置待测，但是坐标已知，其点位的位置可以采用传统手段、全站仪、GPS等仪器或方法通过坐标法测设，容易完成。问题的焦点又回归到点位坐标的计算，即坐标计算三要素问题，这是数学问题。

值得一提的是坐标测设采用经纬仪显得比较麻烦，事实上采用全站仪、GPS测设任意点位坐标是非常方便的、简单的、快捷的。坐标计算可以通过软件或Excel完成，也比较简单，缓和曲线坐标计算稍显麻烦。

12.5.10　坐标法测量的应用范围

平面坐标法面世后，逐渐得到工程界的重视和青睐。坐标法的应用范围较广，这里将坐标法的主要应用范围进行介绍。

一、利用坐标法进行平面控制测量

控制测量是工程测量的基础和前提，利用坐标法可以进行平面控制测量。目前利用坐标法进行导线测量（附合导线和闭合导线）、三角测量已经是经纬仪传统测量、现代全站仪测量和现代全球定位系统GPS测量的标准配置模式。控制测量详见第9章。

二、利用坐标法进行工程点位放样

控制测量符合精度要求后，就可以利用已知控制点进行工程点位放样了。利用坐标法可以进行公路、铁路工程的中线和边桩点位放样，可以进行市政、房屋建筑等的角点放样。利用坐标法可以进行一般点位、直线上的点、曲线上的点位、复杂曲线上的点位放样，它们的放样方法基本相同，见12.4.3节和12.5.9节。点位放样详见12.4.3节和12.5.9节。

三、利用坐标法进行平面图测量

平面图（地形图）在城市规划、工程设计和施工中必不可少。利用坐标法可以进行平面图（地形图）测量。平面图测量首先需要进行测区内的控制测量，然后才能进行具体的地物、地形测量，最后绘制平面图。具体测量是测定相应点位坐标（地形图测量需要测量高程），具体测量是坐标测量的顺过程，而点位放样是逆过程。平面图（地形图）测量详见第10章。

四、利用坐标法进行宗地测量

宗地测量是国土部门进行土地管理、规范、测量的重要工作，利用坐标法可以进行宗地测量。宗地测量与平面图测量思路和方法基本相同，首先需要进行控制测量，然后测量宗地边界点位坐标，最后绘制宗地图。

五、利用坐标法进行复杂曲线测量

无论曲线多么复杂，只要能够计算出其点位坐标，就能按照常规方法进行点位坐标放样。问题归结为复杂曲线的坐标计算，这是数学问题。复杂曲线测量详见12.4.3节和

12.5.9 节。

思 考 题

1. 名词解释

(1) 平面；(2) 里程（桩号）；(3) 偏角；(4) 短链；(5) 平曲线；(6) 缓和曲线；(7) 螺旋角。

2. 简述题

(1) 平曲线上主点（控制点）有哪些？带有缓和曲线的曲线上主点（控制点）有哪些？

(2) 平曲线要素有哪些？分别写出其计算公式。

(3) 平曲线主点里程计算公式有哪些？试举例说明。

(4) 分别以平曲线和缓和曲线说明下一个交点里程计算公式是什么？试举例说明。

(5) 哪些位置需要设置中桩？

(6) 坐标法测量的优点有哪些，坐标法有哪些较大的应用范围？

(7) 平曲线上加桩的测设方法有哪些，它们各自有何优缺点？

(8) 简述如何测设平曲线的主点？如何测设缓和曲线的 ZH、QZ 和 HZ 点？

(9) 增设缓和曲线后曲线的变化是什么？

3. 计算题

(1) 已知起始边 JD_1 到 JD_2 的链距 $K_{12}=878.46$m。JD_2 的 $\alpha_y=27°16'18''$，圆曲线半径 $R=600$m，切线长 $T=145.60$m，曲线长 $E=285.68$m，外距 $E=17.41$m，切曲差 $D=5.52$m。计算完成下列内容：

1) JD_2 的主点里程。

2) JD_3 的里程。

3) 试布置 JD_2 平曲线上的中桩（要求桩距为 20m）。

(2) 已知某交点的圆曲线的半径 $R=800$m 和左转角 $\alpha_z=18°23'17''$，计算该平曲线要素。

(3) 已知 JD_2 的右侧角 $\beta=163°46'27''$，圆曲线半径 $R=425.13$m。试计算 JD_2 的平曲线要素。

(4) 已知 JD_2 里程 $0^k+367.12$，$\alpha_y=27°16'48''$，$R=600$m，$T=145.60$m，$L=285.68$m，$E=17.41$m，$D=5.52$m，ZY 里程 $0^k+221.52$，QZ 里程 $0^k+364.36$，YZ 里程 $0^k+507.20$。要求用弦长纵距交会法测设中桩。计算完成下列内容：

1) 按表 12-1 格式将计算结果填入表格。

2) 详细描述 0^k+240 的测设过程。

3) 详细描述 0^k+260 的测设过程。

4) 详细描述 0^k+500 的测设过程。

5) 详细描述 0^k+480 的测设过程。

(5) 已知 JD_2 里程 $0^k+367.12$，$\alpha_y=27°16'48''$，$R=600$m，$L=285.68$m，$E=17.41$m，$D=5.52$m，ZY 里程 $0^k+221.52$，YZ 里程 $0^k+507.20$，QZ 里

程 $0^k+364.36$。要求用偏角法测设中桩，计算完成下列内容：

1）按表 12-1 格式将计算结果填入表格。

2）详细叙述 0^k+240 的测设过程。

3）详细叙述 0^k+260 的测设过程。

4）详细叙述 0^k+500 的测设过程。

5）详细叙述 0^k+480 的测设过程。

（6）已知起点 JD_1 的里程为 $0+000$，JD_1 坐标为（4762.17，8943.21），$\theta_{12}=321°17'$ $47''$。链距 $K_{12}=259.89m$，链距 $K_{23}=562.31m$。JD_2 的 $R=740m$，$\alpha_z=25°38'57''$。计算完成下列内容：

1）计算 JD_2 的主点里程并布置中桩。

2）计算交点 JD_2 和 JD_3 的坐标。

3）计算直线上中桩坐标。

4）计算平曲线上中桩坐标。

（7）某测区内控制点 KZD_7（4632.11，6783.24），KZD_9（4846.21，6923.17）。测区内有平曲线上中桩 M（4601.72，6707.48），KZD_7 与 M 不通视，利用坐标法计算并简述如何测设中桩 M。

（8）已知 JD_3 里程 $2^k+924.77$，$R=920m$，$\alpha_z=27°16'37''$，缓和曲线长 $l_h=120m$，链距 $K_{34}=874.36m$。计算完成下列内容：

1）计算 JD_3 的曲线要素。

2）计算 JD_3 的主点里程。

3）布置 JD_3 的曲线上的中桩。

4）计算 JD_4 的里程。

5）采用偏角法测设中桩，计算并简述如何测设 2^k+660、2^k+680、2^k+780、2^k+800、3^k+040、3^k+060、3^k+160、3^k+180 等中桩。

6）若 JD_3 的 ZH（9736.11，6432.27），$\theta_{23}=136°13'26''$。计算 JD_3 的曲线范围内中桩坐标。

（9）已知测区内有若干高级控制点，其中高级控制点 KZD_7（4721.49，8930.88）、KZD_9（4340.19，8800.39）。已知该测区内直线上中桩 S 点 0^k+040（4652.50，8959.98）、平曲线上中桩 A 点 0^k+240（4467.98，8882.81）。计算完成下列内容（要求画出计算简图）：

1）若 KZD7 与 S 点和 A 点不通视，通过计算测设 S 点和 A 点。

2）若各个点位之间相互通视，要求选择距离待测点较近安置经纬仪，通过计算测设 S 点和 A 点。

（10）已知某线，JD_{12} 里程 $4^k+032.26$，$R=728m$，$\alpha_z=22°32'55''$，缓和曲线长 $l_h=100m$，链距 $K_{12-13}=563.24m$。已知，该曲线的曲线长和外距尾加数分别为 50.11m、0.58m。计算完成下列内容：

1）JD_{12} 的曲线要素；

2）JD$_{12}$的主点里程；

3）JD$_{13}$的里程；

4）计算 JD$_{12}$的总中心角（弧度）；

5）计算 JD$_{12}$的总偏角（弧度）；

6）计算 JD$_{12}$的总反偏角（弧度）；

7）计算 JD$_{12}$的所夹圆曲线长度；

8）计算 JD$_{12}$的所夹圆曲线长度所对应的圆心角（弧度）。

第 13 章　全站仪测量技术

13.1　概　　述

房屋建筑工程中使用的测量知识和测量仪器并不多，在公路工程（含道路、路基路面、桥梁、隧道）、铁路工程中需要的测量知识和测量仪器尤其重要。在公路工程建设中，路线测量贯穿于从规划、勘测设计、施工到营运管理的各阶段。根据设计的图纸及有关数据放样出公路的中桩及边桩、路面的中点及边点、桥梁隧道不同结构部位的点位及其他的有关点位，才能保证交通路线工程建设的顺利进行。全站仪是一种能在一个测站上完成所有测量工作的高精度测量的仪器。

全站仪就是全站型电子速测仪。全站仪是随着计算机和电子测距技术的发展，由近代电子科技与光学经纬仪结合的新一代仪器，它是在电子经纬仪基础上增加了电子测距功能，是既能测角度又能测距离的仪器，且测量距离长、测量时间短、测量精度高。全站仪由电子测角、电子测距、电子计算和数据存储单元等组成的三维坐标测量系统，测量结果能够自动显示，能与外围设备交换信息的多功能测量仪器。换言之，全站仪就是传统水准仪、经纬仪、测距钢尺（近年的光电测距仪）及测量软件功能的组合。

全站仪的最主要用途是测距和测角。可以替代经纬仪，但是不能替代水准仪。$2''$全站仪测角精度与$2''$经纬仪基本相同，而高差测量是通过垂直角和水平距离计算出来的；对于高精度的水准测量，全站仪的精度达不到要求，但是可用限制距离的测量方式代替低等级的水准测量。全站仪的测角部分采用角度度盘和角度传感器获得角度的数字化数据，测距部分与光电测距仪弯曲相同，而且大多数采用电磁波测相技术实现。

全站仪的机载应用程序种类有：坐标放样、坐标测量、边角放样、对边测量、悬高测量、直线放样、面积测量、后方交会、高程传递、相对直线坐标、坐标正反算、相对直线放样、线路放样、断面测量、地形测量等。

本书在第 3.7 节描述了徕卡 Leica TS02 全站仪测量角度，在第 4.2 节描述徕卡 Leica TS02 全站仪测量水平距离、在第 9.4 节描述了徕卡 Leica TS02 全站仪进行平面控制测量，在第 11.3 节描述了徕卡 Leica TS02 全站仪进行平面位置测量。道路中桩、边桩点位坐标测量和施工放样涉及测量内容较多且测量知识较为复杂，本节侧重采用中纬 ZT80MR 全站仪，介绍道路中线点位坐标测量和放样，试图完善全站仪测量技术内容。

一、全站仪功能及用途

1. 全站仪的主要功能

测角功能：测量水平角、竖直角或天顶距。

测距功能：测量平距、斜距或高差。

跟踪测量：跟踪测距和跟踪测角。

直线定向功能：确定了直线方向后，能够将直线上的中间点定位在该直线上。

连续测量：角度或距离分别连续测量或同时连续测量。

坐标测量：在已知点上架设仪器，根据测站点和定向点的坐标或定向方位角，对任一目标点进行观测，获得目标点的三维坐标值。

悬高测量〔REM〕：可将反射镜立于悬物的垂点下，观测棱镜，再抬高望远镜瞄准悬物，即可得到悬物到地面的高度。

对边测量〔MLM〕：可迅速测出棱镜点到测站点的平距、斜距和高差。

后方交会：仪器测站点坐标可以通过观测两坐标值存储于内存中的已知点求得。

距离放样：可将设计距离与实际距离进行差值，比较迅速将设计距离放到实地。

坐标放样：已知仪器点坐标和后视点坐标或已知仪器点坐标和后视方位角，即可进行三维坐标放样，需要时也可进行坐标变换。

预置参数：可预置温度、气压、棱镜常数等参数。

其他功能：测量的记录、通信传输功能。

2. 全站仪主要用途

全站仪作为最常用的测量仪器之一，其应用范围已不仅局限于测绘工程、建筑工程、交通与水利工程、地基与房地产测量，而且在大型工业生产设备和构件的安装调试、船体设计施工、大桥水坝的变形观测、地质灾害监测及体育竞技等领域中都得到了广泛的应用。全站仪的主要用途如下：

（1）控制测量

采用坐标法，可以对三角网、闭合导线网、附合导线网的控制点进行测设并计算其坐标。

（2）测量点位坐标

不仅可以测量公路、铁路等中线上的直线、平曲线和缓和曲线上中桩的坐标，还可以测量高速公路互通立交的复杂曲线上的中桩坐标。除了公路、铁路等以外，还可以测量市政工程的道路、管网、沟渠、地下工程等的点位坐标，测量房屋建筑主要点位坐标，测量电站主要点位坐标。

（3）坐标放样

利用已知控制点坐标，放样未知点位，即将已经计算出点位坐标的未知点位测设出来。

（4）平面图测设

利用坐标法测设平面图分两大步骤，测区内控制点测设和利用控制点进行地形地物点的坐标（即平面位置）测设。

（5）宗地测量

国土部门常常需要测设宗地地界并计算其面积，利用坐标法测设宗地地界具有两大步骤，测区内控制点测设和利用控制点进行宗地界点的坐标（即平面位置）测设。

二、全站仪概述

1. 全站仪测设原理

20世纪70年代，随着光电测距技术和光电测角技术的发展及其结合，这种集测距装置、测角装置和微处理器为一体的新型测量仪器应运而生。这种能自动测量和计算，并通过电子手簿或直接实现自动记录、存储和输出的测量仪器，它可以同时进行角度（水平角、竖直角）测量、距离（平距、斜距、高差）测量，称为全站型电子速测仪，简称全站仪（total station）。全站仪可以一次性地完成测站上所有的测量工作，精确地确定地面两点之间的坐标增量和高差，是目前测绘行业使用最广泛的测量仪器之一。

2. 全站仪的新功能

集成式全站仪问世正逢现代微电子技术快速发展时期，人们将芯片技术应用于全站仪，使全站仪朝着高精度、多功能、自动化、微型化的方向发展。各国厂商竞相研制，市场产品繁多。经过多年的发展，全站仪的体积已经与经纬仪差不多；功能方面可测距、侧角，可记录、计算，可进行程序测量；测程一般为 1～3km；测距精度达 1/100000，测角精度达 10″、5″和 2″；双面数字显示，用键盘操作；数据可上传；使用方便，深受用户喜爱。

进入 21 世纪，全站仪得到了进一步发展。一方面，普通全站仪的稳定性、操作性得到不断改善和升级；另一方面，为适应不同的测绘需求，全站仪出现了很多新功能和差异化产品。

（1）可视对中、可视照准功能

这种全站仪的对中器能发出红色光线，在地面控制点上形成一个很小的红色斑点，可满足对中误差 1mm 左右。望远镜找准目标，也有红色光线沿视准轴发出，方便在夜间或地下环境中使用。

（2）电子气泡功能

电子气泡的分辨率（灵敏度）为 2″/mm，远远高于普通的圆水准器和管水准器，能提高仪器的整平精度。

（3）SD 卡和 USB 接口的应用

现在的全站仪基本上都配置了 SD 卡和 USB 接口，这使得全站仪的数据通信变得快速简捷。

（4）免棱镜功能

免棱镜功能不仅大大减轻了野外作业的强度，而且解决了有些地方无法测距的困难。各种品牌的全站仪系列产品基本上都有免棱镜功能的型号。国产仪器中，免棱镜测距测程一般为 200～500m。拓普康 GPT750、GPT7500 系列全站仪，标称免棱镜测距测程为 2000m。

（5）自动照准功能

在大致找准目标后，按下"AF"键，仪器自动进行精密照准。

（6）精密照准部缓慢旋转，发现目标后，停止扇形扫描，启动精细照准程序，进行精确照准，并进行后续测量工作。自动搜索找准技术多用于智能全站仪（测量机器人）。智能全站仪是自动全站仪的发展方向。

（7）跟踪锁定功能

开启跟踪锁定功能，手动照准棱镜，进行初始化测距，让仪器"记住"棱镜。以后棱镜移动，仪器自动跟踪棱镜，当棱镜短暂停留时，进行测量并记录。

（8）遥控测量技术

棱镜杆上装有一个全站仪的操作面板，与全站仪无线连接，一个人可以在棱镜站上实现对全站仪的各种操控，完成测量工作。

（9）带操作系统和图像显示功能

这种全站仪具有类似计算机的操作系统、触摸式彩屏、图形化界面和功能强大的测量应用软件，极大地提高了仪器的使用性能。因大多数操作系统为 Windows CE. NET4. 2 操作系统，故常称这种全站仪为 Windows 全站仪。Windows 全站仪代表了全站仪信息化、可视化的发展方向。

（10）与 GPS 技术相结合

将 GPS 接收机与全站仪一体化，就是所谓的超全站仪。超全站仪由 GPS 接收机进行绝对测量，由全站仪进行相对测量，从而实现了真正的自由设站。

3. 常用全站仪类型

光电测距技术的问世，就开始了全站仪光电测量技术风行土木工程领域的时代，世界各地相继出现全站仪研制、生产热潮，主要有拓普康（Topcon）、宾得（PENTAX）、索佳、尼康等厂家。20 世纪 90 年代末，我国研制生产全站仪的有北京测绘仪器厂、广州南方测绘仪器公司、苏州第一光学仪器厂、常州大地测量仪器厂等。

各种类型的全站仪基本性能相同，其外部可视部件也基本相同。同电子经纬仪、光学经纬仪相比，沿用了光学经纬仪的基本特点，同时全站仪增设键盘按钮、显示屏等其他部件，全站仪具有比其他测角、测距仪器更多的功能，同时，使用也更方便、更智能，这些特殊部件构成了全站仪在结构方面独树一帜的特点。

在内部结构关系上，全站仪保留光学经纬仪的基本轴线：望远镜视准轴 CC，横轴 HH，竖轴 VV，水准管轴 LL。这些轴线必须满足表 13-1 的要求。

全站仪内部结构关系　　　　　　　　　　　　　表 13-1

应满足条件	目　　　的	备注
$LL \perp VV$	当气泡居中时，LL 铅垂，水平度盘水平	LL 铅垂是前提
$CC \perp HH$	望远镜 HH 纵转时，CC 移动轨迹为一平面	否则为一圆锥面
$HH \perp VV$	LL 水平时，HH 也水平，使 CC 移动轨迹为一铅垂面。	否则为一倾斜面
"|" $\perp VV$	望远镜绕 HH 纵转时，"|"位于铅垂面内，可检查目标是否倾斜或照准位于该铅垂面内任意位置的目标	"|"指十字丝竖丝
光学对中器视线与 VV 重合	使旋转中心（水平度盘中心）位于过测站的铅垂线上	
$x=0$	便于竖直角测量	

全站仪曾经有过多种分类方法。例如，按结构分成组合式和集成式全站仪，按测程分成远程、中程和短程全站仪，按精度分成Ⅰ级、Ⅱ级和Ⅲ级全站仪等。根据目前全站仪使用现状和大众化的角度，全站仪可以分为以下类型：

（1）普通全站仪

这类全站仪具有常规测量和程序测量功能，测程 1～5km，测距精度 5mm 左右，侧角精度 $5''$～$2''$，价格相对低廉，使用最为广泛，在全站仪产品中占绝大多数。

（2）Windows 全站仪

Windows 全站仪是普通全站仪未来的替代产品，但因价格原因，目前市场占有率不高。

（3）免棱镜全站仪

免棱镜全站仪或无合作目标是全站仪发展方向之一，也是广大用户期望所在。这类全站仪目前发展较快，但在测程和测距精度方面有待进一步提高。

（4）智能全站仪

智能全站仪是全站仪中的高端产品，自动化程度高，精度高，适合于某些特殊场合和科研项目。

（5）超全站仪

超全站仪最大的特点是不需要已知点及其坐标（由 GPS 自动捕捉），可以在任何位置设站，极大地提高了全站仪使用的便利性。

13.2　全站仪的构造及技术参数

13.2.1　全站仪的主要技术参数

全站仪的主要技术参数是代表全站仪性能的指标，也是表明全站仪品质的指标，是用户购买产品的主要依据，一般在全站仪的销售宣传单和使用说明书中列出。作为使用者，首先应了解仪器的主要技术参数，熟悉仪器的性能和功能，才能更好地使用仪器。全站仪的主要技术参数如下：

1. 望远镜放大倍数

望远镜放大倍数反映全站仪光学性能的指标之一，普通全站仪一般为 $30\times$（倍）左右。

2. 望远镜视场角

望远镜视场角是反映全站仪光学性能指标之一，普通全站仪一般为 $1'30''$。

3. 管水准器格值

管水准器用于全站仪安置时精确整平，管水准器格值大小反映其灵敏度的高低。灵敏度越高的管水准器，整平精度越高。普通全站仪管水准器格值为 $20''/2mm$ 或 $30''/2mm$。

4. 圆水准器格值

圆水准器用于全站仪安置时粗略整平，圆水准器格值也代表其灵敏度。普通全站仪圆水准器格值为 $8''/2mm$。

5. 测角精度

测角精度是全站仪重要的计算参数之一。普通全站仪有 $10''$、$5''$、$2''$ 几种测角精度。

6. 测程

测程指全站仪在良好的外界条件下可能测量的最远距离。普通全站仪一般在单棱镜时为 1km 左右，在三棱镜时为 2km 左右。测程也是全站仪重要的技术参数之一。

7. 测距精度

测距精度是全站仪重要的计算参数之一，测距精度又称为标称精度，ppm$D$ 为所测距离长度 D 的 $\frac{1}{1000000}$。标称精度有时简称为 $\pm(a+b)$。普通全站仪标称精度一般为 $2+2$，即观测 1km 长的距离，误差为 4mm。其中固定误差和比例误差各为 2mm。

8. 测距时间

测距时间表示测距速度的指标。普通全站仪一般单次精测为 $1\sim3s$，跟踪为 $0.5\sim1s$。

9. 距离气象改正

普通全站仪的距离气象改正一般可输入参数自动改正。

10. 高差球气差改正

普通全站仪的高差球气差改正一般可输入参数自动改正。

11. 棱镜常数改正

普通全站仪的棱镜常数改正一般可输入参数自动改正。

12. 补偿功能

全站仪对垂直轴倾斜进行补偿，补偿范围为±3～5s。补偿类型分为单轴补偿、双轴补偿和三轴补偿。普通全站仪一般配有单轴补偿功能或双轴补偿功能。补偿功能也是全站仪重要的技术参数之一。

13. 显示行数

显示行数表示显示屏的大小。全站仪的显示屏有越来越大的趋势。

14. 内存容量

内存容量表示距离存储数据的能力。全站仪的内存容量也是有越来越大的趋势。

15. 尺寸及重量

尺寸及重量反映全站仪的体积和重量大小。

全站仪技术参数还有不少，相对来说次要一些，这里不再赘述。

13.2.2 徕卡全站仪

全站仪类型及厂家繁多，这里仅介绍瑞士 Leica 公司生产的徕卡全站仪和国产中纬 ZT80MR 全站仪。

徕卡全站仪是瑞士 Leica 公司生产的产品，目前市面上有徕卡 TPS400、TPS600、TPS800、TPS1200、TPS2000 等系列全站仪，根据功能和精度不同价格从 1 万元至 50 万元不等，"TS""TC"是瑞士 Leica 公司全站仪系列型号的标名之一，如 TC1 全站仪是其中的一种早期产品，如 TC600 全站仪是一种功能较多的工程测量基本型全站仪，TC 系列全站仪的技术指标随仪器而异，一般测距精度在±(2mm+2ppm×D)，测角精度±1.5″以上的是精密型全站仪。全站仪的基本型编号字母为 TC，TC 后加 R 表示具有可见指向激光免棱镜测距功能，后加 M 表示具有马达驱动功能，加 A 表示具有自动目标识别与照准功能，加 P 表示具有超级搜索功能，凡型号中有字母 A、P 的都具有 EGI 导向光功能。

TPS2000 系列产品有令人难以置信的角度和距离测量精度，既可人工操作也可自动操作，既可远距离遥控运行也可在机载应用程序控制下使用，在精密工程测量、变形监测、几乎是无容许限差的机械引导控制等应用领域中无可匹敌。世界上最高精度的全站仪：测角精度（方向测角一测回标准偏差）0.52″，测距精度 1mm+1ppm 具有 ATR 功能的 TCA2003/1800 全站仪，把地面测量设备带入了测量机器人的时代，并以性能稳定可靠著称，利用 ATR 功能，白天和黑夜（无需照明）都可以工作，配合测量工具只需要普通的反射棱镜和激光对点器（激光束）；可加配 EGL 导向光；配备 RCS 遥控器可组成单人测量系统可通过 GeoBasic 工具，用户可自开发机载应用软件；在 GeoCOM 模式下，通过计算机软件的控制，可组成各种自动化测量系统，在测量办公软件 SurveyOffice 或 Leica Geo-Office 的帮助下，可把仪器内 PC 卡上保存的数据轻松地传输到计算机中，广泛用于地上大型建筑和地下隧道施工等精密工程测量或变形监测领域。

TPS1200 系列全站仪是徕卡公司 2004 年推出的智能全站仪，有 1201，1202，1203，1205 四种型号，一测回方向测角观测中误差为 $\pm 1''$，$\pm 2''$，$\pm 3''$，$\pm 5''$，测距精度为 2mm＋2ppm（有棱镜）、3mm＋2ppm（免棱镜＜500m）；测程为 3km（单圆棱镜）、1.5km（360°棱镜）、1.2km（微型棱镜）、500m（反射片）。图 13-1、图 13-2 是徕卡 TCRA1202（TPS1200 系列全站仪之一）全站仪外形和操作面板。徕卡 TCRA1202 全站仪除全站仪具备的基本功能外，它还具有红色指向激光、免棱镜测距和马达驱动自动目标识别与照准功能。

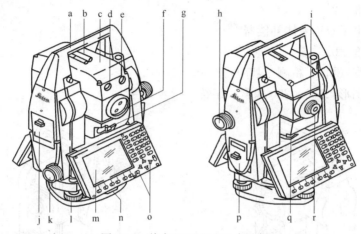

图 13-1　徕卡 TCRA1202 全站仪

a—提把；b—粗瞄器；c—集成了 EDM、ATR、EGL、PS 的望远镜；d—EGL 的闪烁二极管—黄；
e—EGL 的闪烁二极管—红；f—测角测距设置的同轴光学部件，也用于无棱镜测距仪器的红色激光束输出；
g—超级搜索；h—垂直微动螺旋；i—调焦环；j—CF 卡插槽；k—水平微动螺旋；l—基座脚螺旋；
m—显示屏；n—基础保险钮；o—键盘；p—电池插槽；q—圆水准器；r—可互换目镜

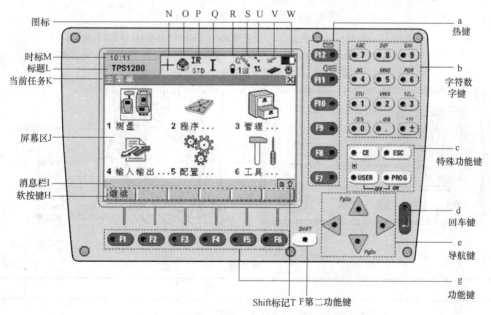

图 13-2　徕卡 TCRA1202 键盘和显示窗

235

13.2.3 中纬 ZT80MR 全站仪

中纬 ZT80MR 是一款国产全站仪，ZT80 是中纬全新推出的全站仪系列，是目前中纬系列全站仪中功能最强大的全站仪。秉承欧系产品高品质，高精度的技术特色，采用全新 EDM，免棱镜测距 400m。简单的设置及传输均在 PC 上完成，并设置标准 RS232 数据接口、USB 及蓝牙三种通信方式。图 13-3、图 13-4 是中纬 ZT80MR 全站仪外形和操作面板，其键功能见表 13-2。中纬 ZT80MR 全站仪基本参数如下：

1. 测角原理：绝对编码。
2. 测角标准：2″。
3. 系统：电子双轴液体补偿器。
4. 设置精度：0.5″。
5. 测距精度（精测/粗测/跟踪）：2mm+2ppm。
6. 显示屏图形：160×280 像素，字符 8 行×17 字。

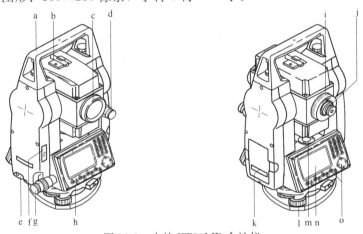

图 13-3　中纬 ZT80MR 全站仪

a—提把；b—粗瞄器；c—物镜；d—垂直微动；e—RS232 数据口，USB 数据口；
f—USB 主机端口；g—水平微动；h—键盘；i—望远镜调焦环；j—目镜；k—电池盒；
l—基座脚螺旋；m—机身圆水泡；n—LCD；o—键盘

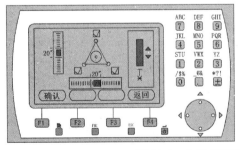
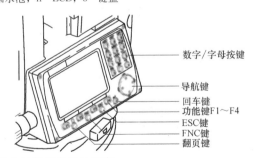

数字/字母按键

导航键

回车键
功能键F1～F4
ESC键
FNC键
翻页键

图 13-4　中纬 ZT80MR 全站仪键盘和显示窗

键功能	表 13-2

按键	描　述
⬚	翻页键，当前显示多余一页时，用于翻至其他显示页面

按键	描述
FNC	FNC 键(功能键),快速进入功能设置界面
(导航键)	导航键,处于非输入状态时用于控制光标的移动。当处于输入状态时可以进行插入和删除相应的字符,同时控制输入光标的位置
(开关键)	第一功能开关键,利用该按键进行开关机操作,第二功能回车键,确认输入并进入下一个界面
ESC	ESC 键,退出当前屏幕或编辑状态并且放弃修改,回到更高一级界面
F1 F2 F3 F4	软功能键,用于实现屏幕下方 F1 至 F4 位置处所显示的软功能按键的相应功能
数字键盘	数字/字母按键,用于输入字符或数字

13.3 全站仪基本操作流程（以中纬 ZT80MR 系列全站仪为例）

一、仪器的安置

1. 初平三脚架，架设三脚架时，保证三脚架顶端水平。轻微的倾斜可以通过基座螺旋来调节。较大的倾斜需要通过升降脚架来调节，松开脚手架上的螺丝，放开到脚架腿尖踩入土里。

2. 将仪器安置在三脚架上。安置仪器顾及观测的舒适度，调节三脚架腿到合适高度。将脚架置于地面标志物点（测站点）上方，尽可能地将脚架面中心对准该点。旋紧中心链接螺旋，将基座及仪器固定到脚架上，进行初平。

3. 打开仪器开关键，即长按 3～5s 开机，如果基座水平达不到要求，显示窗会自动显示整平/对中界面，如果显示窗不自动显示整平/对中界面，则按功能键 FNC 选择 F1整平/对中界面，按其中 F2 打开显示窗照明，如图 13-5 所示。

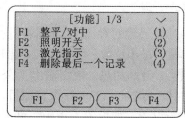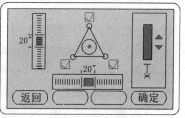

图 13-5　整平对中界面

4. 移动脚架腿，使对中激光对准基点（测站点），根据电子水准器的指示，升降基座螺旋以精确整平仪器。

5. 松动中心连接螺旋，轻微移动仪器，使仪器精确对准地面点，然后旋紧中心连接螺旋，升降基座螺旋以精平仪器。

6. 重复4、5两个步骤，达到所要求的精度。

二、仪器精平

1. 将仪器转动至两脚螺旋连线的平行方向。

2. 调节脚螺旋使气泡大致居中。

3. 通过转动这两个脚螺线使该轴向的电子水准气泡居中。箭头会显示需要调整的方向。当气泡居中后箭头会被两个复选标志代替。

4. 转动余下第三个脚螺旋使第二个轴向（垂直于第一个轴向）的电子水准气泡居中。箭头会显示需要调整的方向。当气泡居中后箭头会被一个复选标志代替。

5. 当电子水准气泡居中且第三个复选都显示时，表明仪器已经完全整平。

6. 按确认键（F4）确认，操作如图13-6所示。

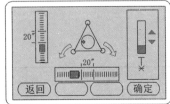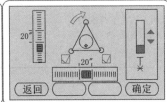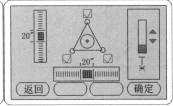

图 13-6　仪器精平

三、仪器设置

在仪器使用前，为保证测量精度，需要对仪器参数进行设置。

打开全站仪，进入全站仪主菜单，按"5"进入配置菜单界面，如图13-7所示，配置菜单包括一般设置、EDM和通讯。

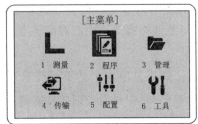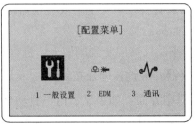

图 13-7　配置界面

1. 按"1"进入一般设置，一般设置包括对显示器的对比度、倾斜补偿、水平修正、盘左盘右设定、水平角、垂直角设置、角度单位、最小读数、距离单位、温度单位、气压单位、蜂鸣声、象限声、照明开关、十字丝照明、液晶加热、数据输出、GSI格式、GSI-Mask、编码记录、语言、自动关机等，设置时按导航键上下选择调整项目，再按导航键左右选择需要数据，按翻页键进入第二页面进行设置，如设置不正确，可按重置键（F1）重新设置，设置完成后按确定键（F4）进行确认，如图13-8所示。参数设置见表13-3。

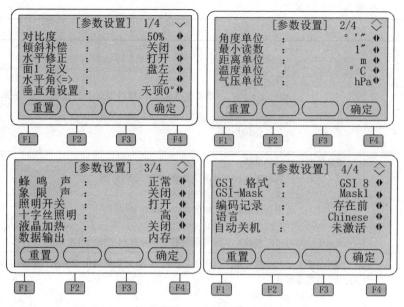

图 13-8　一般参数设置（图中第一项为应选中项）

参数设置表

表 13-3

字段	说　　明
对比度	从 0％到 100％以 10％的步长调节屏幕显示的对比度
倾斜补偿	关闭　倾斜补偿未激活。 单轴　垂直角得到补偿。 双轴　垂直角和水平角都得到补偿
水平修正	打开　水平角改正已激活。一般操作时水平角改正都需要打开。每个测量的水平角都将被改正，并且还取决于垂直角。 关闭　水平角改正已关闭
面 I 定义	设置面 I　相对于垂直微动螺旋的位置。 盘左　设置当垂直微动螺旋在仪器左侧时为面 I。 盘右　设置当垂直微动螺旋在仪器右侧时为面 I
水平角＜＝＞	右　设置顺时针方向进行水平角测量。 左　设置逆时针方向进行水平角测量。逆时针方向只是显示,记录时仍然按照顺时针方向
垂直角设置	天顶距　天顶距＝0°;水平＝90°。 水平角　天顶距＝90°;水平＝0°。当垂直角在水平面上为正,下为负。 坡度％　45°＝100％;水平＝0°。垂直角用％表示,在水平面上为正,下为负。

239

字段	说　明
垂直角设置	当坡度迅速增加,超过300%时,显示为"一.一%"
角度单位	设置角度显示时的单位。 ° ′ ″　六十进制的度分秒。可用角度值:0°到359°59′59″ 度　十进制的度。可用角度值:0°到359.999° gon　Gon. 可用角度值:0gon 到 399.999gon mil　Mil. 可用角度值:0 到 6399.99mil。 角度单位随时可以修改。实际显示值都经过换算到选择的角度单位
最小读数	设置角度显示的小数位数。仅用于数据的显示,对数据输出或存储不起作用。 用于角度单位 ° ′ ″:(0°00′01″/0°00′05″/0°00′10″)。 度:(0.0001/0.0005/0.001)。 Gon:(0.0001/0.0005/0.001)。 Mil:(0.01/0.05/0.1)
距离单位	设置距离和坐标的单位。 米　米[m]。 US-ft　美制英尺[ft]。 INT-ft　国际英尺[fi]。 ft-in/16　美制英尺—英寸—1/16 英寸[ft]
温度单位	设置温度显示的单位。 ℃　摄氏温度。 ℉　华氏温度
气压单位	设置气压显示的单位。 hPa　百帕 mbar　毫巴 mmHg　毫米汞柱 inHg　英寸汞柱
蜂鸣声	每次按键都会出现的声音信号。 正常　正常音量。 大声　增大的音量。 关闭　关闭声音提示
象限声	打开　当达到一定角度时出现象限蜂鸣声(0°,90°,180°,270°或 0,100,200,300gon)。 1. 无声音。 2. 快速蜂鸣:从95.0到99.5gon 及 105.0到100.5gon。 3. 长音:从99.5到99.995gon 及 100.5到100.005gon。 关闭　象限声关闭

字段	说　　明
照明开关	关闭　到 100% 以步长 20% 来设置照明亮度
十字丝照明	关闭　到 100% 以步长 20% 来设置十字丝亮度
液晶加液	打开　液晶屏加热打开。 关闭　液晶屏加热关闭。 当屏幕照明打开并且仪器温度≤5℃时液晶屏加热自动启动
数据输出	设置数据存储的位置。 内存　所有数据都记录在内存中。 接口　数据通过串口或 USB 设备接口记录,具体根据在通讯参数中选择的端口确定。数据输出只在连接有外接存储设备时才需要设置,并且使用仪器上的测距/记录或测存进行测量。当使用数据采集器控制仪器时不需要进行此设置
GSI 格式	设置 GSI 输出格式 GSI　8 81..00+12345678 GSI　16 81..00+123456789012345
GSI Mask	设置 GSI 输出面板。 Mask1　PtID,Hz,V,SD,ppm+mm Mask2　PtID,Hz,V,SD,E,N,H,hr。 Mask3　StationID,E,N,H,hi(Station)。 　　　　StationID,Ori,E,N,H,hi(Station Result)。 　　　　PtID,E,N,H(Control)。 　　　　PtID,Hz,V(Set Azimuth)。 　　　　PtID,Hz,V,SD,ppm+mm,hr,E,N,H(Measurement)
编码记录	设置测量前或测量后记录的编码块。参照"7 编码"

2. 按 "2" 进入 EDM 设置。EDM 设置是定义电子激光测距 EDM,主要有无棱镜模式(NP)和棱镜模式(P)两大类,根据测量时要求,进行不同设置。一般测量均采用棱镜模式,无棱镜模式主要用于路基、挡墙等精度要求不高的施工放样中。EDM 模式包括:P-标准(使用棱镜的精测模式)、NP-标准(无棱镜测距模式)、NP-跟踪(无棱镜连续测距模式)、NP-带棱镜(使用棱镜进行长距离测量模式)、反射片(使用反射片测距模式),如图 13-9 所示。

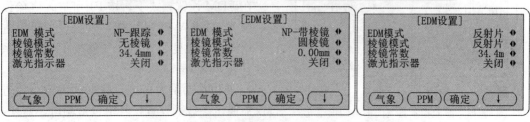

图 13-9　EDM 设置模式(图中第一项为应选中项)

3. 棱镜类型较多，一般有圆棱镜（棱镜常数 0.0mm）、Mini（棱镜常数＋17.5）、360°（棱镜常数＋23.1）、360°Mini（棱镜常数＋30.0mm）、反射片（棱镜常数＋34.4mm）、JpMini（棱镜常数＋34.4）、无（无棱镜常数＋34.4mm）。常用棱镜如图 13-10 所示。

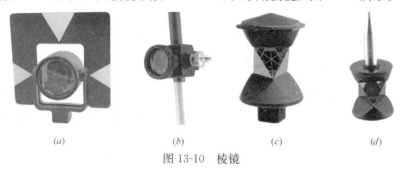

图 13-10　棱镜

(a) 圆棱镜；(b) Mini 棱镜；(c) 360°棱镜；(d) 360°Mini 棱镜

棱镜常数是指棱镜反射片的反射点与测点的水平距离差，通常同类型棱镜常数是固定的，但有的棱镜常数不一定固定，使用时必须核实所使用棱镜的常数，参看棱镜包装说明书，设置正确的常数确保测量的正确性。设置步骤：先设 EDM 模式为 P-标准（使用棱镜的精测模式），再选择棱镜类型为圆棱镜，棱镜常数自动为 0.0mm，如图 13-11（a）所示；如选择棱镜类型 360°，棱镜常数自动为 23.1mm，如图 13-11（b）所示；如选择棱镜类型的棱镜常数值与说明书上的棱镜常数值不一致时，则选择棱镜类型为自定义，再在棱镜常数上输入常数值，输入值单位必须为"mm"，范围为－999.9mm 到 999.9mm，如图 13-11（c）所示；设置完成后按确定键（F3）进行确认。

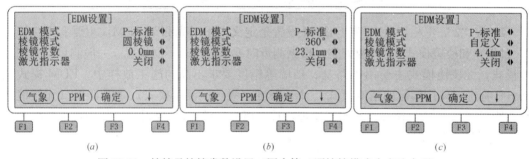

图 13-11　棱镜及棱镜常数设置（图中第二项棱镜模式为应选中项）

(a) 圆棱镜；(b) 360°棱镜；(c) 自定义

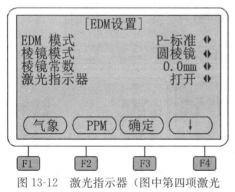

图 13-12　激光指示器（图中第四项激光指示器为应选中项）

激光指示器打开可见激光束，方便直接照准测点，使用时可在 EDM 设置处打开和关闭，如图 13-12 所示。

在 EDM 设置模式下，按 F1 可进入气象设置，按 F2 可进入 PPM 设置，气象设置可以进行平均海拔、温度、气压、气象改正和折光系数设置，如图 13-13 所示。

4. 通讯主要是为了进行数据的传输需要进行仪器通讯参数额设置，其中包括端口、蓝牙，在端口选择 RS232 的情况下可以设置波特率、数据位、奇偶率、行标志、停止位，如图 13-14 所示。

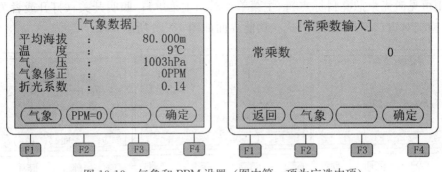

图 13-13　气象和 PPM 设置（图中第一项为应选中项）

（a）气象数据设置；（b）PPM 设置

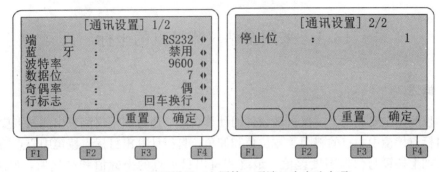

图 13-14　通讯设置（左图第一项端口为应选中项）

四、工具菜单

主菜单中按"6"进入工具菜单，工具菜单包括校准、启动、系统信息、许可码和上载固件等菜单，如图 13-15（a）所示。校准菜单中可以进行视准差校准、指标差和补偿器零位差校准；启动顺序可以记录用户自定义的按键顺序；系统信息显示仪器、系统、固件信息及日期、时间信息，也可以对日期和时间进行设置，如图 13-15（b）、（c）所示；许可码：手动输入许可码或通过 U 盘上载许可码后可以完全使用仪器的硬件功能和固件程序；上载软件：可以上载应用程序和语言。

图 13-15　工具菜单和系统信息

（a）工具菜单；（b）系统信息 1；（c）系统信息 2

五、功能使用

在任何测量界面下按 FNC 键，均可进入功能选项界面。功能界面具备如下功能：整平/对中（启动激光对中器和电子水准器）；删除最后一个记录（删除最后一个记录的数据块，既可以是测量值也可以是编码块）；高程传递；隐蔽点测量；编码；激光指示（打开/关闭使用可见激光束照亮目标点）；主菜单（返回主菜单）；照明开关（打开或者关闭屏幕照明）；检查对边；EDM 跟踪模式。功能界面如图 13-16 所示。

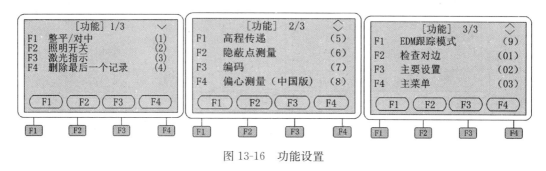

图 13-16　功能设置

13.4　采用全站仪测量点的坐标

13.4.1　概述

全站仪测量主要利用全站仪机载软件的计算功能，通过测距仪测量出测站点望远镜中心点与目标点棱镜中心点的斜距、方位角和仰角，自行计算出目标点棱镜中心点的坐标和高程，再加上棱镜与仪器高度差值，最终测量出目标点的坐标值和高程值，如图 13-17 所示。

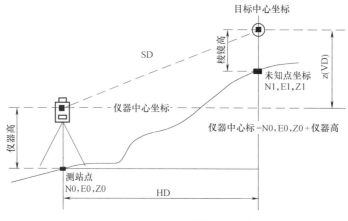

图 13-17　全站仪测量原理图

13.4.2　中纬全站仪 ZT80MR＋测设点位坐标示例

1. 已知两个控制点的现场位置及其坐标测设现场点的坐标。

已知某线路控制点 RD1（X 坐标：505.072，Y 坐标：503.382，高程 Z：88.000）、RD2（X 坐标：531.058，Y 坐标：518.385，高程 Z：79.985），现使用中纬全仪 ZT80MR＋测设未知 A 点及 B 点的坐标。

2. 操作步骤见表 13-4。

244

序号	操作步骤	图 例	备注
1	调平仪器,打开显示窗进入主菜单	[主菜单] 1 测量　2 程序　3 管理 4 传输　5 配置　6 工具	
2	按"2 程序"进入[程序]界面	[程序] 1/3 F1　测量　　　　(1) F2　放样　　　　(2) F3　自由设站　　(3) F4　COGO　　　　(4) F1　F2　F3　F4	
3	按"F1"进入[测量]界面	[测量] [√]F1 设置作业　　(1) [√]F2 设置测站　　(2) [√]F3 定向　　　　(3) 　F4 开始　　　　(4) F1　F2　F3　F4	
4	按"F1"进入[设置作业],设置作业名称(作业设置名称自己定义),如11111,作业员XZG,日期和时间自动显示。设置成功后按"回车键"确认,显示窗返回测量界面	[设置作业] 3/6 作业　　:　　　　11111 作业员　:　　　　　XZG 日期　　:　　07.09.2015 时间　　:　　09：24：41 新建　　　　　　确定	第一项"作业"为应选中项
5	按"F2"进入[设站],输入测站号 RD1 后"回车"确认	[设站] 输入设站号! 测站　　:　　　　　RD1 查找　列表　坐标	选中"测站"项
6	输入测站号 RD1 的坐标值(如仪器内已存有测站号 RD1 的信息,则测站号 RD1 的坐标值会自动显示),回车确认	[坐标查看] 1/2 作业　:　　　　11111 点号　:　　　　　RD1 X　　:　　505.702m Y　　:　　503.382m Z　　:　　 80.000m 确定	

序号	操作步骤	图 例	备注
7	输入仪器高(仪器高是指望远镜中心线与基准点之间的高差,采用钢尺测量如图13-18所示),按"回车"键确认,显示窗返回[测量]界面	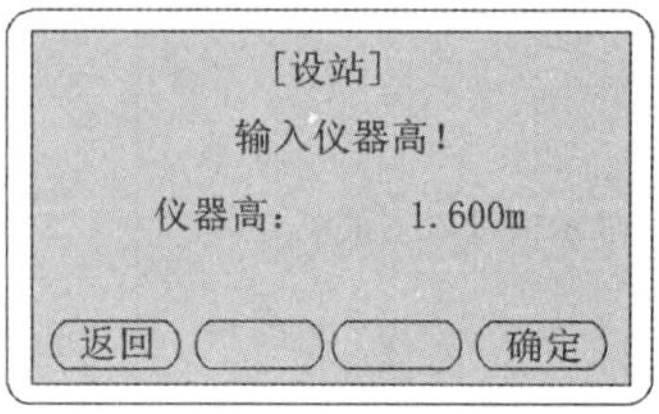 [设站] 输入仪器高! 仪器高: 1.600m (返回)( )(确定)	选中"仪器高"项
8	按"F3"定向进入[定向]界面	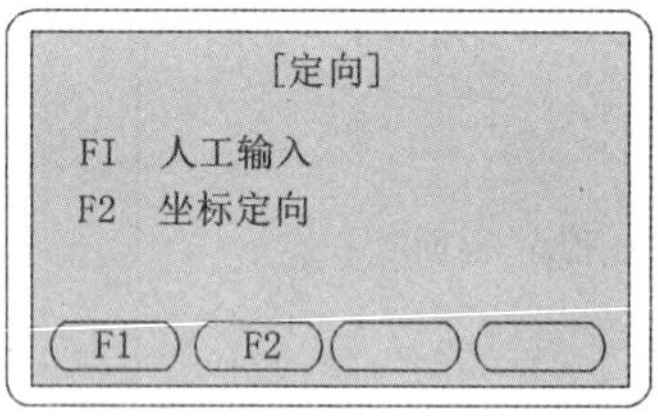 [定向] FI 人工输入 F2 坐标定向 (F1)(F2)( )	
9	按"F2"坐标定向,输入点号RD2和后视点棱镜高(采用三脚架架设的棱镜需要使用钢尺测量,采用对中杆架设的棱镜可以直接从对中杆上读取,如图13-19所示),按"回车"键确认	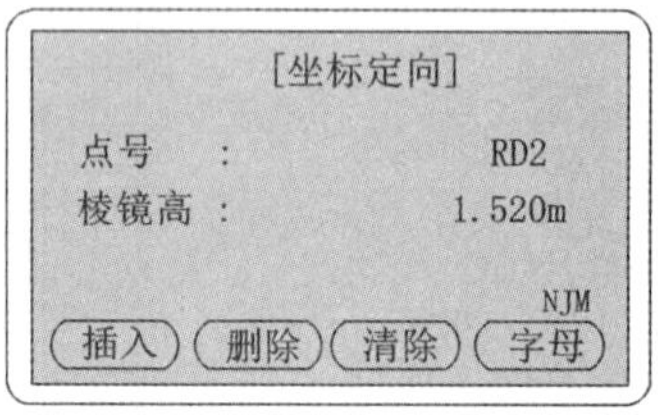 [坐标定向] 点号 : RD2 棱镜高 : 1.520m NJM (插入)(删除)(清除)(字母)	
10	显示窗弹出坐标输入界面,输入RD2点的坐标值	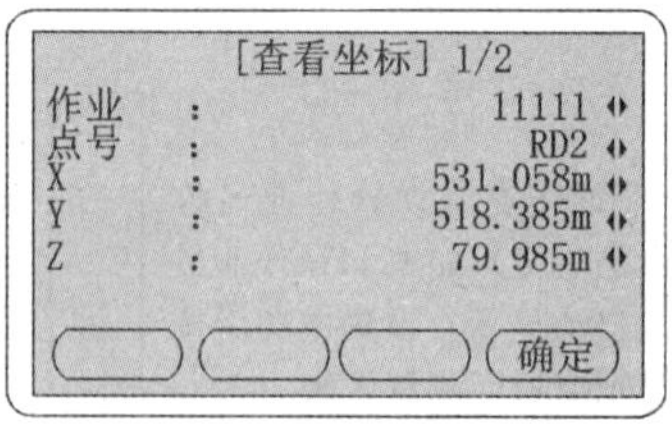 [查看坐标] 1/2 作业 : 11111 ◆ 点号 : RD2 X : 531.058m Y : 518.385m Z : 79.985m ( )( )( )(确定)	
11	按"回车"键确认后进行视点设置。平面自动显示测量目标点界面。瞄准后视点RD2,按"F1"测存。仪器进入测量记录状态	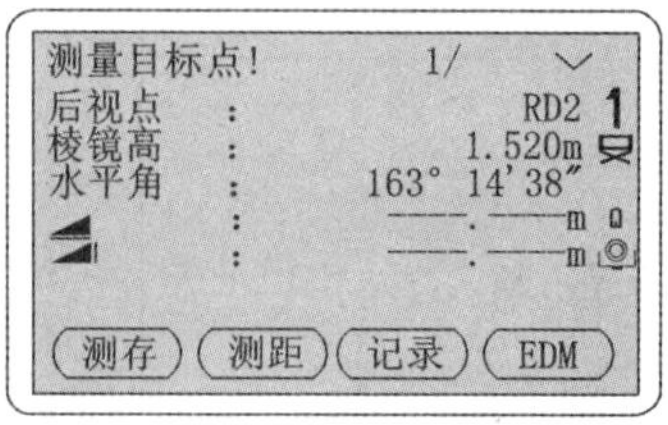 测量目标点! 1/ ∨ 后视点 : RD2 棱镜高 : 1.520m 水平角 : 163° 14′38″ : m : m (测存)(测距)(记录)(EDM)	
12	返回主界面,进行后视坐标定向检核,在主菜单页面选择"1测量"进入[常规测量]界面,按"测距"键进行测量,坐标检核后视点坐标为RD2(X坐标:531.056,Y坐标:518.385,高程Z:79.984)与控制点实际值(531.058,518.385,9.985)。此时对比X差值2mm,Y差值0mm,高程差值−0.001mm,差值在允许定向的范围值内,所以定向成功	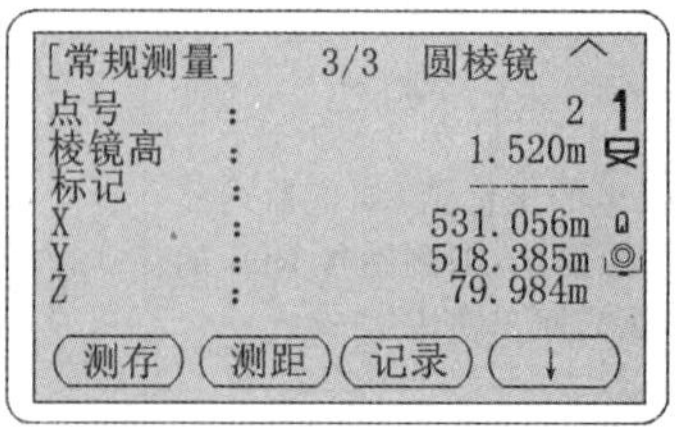 [常规测量] 3/3 圆棱镜 ∧ 点号 : 2 棱镜高 : 1.520m 标记 : X : 531.056m Y : 518.385m Z : 79.984m (测存)(测距)(记录)(↓)	

246

序号	操作步骤	图　例	备注
13	回到主菜单按"1 测量",进入[常规测量]界面,输入测量点号 A 和后视棱镜高,瞄准后视镜头按测距键(F2),A 点的坐标高程测量完成,转动望远镜,对准 B 点后视镜,输入测量点号 B 和后视棱镜高,按"测距"键(F2)完成 B 点测量操作。定向完成后可以测设任何范围内通视的未知点坐标高程	[常规测量]　　3/3　无棱镜 点号　　：　　　　　　2 棱镜高　：　　　　1.520m 标记　　： X　　　：　　　510.698m Y　　　：　　　495.524m Z　　　：　　　　80.140m （测存）（测距）（记录）（　↓　）	
14	连接电脑,主菜单中按"4"进入[数据传输],按 F2 可将测量作业 APJ01 导入电脑,再由打印机打印出测量成果	[数据传输] (1)　　(2) （　　）（输出）（输入）（　　）	

　　全站仪可以进行一般高程测量,表 13-4 中的 Z 坐标就是高程,仪器高度测量和棱镜高度,如图 13-18 和图 13-19 所示。值得注意的是,一般为了提高精度,高程控制测量一般采用符合精度的水准仪测量,而不是采用全站仪测量。

图 13-18　仪器高测量

图 13-19　后视棱镜高度测量

13.5　采用全站仪进行施工放样测量(使用全站仪程序对道路中边桩放样)

一、施工放样测量方法

　　施工放样测量分为主点法和交点法。主点法放样分为平(圆)曲线放样和缓和曲线放样。交点法放样分为圆曲线放样和缓和曲线放样。

二、已知两个控制点的现场位置及其坐标，采用主点法，对道路中心桩及其边桩放样

【例题 13-1】 已知某道路其中的一段属于圆曲线，由直线-圆曲线-直线组成，起始点 QD 中心里程为 $K0+022.000$（可以表示为 0^K+022），QD 坐标为（X＝500.000，Y＝500.00）。JD_1 平曲线半径 $R＝50m$，转角 $\alpha＝40°$，ZY 里程 $K0+050.000$，QZ 里程 $K0+067.454$，YZ 里程 $K0+084.907$，ZY 坐标为（X＝472.107，Y＝487.560），YZ 至 ZD 直线段长度为 $30m$，QD 到 JD_1 边的方位角 $\theta_{QD\sim JD_1}＝184°59'58''$，如图 13-20 示。现使用全站仪中纬 ZT80MR＋，采用道路放样主点法，对该道路的中线具有代表性直线上的中桩 QD 里程为 $K0+022.000$ 和曲线里程为 $K0+062$ 右偏 3m（边桩）的点进行放样。

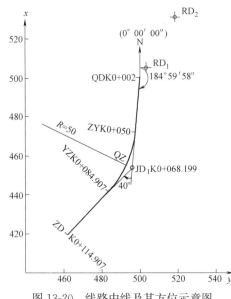

图 13-20　线路中线及其方位示意图

【解】

1. 根据已知条件按相应公式计算平曲线主点和起止点坐标，也可以直接在设计文件上查询这些点的坐标，见表 13-5。

起止点和主点的里程和坐标　　　　　　　　表 13-5

起点/主点	QD	ZY	YZ	ZD
里程	K0+022	K0+050	K0+084.907	K0+114.907
X 坐标	500	472.107	441.109	419.896
Y 坐标	500	497.560	483.105	461.892

2. 使用中纬 TZ80MR＋全站仪道路放样中线定义操作程序，输入上述平曲线主点里程和坐标。

（1）施工放样测量分主点法和交点法

1）主点法放样又分平（圆）曲线放样和缓和曲线放样

主点法圆曲线放样，定义操作输入起点坐标及里程；圆曲线起（终）点坐标、半径及里程；终点坐标及里程，不需要输入转角。主点法具体操作见表 13-6。主点法缓和曲线放样，根据起点、直缓点、缓圆点、圆缓点、缓直点、终点逐一按顺序输入里程、该里程点后相接的线形及半径、该里程坐标。线型指的是输入点后面相连的线路线形，有直线、缓曲、圆曲和终点四种选择，圆缓点选择缓曲，半径除圆曲要输入实际半径外，其余均输无穷大 99999999.999。这里对主点法缓和曲线放样不做详细介绍，主点法放样缓和曲线基本操作界面，如图 13-21 所示。

2）交点法放样又分圆曲线和缓和曲线放样

交点法放样缓和曲线，根据起点、交点、终点逐一按顺序输入里程、该里程点坐标、转角、半径和缓曲线长，如图 13-22 所示。起点、终点转角为 0、半径无穷大，缓曲线长为 0。交点里程和交点坐标输入时，转向角输交点转角（分左转和右转，"—"表示"左转"）、半径为圆曲线半径、缓曲长为单边缓和曲线长度。

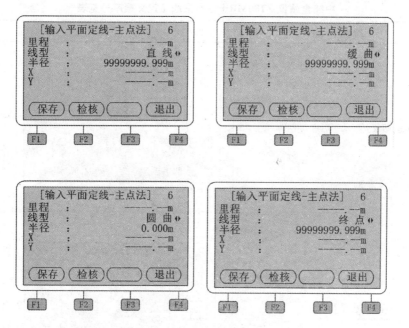

图 13-21 主点法放样缓和曲线基本操作界面

（2）主点法定义有以下几方面作用及要求

1）线路定义完成后就可以进行中（边）桩放样，定义可以在室内完成。

2）定义操作输入起点坐标及里程；圆曲线起（终）点坐标、半径及里程。

3）后期在进行中桩及边桩放样时仅仅输入起终点之间的中桩里程，全站仪就可以自动计算起点至终点之间的任意中桩的坐标（相当于把中线和边桩的里程和坐标存储在全站仪存储器里面，需要时随时调出），进而快速地对中桩和边桩进行放样。

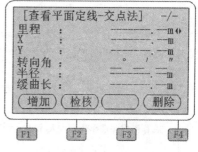

图 13-22 交点法放样缓和曲线基本操作界面

4）同理，可以把全线的后续数据一并输入。

5）也可以在 Excel 中编辑好文件后通过数据线导入全站仪内。

（3）主点法路线定义和数据输入操作步骤，见表 13-6。

（4）交点法路线定义和数据输入操作步骤，见表 13-7。

3. 主点法（交点法）道路中桩以及边桩放样步骤

主点法和交点法的道路中桩以及边桩放样步骤是一致的。

在全站仪线路定义和数据输入完成后，就可以对该线路的任意里程中边桩放样测量，例题 13-1 中，要求对该标段 QD 里程 K0＋022.000 中桩和圆曲线段里程为 K0＋062.000右偏 3m 的边桩放样，中纬全站仪 ZT80MR＋放样步骤见表 13-8。测设时不需再输入其中间点的坐标（直接调用），放样中桩只需输入桩号，放样边桩只需输入桩号及其与边桩距离。

序号	操 作 步 骤	图　　　例	备注
1	打开全站仪安置水平后进入[主菜单]	**[主菜单]** 1 测量　　2 程序　　3 管理 4 传输　　5 配置　　6 工具	
2	选中"2"进入[程序]菜单	**[程序] 1/3** F1　测量　　　　　(1) F2　放样　　　　　(2) F3　自由设站　　　(3) F4　COGO　　　　(4) F1　F2　F3　F4	
3	在程序界面选择"F1"进入[测量]界面	**[测量]** [√]F1 设置作业　　(1) [√]F2 设置测站　　(2) [√]F3 定向　　　　(3) 　　F4 开始　　　　(4) F1　F2　F3　F4	
4	按"F1"设置作业,自定义作业名称 111111 和作业员 XZG,日期时间自动显示此时的时间	**[设置作业] 3/6** 作业　：　　　111111 作业员：　　　　　XZG 日期　：　07.09.2015 时间　：　　09:24:41 新建　　　　　　　确定	

序号	操 作 步 骤	图 例	备注
5	确定设置作业后返回[程序]界面按"翻页"键选择第2页。如图所示页面为程序第2页界面	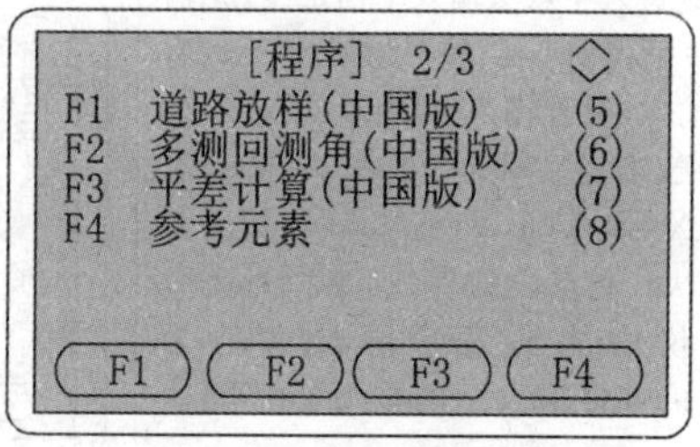 [程序] 2/3 ◇ F1 道路放样(中国版) (5) F2 多测回测角(中国版) (6) F3 平差计算(中国版) (7) F4 参考元素 (8) F1 F2 F3 F4	
6	按"F1道路放样(中国版)"进入[道路放样]界面	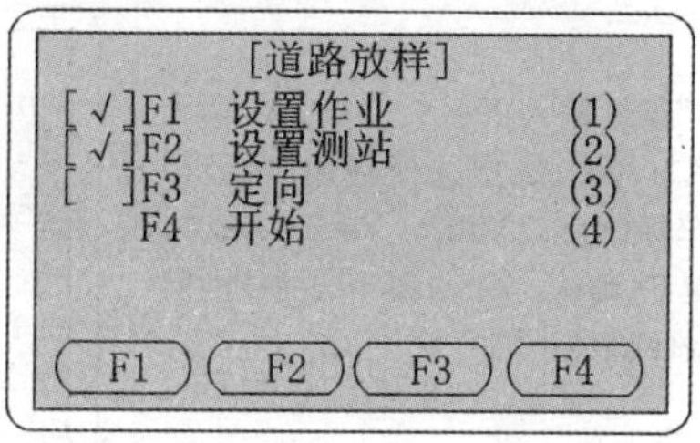 [道路放样] [√]F1 设置作业 (1) [√]F2 设置测站 (2) [ ]F3 定向 (3) F4 开始 (4) F1 F2 F3 F4	
7	在[道路放样]界面选择"F4"开始后选择"F1线路定义"	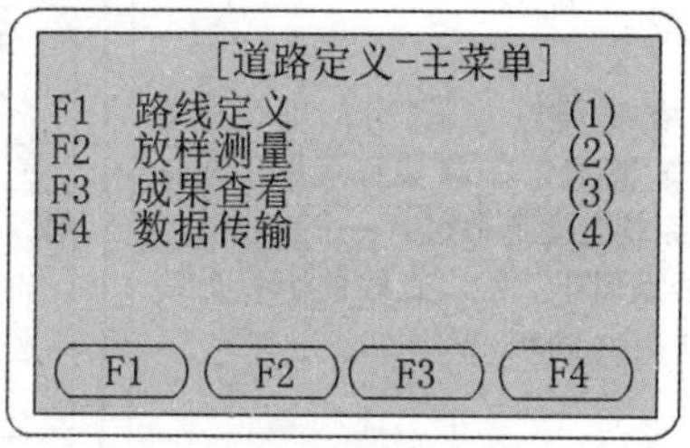 [道路定义-主菜单] F1 路线定义 (1) F2 放样测量 (2) F3 成果查看 (3) F4 数据传输 (4) F1 F2 F3 F4	
8	线路定义中包含控制点数据和平面定线数据,通过控制点数据可以进行控制点的输入	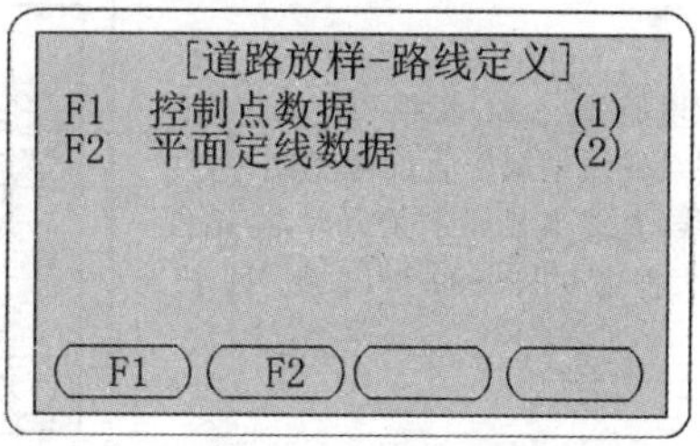 [道路放样-路线定义] F1 控制点数据 (1) F2 平面定线数据 (2) F1 F2	
9	按"F2"进入[选择平面定线模型]界面,有主点法和交点法两种模式,主点法是根据线路主点里程和坐标逐一输入。交点法是根据线路曲线要素输入	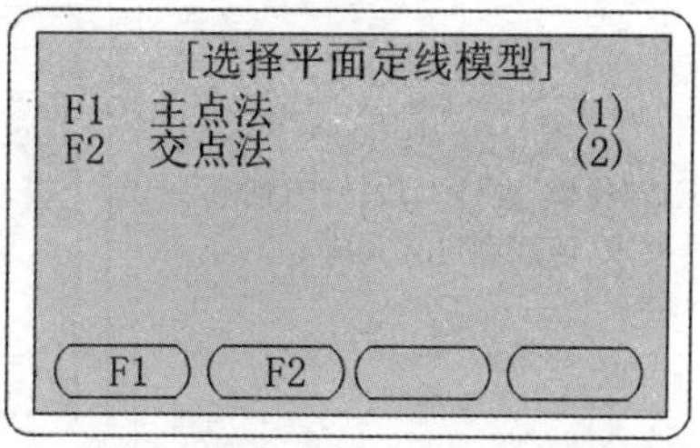 [选择平面定线模型] F1 主点法 (1) F2 交点法 (2) F1 F2	

序号	操 作 步 骤	图 例	备注
10	按"F1"键进入主点法输入平面定线,先输入起点 QD 里程和坐标,按"增加"键(F1)后即可开始输入,里程输入 22.000(回车),线型选择直线,半径显示为 99999999.999,输入坐标为(X=500.00,Y=500.00),按保存键"F1"确认。起点段为直线,半径为无穷大,全站仪内能够显示的最大值为 99999999.999(每输入一项按"回车"键确认)	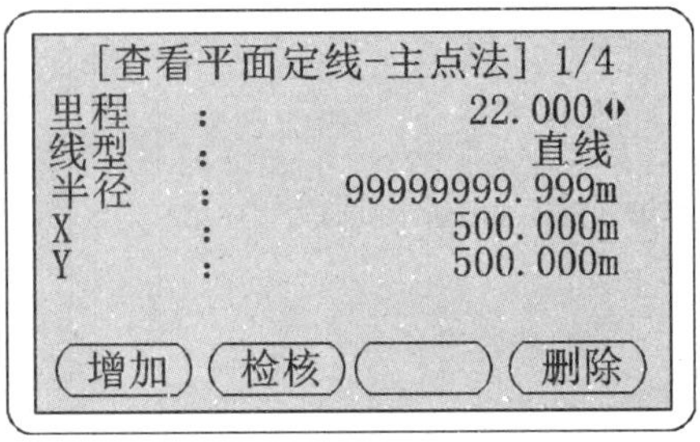 [查看平面定线-主点法] 1/4 里程 ： 22.000◆ 线型 ： 直线 半径 ： 99999999.999m X ： 500.000m Y ： 500.000m (增加) (检核) ( ) (删除)	选中第一项"里程"
11	按"增加"继续输入下一个主点 ZY,输入 ZY 点里程 50.000,线型选择圆曲,半径为 50m,输入坐标(X=472.107 Y=497.560),按"保存"键 F1 确认。ZY 点属于圆曲线的起点,所以选择线型为圆曲	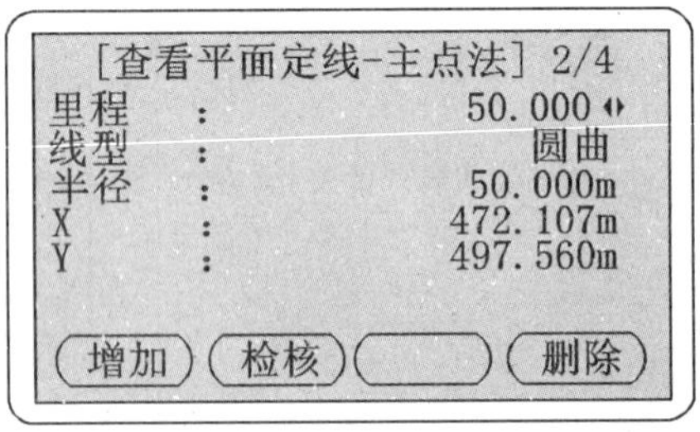 [查看平面定线-主点法] 2/4 里程 ： 50.000◆ 线型 ： 圆曲 半径 ： 50.000m X ： 472.107m Y ： 497.560m (增加) (检核) ( ) (删除)	选中第一项"里程"
12	继续按"增加"键输入 YZ 点的里程和坐标。按"回车"键确定。YZ 点已经属于圆曲线结束,被系统自动定义到下一个直线的起点。所以线型属于直线。直线的半径全站仪定义为无穷大 99999999.999	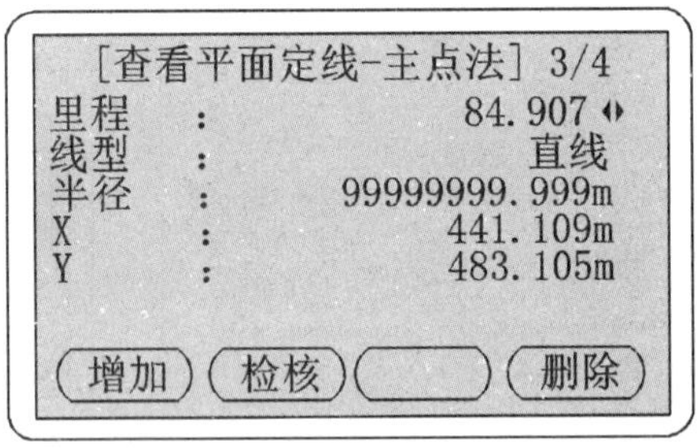 [查看平面定线-主点法] 3/4 里程 ： 84.907◆ 线型 ： 直线 半径 ： 99999999.999m X ： 441.109m Y ： 483.105m (增加) (检核) ( ) (删除)	选中第一项"里程"
13	继续按"增加"输入 ZD 里程和坐标。如右图所示,终点的线型属于直线段的结束,线型属于直线,直线半径属于无穷大,全站仪自定义最大值为 99999999.999。按"回车"键确定	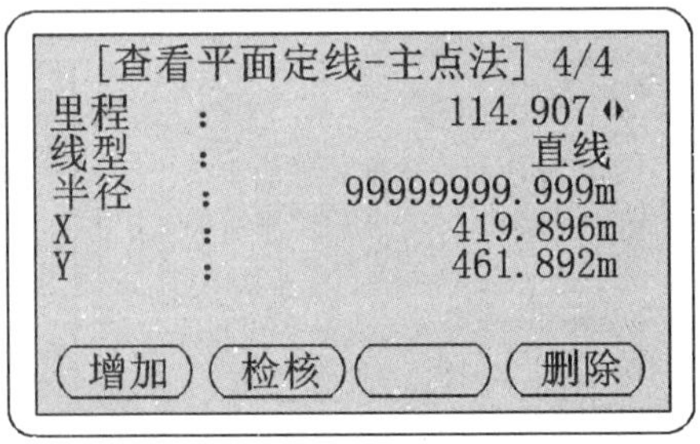 [查看平面定线-主点法] 4/4 里程 ： 114.907◆ 线型 ： 直线 半径 ： 99999999.999m X ： 419.896m Y ： 461.892m (增加) (检核) ( ) (删除)	选中第一项"里程"
14	输入完成按"检核"键(F2)检核,方向和距离误差符合要求,该线型定义完成	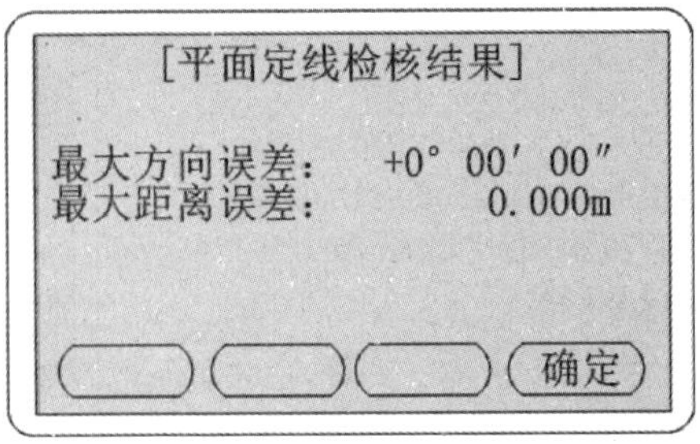 [平面定线检核结果] 最大方向误差： +0° 00′ 00″ 最大距离误差： 0.000m ( ) ( ) ( ) (确定)	

序号	操 作 步 骤	图　　例	备注
1	接表 13-6 第 9 步	[选择平面定线模型] F1　主点法　　　　　　　　(1) F2　交点法　　　　　　　　(2) F1　　F2	
2	按"F2"键进入交点法输入平面定线，先输入起点 QD 里程和坐标，按"增加"键"F1"后即可开始输入，里程输入 22.000(回车)，输入坐标为(X＝500, Y＝500)，转角 0°00′00″，半径为 99999999.999，缓曲线 0。每输入一项按"回车"键确认	[输入平面定线-交点法]　1 里程　：　　　　　22.000m X　　：　　　　500.000m Y　　：　　　　500.000m 转向角：　　　0° 00′ 00″ 半径　：　99999999.999m 缓曲长：　　　　　0.000m 保存　检核　　　退出	
3	检查输入正确后，按"保存"键(F1)保存，接着显示下一点号输入提示	[输入平面定线-交点法]　2 里程　：　　―――.――m X　　：　　―――.――m Y　　：　　―――.――m 转向角：　―――° ―′ ―″ 半径　：　　―――.――m 缓曲长：　　―――.――m 保存　检核　　　退出	
4	输入交点里程 68.199(直缓点里程加切线长度)和交点坐标，转向角 40°00′00″，半径 50m，缓和曲线长 0	[查看平面定线-交点法] 2/3 里程　：　　　　68.200m ◆ X　　：　　　453.976m Y　　：　　　495.974m 转向角：　　40° 00′ 09″ 半径　：　　　50.000m 缓曲长：　　　　0.000m 增加　检核　　　删除	由于线路存在误差，仪器会自动平差，此时交点里程时已变为68.200，转角平差后变为 40°00′09″
5	输入终点里程和坐标	[查看平面定线-交点法] 3/3 里程　：　　　114.907m ◆ X　　：　　　419.896m Y　　：　　　461.892m 转向角：　　　° ′ ″ 半径　：　99999999.999m 缓曲长：　　―――.――m 增加　检核　　　删除	

序号	操作步骤	图例	备注
6	按"检核"键(F2),检核方向和距离误差符合要求,该线型定义完成(假定放样角度允许误差为20″,距离允许误差为10mm)	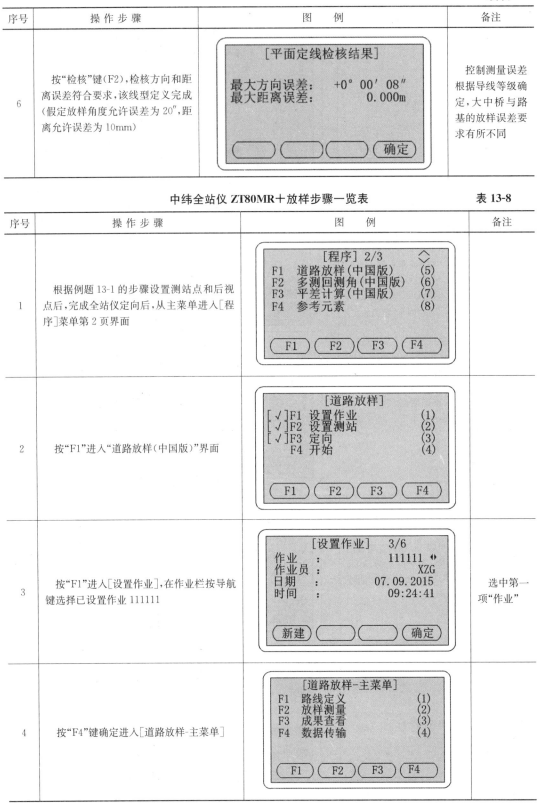	控制测量误差根据导线等级确定,大中桥与路基的放样误差要求有所不同

中纬全站仪 ZT80MR＋放样步骤一览表　　　表 13-8

序号	操作步骤	图例	备注
1	根据例题13-1的步骤设置测站点和后视点后,完成全站仪定向后,从主菜单进入[程序]菜单第2页界面	[程序] 2/3 ◇ F1 道路放样(中国版) (5) F2 多测回测角(中国版) (6) F3 平差计算(中国版) (7) F4 参考元素 (8) (F1)(F2)(F3)(F4)	
2	按"F1"进入"道路放样(中国版)"界面	[道路放样] [√]F1 设置作业 (1) [√]F2 设置测站 (2) [√]F3 定向 (3) F4 开始 (4) (F1)(F2)(F3)(F4)	
3	按"F1"进入[设置作业],在作业栏按导航键选择已设置作业 111111	[设置作业] 3/6 作业 ： 111111 ◆ 作业员 ： XZG 日期 ： 07.09.2015 时间 ： 09:24:41 (新建)( )( )(确定)	选中第一项"作业"
4	按"F4"键确定进入[道路放样-主菜单]	[道路放样-主菜单] F1 路线定义 (1) F2 放样测量 (2) F3 成果查看 (3) F4 数据传输 (4) (F1)(F2)(F3)(F4)	

254

序号	操作步骤	图例	备注
5	按"F2"键进入[道路放样-放样测量]界面	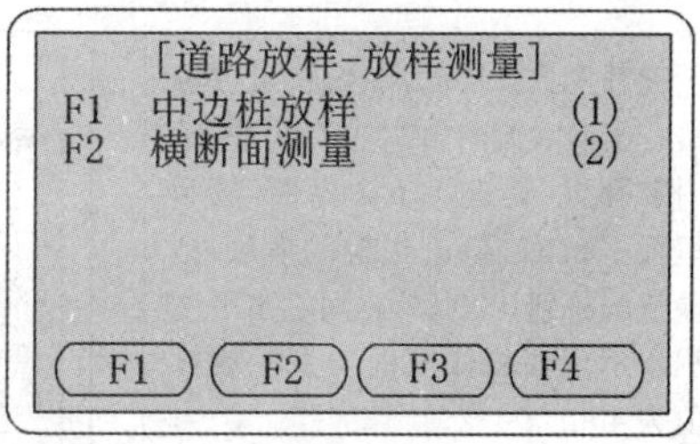 [道路放样-放样测量] F1　中边桩放样　　　　　(1) F2　横断面测量　　　　　(2) F1　F2　F3　F4	
6	按"F1"进入中边桩放样,在里程栏输入22.000和棱镜栏的棱镜高1.520,全站仪自动显到里程K0+22.000的中线位置的方位角偏差值(望远镜轴线与测站点至待测点的水平夹角)+4°40′05″。距离差值后退1.159m,转动全站仪望远镜,使望远镜轴线与目标方向角度差值为0°00′00″,固定水平制动。目估一个距离后采用激光束对准一个点,可采用无棱镜模式按"测量"键F1测量距离(粗测),并通过对讲机告诉后视点对中杆的走向调整距离	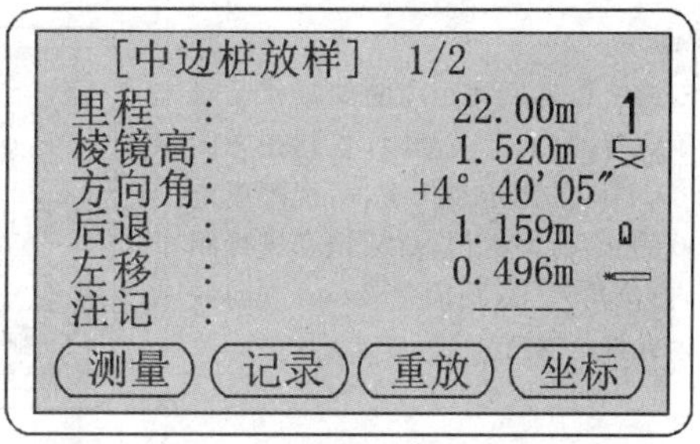 [中边桩放样]　1/2 里程　　：　　　22.00m 棱镜高　：　　　1.520m 方向角　：　+4°40′05″ 后退　　：　　　1.159m 左移　　：　　　0.496m 注记　　： 测量　记录　重放　坐标	
7	方向角在0°00′00″固定值的条件下,测距直至到达后退数值为0.000。此时放样的点位为里程K0+22.000的中桩点位。做标记,最后再采用棱镜模式按"测量"键F1进行测量,留下测量记录数据,按"记录"键F2进行保存记录	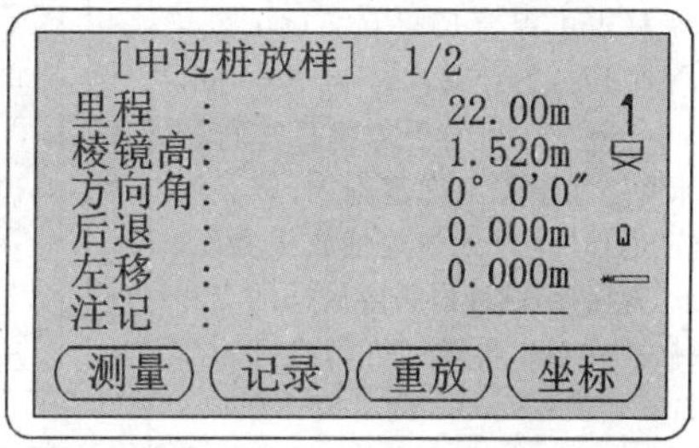 [中边桩放样]　1/2 里程　　：　　　22.00m 棱镜高　：　　　1.520m 方向角　：　　0°0′0″ 后退　　：　　　0.000m 左移　　：　　　0.000m 注记　　：　　　──── 测量　记录　重放　坐标	选中"注记"项
8	按"翻页"键查看放样点坐标信息,此时显示起点中桩K0+022的坐为X=500,Y=500。偏移量为0,代表该点在起点中桩上。若为边桩测量偏向角为90°(中桩测量此数据无作用,边桩放样时必须确认偏向角为90°)。确认无误后记录原始记录。QD中桩放样结束。接着放其他点	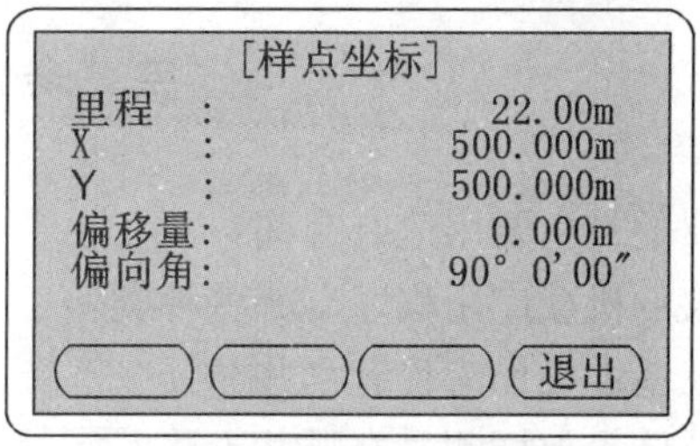 [样点坐标] 里程　　　　：　　　22.00m X　　　　　：　　500.000m Y　　　　　：　　500.000m 偏移量　　：　　　0.000m 偏向角　　：　　90°0′00″ 退出	
9	按"退出"键回到[中边桩放样]界面,对里程K0+062右侧3m的边桩点进行放样,首先在里程中输入62.00,此时全站仪显示角度、距离和左右偏移距离的调整数值(图中实际应向右移动14.995m)	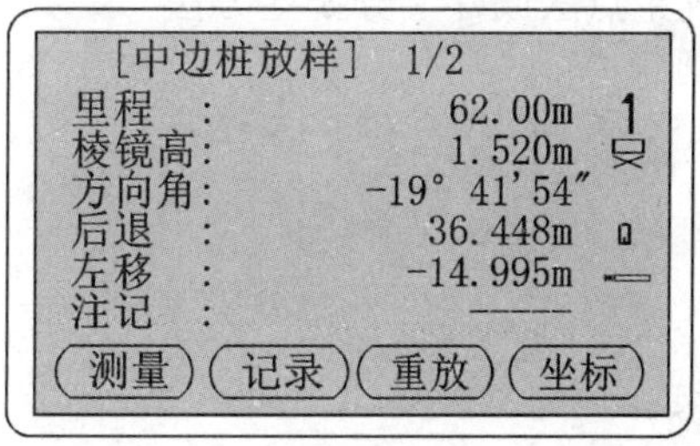 [中边桩放样]　1/2 里程　　：　　　62.00m 棱镜高　：　　　1.520m 方向角　：　-19°41′54″ 后退　　：　　36.448m 左移　　：　-14.995m 注记　　： 测量　记录　重放　坐标	选中"棱镜高"项

序号	操作步骤	图　　例	备注
10	按"翻页"键进入 2/2 页面,在偏移量栏输入 3.000m,右偏输入偏向角 90°00′00″(左偏输入 270°)。按"翻页"键进入 1/2 界面,显示窗显示出里程 62m 右偏 3m 边桩的信息,把方向角度差值调整到 0°00′00″后固定水平度盘。△里程表示现在放样里程与上次放样里程的差值为 40m	[中边桩放样]　2/2 投影桩：　　　22.00m 宽度　：　　0.000m △里程：　　-40.000m 桩间距：　　　+40m 偏移量：　　　3.000m 偏向角：　90°00′00″ (EDM)(另存)(投影)	选中"△里程"项
11	通过对讲机告诉后视距离的加减移动对中到准确位置,瞄准镜头测距,直到在方向角差为 0°00′00″的固定条件下,后视距离走到 0.000 为止,做好标记,对标记点进行测量校核,方位角差 1″,距离差 2mm,方向差 0,在误差允许范围内	[中边桩放样]　1/2 里程　：　　　62.00m 棱镜高：　　　1.520m 方向角：　　+0°0′01″ 后退　：　　　0.002m 左移　：　　　0.000m 注记　：　　— (测量)(记录)(重放)(坐标)	选中"棱镜高"项
12	按"F4"键(坐标显示),查看放样点信息,此时显示放样里程为 K0+062.000,X=461.356,Y=492.256,偏移量为 3.000m,偏向角为 90°00′00″,可与手算坐标进行核对,如坐标偏差在误差允许范围内,该点放样正确,按"退出"键进入中边桩放样界面,再按"记录"键保存,同理对需要放样的点一一进行放样并保存。再通过打印机打印放样成果	[样点坐标] 里程　：　　　62.00m X　：　　461.356m Y　：　　492.256m 偏移量：　　　3.000m 偏向角：　90°0′00″ (退出)	

思　考　题

1. 全站仪的最主要用途有哪些?
2. 全站仪的机载应用程序有哪些种类?
3. 全站仪基本操作流程有哪些?
4. 全站仪施工放样测量有哪些方法?
5. 全站仪主点法放样又分哪些方法?

第 14 章　GPS 测量技术

14.1　概　　述

全球定位系统（Global Positioning System），简称 GPS，是精密卫星导航定位系统，它的成功开发、建立及应用，是测绘行业的一场质的变革。GPS 在测量速度、测量精度、适用条件、应用范围及经济效益方面，产生了巨大的飞跃和进步，越来越受到相关人员特别是工程技术人员的青睐。本章对 GPS 基础知识进行简介，对 GPS 在控制测量、地形测量、点位坐标测量、公路中线中桩及其边桩放样进行示例剖析，使读者能够应用 GPS 常规仪器进行工程测量。

14.1.1　传统定位方法及其局限性

一、传统定位方法（以国家控制网为例）

1. 国家平面控制网

国家平面控制网一般采用三角锁、三角网、电磁波测距导线等布设；低等级平面控制网可采用插网和插点。国家平面控制网有 1954 北京坐标系（苏联普尔科沃天文台为大地原点）、1980 国家大地坐标系（即西安坐标系，山西省泾阳县永乐镇北洪流村为大地坐标原点）和 2000 国家大地坐标系（包括海洋和大气的整个地球的质量中心为大地坐标系的原点）等。国家平面控制网布设包括下列工作：

（1）建立大地基准，确定起算数据。确定大地基准包括确定参考椭球的参数和进行参考椭球的定位两项工作。

（2）起始边方位角的确定。

（3）起始边长的测定，一般采用钢尺（早期）、铟钢尺、全站仪等测定。

（4）水平角度观测，一般采用经纬仪和全站仪等观测。

2. 国家高程控制网布设

国家高程控制网一般采用水准测量方法布设。国家高程控制网布设包括下列工作：

（1）建立国家高程基准，通过青岛验潮站的长期观测资料来确定平均海平面，将其定义为高程起算面，比如 1956 黄海高程基准（黄海青岛验潮站）、1985 高程基准（黄海青岛验潮站）。

（2）布设国家水准网，从整体到局部、逐级控制布设国家水准网。首先用高精度水准仪进行水准测量和精密水准测量布设一、二等水准网，组成国家水准网的骨干，然后用三、四等水准加密网。

二、传统测量方法的局限性

无论是传统的控制测量、地形测量，还是点位坐标测量、点位放样，不可避免存在局限，表现在下列几个方面：

1. 点位之间通视

传统测量需要保证相邻点位之间通视，这在高山峡谷、大江大河、长隧道的进出口等地方存在难度。

2. 需要耗费人力物力修建占标

传统方法进行国家大地控制测量，在平原地区，当边长超过 25km 时，即使没有障碍物，两端仍需要建造高 20m 以上的占标才能保证通视。

3. 边长受限

受相邻测站之间通视、地球曲率等因素影响，我国的大地网中最长边为 113km。这会导致大陆与海洋之间难以连通。

4. 测设效率较低、测设速度较慢。

5. 无法同时确定点的三维坐标。

6. 气候条件影响观测。

7. 难以避免因地球旁折光等产生的系统性误差。

8. 无法建立地心坐标。

地球表面占 29.2% 的陆地被占 70.8% 的海洋分隔，陆地上布设的大地控制网，无法实现真正意义上的全球联测。

14. 1. 2 卫星导航定位技术简介

1957 年 10 月 4 日苏联成功发射了世界上第一颗人造地球卫星，自此科学界开始利用卫星进行定位和导航研究，人们逐步开始利用卫星为军事、经济和科学文化服务。与此同时，卫星定位技术在大地测量及其应用发展迅速。

一、卫星定位技术产生背景

1. 要求提供精确的地心坐标

1950 年以前，国家各个相关职能部门考虑的是一个国家或地区内点与点之间的相对关系，坐标系的原点放到参心（参考椭球中心）。其后，空间技术和远程武器迅猛发展，当人造卫星和导弹等入轨飞行时，其轨道为一椭圆或椭圆中的一段弧，该椭圆的一个焦点位于地球的地心上，只有将坐标系的原点移至地心后，才能在该坐标系中依据椭圆的几何性质导出一系列公式进行轨道计算。利用卫星跟踪站上的观测值来确定卫星轨道，跟踪站的坐标必须是地心坐标。

2. 要求提供全球统一坐标。

3. 要求全天候、更快捷、精确、简便的定位技术。

4. 多种技术发展为卫星定位技术发展提供了可能性。

空间技术、计算机计算、超大规模集成电路技术、现代通信技术、天文学、大地测量学、导航学等迅速发展，为卫星定位技术发展提供了可能性。

二、卫星定位技术简介

卫星定位技术指人类利用人造地球卫星确定测站点位置的技术。

子午卫星系统（Transit）是美国海军研制、开发并管理的第一代卫星导航定位系统，又称为海军导航卫星系统（NNSS）。1958 年 12 月，在美国科学家克什纳博士的领导下开展了三项研究工作：研制子午卫星；建立地球重力场模型，以便能准确确定和预报卫星轨道；研制多普勒接收机。1964 年 1 月，子午卫星系统正式建成并投入军用。1967 年 7 月，该系统解密，同时供民用。用户数激增，最终达到 95000 个用户，其中军方用户只有 650 家，不足总数的 1‰。子午卫星在几乎是圆形的极轨道（轨道倾角约 90°）上运行，卫星离地面的高度约 1075km，卫星的运行周期是 107min。子午卫星星座由 6 颗卫星组成，均匀分布在地球四周，相邻的卫星轨道平面之间的夹角均为 30°。由于各卫星轨道面的倾角不严格为 90°，各个轨道面的分布变得疏密不一，导致位于中纬度地区的用户平均 1.5h 左右可观测到一颗卫星，最不利时要等到 10h 才能进行下一次观测。子午卫星存在一次定位所需的时间过长、不是连续的独立的卫星导航系统、测量所需的时间长作业效率低、测量所需的卫星定位精度差等缺点。

由于子午卫星系统存在局限性，美国各兵种立即开展了卫星导航定位系统的研究工作，比如美国海军提出的 Timation 计划和美国空军提出的 621B 计划。Timation 主要用于高精度的时间传递，Timation 同时提供了导航信息。Timation 因使用高精度的卫星钟（铷原子钟、铯原子钟），从而大大改善预报卫星的精度，增加了两次卫星星历输入的时间间隔。621B 计划则采用随机噪声码（PRN）来进行伪距测量，经过适当选择后的 PRN 码几乎都是相互正交的，故可采用码分多址技术来识别和处理不同的卫星信号。此外可在 PRN 码上调制卫星导航电文，采用这些伪随机噪声码为测距码时，即使信号的功率密度不足环境噪声的 1‰时，仍可将信号检测出来。

考虑到效率、减少各军种之间的扯皮，美国国防部于 1973 年成立了由空军、海军、陆军、国防制图局、海岸警卫队、交通部以及北约和澳大利亚等方代表组成的联合工作办公室（JPO）负责新的卫星导航定位系统的设计、组建、管理等项工作，提出了一个综合性方案，即 GPS。JPO 在全球卫星导航定位系统的研制和组建过程中发挥重要作用，包括：负责 GPS 卫星的设计、研制、试验、改进、定购等工作，并负责将它们送入预定轨道；建立地面控制系统，负责整个系统的管理和协调工作，维持系统的正常运行；为美国及其盟国的军方用户设计、试验、生产 GPS 接收机。

全球卫星导航定位系统（GPS）是美国继阿波罗登月计划和航天飞机计划之后的又一重大空间计划，整个系统的研制组建分为方案论证、大规模工程研制和生产作业 3 个阶段，耗资 200 亿美元，经过 20 年努力，该系统建成并投入运行。1973 年 7 月，进入轨道的 Block Ⅰ试验卫星和 Block Ⅱ、Block ⅡA 型工作卫星的总和已达 24 颗，系统已具备了全球连续导航定位能力。1995 年 4 月，不计试验卫星在内，已进入预定轨道能正常工作的 Block Ⅱ和 Block ⅡA 型工作卫星的总和已达 24 颗。目前 GPS 卫星导航定位系统，已在军事、交通运输、测绘、高精度时间比及资源调查等领域中得到非常广泛的应用。

除了 GPS 以外，全球导航卫星系统（GNSS）还有俄罗斯的 GLONASS、中国的北斗卫星导航系统（BDS）和欧盟的伽利略（Galileo）系统。

14.1.3　我国的 GPS 大地控制网

我国的北斗卫星导航归纳为系统（BDS）是由中国自行研发的区域性有源三维卫星定位与通信系统（CNSS），是继美国的全球定位系统（GPS）、俄罗斯的格洛纳斯（GLO-NASS）定位系统之后，世界第三个成熟的卫星导航系统。BDS 系统分为北斗一代和北斗二代，分别由空间端、地面端和用户终端 3 部分组成，可向用户提供全天候、24h 的即时定位服务。

一、相关知识

1. 北斗一号卫星定位系统

1983 年，"两弹一星"功勋奖章获得者陈芳允院士等提出利用两颗同步定位卫星进行定位导航的设想，经过分析和试验效果良好，称之为"双星定位系统"。双星定位导航系统是我国的"九五"列项"北斗一号"，有两颗工作卫星和两颗备用卫星实现定位、通信和授时的基本功能。

2. 双星定位工作基本原理

北斗一号卫星导航定位系统工作原理就是双星定位。

（1）以两颗在轨卫星的已知坐标为圆心，分别测定的卫星至用户终端的距离为半径，形成两个球面，用户终端将位于这两个球面交线的圆弧上。

（2）地面中心站配有电子高程地图，提供一个以地心为球心，以球心至地球表面高度为半径的非均质球面。

（3）用数学理论求解圆弧与地球表面的交点，即可获得用户的位置。

北斗一号对用户位置计算不是在卫星上，而是在地面中心站完成，地面中心站可以保留全部北斗用户的位置及时间信息，并负责整个系统的监控管理工作。因在定位时需要用户终端向定位卫星发送定位信号，由信号到达定位卫星时间的差值计算用户位置，故双星定位称为有源定位。

3. 北斗第二代导航卫星网

北斗第二代导航卫星网（COMPASS）由 5 颗静止轨道卫星和 30 颗非静止轨道卫星组成。其中，5 颗静止轨道卫星高度为 36000km 的地球同步卫星，提供 RNSS 和 RDSS 信号链路；30 颗非静止轨道卫星由 27 颗中轨卫星和 3 颗倾斜同步卫星组成，提供 RNSS 链路，27 颗卫星分布在倾角为 55°的三个轨道平面上，每个面上有 9 颗卫星，轨道高度 21500km。

每颗 COMPASS 卫星都发射 4 个频率的载波信号用于导航，即 1561.098MHz（B1）、1589.742MHz（B1-2）、1027.14MHz（B2）、1268.52MHz（B3），每个载波信号均有正交调制的普通测距码（I 支路）和精密测距码（Q 支路）。COMPASS 提供开放服务和授权服务两种服务方式，开放服务式在服务区免费提供定位、测速和授时服务，定位精度 10m，授时精度 50ns（ns 为纳秒，1ns 为 1s 的十亿分之一，即等于 10^{-9} s），测速精度为 0.2m/s；授权服务是为授权用户提供更安全的定位、测速、授时和通信服务以及系统完好性信息。

二、我国的国家 GPS 大地控制网

1. 全国性的高精度 GPS 网

全国性的高精度 GPS 大地控制网，如图 14-1 所示。它是由国家测绘局布设的高精度 A、B 级网，总参测绘局布设的 GPS 一、二级网，中国地震局、总参测绘局、中国科学院、国家测绘局共同组建的中国地壳运动观测网组成。该网共 2609 个点，可满足现代测量技术对地心坐标要求。

我国国家 A 级网，共由 27 个主点和 6 个副主点组成，均匀分布全国，平均点间距650km。在 A 级网基础上建立了国家 B 级网（即国家高精度 GPS 网）。新建成的国家 A、B 级网 GPS 大地控制网分别于 1996 年和 1997 年先后交付使用，它们已成为我国现代大

260

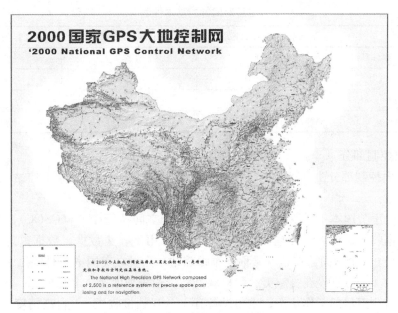

图 14-1　2000 国家大地控制网

地测量和基础测绘的基本框架，标志着我国具有分米级绝对精度的三维大地控制网坐标系已基本建立，将为我国空间技术发展和空间基础数据乃至数字中国的构建、动态实时导航定位等技术应用提供一个精确可靠的参照系。

2. 区域性 GPS 大地控制网

区域性 GPS 大地控制网指国家 C、D、E 级 GPS 网，或专门为工程项目布测的工程 GPS 网。区域性 GPS 大地控制网起到控制区域，覆盖范围有限（一个市或一个地区），边长短（数百米到 20 千米，观测时间短（几分钟到几个小时）。

14.2　GPS 全球定位系统与 GPS 信号

14.2.1　GPS 系统的组成

以美国的全球定位系统 GPS 为例，GPS 定位系统由空间卫星、地面控制和用户设备三部分组成。

1. 空间卫星部分

空间卫星部分是由空间运行的若干颗卫星按照一定的设计规则组成的卫星群。它们由 24 颗卫星组成，包括 21 颗工作卫星和 3 颗在轨道备用卫星，在 6 个倾角为 55° 的轨道上绕地球周期性运行，各个轨道平面之间相距夹角 60°，轨道平均高度 20200km。GPS 卫星空间星座的分布保障了在地球表面上任何地点、任何时刻至少有 4 颗卫星被同时观测（最多时可达 9 颗），卫星信号的传播和接收不受天气影响，实现了全球性、全天候的连续实时定位。

GPS 卫星主体呈圆柱形，直径约 1.5m，重约 744kg（包括 310kg 燃料），两侧各安装两块双叶太阳能电池板，能自动对日定向，保证卫星工作用电。每颗 GPS 卫星带有 4 台高精度原子钟，其中 2 台铷钟，2 台铯钟，精度远远高于普通石英钟，见表 14-1。

卫星时间钟的基本性能

卫星时间钟的基本性能   表 14-1

类型	时间钟频率(Hz)	每日稳定度 $\Delta f/f$	钟差 1s 所需时间(年)
石英钟	5000000	10^{-9}	30
铷钟	6834682613	10^{-12}	30000
铯钟	9192631770	10^{-13}	300000
氢钟	1420405751	10^{-15}	30000000

2. 地面控制部分

GPS 地面控制部分由分布在全球的若干个跟踪站组成，包括 1 个主控站、5 个监控站和 3 个注入站。

主控站位于美国本土科罗拉多州斯平土的联合空间执行中心（CSOC），拥有大型计算机进行数据收集、计算、传输和诊断。主控站作用是收集数据、数据整理、监测与协调、调度卫星。5 个地面监控站（又称空军跟踪站）为设在美国本土科罗拉多州斯平土的主控站，其余 4 个分别设在夏威夷、阿松森群岛、迭哥加西亚、卡瓦加兰；其作用是接受卫星信号，监测卫星的工作状态；主要设备有 1 台双频接收机、1 台高精度原子钟、1 台大型计算机和若干台环境数据传感器。3 个注入站设在南大西洋的阿松森群岛、印度洋的迭哥加西亚和太平洋的卡瓦加兰的 3 个美国空军基地上；其作用是将主控站需传输给卫星的资料以既定的方式注入卫星存储器，供卫星向用户发送；设备有 1 台直径 3.66m 抛物面天线、1 台 C 波段发射机和 1 台大型计算机。

3. 用户设备

用户设备包括 GPS 信号接收机、相应用户设备和 GPS 数据相应处理软件等，作用是接受、跟踪、变换和测量卫星所发射的信号，实现导航、定位和工程测量的目的。GPS 信号接收机属于硬件，包括主机、天线、控制器和电源等；相应用户设备包括计算机及其终端设备、气象仪器、手簿等。

14.2.2 GPS 卫星运行及其轨道

卫星在空间运行遵循一定轨道，描述卫星位置和状态的参数称为轨道参数，而轨道参数受到各种外力作用的限制。

卫星在空间运行主要受到地球引力，也受到太阳、月亮及其他天体引力，还受到大气阻力、太阳光压力及地球潮汐作用力等。这些使得卫星的实际运行轨迹变得复杂，难以用简单数学模型阐述。为了研究卫星运动基本规律，将卫星受到的作用力分为两类：一类是地球引力，成为中心引力；另一类是摄动力，即非中心引力，包括地球非球形对称的作用力、太阳引力、月亮引力、大气阻力、光辐射压力及地球潮汐力，虽然摄动力相对于地球引力而言要小得多，在摄动力作用下也会使卫星产生较小的附加变化而偏离轨道。

对卫星运动可以分两步研究，首先忽略所有的摄动力，仅考虑地球引力，称之为二体研究，二体研究可以得到卫星运行的严密解。其次考虑有摄动力下，研究卫星运行轨道，并加以修正，从而得到卫星受摄运动轨道的瞬时特征。

限于篇幅，这里不对卫星的无摄运动公式、参数及规律和卫星的受摄运动、参数及规律进行讨论，读者可以参考有关书籍。

14.2.3　GPS 卫星信号及接收

一、GPS 卫星信号

GPS 卫星信号包括载波信号、测距码和数据码，它们能够满足用户系统的导航、高精度定位需要。

1.GPS 卫星信号结构

（1）GPS 卫星载波信号

可调制运载信号的高频震荡波称为载波，GPS 卫星发射两种频率的载波信号，即 L_1 载波和 L_2 载波。为了有效传播高质量信号，需要将低频率的信号调制加载到高频率的载波上。GPS 卫星的 L_1 载波和 L_2 载波携带者将测距信号和导航电文传送到用户接收机。

（2）GPS 卫星测距码信号

测距码（可以理解为伪随机噪声码）是测定卫星至接收机之间距离的二进制码，是由一组取值 0、1 看似完全无规律的随机噪声码序列，其实具有确定编码规则编排起来的可复制的周期性二进制序列。

GPS 测距码分为 C/A 码（即粗捕获码）和 P 码（即精码）。C/A 码用于粗略测距和捕获精码的测距码，它被调制在 L_1 载波上。P 码是用于精确测定从 GPS 卫星至接收机之间距离的测距码，它被调制在 L_1 载波和 L_2 载波上，可用于较精密的导航和定位。

（3）GPS 卫星导航电文

GPS 卫星导航电文（即 D 码）提供了卫星在空间的位置、卫星的工作状态、卫星钟的修正参数和电离层延迟修正参数等信息，这些信息以二进制码的形式按规定格式编码，并按帧发送给用户接收机。

2.GPS 信号传播

GPS 信号扩频调制是把窄带信号扩展到一个很宽的频带上发射出去，即将原拟发送的几十比特速率的电文变换或发送几兆甚至几十兆比特速率的由电文和伪随机噪声码组成的组合码，以达到抗干扰、降低信噪比、保密和省电的效果。

二、GPS 卫星信号接收

1. 接收设备

GPS 卫星信号接收包括 GPS 接收机及其天线、计算机及其终端设备和电源等，核心部分是接收机和天线，如图 14-2 所示。

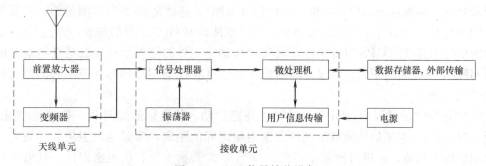

图 14-2　GPS 信号接收设备

（1）GPS 信号接收设备按结构和作用分类：天线，含前置放大器；信号处理器；计算机即微处理器，用于接收机控制、数据采集和导航计算；用户信息传输部分，含操作面板、显示板和数据存储器；精密振荡器，产生标准频率；电源，一般采用电池。

在地面上接收来自 20200km 上空的 GPS 卫星信号，自身发出的信号只有 $-50\sim180dB$，输入功率信噪比仅 $-30dB$。信号源完全淹没在噪声中，一般在天线后端设置前置放大器将极其微弱的 GPS 信号的电磁波能量转换成弱电流放大，一般采用外差式天线。

（2）GPS 信号接收设备按性质和功能分类：硬件部分，包括接收机、天线和电源等；软件部分，包括输入数据、导出数据和后处理数据等相应软件。

2. 接收机类型

（1）按工作原理分为码相关型接收机、平方型接收机和混合型接收机。码相关型接收机分 C/A 码接收机和 P 码接收机（对非特许用户保密），一般导航用户使用 C/A 码接收机。

（2）按用途分导航型、测量型和授时型接收机。测量型接收机可用于大地测量和工程控制测量，采用载波相位观测量进行相对定位。随着技术进步，接收机类型有重大发展，新开发的实施差分动态定位（RTD GPS）以观测伪距为基础，可实时提供流动站米级精度观测坐标，可用于精密导航和海上定位。新开发的实时相位差分动态定位（RTK GPS）以载波相位观测量为基础，可实时提供流动站观测站厘米级精度坐标，可用于精密导航、工程测量、三维动态放样、一步法成图、地理信息系统采集数据等方面。

（3）按接收频率分单频接收机（只接收 L_1 载波信号，只适用于小于 15km 短基线定位）和双频接收机（同时接收 L_1 载波和 L_2 载波信号，可用于几千千米的精密定位）。

（4）按信号通道分多通道、序贯通道、多路复用通道接收机。多通道接收机有多个信号通道，但每个信号通道只连续跟踪一颗卫星信号。序贯通道接收机只有 1 个通道，不能保持连续跟踪。多路复用通道接收机也仅有 1 或 2 个通道，可以连续跟踪，信噪比较低。

14.3　GPS 定位测量基本原理

14.3.1　GPS 定位测量原理与方法

GPS 定位可以想象为将无线电信号发射台从地面点搬迁到卫星上，组成 1 颗卫星导航定位系统，利用无线电测距交会原理，便可由 3 个及 3 个以上地面已知点（控制点坐标和位置已知）交会出卫星的位置；反之利用 3 颗及 3 颗以上卫星的已知空间位置可交会出地面未知点（待测点或用户接收机）的位置（坐标）。这就是 GPS 定位测量的基本原理。

GPS 定位测量有 2 个问题需要解决：一是观测瞬时 GPS 卫星的位置，通过 GPS 卫星发射的信号中含有的 GPS 卫星星历，可实时地确定卫星的位置信息；二是观测瞬时测站点至 GPS 卫星之间的距离，站星之间的距离通过测定 GPS 卫星信号在卫星和测站之间的传播时间来确定。

GPS 定位测量过程中，GPS 卫星处于高速运动，其坐标值随时间在快速地变化着，需要实时由 GPS 卫星信号测量出测站点至卫星之间的距离，实时地由卫星的导航电文解算出卫星的坐标值，并进行测站点定位。GPS 定位测量主要有伪距法定位、载波相位测量定位和差分 GPS 定位等。工程测量中为减弱卫星的轨道误差、卫星钟差、接收机钟差、电离层和对流层折射误差等的影响，常用载波相位的各种线性组合（即差分法）作为观测值，获得点位之间高精度的 GPS 基线向量（即坐标差）。

GPS 定位方法有 3 类：

一、按接收机天线状态分类

按用户接收机天线状态分为静态定位和动态定位。

1. 静态定位

若用户接收机天线处于静止状态，或待测点在协议地球坐标系中的位置认为是固定不变的，确定这些待测点位置的定位测量称为静态测量。显然地球本身运动着，接收机天线的静态测量应指相对于周围的固定点天线位置没有可察觉变化，或变换缓慢，以致在观测期间难以察觉。

静态定位是待测点位置固定不动，可以通过大量重复观测提高定位精度。故静态定位在大地测量、工程测量、地球动力学研究和大面积地壳变形检测中应用广泛。

2. 动态定位

若用户接收机天线处于运动状态，待测点位置随着时间而变化，确定这些待测点位置的定位测量称为动态测量，如确定手机、车辆、舰船、飞机和航天器的位置可通过上面安装的 GPS 信号接收机或下载相应软件就可实现实时导航。

二、按参考点的位置分类

按参考点的位置分类分为绝对定位和相对定位。

1. 绝对定位

绝对定位是以地球质心点为参考点，测定接收机天线（即待测点）在协议地球坐标系中的绝对位置，定位时仅需要 1 台接收机，又称为单点定位。绝对定位外业作业和数据处理较为简单，因受卫星星历和信号传播影响误差较大，定位精度较低，可以使用在船只、飞机导航等精度要求不高的地方。

2. 相对定位

相对定位指选择地面某个固定点位作为参考点，确定接收机天线（待测点）相位中心相对于参考点的位置。相对定位需要 2 台或 2 台以上的接收机，同步跟踪 4 颗以上 GPS 卫星，可以作静态定位，也可作动态定位，是精密定位测量的基本模式。动态定位中，差分定位即 GPS 定位受到重视，基准站和流动站的 GPS 接收机可分别跟踪 4 颗以上卫星信号，以伪距为观测量，测量精度较高。

最新开发的实时动态定位技术即 RTK-GPS 测量，采用载波相位观测量为基本观测量，达到厘米的定位精度。在 RTK-GPS 测量作业模式下，位于参考站的 GPS 接收机，通过数据链将参考点的已知坐标和载波相位观测量一起传输给位于流动站的 GPS 接收机，流动站的 GPS 接收机根据参考站传递的定位信息和自己的测量成果，组成差分模型并进行基线向量的实时解算，可获得厘米级的定位测量精度。RTK-GPS 测量大大提高了 GPS 测量效率，尤其适合各类工程测量、各种用途的大比例地形图或 GPS 数据采集。

三、按 GPS 信号的不同观测量分类

按 GPS 信号的不同观测量可分为卫星射电干涉测量、多普勒定位测量、伪距测量和载波相位测量 4 类。

14.3.2　伪距相位测量

GPS 卫星到用户接收机的观测距离，因轨道误差、卫星钟差、接收机钟差、电离层和对流层折射误差等的影响，并非确切地反映卫星到用户接收机之间的几何距离，这种带有误差的 GPS 观测距离称为伪距。伪距法定位是 GPS 定位的一种重要方法，也是最基本的方法。

伪距相位测量的优点是测量速度快、无多值性问题，增加观测时间可以提高精度。缺点是定位测量精度较低。

GPS 定位测量的信号反射时刻由卫星钟确定，而接收时刻则由接收机钟确定，在测量卫星至接收机的距离过程中，不可避免地包含两台钟不同步的误差和电离层、对流层延迟误差影响，它并非卫星与接收机之间的真实距离，称为伪距，这个伪距就是由卫星发射的测距码信号到达接收机的传播时间乘以光速所得出的量测距离。

14.3.3　载波相位测量

载波相位测量的观测量是 GPS 接收机接收的卫星载波信号与接收机本振参考信号的相位差。载波相位测量与伪距测量是军事 GPS 定位测量的重要方法。

伪距法定位测量以测距码为量测信号，因测距码的码元长度较大，其测距精度无法满足高精度要求。如果观测精度均取到测距码波长的 1%，则伪距测量对于 P 码而言测量精度为 30cm，而对于 C/A 码而言为 300cm。如果把载波作为量测信号，因载波的波长较短，$\lambda_1 = 19$cm，$\lambda_2 = 24$cm，这样定位测量精度就大大提高了。目前的大地型载波相位测量 GPS 接收机测量精度一般为 1～2mm，甚至更高。

GPS 接收机接收的卫星信号，已用相位调制技术在载波上调制了测距码和卫星导航电文，故其接收到的载波相位变得不连续。为此在开展载波相位测量之前，首先进行解调工作，设法将调制在测距码和卫星上的电文去掉，重新获取载波，即重建载波。重建载波分为码相关法和平方法两种方法。码相关法用户可同时提取测距信号和卫星电文，但用户需要知道测距码的结构，这对一般用户而言是有难度的。平方法用户无需知道测距码结构，但只能获得载波信号，无法获得测距码和卫星电文。

载波相位测量基本计算式中包含两类不同参数：必要参数（如测站坐标）和多余参数（如卫星钟和接收机的钟差、电离层和对流层延迟等）。多余参数在观测期间随时间而变化，给平差计算带来不必要的麻烦。理论上讲，解决多余参数问题有两种方法：一是找出多余参数与时空关系的数学模型，给载波相位测量基本计算式一个约束条件，使多余参数大幅度减少；另一个是更有效、精度更高的办法，即按一定规律对载波相位测量值进行线性组合，通过差分法消除多余参数。载波相位测量中采用差分法可以减少平差计算中的未知数个数，同时能够消除或减弱相对定位时测站间共同的部分误差。

14.4　GPS 测量误差

14.4.1　GPS 测量误差来源及其分类

一、GPS 测量误差来源

GPS 测量误差来源于 GPS 卫星、卫星信号传播过程和地面接收设备（主要是 GPS 接收机），当然还有地球潮汐、相对论效应等复杂因素。GPS 测量误差来源大致分为 4 类：

1. 与卫星相关的误差，含美国 SA 及 AS 政策、卫星星历误差（即轨道偏差）、卫星钟差、相对论效应等。

2. 与卫星信号传播有关的误差，含电离层延时、对流层延时、多路径效应等。

3. 与地面接收设备有关的误差，包含接收机钟差、天线相位中心误差、接收机噪声、天线安置误差等。

4. 其他误差，含地球固体潮、海洋潮汐、卫星几何结构、解算软件完善程度等。

二、GPS 测量误差分类

按照误差性质分为系统误差和偶然误差两类。

1. 系统误差包括卫星轨道误差、卫星误差、接收机钟差、大气折射误差等。

2. 偶然误差包括多路径效应误差和观测误差等。

14.4.2 与卫星有关的误差

与卫星有关的误差有卫星星历误差、卫星钟的钟误差和相对论效应引起的误差。

卫星星历指描述某一时刻卫星运动轨道的参数及其变化速率，根据卫星星历可以计算出任意时刻的卫星位置及其速度。

卫星星历误差本质就是确定卫星位置的误差，即根据卫星星历计算得到的卫星空间位置与卫星实际位置之差。

在 GPS 定位测量中，卫星作为已知点，故卫星星历误差是一种起算数据误差，在一个观测时间段内，对观测量的影响主要呈现系统误差特性。卫星星历大小主要取决于卫星跟踪系统的质量（如卫星跟踪站的数量及空间分布、观测值的数量及精度、轨道计算时所选用的轨道模型及相应软件的完善程度等）。卫星星历误差还与星历的预报间隔有关。美国政府的 SA 政策引入了大量人为因素造成了误差。

14.4.3 卫星信号传播误差

卫星信号传播误差包括电离层延迟误差、对流层延迟误差和多路效应引起的误差。

一、电离层延迟误差

电离层位于地球周围表面 $50\sim100km$ 的大气层区域。在太阳的照耀辐射下，部分气体被电离，产生自由电子。电波在真空中的传播速度大于在电离层，针对载波相位测量而言，载波通过电离层后其相位滞后于在真空中传播的相位。当地时间、太阳黑子数、地理位置和信号频率等即信号传播路径、时间、频率，将会使得电离层延长时间不同。电离层延迟造成的误差可达 $10m$，卫星接近地平线时可达 $150m$，需要改正。常常采用电离层模型改正、双频观测或同步观测求差的方式来改正。

二、对流层延迟误差

对流层指地球周围表面以上 $40km$ 以下的大气层。GPS 信号通过对流层时将产生折射，导致传播延迟，从而产生误差。对流层折射取决于大气层湿度、温度和气压，与 GPS 信号的频率无关。大气层对于频率小于 $15GHz$ 的电波而言是不散射的，通过双频观测组合的方法无法减弱或消除其影响。当定位精度要求较高、基线长度大于 $50km$ 时，对流层误差将是一个主要误差，常通过对流层模型（Saastamoin-en 模型、Hopfield 模型、Marini 模型和 Hopfield 模型）加以改正。

三、多路效应引起的误差

多路效应误差指来自卫星信号与经过某些物体表面反射后到达接收机的信号叠加干扰而产生的误差。测站附近的环境、接收机的性能和观测时间对多路效应误差影响较大。可采取下列措施减弱多路效应引起的误差：GPS测站避开区域——水面附近、盐碱地区域、平坦光滑地带、金属矿区；避开物质——高层建筑、汽车等反射能力强的物质；避开电磁波辐射源——雷达、电台、微波中继站等。实际工作中，可以采用性能良好的微带天线、延长观测时间等方法消弱多路径引起的误差。

14.4.4　与接收机有关的误差

与接收机有关的误差有接收机钟差、天线相位中心偏差、接收机噪声、天线安置位置误差。

一、接收机钟差

GPS接收机采用高精度石英钟，石英钟稳定度为 10^{-9}。如果接收机与卫星钟相位差 $1\mu s$，将引起300m的等效距离误差。常常把每个观测时刻的接收机钟差当作独立的未知数来处理，与观测站的位置参数一并求解，从而消除接收机钟差。

二、天线相位中心偏差

GPS定位时，天线的相位中心位置随着信号输入的强度和方向不同而有所变化，也就是说，观测时相位中心的瞬时位置与理论上的本单位中心位置将有所不同。根据天线性能的优劣，天线相位中心偏差可达几毫米至几厘米。实际观测中，可采用同一类型的天线，在相距不远的两个或多个观测站上，同步观测同一卫星，通过观测值求差，达到削弱天线相位中心偏差的目的。安置各个观测站的天线，需要罗盘指向磁北极的方向作为天线的安置方向。

三、噪声误差

噪声误差远比接收机钟差和天线相位中心偏差小，观测时间足够长时，可以忽略噪声误差。

四、天线安置误差

在测量定位时天线安置对中误差、量取天线高引起的误差，需要引起重视。

14.5　GPS的时空基准

坐标系统和时间系统是描述卫星运动、观测数据处理和描述地面观测站点位置的物理与数学基础。坐标系统主要描述点的空间位置，时间系统主要描述天体、卫星运行位置和空间关系。

GPS卫星定位通过安置在地面的GPS接收机同时接收4颗以上的GPS卫星发出的信号来测定接收机的位置。地面固定观测站是固定在地球表面，其空间位置随同地球的自转而运动，其空间位置也将随之发生变化；而GPS卫星总是围绕地球质心旋转，与地球自转无关。卫星定位需要建立卫星在相应运动轨道上的坐标系，寻找卫星运动坐标系与地面点坐标系之间的关系，并实现不同坐标系之间的转换。卫星定位采用空间直角坐标系及其相应的大地坐标系，一般取地球质心为坐标系的原点（卫星绕地球质心旋转）。

根据坐标轴指向不同，分地球坐标系和天球坐标系；地球坐标系随地球自转，可以看成固定在地球上的坐标系，便于表达地面测站点的空间位置；天球坐标系与地球坐标系无关，便于表达卫星的空间位置。

14.5.1 地球坐标系

地球坐标系分空间直角坐标系和大地坐标系 2 种。而地球坐标系按坐标原点和坐标轴的指向又可分为地心坐标系、极移与协议地球坐标系、WGS-84 大地坐标系、参心坐标系、地方独立坐标系和高斯平面直角坐标系等。

一、地心坐标系

地心（地球质心）坐标系分地心空间直角坐标系和地心大地坐标系 2 种。地面点在地心空间直角坐标系中用（X、Y、Z）表示，原点 O 与地球质心重合，X 指向格林尼治平子午面与地球赤道的交点，Y 指向垂直 XOZ 平面（构成右手坐标系），Z 指向地球北极；地心大地坐标系用（B、L、H）表示，B 指大地纬度，即过地面点的椭球法线与椭球赤道面的夹角，L 指大地经度，即过地面点的椭球子午面与格林尼治平大地子午面之间的夹角，H 指大地高，指地面点沿椭球法线至椭球面的距离。地心空间在直角坐标系和地心大地坐标系可以通过数学公式实现相互转换。

二、极移与协议地球坐标系

1. 地极与极移

地球的自转轴与其表面的 2 个交点连线称为地极。因地球内部和外部复杂动力学，地极在地球表面的位置是随时间而变化的，这种现象称为极移。地极的极移相当于地面上 1 个平面面积为 12m×12m 的范围。观测瞬间地极所处的位置，称为瞬时地极；某一时刻瞬时地极的平均位置称为平均地极（简称平极）。地球的极移造成了地球坐标发生改变。

2. 协议地球坐标系

极移使得地球坐标系轴的指向发生变化，这将对实际工作造成许多麻烦。1967 年国际天文学联合会和国际大地测量学与地球物理学联合会共同召开会议，建议平极位置用国际纬度服务站的"1990-1905"的平均纬度来确定，称为国际协议原点（CIO），相应的地极称为协议地极（CTP）。协议地球坐标系：原点在地心；X 轴指向国际时间局（BIH）定义的起始子午线与 CIO 赤道的交点（经度零点）；Y 轴指向垂直于 X 轴与 Z 轴，构成右手坐标系；Z 轴指向国家协议原点。

三、WGS-84 大地坐标系

1985 年美国开始使用 WGS-84（美国建立的世界大地坐标系），1986 年绘制出第一批 WGS-84 地图、航测图和大地成果。逐渐地 GPS 导航定位全面采用 WGS-84，用户可以获得高精度的 WGS-84 大地坐标，还可通过转换获得较高精度的参心坐标。

WGS-84 大地坐标系中，坐标原点位于地球质心，X 指向 BIH 定义的零度子午线与 CTP 赤道的交点，Y 指向垂直 XOZ 平面（构成右手坐标系），Z 指向 BIH 定义的协议地极方向。

在 GPS 全球定位系统中，卫星视为位置已知的高空观测目标，为了导航或定位用户接收机的位置，GPS 卫星的瞬时位置是以 WGS-84 坐标系为依据进行确定计算的。GPS 单点定位的坐标以及相对定位中解算的基线向量属于 WGS-84 大地坐标系，想要计算求得 GPS 测站点在某一国家的坐标系或地方坐标系中的坐标，需要利用相关软件进行左边转换。

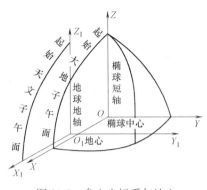

图 14-3　参心坐标系与地心
坐标系比较示意图

四、参心坐标系

1. 参心坐标系

经典大地测量中，处理观测成果和换算地面控制点坐标，需要选取一个参考椭球面作为基本参考面，需要选取一个参考点作为大地测量的起算点（即大地原点），采用大地原点的天文观测量来确定参考椭球在地球内部的位置和方向。参心坐标系中的参考椭球中心就是参心坐标系的原点，显然参心坐标系与参考椭球密切相关，参考椭球中心与地心是不重合的，如图 14-3 所示。参心坐标系可分为参心直角坐标系和参心大地坐标系。

由 GPS 导航定位结果（地心空间直角坐标系）计算参心大地坐标系时，参心空间直角坐标系常作为一种换算的过渡坐标系。参心大地坐标系应用非常广泛。参心大地坐标系可以通过高斯投影计算转换为平面直角坐标系，这为工程测量提供控制基础。故参心坐标系适用于局部用途的应用，有利于局部大地水准面与参考椭球对比附合，以保持国家坐标系的独立、稳定和保密。

2. 我国的大地坐标系

（1）1954 年北京坐标系

1954 年北京坐标系，椭球参数和大地原点与苏联普尔科沃坐标系一致，大地点高程是以青岛验潮站求出的黄海平均海水面为基准，高程异常是以苏联 1955 年大地水准面重新平差结果为起算值按照我国天文水准路线推算出来的。

（2）1980 西安坐标系

1980 西安坐标系即 1980 年国家大地坐标系，原点设在我国中部陕西省泾阳县永乐镇北洪流村，在西安以北 60km，简称西安原点。大地高程是以 1956 年青岛验潮站求出的黄海平均海水面为基准。

（3）2000 国家大地坐标系

2000 国家大地坐标系，坐标原点在地球质心（包括海洋和大气的整个地球的质量中心），X 轴由原点指向格林尼治参考子午线与地球赤道面（历元 2000.0）的交点；Y 轴与 X 轴、Z 轴构成右手系正交坐标系；Z 轴由原点指向历元 2000.0 的地球参考极的方向，该历元指由国际时间局给定的历元为 1984.0 的初始指向推算，定向的时间保证相对于地壳不产生残余的全球旋转。

2000 国家大地坐标系采用地球椭球参考数值，长半轴 $a = 6378137m$（赤道上到地球中心距离，简称赤道半径）；扁率 $f = 1/298.257222101$；地心引力常数：$GM = 3.986004418 \times 10^{14} m^3 \cdot s^{-2}$；自转角速度 $w = 7.292115 \times 10^{-5} rad \cdot s^{-1}$。地球短半轴 $b = 6356755m$（南北两极到地球中心的距离，简称极半径），长半轴比短半轴长 21382m，如图 14-4 所示。

采用 2000 国家大地坐标系，对我国国民经济、社会发展、国防建设和科学研究等方面具有十分重要的意义，体现在以下方面：航天、海洋、气象、水利、建设、规划、地震、地质调查、国土资源调查与管理等领域需要一个以全球参考基准背景、全国统一协调一致的，更加科学的，原点定位于地球质量中心的三维国家大地坐标系；利于防灾减灾、公共应急与预警，对国民经济和社会发展产生巨大的社会和经济效益；是保障交通运输、航海安全的需要，导航定位能够实现车载、船载实时定位和工程测量的准确快速高效；卫星导航技术与通信、遥感和电子产品融合开发，具有广阔市场前景。国家测绘局 2008 年第 2 号公告，我国自 2008 年 7 月 1 日起启用 2000 国家大地坐标系，国家测绘局授权组织实施。

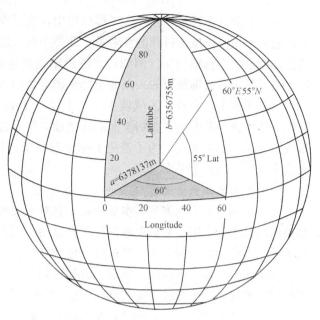

图 14-4　地球椭球半径

五、地方独立坐标系

测量中的平面坐标分为两类，一类是国家坐标系，另一类是独立坐标系。国家坐标系要求按照规定进行投影分带，通常是 6°带或 3°带，投影中央子午线根据投影区域所处的分带得出，如果是 6°带，则投影的中央经线为 $6n-1$；如果是 3°带，则投影的中央经线为 $3n$，其中 n 为投影带的带号，投影面为国家大地基准所确定的参考椭球面。在投影面上，以投影带中央经线的投影为纵轴（X 轴）、赤道投影为横轴（Y 轴）以及它们的交点为原点。如果平面坐标系不按上述方法进行定义，称为独立坐标系。

在国家级的大地控制测量中，通常采用国家坐标系，有利于测绘资料基准的统一。但是，对于工程应用和城市测量，由于作业区域有可能位于标准投影带的边缘，并且作业区域的平均高程或工程关键区域的高程有可能与国家大地基准的参考椭球面有较大差异，导致国家坐标系下的平面坐标具有较大的投影变形，难以满足工程或实用上的精度需要。而独立坐标系可以解决城市建设和工程应用中要求限制投影变形的问题。当测区高程大于 160m 或离中央子午线距离大于 45km 时，不应采用国家坐标系而应建立适合本地区或工程的独立坐标系统。

独立坐标系统可以分为两类，一类基本上采用标准的投影公式得出坐标，不同的是投影中央经线和投影面与国家标准投影不同，投影中央经线根据具体要求人为指定，通常通过投影区域中央，而投影面为当地的平面高程面，此类独立坐标系通常用于城市坐标系；另一类独立坐标系比较特殊，它的坐标原点和坐标轴的指向都根据具体要求人为指定，坐标归化到指定的高程面上。第 1 类独立坐标系旋转角度通常较小，第 2 类独立坐标系旋转角度通常较大。两类独立坐标系都存在坐标系的旋转和平移问题。

第 1 类独立坐标系：因最初建立坐标系时由于技术条件限制及定向、定位精度有限，导致最终所定义出来的坐标系与国家坐标系在坐标原点和坐标轴指向上有所差异。此外，出于成果保密原因，在国家坐标系进行数据处理后，对所得坐标成果进行一定的平移和旋转，得出临时独立坐标系。

第 2 类独立坐标系：在许多工程应用中，为了满足工程要求的工程计算或施工放样方便，通常采用一种极为特殊的参考系。此类坐标系通常为平面坐标系，具有工程特点指定的坐标原点、坐标轴指向。例如，在隧道轴线坐标系中，将隧道轴线指定为坐标系的纵轴，通过指定隧道轴线上的一点的坐标来确定坐标系的原点。

实际工程中，当测量区域较小时（半径小于 10km），可以用测区中心点的切平面代替椭球体面作为基准面。在切平面上建立独立平面直角坐标系，以该地区真子午线或磁子午线为 x 轴，向北为正。为了避免坐标出现负值，将坐标原点虚设在测区西南方向，地面点垂直投影到这个平面上。

六、高斯平面直角坐标系

大地坐标系是大地测量基本坐标系，它对于大地问题解算、分析地球形状和大小、编制地形图等十分有用。但是大地坐标系直接用于工程建设如规划、设计、施工等方面非常繁琐。高斯投影将球面上大地坐标按一定数学法则归算到平面上，在平面上进行数据运算比在椭球面上方便。将球面上图形、数据转到平面上的方法，就是地形图投影方法，地形图投影需要建立 2 个方程，见式（14-1）、式（14-2）。

$$x=F_1(X,Y,Z) \quad 或 \quad x=F_1(L,B) \tag{14-1}$$

$$x=F_2(X,Y,Z) \quad 或 \quad y=F_2(L,B) \tag{14-2}$$

式中　X、Y、Z 或 L、B——椭球面上某点空间三维坐标（或大地坐标）；

x、y——该点投影到平面上直角坐标系的坐标。

旋转椭球面是一个不可直接展开的曲面，它的变形是不可避免的，但是变形的大小可以采取相应措施控制，需要将椭球面上的元素按照一定条件投影到平面上，称为地图投影。地图投影分为正形投影（等角投影投影）、等面积投影和任意投影。其中正形投影，经过投影后，原来椭球面上的微分图形与平面上的图形保持相似。正形投影需要两个基本条件，一是保角性，即投影后角度大小保持不变；二是伸长的固定性及长度投影后将产生变形，但是在 1 点的各个方向上的微分线段，投影后变形比例为 1 个常数，见式（14-3）。

$$m=\frac{\mathrm{d}_s}{\mathrm{d}S}=常数 \tag{14-3}$$

高斯投影就是正形投影，即横切椭圆柱正形投影。高斯投影不仅满足正形投影条件，还应满足高斯投影条件。高斯投影条件是中央子午线投影后是一条直线，并且长度不变。

1. 高斯投影概述

卡尔·弗里德里希·高斯（Johann Carl Friedrich Gauss）（1777 年 4 月 30 日～1855 年 2 月 23 日），生于不伦瑞克，卒于哥廷根，是德国著名数学家、物理学家、天文学家、大地测量学家。高斯被认为是最重要的数学家，有数学王子的美誉，并被誉为历史上伟大的数学家之一，和阿基米德、牛顿并列，同享盛名。

高斯提出的横椭圆柱投影，是假想将一个横椭圆柱套在地球椭球体上，如图 14-5 所示。

椭球体中心 O 点在椭圆柱中心轴上，椭球体南北极与椭圆柱相切，并使某一子午线与椭圆柱相切。此子午线称为中央子午线。然后将椭球体面上的点、线按正投影条件投影到椭圆柱上，再沿椭圆柱北极 N、南极 S 点母线割开，并展开成平面，即成为高斯投影

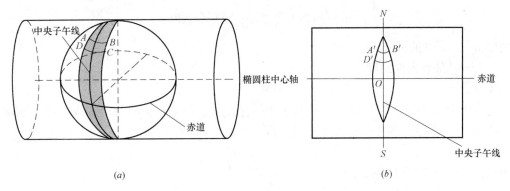

图 14-5 高斯投影

平面。在高斯投影平面上具有如下特点：

（1）中央子午线是直线，其长度不变形，离开中央子午线的其他子午线是弧线，凹向中央子午线。离开中央子午线越远，变形越大。

（2）投影后赤道是一条直线，赤道与中央子午线保持正交关系。

（3）离开赤道的纬线是弧线，凸向赤道。

2. 6°带和3°带

高斯投影可以将椭球面变成平面，但是离开中央子午线越远变形越大，这种变形将会影响测图和施工的精度。为了对长度变形加以控制，测量中采用了限制投影宽度的方法，即将投影区域限制在靠近中央子午线的两侧狭长地带，这种方法称为分带投影。投影带宽度是以相邻两个子午线的经度差值 φ 来划分，有 6°带、3°带等不同投影方法。6°带可以满足 1：2.5 万以上中、小比例尺测图精度要求。

（1）6°带

6°带投影是从本初子午线开始，自西向东，每隔 6°投影一次。这样将椭球分成 60 个带，编号为 1~60 带，如图 14-6 所示。

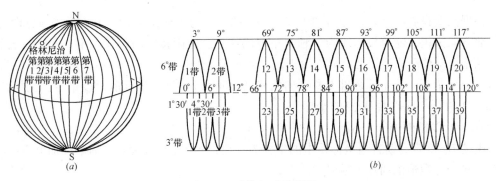

图 14-6 6°带和3°带投影

各个带中央子午线经度 φ^6 可用式（14-4）计算。

$$\varphi^6 = 6° \times n - 3° \tag{14-4}$$

式中 φ^6——6°带子午线经度；

 n——6°带的带号。

各个带中央子午线 6°带的带号，按式（14-5）计算。

$$n=\frac{L}{6}(\text{的整数商})+1(\text{有余数时}) \tag{14-5}$$

式中　n——6°带的带号。

　　　L——某点大地经度。

（2）3°带

3°带是在6°基础上划分的，其中央子午线在奇数带是与6°带中央子午线重合，每隔3°为一带，共120带，各个带中央子午线经度 φ^3 按式（14-6）计算。

$$\varphi^3=3°\times n' \tag{14-6}$$

式中　φ^3——6°带子午线经度；

　　　n'——3°带的带号。

我国幅员辽阔，含有11个6°带，即从13～23带（中央子午线从75°～135°），21个3°带，从25～45带。北京位于6°带的20带，中央子午线经度为117°。

3. 高斯平面直角坐标系的建立

高斯坐标系的建立，如图14-7所示。高斯直角坐标系和笛卡尔直角坐标系的比较，如图14-6所示。

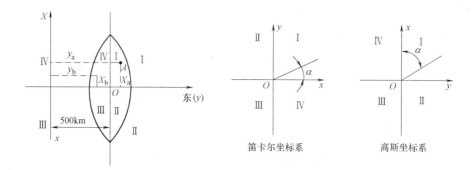

图 14-7　高斯平面直角坐标系的建立

根据高斯投影特点，以赤道和中央子午线的交点为坐标原点 O，中央子午线方向为 x 轴，北方向为正。赤道投影线为 y 轴，东方向为正。象限按顺时针Ⅰ、Ⅱ、Ⅲ、Ⅳ排列。我国领土全部位于赤道以北，x 均为正值，而 y 有正负，如图14-6和图14-7所示。为了使得 y 坐标为正，将坐标纵轴左移（向西移动）500km，并在坐标前冠以带号。例如在第20带，中央子午线以西 W 点的坐标为：

$x'_W=4429856.066\text{m}$；$y'_W=-58364.256\text{m}$

W 点在20带高斯直角坐标系中的坐标为（注：x 轴坐标不变，y 轴坐标加上 500km，并在 y 轴坐标数值前面加上带号"20"）；

$x_W=4429856.066\text{m}$；$y_W=20441635.744\text{m}$

高斯平面直角坐标与数学上的笛卡尔平面直角坐标系的差异：

（1）x 轴和 y 轴及其方向不同。

（2）方位角定义不同（高斯平面直角坐标系中方位角定义——从北向出发，顺时针旋转到计算边重合，旋转的角度即方位角）。

（3）坐标象限不同。

14.5.2 天球坐标系

在天文大地测量和卫星定位测量中，便于描述任意天体的位置和卫星的轨道及其变化，应建立空间位置固定不变且与地球自转无关的坐标系，即天球坐标系。天球坐标系分天球空间直角坐标系和天球球面坐标系两种形式。

一、与天球有关的基本概念

在晴朗的夜晚仰望天空，好似一个巨大的球体笼罩天空，漫天星斗似乎就分布在这个球面上。若以地球质心为中心，以任意长 r 为半径画一个球体，假设它为天球。下面是有关天球的基本概念，假想天球如图 14-8 所示。

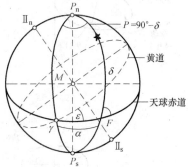

图 14-8　假想天球示意图

1. 天轴和天极

地球自转轴的延伸直线称为天轴。天轴与天球的交点 P_n（北天极）与 P_s（南天极）连线，称为天极。

2. 天球赤道

通过地球质心与天轴垂直的平面称为天球赤道面，此时假想的天球赤道面与地球赤道面重合。天球赤道面与天球相交的大圆面，称为天球赤道面。

3. 天球子午圈

包含天轴并通过地球子午线上任意一点的平面，称为天球子午面。天球子午面与天球相交的大圆面，称为天球子午圈。

4. 时圈

通过天轴的平面，与天球相交的半个大圆面，称为时圈。

5. 黄道

地球公转的轨道面与天球相交的大圆，也就是说当地球绕太阳公转时，地球上的观测者所看到的太阳在天球上运动的轨迹。黄道面与赤道面的夹角 ε 称为黄赤交角，约为 $23°30'$。

6. 黄极

黄极通过天球中心，且垂直于黄道面的直线与天球的交点。其中靠近北天极的交点 II_n 为北黄极，靠近南天极的交点 II_s 为南黄极。

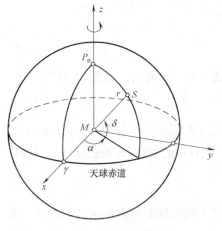

图 14-9　天球坐标系示意

7. 春分点

当太阳在黄道上从南半球向北半球运动时，黄道与赤道的交点 γ 为春分点。春分点、北天极、天球赤道面等是建立天球坐标系的重要基准点和基准面。

二、建立天球坐标系

任意天体 S 的空间位置，可以采用天球空间直角坐标系和天球球面坐标系两种方式表示，如图 14-9 所示。

1. 天球空间直角坐标系

任意天体 S（x、y、z），坐标原点位于地球质心 M；x 轴指向春分点；y 轴垂直于 xMz 平面，与 x 和 z 轴构成右手坐标系；z 轴指向天球北极 P_n。

2. 天球球面坐标系

任意天体 S（α、δ、r），坐标原点位于地球质心 M；赤径 α 为含有天轴和春分点的天球子午面与过天体 S 的天球子午面之间的夹角；赤纬 δ 为原点 M 至天体 S 的连线与天球赤道之间的夹角；向径长度 r 为原点 M 至天体 S 的距离。

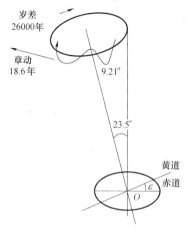

图 14-10　岁差和章动的影响示意

三、岁差和章动

天球坐标系是基于假设地球为均质的球体，假定没有其他天体的摄动力影响，假定地球的自转轴在空间的方向是固定不变的，因而春分点在天球上的位置保持不变。实际上，地球是一个不完全均质的椭球，在日月引力和其他天体的引力对地球隆起部分的作用下，地球在绕太阳运行时，自转轴的方向不再保持恒定不变，春分点在黄道上产生缓慢西移，天文学中把这种现象称为岁差。在岁差影响下，地球自转轴在空间绕北黄极产生缓慢旋转（从北天极上方观测为顺时针方向，使得北天极以同样的方式在天球上绕北黄极产生缓慢旋转，与陀螺旋转类似，形成一个倒圆锥体，如图 14-10 所示。相应锥角等于黄赤交角，其旋转周期 26000 年，是地轴方向相对于空间的长周期运动，天文学上把这种运动称为岁差运动。岁差使得北天极每年西移 $50.371''$。

在日月引力等复杂因素影响下，北天极在天球上绕黄极旋转的轨道不是平滑的小圆，而是类似于圆的波浪曲线运动。即地球旋转轴在岁差的基础上叠加周期为 18.6 年，振幅为 $9.21''$ 的短周期运动，天文学上把这种运动称为章动。

岁差和章动造成了天球坐标系的不断变化，可以将天球坐标系分为平天球坐标系（仅考虑岁差）和真天球坐标系（同时考虑岁差和章动）。

四、协议天球坐标系

岁差和章动的复杂运动影响下，天球坐标轴指向在不断变化，国际大地测量协会（IAU）和国际天文学联合会（IAU）决定，从 1984 年 1 月 1 日起，启用协议天球坐标系，坐标轴的指向以 2000 年 1 月 15 日太阳系质心（TDB）为标准历元（标以 J2000）的赤道和春分点。协议天球坐标系可与瞬时真天球坐标系进行转换。

14.5.3　高程系统

一、正高

正高指地面点沿铅垂线到大地水准面的距离，用式（14-7）表示，如图 14-11 所示。

$$H_g = \sum \Delta H_i \tag{14-7}$$

由于水准面不平行，从某点 A 开始，沿 AB 路线用几何水准测量 B 点的高程，$\sum \Delta h_i \neq \sum \Delta H_i$。此时，应在水准路线上测量对应的重力加速度 g_i，则 B 点的正高 H_g 按式（14-8）计算。

$$H_g = \frac{1}{\overline{g^B}} \int_{AB} g_i d_h \tag{14-8}$$

式中：g_i 和 d_h 可在水准路线测量而得，$\overline{g^B}$ 为 B 点不同深度的重力加速度平均值，由重力场模型确定。

二、正常高

从地面点沿铅垂线向下量取正常高所得曲面，称为似大地水准面。我国正常高系统即高程起算面是似大地水准面而非大地水准面。似大地水准面在海平面上与大地水准面重合。而我国东部平原地区，两者相差几厘米；西部高原地区两者相差几千米。

式（14-8）中，用 B 点不同深度处的重力加速度 g^B 代替 $\overline{g^B}$，则 B 点正常高 H_γ 按式（14-9）计算，如图 14-11 所示。

$$H_\gamma = \frac{1}{g^B}\int_{AB}g\,\mathrm{d}_n \tag{14-9}$$

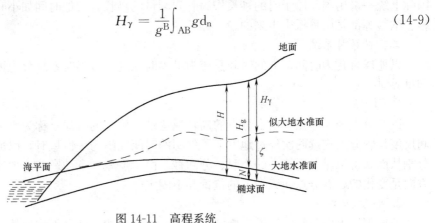

图 14-11　高程系统

三、大地高

地面点沿椭球法线到椭球面的距离，称为该点的大地高，用 H 表示。大地高与正高、正常高之间的关系用式（14-10）和式（14-11）表示。

$$H = H_g + N \tag{14-10}$$

$$H = H_\gamma + \zeta \tag{14-11}$$

式中　N——大地水准面差距，即大地水准面到参考椭球面的距离；

　　　　ζ——高程异常，即似大地水准面到参考椭球面的距离。

14.5.4　坐标系之间的转换

GPS 导航定位中，无论测点多少、测区大小，需要将 WGS-84 地球坐标系与当地参心坐标系进行转换，这些转换看起来十分麻烦和复杂。实际操作当中往往通过软件（将 WGS-84 坐标转换成地面网的坐标）自动转换，操作起来比较简单。

坐标系统转换利用行列式公式转换，高程系统的转换按照拟合法、区域似大地水准面精化法和地球模型法等，读者可以参考有关教材，这里不作详细介绍。

14.5.5　时间系统

一、概述

GPS 测量中，时间对于导航定位点位的精度具有决定性作用。

笼统的时间分时间和时刻。时间指事物运动处于两个不同（瞬时）状态之间所经历的历程，是两个时间时刻之间的差值，例如 2016 年 10 月 1 日上午 8：00 至 10：00 之间的持续时间为 2 个小时。时刻指发生在某一时点的时间，例如 2016 年 10 月 1 日上午 10：00 这一时刻。

时间系统具有尺度（时间单位）和原点（历元）。

空间时间基准有 3 种：地球自转是建立世界时间基准的基础，稳定度约为 1×10^{-8}；行星的绕日公转（地球公转），是建立历学时时间的基础；电子、原子的简谐振荡是建立原子时时间基准的基础，稳定度约 1×10^{-13}，见表 14-1。原子时是迄今为止稳定度和复现性最好的时间系统。GPS 导航定位中，重要的时间系统有恒星时、历学时和原子时。时间的基本单位是国际单位制"秒"，"秒"是获得高精度的、高稳定度的时间基本尺度，国际上统一采用国际原子时的秒长作为时间测量的秒长，其他时间如小时、分、毫秒、微秒、纳秒等都是由秒派生出来的。

二、世界时系统

以地球自转为时间基准的时间系统为世界时系统，世界时系统分为恒星时、平太阳时和世界时。

1. 恒星时

以春分点为参考点，由春分点的周日视运动所确定的时间，称为恒星时。恒星时的时间尺度是春分点连续两次经过地方上子午圈的时间间隔为一恒星时，以恒星时为基础均匀分割从而获得恒星时系统中的小时、分和秒。由于岁差、章动影响，地球自转轴在空间的方向是变化的，春分点在天球上的位置并不固定。

2. 平太阳时

地球围绕太阳公转的轨道为椭圆，所以太阳运动的速度是不均匀的。以真太阳周年视运动的平均速度确定一个假想的太阳，且其在天球赤道上做周年视运动，称为平太阳。以平太阳连续两次经过本地子午圈的时间间隔为一个平太阳日，含 24 个平太阳小时。

3. 世界时

以平子夜零时起算得格林尼治平太阳时，称为世界时。世界时与平太阳时的尺度基准相同，其差别仅仅在于起算时刻不同。世界时系统是建立在地球自转运动基础上的，由于极移影响和地球自转速度不均匀，包含有长期的减缓趋势和短周期、季节性变化趋势，因此，世界时是不均匀的。

三、历学时系统

地球绕太阳公转为基础的均匀的时间系统称为历书时。1960 年至 1967 年期间，历书时是国际公认的计时标准，历书时"秒"的定义为 1900 年 1 月 1 日 12 时所对应的整回归年长度的 1/31556925.9747。

四、原子时

当原子的能级产生跃迁时，其辐射和吸收的电磁波频率，具有很高的稳定性和复现性，是一种很好的时间基准。

原子时秒长定义——位于海平面上铯原子基态的两个超精细能级，在零磁场中跃迁，辐射震荡 9192631770 周所持续的时间，称为一个原子时的"秒"。

原子时是通过原子钟来守时和授时的，原子钟（如铷钟、铯钟、氢原子钟等）振荡频率的准确度和稳定度，决定了原子时的精度。在 GPS 卫星定位测量中，原子时作为高精度的时间基准，普遍用于精密测定卫星信号的传播时间。

14.6　GPS 网及其建立

GPS 静态测量具有如下特点：测量精度高；选点灵活，无需造标，布网成本低；可全天候作业；观测时间短，作业效率高；观测、处理自动化；可获得三维坐标。

14.6.1 GPS 网

GPS 网是采用 GPS 定位技术建立的测量控制网，它由 GPS 点和基线向量构成。

14.6.2 GPS 网的建立

一、GPS 网的建立过程

GPS 网的建立过程分为 3 个阶段：设计准备、测量作业和数据处理。

设计准备阶段包括项目规划、方案设计、施工设计、测绘资料搜集、选点埋设和仪器校验等。测量作业包括实地踏勘测区；卫星状况预报、敲定作业方案、外业观测、数据传输备份、基线解算及其质量控制。数据处理包括网平差及其质量控制、技术总结、成果验收。

二、GPS 测量中的基本概念

1. 观测时段

观测时段指从测站上开始接收卫星信号起至停止观测之间的连续工作时间。观测时段是 GPS 观测工作的基本单元，不同精度等级 GPS 测量对观测时段及其时段长度有不同要求。

2. 同步观测

同步观测指 2 台或 2 台以上 GPS 接收机同时对同一组卫星信号进行观测。同步观测能够通过接收机间求差方式来消除或大幅度削弱卫星星历误差、卫星钟钟差、电离层延迟误差等。

3. 基线向量

基线向量指利用进行同步观测的 GPS 接收机所采集的观测数据计算出来的接收机间的三维坐标差，基线向量与计算时所采用的卫星轨道数据属于同一个坐标参照系，它是网平差时的观测量。

4. 复合基线及其长度较差

复合基线指，在两个测站间，由多个时段观测的同步观测数据所获得的多个基线向量解结果。复合基线的长度较差指 2 条复合基线的分量较差的平方或开方。

14.6.3 GPS 网的质量及质量控制

一、GPS 网的质量

GPS 网的质量包括精度、可靠性和成果适用性等。GPS 网的精度可以通过相应的精度指标来加以评价，如相邻点的分量中误差、距离中误差和网无约束平差的基线向量差等。GPS 的可靠性反映 GPS 网应对观测值和起算数据中可能存在粗差的能力的高低。

二、GPS 网的质量控制

GPS 网的质量控制包括质量检验和质量改善。

三、GPS 网质量的影响因素

GPS 网质量的影响因素有 GPS 基线的质量、常规地面观测值的质量、起算数据的精度、数量和分布、GPS 网的结构以及数据处理方法等。

14.7 GPS 测量及技术方案设计

14.7.1 概述（含 GPS 网的精度和密度设计）

一、技术方案设计的作业

技术方案设计指依据 GPS 网的用途及项目的要求，按照国家级相关行业主管部门颁布的 GPS 测量规范标准，对基准、精度、密度、网形及作业指标（观测时段数、时段长度、采样间隔、截止高度角、接收机的类型及数量、数据处理）等方面的现场总体 GPS 测量规划和部署。它是建立 GPS 网的首要工作，是建立 GPS 网的技术准则，是 GPS 测量项目实施过程以及成果检查验收的依据。

二、GPS 网的精度和密度设计

根据《全球定位系统（GPS）测量规范》GB/T 18314—2009，将 GPS 测量等级划分为 A、B、C、D、E 共 5 个等级，见表 14-2。而《卫星定位城市测量技术规范》CJJ/T 73—2010 中，城市控制网（CORS 网和 GNSS 网）、城市地籍控制网和工程控制网划分为二、三、四等和一、二级，见表 14-3。

GPS 测量等级及用途　　　　　　　　　　　　　　　　　　表 14-2

等级	用　　途
A	国家一等大地控制网，全球性地球动力学研究，地壳形变测量和精密定轨道等
B	国家二等大地控制网，地方或城市坐标基准框架，区域性地球动力学研究，地壳变形测量，局部形变监测和各种精密工程测量等
C	三等大地控制网，区域、城市及工程测量基本控制网等
D	四等大地控制网
E	中小城市、城镇及测图、地籍、土地信息、房产、物探、勘探、建筑施工等的控制测量等

城市 GNSS 控制网的主要技术要求　　　　　　　　　　　　表 14-3

等级	平均（km）	a(mm)	$b(1 \times 10^{-6})$	最弱边的相对中误差
CORS	40	≤2	≤1	1/800000
二等	9	≤5	≤2	1/120000
三等	5	≤5	≤2	1/80000
四等	2	≤10	≤5	1/45000
一级	1	≤10	≤5	1/20000
二级	<1	≤10	≤5	1/10000

注：当边长小于 200m 时，边长中误差应小于±2cm。

根据《全球定位系统（GPS）测量规范》GB/T 18314—2009，GPS 测量的精度指标见表 14-4。

根据《全球定位系统（GPS）测量规范》GB/T 18314—2009，各级 GPS 网中相邻点间的距离最大不宜超过该等级网平均距离的 2 倍。根据《卫星定位城市测量技术规范》CJJ/T 73—2010，二、三、四等级网相邻最小边长不宜小于平均边长的 1/2，最长边长不宜超过平均边长的 2 倍。

城市 B、C、D、E 网的精度指标			表 14-4
等　　级	相邻点基线分量中误差		相邻点平均距离(km)
	水平分量(mm)	垂直分量(mm)	
B	5	10	50
C	10	20	20
D	20	40	5
E	20	40	3

14.7.2　GPS 网基准设计

GPS 网的基准设计内容包括位置基准（取决于网中起算点的坐标和平差方法）、尺度基准（基线或基线向量提供）和方位基准（取决于起始边方位角）三类。GPS 网采用的坐标参照系可根据布网目的及用途而定。用户可通过互联网方便地获得精密星历以及测区周围的 IGS 基准站的站坐标和观测值，通过高精度联测来求得起始点在 ITRF 坐标框架中的起始坐标，也可通过与测站附近的高等级 GPS 点（2000 国家大地坐标点）联测来获得起始坐标。

14.7.3　GPS 测量技术方案设计书的编写

技术方案设计书指 GPS 网设计成果的指导性文件及关键技术文档，主要包括项目来源、测区情况、工程概况、技术依据、现有测绘成果、施测方案、作业要求、观测质量控制、数据处理方案和提交成果要求。编者应根据实际情况结合相关规范、测设合同编写。

14.8　GPS 测量的外业

GPS 外业测量又称为数据采集。GPS 外业测量与传统的外业测量相比有较大不同，作业人员需要安置接收机天线（对中、整平、定向、量取仪器高）、设置接收机参数（观测模式、截止高度角、采样间隔，也可采用默认值）、开机及关机等工作；其他观测工作由接收机自动接收卫星信号并自动处理，不需人为干预。

14.8.1　选点与埋设点

一、搜集资料

GPS 方案设计和现场选点与埋设点之前，需要搜集测区及测区周边现有的国家平面控制点（导线点和三角点）、水准点、GPS 点以及卫星定位连续运行基准站资料，搜集点位图、平面控制网图、水准网图，搜集已有测量成果表、技术总结资料，搜集地形图、交通图、供电、供水、气象资料。

二、选点

点位一般需要安置仪器，即作为测站。要求测站四周视野开阔，高度角 15°以上没有成片的障碍物，测站上应易于安置 GPS 接收机和天线；测站应远离大功率无线电信号发射源（电台、电视台、微波中继站），避开高压输电线、变压器、大面积平静水面信号反射源；测站应远离房屋、围墙、广告牌；测站应位于地质条件好、稳定、易于保护的地点，顾及交通便利；测站应利于利用已有控制点的标石和观测墩。

三、埋设点

埋设可以参见 9.2 节。

各级 GPS 点均应设置固定标石或标志。B 级 GPS 点应埋设天线墩，C、D、E 级 GPS 点应满足标石稳定、易测、长期保存等条件。

各类标石均应设有中心标志，岩石和基本标石的中心标志采用铜或不锈钢制作，普通标石的中心标志可用铁或坚硬的复合材料制作。标志中心应刻有清晰精细的十字丝或嵌入不同颜色的金属（不锈钢或铜）制作的直径小于 0.5mm 的中心点。

14.8.2 接收机的维护保养和检验

一、接收机的维修保养

GPS 接收机宜指定专人管理；必须严格遵守技术规程和操作要求作业；接收机应防震、防潮、防尘、防蚀、防辐射；观测完毕及时擦净接收机上的尘埃和水汽，并及时存放在仪器箱；定期检查维修接收机。

二、接收机的检验

接收机的检验包括一般性检视、通电检验、附件检验、试验检测，应安排专人或送专业机构检验。

14.8.3 观测方案设计

对于规模较大、等级较高的 GPS 网应编写《外业观测作业设计书》，对于一般的中小工程控制网，仅要求编写《外业观测调度计划表》。

一、一般技术要求

A 级 GPS 网的观测技术要求见《全球导航卫星系统连续运行参考站网建设规范》CH/T 2008—2005。B、C、D、E 级 GPS 网的观测技术要求见《全球定位系统（GPS）测量规范》GB/T 18314—2009，见表 14-5。

表 14-5

B、C、D、E 级 GPS 网的技术指标

项　目	等　级			
	B	C	D	E
卫星截止高度角(°)	10	15	15	15
同时观测有效卫星数(个)	≥4	≥4	≥4	≥4
有限观测卫星总数(个)	≥20	≥6	≥4	≥4
观测时段数(个)	≥3	≥2	≥1.6	≥1.6
时段长度	≥23h	≥4h	≥60min	≥40min
采用间隔(s)	30	10~30	10~30	10~30

注：观测时段数≥1.6，指采用网观测模式时，每测站至少观测 1 个时段，其中 60%以上的测站至少观测 2 个时段。

二、观测方案具体内容

1. 接收机

接收机配备应考虑类型和数量两个方面。

GPS 接收机是 GPS 网测量的关键设备，GPS 接收机的性能和质量直接关系观测成果的质量。尽可能采用双频全相位接收机，有利于消除周跳探测、电离层折射的影响。一般工程测量中，接收机数量宜为 4～6 台。

2. 接收机参数

外业观测时，接收机必须设置统一的卫星截止高度角和采样间隔参数，见表 14-5。

3. 测站及观测记录

对中、整平和测量仪器高度。天线安置在三脚架上时，光学对中或垂球对中均可，对中误差小于等于 1mm。采用天线上的圆水准气泡或长水准气泡整平天线。用钢卷尺在间隔 120°三点测量天线高度，误差在 3mm 之内取平均值。

安置 GPS 接收机天线时，天线上的标志线应指向正北向。

接收机开始工作后，观测员可通过功能键和菜单查看接收机的卫星数、卫星编号、卫星健康状况、各通道的信噪比、单点定位结果、余留的内存量、电池电量等信息。每时段始末各记录一次观测卫星号、天气状态、实时定位的 PDOP 值等，一次在时段开始，一次在时段结束时。

14.8.4 作业调度和观测作业

一、作业调度

作业调度包括外业观测期间的人员安排、设备安排、交通工具调度。

二、外业观测作业

外业观测作业包括观测作业、记录、外业观测成果的检核、补测和重测等。

观测作业包括：检查接收机电源和天线等连接无误后方可开机；接收机自检，输入测站、观测单元和时段等控制信息；观测过程中应按要求填写测量记录表；观测时，接收机天线 50m 内不得使用电台，10m 内不得使用对讲机；所有预定作业项目全部完成并符合规定后，记录和资料完整无误后，方可迁站。观测过程中，严禁进行下列操作：关机后重新启动接收机；进行仪器自检；改变截止高度角或采样间隔；改变天线位置；关闭文件或删除文件。

记录类型有三类：各种存储介质（硬盘等）存储；测量手簿；观测计划、偏心观测等。观测记录内容保留：C/A 码及 P 码伪距；载波相位观测值；观测时刻 t；卫星星历；测站及接收机的初始信息，包括测站名、观测单元号、参考站或流动站、时段号、测站的近似坐标、接收机编号和天线编号、天线高、观测日期、采样间隔、截止高度角等。

外业观测作业结束后，及时从接收机下载数据并进行数据处理。反映 GPS 外业观测作业数据质量的，是基线解算的结果和 GPS 网无约束平差的结果，见 14.9 节。

当发生外业缺测、漏测、观测值不符合规定；复测基线长度较差超限、同步环闭合差超限等应进行补测或重测。

14.8.5 GPS 测量成果验收

一、成果验收

GPS 测量成果验收应按照《测绘成果质量检查与验收》GB/T 24356—2009 进行。验收侧重为：实施方案是否符合观测方案设计要求，是否符合规范要求；补测、重测是否符合要求；数据处理软件是否符合要求，处理项目是否齐全，起算数据是否正确；各项技术指标是否符合要求。

二、成果资料

成果资料包括：测量任务书或合同书、技术设计书；点之记、测站环视图、测量标志委托保管书、选点资料和埋石资料；外业观测记录、其他记录；数据处理生成的文件、资料和成果表；GPS 网平面展点图；技术总结和成果验收报告。

14.9　GPS 测量数据格式、基线解算和网平差

14.9.1　GPS 测量的 RINEX 数据格式

RINEX 是一种在 GPS 测量应用中普遍采用的标准数据格式，采用文本文件形式存储数据，数据记录格式与接收机的制造厂和具体型号无关。目前，几乎所有测量用 GPS 接收机厂商都提供将其专有格式文件转换为 RINEX 格式文件的工具，几乎所有的数据分析处理软件都能够直接读取 RINEX 格式的数据。目前，应用普遍的是 RINEX 格式的第 2 个版本，它能够用于包括静态和动态 GPS 测量在内的不同观测模式数据。

RINEX 格式的第 2 个版本定义了 6 种不同类型的数据文件：存放 GPS 观测值的数据文件，存放 GPS 卫星导航电文的文件，存放在测站外所测定的气象数据的文件，存放 GLONASS 卫星导航电文的文件，存放在增强系统中搭载有类 GPS 信号发生器的地球同步卫星的 GEO 导航电文文件，存放卫星和接收机时钟信息的文件。GPS 观测值的观测数据和 GPS 卫星导航电文在进行数据处理分析时是必需的，其他类型的数据则是可选的。

RINEX 格式的数据文件采用 8+3 的命名方式，完整的文件名用于表示文件归属的 8 个字符长度的主文件名和用于表示文件类型的 3 位字符长度的扩展名两部分组成。例如：

$$ssssdddf.yyt$$

其中：ssss——即前面 4 个字符长度代表测站代号；

　　　ddd——文件中第一个记录所对应的年积日。年积日是仅在一年中使用的连续计算日期的方法，是从当年 1 月 1 日起开始计算的天数，通常在 GPS 测量中使用；

　　　f——一天内的文件序号。取值从 0～9，A～Z。当为 0 时，表示文件包含了当天的所有数据；

　　　yy——年份；

　　　t——文件类型。O—观测值文件；N—GPS 导航电文文件；M—气象数据文件；G—GLONASS 导航电文文件；H—地球同步卫星 GPS 有效载荷导航电文文件；C—钟文件。

例如文件名为 WHN11410.04O 的格式数据文件，为点 WHN1 在 2004 年 5 月 20 日（年积日为 141）整天的观测数据文件；而文件名为 WHN11410.04N 的 RINEX 格式数据文件，则相应为在该点上进行观测的接收机所记录的导航电文文件。

RINEX 格式数据编码更加灵活。RINEX Version3 及其后续的 3.01 版本广泛兼容 GPS、GLONASS、GALILEO、BDS 和 SBAS 等不同卫星系统的数据，文件内容也更加

丰富。

14.9.2　GPS 基线解算

一、概述

GPS 网的数据处理流程划分为数据传输、格式转换（可选）、基线解算和网平差四个阶段。数据传输和格式转换可以当作基线解算的预处理过程，而基线解算和网平差是GPS 测量数据处理的两个实质性阶段。GPS 测量的数据处理框图，如图 14-12 所示。

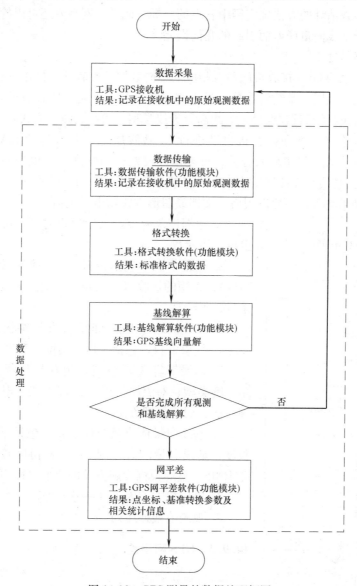

图 14-12　GPS 测量的数据处理框图

GPS 接收机在野外采集的观测数据从接收机的内部储存器或可移动储存介质下载到计算机上。

如果所采用的数据处理软件无法读取该格式的数据，需要首先将格式转换成常用的

RINEX 格式的数据。

基线解算由多台接收机在野外通过同步观测所采集到的观测数据，被用来确定接收机间的基线向量及其方差-协方差阵，基线解算通常是为了观测数据质量进行初步评估，正式的基线解算过程常在整个外业观测完成后进行。基线解算结果除了被用于后续的网平差外，还被用于检验和评估外业观测。

网平差是数据处理的末尾阶段。在网平差过程中，基线解算时所确定的基线向量被当作观测值，基线向量的验后方差-协方差阵则被用来确定观测值的权阵，并引入适当的起算数据，通过参数估计的方法确定网中各点的坐标。此外，网平差还可以检查观测值中的粗差，消除由于基线向量误差而引起的几何误差。

二、基线解算过程

虽然各个厂家的 GPS 接收机配备有相应的不同数据处理软件，操作方式也有所不同，但是基本内容大致相同，基线解算分为导入观测数据（一般是 RINEX）格式、检查修改外业导入输入（包括测站点/点号、天线高、天线类型、天线高测量方式）、设定基线解算的参数、基线解算（软件和计算机自动进行）、基线质量控制（包括 RATIO、RDOP、RMS、同步环闭合差、异步环闭合差、重复基线较差、GPS 网无约束平差、基线向量改正数）、整理得到基线解算最终结果。GPS 基线解算过程如图 14-13 所示。

基线解算结果输入，一般以表格、文档或图形方式输出，包括：

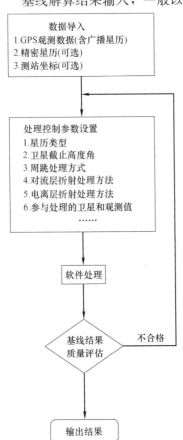

图 14-13 GPS 基线解算过程

1. 数据记录内容，包括起止时刻、历元间隔、观测卫星、历元数。

2. 测站信息，包括位置（GPS 测站的经度、纬度、高度）、采用的接收机序列号、采用的天线序列号、测站编号、天线高。

3. 各个测站在观测期间的卫星跟踪状况。

4. 气象资料，包括气压、温度、湿度。

5. 基线解算参数设置，包括星历类型、截止高度角、解类型、对流层折射角处理方法、电离层折射角处理方法、周跳处理方法。

6. 基线向量估值及统计信息，包括基线分量、基线长度、基线分量的方差-协方差阵/协因数阵、观测值残差 RMS、整周模糊度解方差的比值（RATIO）。

7. 单位权方差因子（参考方程）。

8. 观测值残差序列。

14.9.3 GPS 网平差

一、概述

基线解算得到的基线向量仅能确定 GPS 网的几何图形，无法提供最终确定网中点的绝对坐标（绝对基准位置），在网平差中能够做到通过起算点坐标引入绝对基准。网平差具有下列作用：消除由观测值和已知条件中存在的误差所引起的 GPS 网在几何图形上的不一致（不闭合）；改善 GPS 网的质量，评定 GPS 网精度；通过引入起算数据（已知点、已知边长、已知方位角），确定点在指定参考系下的坐标及其他一些参数（基准转换参数）。

单一类型的网平差无法完全解决上述 3 个问题，需要分阶段采用不同类型的网平差方法。根据网平差所采用的观测值和已知条件的类型和数量，可将网平差分为最小约束平差（又称自由约束平差或无约束平差）、约束平差和联合平差三种类型。在工程应用中常采用联合平差，在大地测量中常采用约束平差。

最小约束平差除了引入一个提供位置基准信息的起算点坐标外，不再引入其他的外部起算数据。无约束网平差结果完全取决于 GPS 基线向量，GPS 网的无约束平差结果质量的优劣，以及在平差过程中所反映的观测值间几何图形不一致，都是观测值本身质量的真实反映。

约束平差采用的观测值也完全是 GPS 基线向量，但与无约束平差不同的是，约束平差引入了会使 GPS 网的尺度和方位发生变化的外部起算数据。约束平差常被用于实现 GPS 网成果由 GPS 卫星星历采用的参照系到特定参照系的转换。

联合平差采用的观测值不仅包含 GPS 基线向量，还包含边长、角度、方向和高差等地面常规观测值。

二、网平差流程

因联合平差常用于工程，这里仅仅介绍联合平差流程，如图 14-14 所示。

1. 利用最终参与无约束平差的基线向量形成与 GPS 观测值有关的观测方程，观测值的权阵采用在无约束平差中经过调整后最终所确定的观测值权阵。

2. 利用地面常规观测形成与地面常规观测值有关的观测方程，同时确定其初始权阵。

3. 利用已知点、边长和方阵等信息，形成限制条件方程。

4. 对所形成的数学模型进行求解，得出待定参数的估值和观测值等量的平差值、观测值的改正数以及相应的精度统计信息。

5. 利用第 4 步结果，对 GPS 观测值与地面常规观测值之间精度的比例关系进行调整，再次进行第 4 步，直到不再需要调整为止。

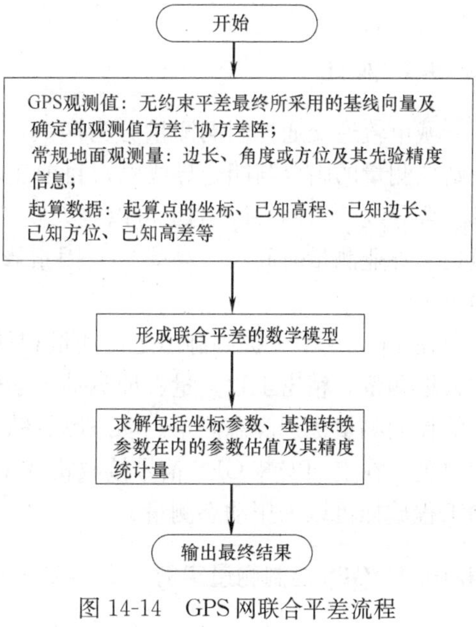

图 14-14　GPS 网联合平差流程

14.9.4　利用 GPS 建立独立坐标系

一、概述

工程测量中的平面坐标系与数学坐标系是不同的；工程坐标系的 x 轴指向纵轴（北向 N），而 y 轴指向横轴（东向 E）。测量上的平面坐标系分国家坐标系和独立坐标系两类，详见 14.5.1 节。

二、独立坐标系分类

独立坐标系分为两类，分别为第 1 类独立坐标系和第 2 类独立坐标系，具体见 14.5.1 节。

三、建立独立坐标系的基本方法

GPS 技术建立独立坐标系，需要解决两个问题。第 1 个问题是将成果归化到特定投影面上，本质上是一个将坐标投影到任意指定相对于参考椭球面高度的投影面的问题。第 2 个问题是独立坐标系的旋转、平移和尺度问题，可以采用相似变换的方法来处理。

采用 GPS 技术建立独立坐标系下的控制网有以下两种方法：

第 1 种方法：先进行 GPS 网的无约束平差，得到地心地固坐标系下的坐标；然后将 GPS 测定的三维坐标投影到独立系所在的平均高程面或指定高度的高程面上；最后进行平移和旋转，得出最终坐标。

第 2 种方法：先通过约束平差或基准转换，得到大地坐标；然后通过坐标投影，将三维坐标投影到参考椭球面上；最后进行坐标的相似变换，得出最终坐标。要求先在网中测量几条高精度的激光测距边，这些激光测距边既可以当作约束值，又可当作观测值，与 GPS 基线向量观测值一起进行平差。

14.10 GPS 平面控制测量实例

14.10.1 概述

城市轨道交通控制网测量分为两级，首级 GPS 网，精度最高；其次是导线网，采用全站仪测量的附合与闭合导线网。目前工程中采用 GPS 测量控制网基本不分闭合导线或者附合导线。采用 GPS 测量可以全天候工作，远距离工作，除了隧道工程外都可以采用，但是其外业测量时间长，易受天气因素影响。目前工程实际来说，GPS 高程控制测量应用较少。

在 14.3.1 节中提到静态定位测量和动态定位测量。静态定位测量精度高，静态定位在大地测量、精密工程测量、地球动力学研究和大面积地壳变形检测中应用广泛，一般工程的控制测量优选静态测量。动态测量精度低，如确定手机、车辆、舰船、飞机和航天器的位置，在上面安装 GPS 信号接收机或下载相应软件就可实现实时导航，精度要求不高的工程放样可以采用动态测量。

14.10.2 GPS 控制测量实例

这里以广州市轨道交通十一号线及中心城区综合管廊项目为工程背景，采用 4 台 Trimble R10 进行 10 个点位的静态平面控制网测量。

一、外业工作

在控制点上架设仪器，量取仪器高度数据并记录到记录表内，同时点击开机，一个小时后（根据现场实际要求）同时点击关机键，量取仪器高度，将数据记到记录表中（以 XIJ050 为例），见表 14-6。将仪器收好，数据采集完毕，外业工作结束。GPS 外业工作情况如图 14-15 所示。

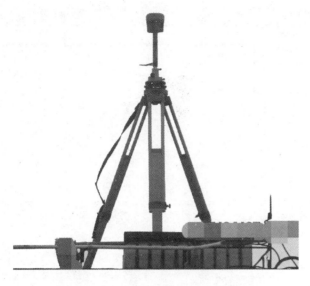

图 14-15　GPS 外业静态测量实况图

GPS 静态观测手簿　　　　　　　　　　　　　　　　表 14-6

控制点名	XIJ050	接收机序列号	2794
采样间隔	1h	开始记录时间	10：04
结束记录时间	11：10	近似纬度	××××
近似经度	××××	近似高程	××××
天气	阴	日期段号	0
天线高　　　次数	1	2	3
开机前天线高	1339	1339	1339
关机后天线高	1339	1339	1339
平均天线高	1339		

二、内业处理

Trimble R10 内业涉及 3 个软件：Convert To RINEX 软件，LGO 软件，COSA GPS 软件。Convert To RINEX 软件是将仪器中导出的原始数据格式转换成 GPS 处理软件的标准格式；LGO 软件主要进行基线解算；COSA GPS 软件主要进行网平差。

通过连接 WiFi，将仪器中采集到的数据导入电脑中。数据处理的第一步是转格式，利用转格式软件（Convert To RINEX）将从仪器中导出的数据格式，转换成 GPS 处理软件的标准格式，如图 14-16 所示。

转完数据就可以进行下一步基线解算，本例使用 LGO 软件进行基线解算，第一次使用该软件时需要导入新的天线。下一步新建项目，输入项目名点击"确定"，打开新建项目导入原始数据，显示出来测量点分布。然后在 GPS 处理界面将处理模式改为自动，再配置 GPS 处理参数界面，选中残差和基线重算，再将所有的天线类型改为倾斜。现在进

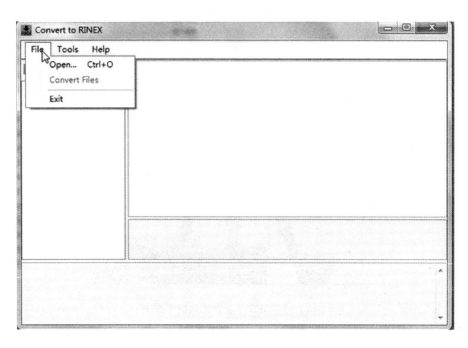

图 14-16　转换格式软件操作界面

行数据处理，先选中第一时段的四个点，点击"处理和储存"，显示出第一时段的数据。也可以全部选中一起处理。至此基线解算完成。此时要注意查看残差，是不是控制在 0.1 以内，最后输出基线文件便可。基线解算如图 14-17～图 14-19 所示。

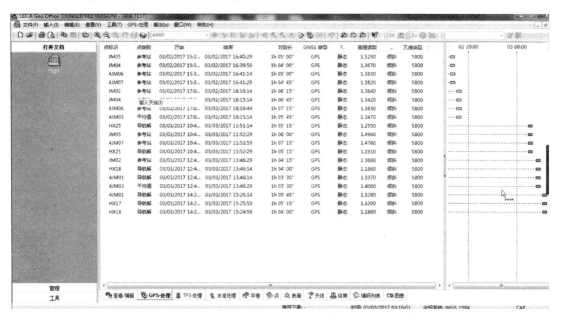

图 14-17　LGO 软件基线解算界面

基线解算后就是网平差，打开 COSA GPS 软件，在新建工程中输入新工程名，选择

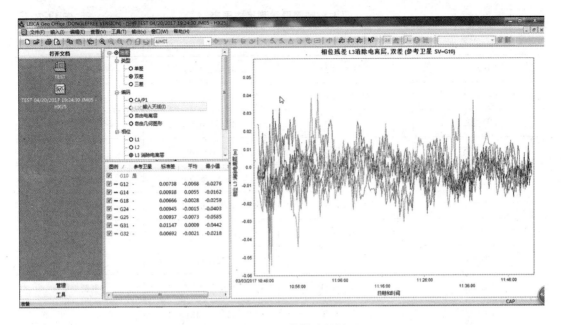

图 14-18　LGO 软件残差界面

图 14-19　LGO 软件基线文件输出界面

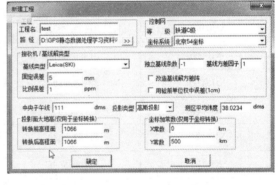

图 14-20　COSA GPS 软件新建工程界面

坐标系统和等级，选择基线类型，输入测区平均纬度，投射面大地高，点击"确定"，至此工程建立完毕。接下来进行数据处理，第一步输入三维坐标（输入点号读取基线便可），接着查看重复基线和闭合环相对闭合差是否合格。查看三维向量网平差中基线、向量、残差是否超限；都合格后输入二维已知坐标，然后选择二维约束平差，网平差结束。查看平差后方位角、边长及精度是否符合规范要求。网平差操作如图 14-20 所示。

　　三、控制测量成果

　　GPS 测量比全站仪精度更高、速度更快，测点之间不要求通视；安置 GPS 仪器后，自动接收卫星信号，无需人工干预；内业处理过程实现软件自动化。因此 GPS 测量主要涉及卫星技术和软件技术，工程测量人员只需知道操作过程，不需了解卫星技术和软件技术的开发、研究、计算过程。

　　GPS 测量内业及成果报告，见附录 1 控制网复测成果报告和表 14-7。

点　　名	X(m)	Y(m)	备　　注
GPS28	31784.1230	41863.8790	
GPS201	31368.2210	43803.2130	
GPS202	30792.8600	45354.0280	
GPS258	32354.3390	41760.6180	
GPS259	32196.4820	43660.8990	
XIJ036	30775.4866	45313.6419	
XIJ038	30548.0681	44835.1555	更新坐标
XIJ041	31087.9217	45417.1495	
XIJ042	30850.3104	44595.9452	更新坐标
XIJ043	30929.3599	45180.4151	
XIJ044	31038.4786	44376.9454	
XIJ045	30988.2480	44883.6558	
XIJ046-1	31469.7855	43491.3071	
XIJ047	31556.5077	44351.2740	
XIJ047-1	32179.9894	43099.0835	
XIJ048-1	31705.7539	42703.5578	
XIJ049-1	31887.7340	42331.8076	
XIJ050	32106.5068	42325.5455	
XIJ051	32067.9737	41612.7603	
TGJM01	30863.6332	44739.0770	新加密
TGJM02	30894.4718	44847.0283	新加密
TGJM03	30888.8379	45061.4614	新加密
SHJ01	32032.8326	42436.1570	新加密
SHJ02	32103.0543	42541.0786	新加密
SHJ03	32103.5740	42456.7362	新加密
SHJ04	31986.0115	42563.2291	新加密
SHJ04-1	32089.6811	42787.8112	新加密
SHJ05	31837.8324	42574.2832	新加密

14.11 利用 GPS 进行道路放样实例

14.11.1 概述

一、工程简介

目前利用 GPS 进行道路（包括城市道路、交通公路、铁路）施工放样，GPS 是公路施工尤其是路基施工中普及率较高的放样方法。一般来说，道路放样比房屋建筑等土木工程放样复杂，其他土木工程放样可以参照道路放样。

GPS 放样侧重于平面位置（坐标）放样，最大优点有：不受地形和地物通视条件限制；放样线路长，作业半径可达 3~5km；灵活方便；快捷。因高程测量精度不高，在高程控制测量、重要结构物（如桥梁、隧道）高程放样时不宜采用 GPS 放样。采用 GPS 放样，与传统的经纬仪和全站仪相比，可以说达到更加完美、快速、准确、电子化。

本书以贵州省黔东南自治州雷山县雷山至大塘城市主干道工程为背景，雷山至大塘城市主干道项目设计起点 K0+000，接雷山南部路网规划一号路、二号路交叉口，路线由北向南布设，终点 K6+360 接大塘入口。道路全长 6.36km，道路宽度 20.5m。采用的技术标准为城市主干路，设计速度为 60km/h。

二、仪器设备及配套软件

雷山至大塘城市主干道，放样仪器设备采用南方 S86RTK 和配套的工程之星 3.0 手簿，依托南方 CORS 软件，完成放样。

1. 南方 S86RTK 简介

南方 S86RTK 由广州南方卫星导航仪器有限公司生产。其静态平面精度：3mm+1ppm，高程精度：5mm+1ppm；RTK 定位平面精度：1cm+1ppm，高程精度：2cm+1ppm。

2. 工程之星 3.0 手簿

工程之星 3.0 手簿，手簿控制器 CPU 频率达 500mHz 以上，数字与字母键分开布设便于输入，Microsoft Windows CE 5.0 操作系统，可达 50m 长距离蓝牙连接，支持 SD 卡、CF 卡等存储介质。具备 480×640 分辨率，3.6in，Full VGA，TFT 彩色液晶显示屏。手簿控制软件有工程之星、测图之星、电力之星、导航之星等，包含典型工程测量的特征点采集、点放样、直线、曲线放样、面积测量、路线放样与测量、断面测量、道路设计、断面设计等强大的工程测量功能，图形化显示与操作。其优点是：野外作图的丰富特征，完善的作图编辑；导入当前主流的成图软件不需要进行转换，方便图形的测量和修、补测；界址点录入，圈定作图范围，超出测图范围自动提示，避免多测和少测。

经过不断开发，目前工程之星具有下列强大功能：

（1）控制测量：双频系统静态测量，可准确完成高精度变形观测、像控点测量等。

（2）公路测量：配合工程之星能够快速完成控制点加密、公路地形图测绘、横断面测量、纵断面测量等。

（3）CORS 应用：依托南方 CORS 的成熟技术，为野外作业提供更加稳定便利的数据链。同时无缝兼容国内各类 CORS 应用。

（4）数据采集测量：能够完美的配合南方各种测量软件，做到快速、方便地完成数据采集。

(5) 放样测量：可进行大规模点、线、平面的施工放样工作。

(6) 电力测量：可进行电力线测量定向、测距、角度计算等工作。

(7) 水上应用：可进行海测、疏浚、打桩、插排等，使水上作业更加方便、轻松。

3. 南方 CORS 软件

南方 CORS 软件由广州南方测绘科技有限公司开发。CORS 软件系统由基准站网、数据处理中心、数据传输系统、定位导航数据播发系统、用户应用系统五个部分组成，各基准站与监控分析中心间通过数据传输系统连接成一体，形成专用网络。

连续运行参考站系统（Continuous Operational Reference System，简称 CORS 系统）可以定义为一个或若干个固定的、连续运行的 GPS/GNSS 参考站，利用现代计算机、数据通信和互联网（LAN/WAN）技术组成的网络，实时地向不同类型、不同需求、不同层次的用户提供经过检验的不同类型的 GPS 观测值（载波相位、伪距），各种改正数、状态信息，以及其他有关 GPS 服务项目的系统。它是目前 GPS 测量技术发展的一个方向，是网络 RTK 技术和 GPS 主板技术发展的产物，它的产生弥补了一些传统 RTK 的不足，促进了 GPS 在测量和其他领域的应用。CORS 技术在用途上可以分成单基站 CORS、多基站 CORS 和网络 CORS。

14.11.2 GPS 放样实例

一、中桩放样程序

依托雷山至大塘城市主干道项目，采用南方 S86RTK＋配套的工程之星 3.0 手簿＋南方 CORS 软件，进行中桩放样。

1. 资料搜集

测量前搜集资料，包括设计施工图、采用的坐标系（本项目采用北京 54 坐标系）、设计坐标控制点、施工加密坐标控制点，见表 14-8 和表 14-9。

雷山至大塘设计 GPS 控制点   表 14-8

GPS 点号	x 坐标(m)	y 坐标(m)	H 坐标(m)	备注
GPS04	2916893.239	507038.002	895.330	
GPS05	2916049.936	506928.101	857.119	
GPS06	2915447.146	507733.373	883.869	
GPS07	2915072.420	508533.985	865.864	

2. 录入手簿数据对点及仪器架设

在手簿工程菜单中，新建工程并将设计数据录入保存。操作手簿显示屏具体步骤见表 14-10。南方工程之星 3.0 手簿，由上下两部分组成，手簿下部分是键盘，手簿上部分是显示。手簿照片如图 14-21 所示。目前不同厂家生产使用的不同型号仪器，配置移动站基本相同，移动站大致由信号蘑菇头、碳纤杆、手簿托架和手簿等组成。基准站则分为内置电台配置和外挂电台配置。外挂电台基准站配置（包括三脚架的基准站、手持移动站和发射杆）如图 14-22 所示。为确保仪器在使用过程中的卫星信号和电台数据传输信号的稳定，基准站宜选择在地势较高地点架设。

表 14-9

雷山至大塘快速通道逐桩坐标表（部分）

桩 号	坐 标		桩 号	坐 标	
	X(m)	Y(m)		X(m)	Y(m)
QD K0+000	2917204.509	506829.91	K0+900	2916424.726	507006.153
K0+020	2917184.664	506827.428	HY K0+920.852	2916411.99	506989.65
K0+040	2917164.819	506824.945	K0+940	2916398.847	506975.737
K0+060	2917144.973	506822.463	QZ K0+960	2916383.625	506962.781
K0+080	2917125.128	506819.98	K0+980	2916367.06	506951.592
K0+100	2917105.283	506817.498	YH K0+997.56	2916351.57	506943.336
ZH K0+104.237	2917101.078	506816.972	K1+020	2916330.775	506934.93
K0+120	2917085.424	506815.131	K1+040	2916311.653	506929.085
K0+140	2917065.469	506813.888	HY K1+062.56	2916289.738	506923.734
HY K0+160.237	2917045.3	506815.232	K1+080	2916272.677	506920.119
QZ K0+180	2917026.204	506820.197	K1+100	2916253.021	506916.431
YH K0+198.775	2917009.299	506828.302	K1+120	2916233.278	506913.236
K0+220	2916992.132	506840.748	K1+140	2916213.462	506910.535
GQ K0+236.775	2916979.506	506851.791	K1+160	2916193.584	506908.331
K0+260	2916962.001	506867.052	K1+180	2916173.658	506906.624
HY K0+274.775	2916950.304	506876.073	K1+200	2916153.695	506905.416
K0+300	2916928.753	506889.138	K1+220	2916133.708	506904.708
K0+320	2916910.437	506897.142	K1+240	2916113.71	506904.499
K0+340	2916891.308	506902.94	YH K1+263.737	2916089.977	506904.9
YH K0+349.188	2916882.32	506904.841	K1+280	2916073.731	506905.636
K0+360	2916871.633	506906.475	K1+300	2916053.82	506907.484

图 14-21 南方工程之星
3.0 手簿照片

图 14-22 外挂电台（基站）仪器配置及架设

序号	操作步骤	图　例	备　注
1	开机,启动工程之星 3.0		
2	打开工程菜单建立新工程		打开工程图,即序号 2,建立工程文件名 LSDT,确定保存
3	编写工程名称		

296

序号	操作步骤	图　例	备　注
4	确定保存	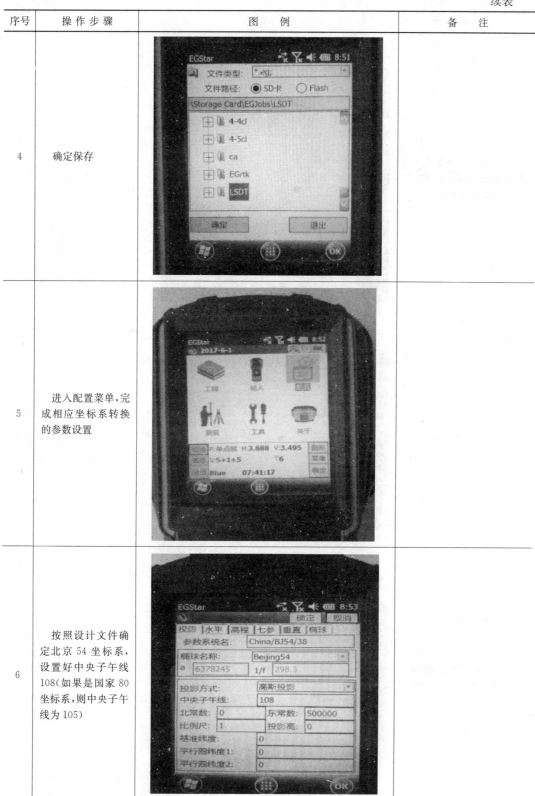	
5	进入配置菜单,完成相应坐标系转换的参数设置		
6	按照设计文件确定北京54坐标系,设置好中央子午线108(如果是国家80坐标系,则中央子午线为105)		

序号	操作步骤	图　例	备　注
7	进行基准站蓝牙数据连接（手簿与GPS蓝牙配对连接）	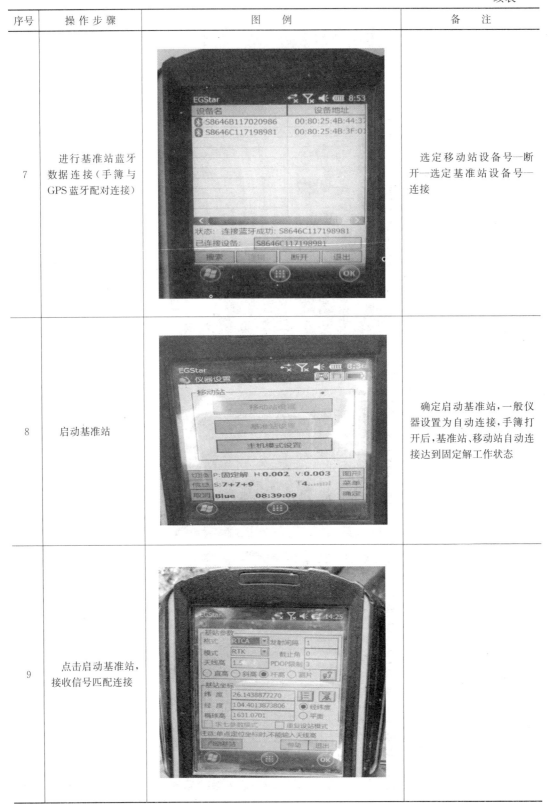	选定移动站设备号—断开—选定基准站设备号—连接
8	启动基准站		确定启动基准站，一般仪器设置为自动连接，手簿打开后，基准站、移动站自动连接达到固定解工作状态
9	点击启动基准站，接收信号匹配连接		

序号	操作步骤	图 例	备 注
10	移动站数据连接，手簿显示固定解工作状态	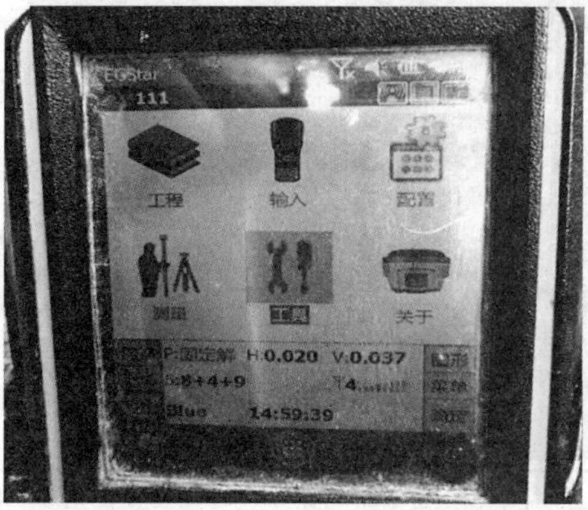	选定基准站设备号—断开—选定移动站设备号—连接—显示固定解。如不显示，则需重新调试外挂电台模式等
11	点测量界面，采集GPS04 和 GPS05 控制点原始坐标，对应点名存储坐标管理（数据采集使用瞬间采集）	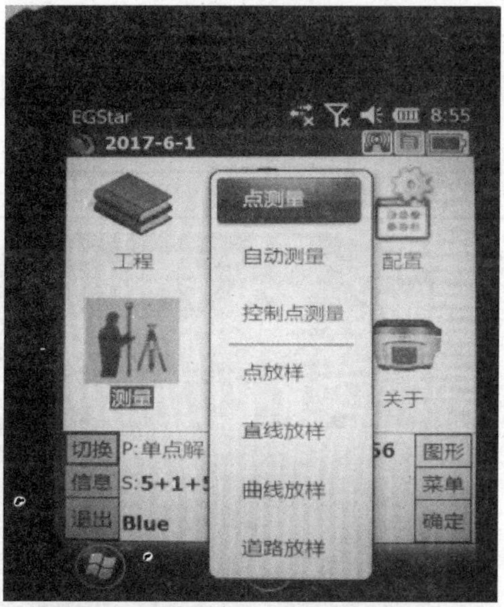	在未做求转换参数的固定解工作状态下。按手簿下部分键盘 A 键检查保存
12	转入输入菜单，按相应图示求转换参数		

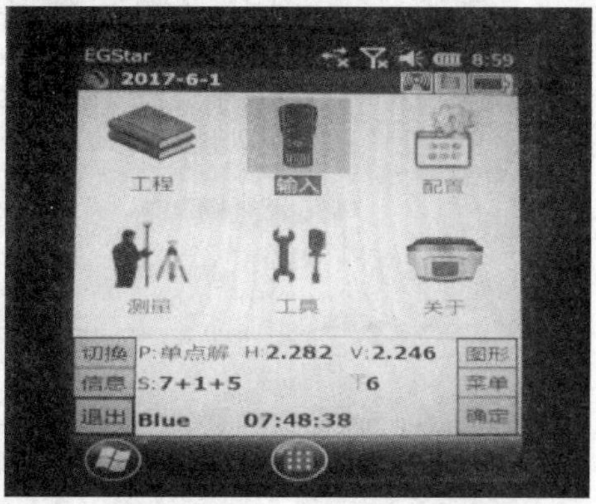

299

序号	操作步骤	图 例	备 注
13	保存计算转换参数,并应用于当前工程	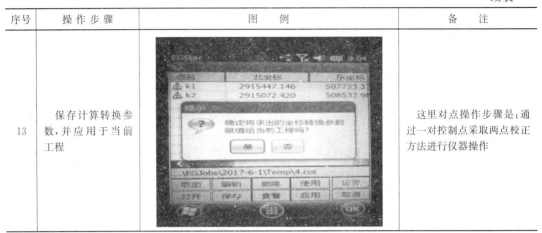	这里对点操作步骤是:通过一对控制点采取两点校正方法进行仪器操作

注:另一种校正方法是单点校正。单点校正法原理,基于一个比较固定的基准,利用三参数原理。单点校正较两点求转参数,测量数据更具稳定性,放样精度更高。

3. 放样中桩

表 14-10 的准备工作结束后,方可进行后续中桩放样。首先,对于手簿之前录入的 GPS04 和 GPS05 控制点,求转换数据,按照需求调取。中桩放样具体步骤见表 14-11。

中桩放样具体步骤

表 14-11

序号	操作步骤	图 例	备 注
1	打开已建立工程 LS-DT		
2	调出之前已采集使用,并保存好的 eg 文件,在求转换参数操作界面点击"保存"键		不能点击应用

序号	操作步骤	图 例	备 注
3	手簿在点测量界面,瞬间采集 GPS04 或 GPS05 任意一个控制点原始坐标,保存至坐标管理库	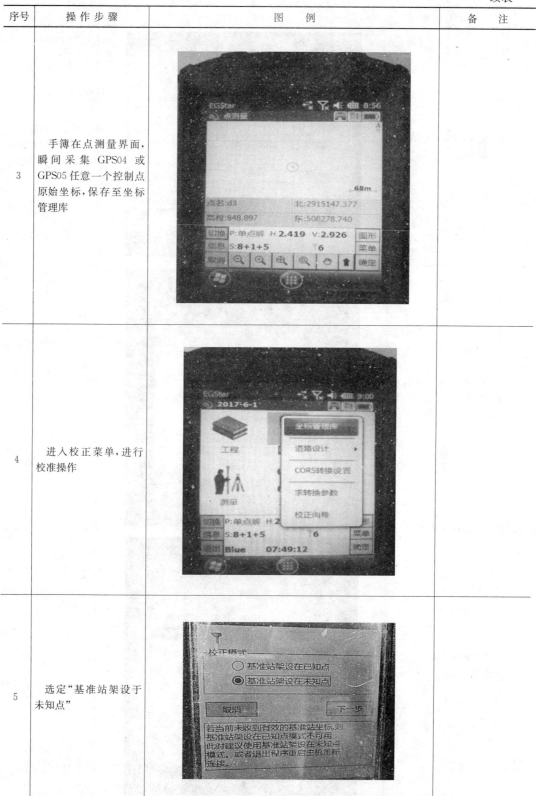	
4	进入校正菜单,进行校准操作		
5	选定"基准站架设于未知点"		

序号	操作步骤	图　例	备　注
6	输入 GPS04 或 GPS05 平面坐标	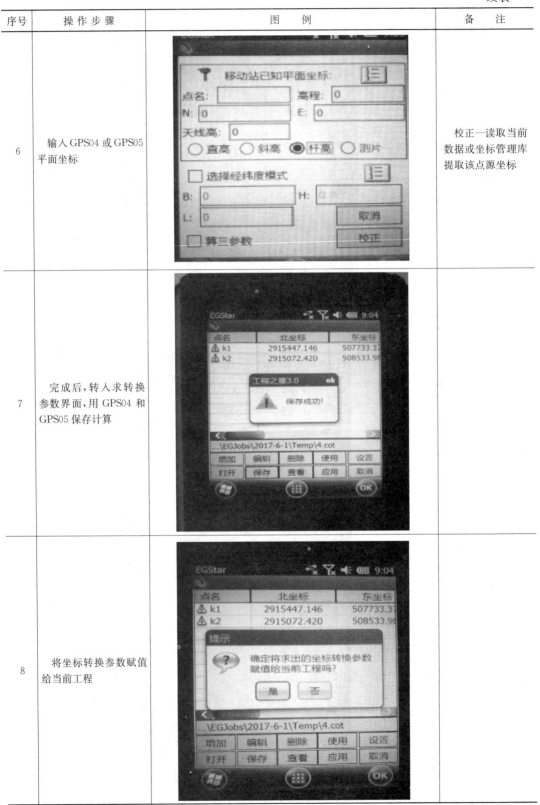	校正—读取当前数据或坐标管理库提取该点源坐标
7	完成后,转入求转换参数界面,用 GPS04 和 GPS05 保存计算		
8	将坐标转换参数赋值给当前工程		

序号	操作步骤	图　例	备　注
9	找第三点复测（或前工作点），精度符合要求	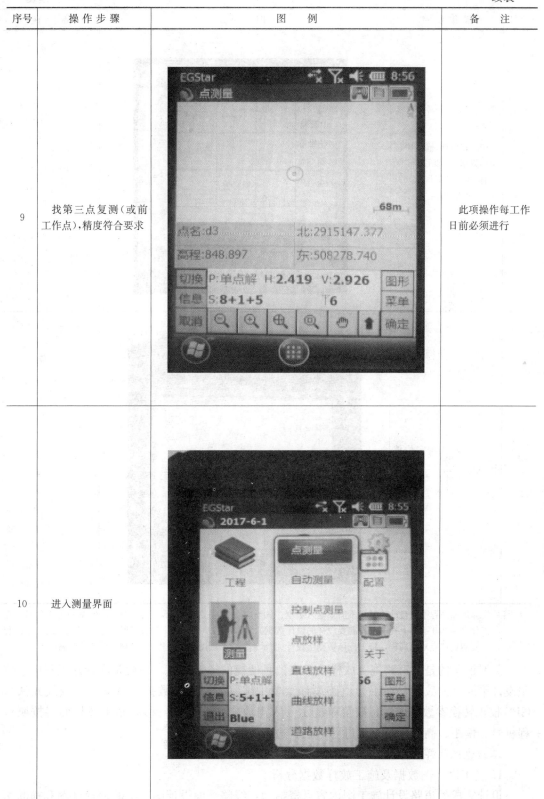	此项操作每工作日前必须进行
10	进入测量界面		

序号	操作步骤	图例	备注
11	选取点放样,输入中桩坐标数据,例如 K0+000 坐标 X = 2917204.509; Y=506829.91	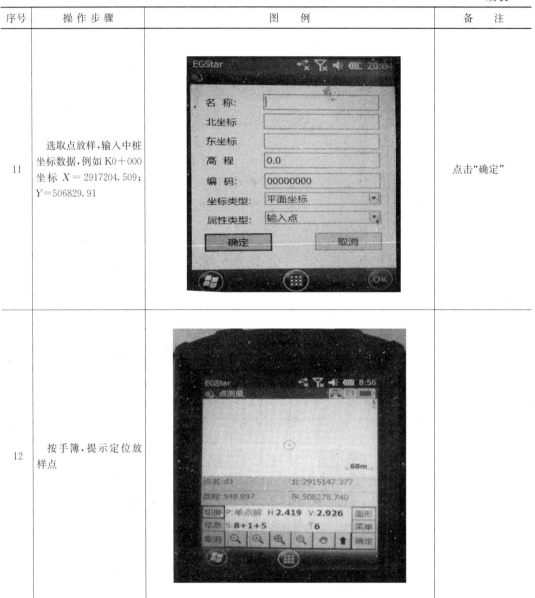	点击"确定"
12	按手簿,提示定位放样点		

注:实测地面高程手簿自动计算,不需要输入数据。GPS 基站接收卫星信号,手簿接收 GPS 基站发送信号(在工程之星 3.0 手簿上提前录入需要放样的设计数据),移动跟踪杆。如果考虑高程放样,GPS 界面显示高程为实测定位点地面高程,施工挖填数据=设计(图示施工横断面图标注高程)-实测定位点地面高程。

　　需要说明的是,道路施工放样比较成熟且便捷的操作方法,一般是在新建工程中,按照设计平面直曲数据,在手簿道路设计菜单中编写线路测量数据库(交点法或线元法),GPS 校正转换参数完成后,按菜单提示导入需放样线路数据。移动站手簿界面将按照里程桩号、偏距、高程导航模式进行中桩、边桩及高程放样。

　　二、边桩放样程序

　　1. 施工设计图数据及施工放样数据分析

　　设计完成的道路设计施工图内容可概括为:线路平面设计图、纵断面设计图和横断面

304

设计图；大中桥设计图、小桥涵涵洞设计图；挡土墙及防护工程设计图等。施工设计图的数据特点是：中桩线路坐标比较明确，高程数据只有变坡点明确，横断面桩号除标注加密中桩外，一般都按照 20m 桩距标注。而道路施工的直线和曲线上的超高、加宽、圆曲线及缓和曲线的中桩坐标和边桩坐标，其设计数据推算是一个复杂繁琐，且必须连续不间断的，系统性的工程计算问题。为满足施工放样的精度、速度，施工单位测量人员，必须内插加密放样点，保障施工线路直线顺直、曲线圆润顺畅，且适应当前机械化集群施工，高速度、高效率等特点，必须借助先进、高效的测量仪器及软件，建立完善道路的测量放样数据库，达到道路任意里程桩号中桩、边桩坐标及高程放样，满足施工放样的精度和速度要求。

2. 边桩放样

边桩放样同中桩放样方法一致。只是设计图纸一般只提供中桩逐桩坐标，边桩坐标需用计算器，根据对应中桩坐标、方位角及路基填挖高度、边坡率等参数，推算出法线方向边桩坐标，才能进行施工边桩放样。

设计往往给定征地红线。道路的征地红线平面图，如图 14-23 所示。道路施工红线放样图分为偏距标注和坐标标注两种方式。坐标标注方式与前述中桩坐标放样方法相同。

3. 偏距标注放样用地红线范围

在图 14-23 中，设计给定了每一个中桩的用地红线范围数据，采用偏距标注（K0＋000 左侧偏距 12.3m）和坐标标注两种方式打开手簿工程中建立的 LSDT 工程文件，按照表 14-10 和表 14-11 的操作步骤完成连接对点校正。进入测量界面选定道路放样，按照手簿提示调取已录入的 ROD 格式道路平面线路数据文件。道路放样测量界面自动显示桩号、偏距、高程，移动跟踪杆，根据手簿界面提示桩号，在现场实地定位出设计图桩号 K0＋000 点位及偏距 12.3m 的红线边界点位，如图 14-23 所示。手簿界面显示沿道路前进方向（中线）为基准线作方向判别，左为负数，右为正数。手簿显示左边桩为－12.3m（即桩号 K0＋000 点位的前进方向左侧 12.3m 为左侧红线边缘点），中桩为 0.00，右边桩为＋12.3m（即桩号 K0＋000 点位的前进方向右侧 12.3m 为左侧红线边缘点），手簿显示的左右边桩放样里程桩号均为 K0＋000。完成设计红线图偏距法标注放样。

图 14-23　道路起点段征地红线平面设计图

4. GPS 放样边桩的测量数据库建立及完善

（1）测量数据库建立及完善

首先，在手簿中输入菜单中的道路设计界面，输入或导入 HDM 格式设计文件平面数据。设计直线曲线转角表见表 14-12。道路 K0＋000 征地红线平面如图 14-23 所示。设计平面线元数据表见表 14-13。设计纵断面数据见表 14-14。

表 14-12

设计直线曲线转角表（部分）

序号	编号	交点		曲线要素								曲线要素桩号				
		桩号	转角	缓和曲线参数		缓和曲线长度(m)		切线长度(m)		圆曲线		ZH	ZY(HY)	QZ	YZ(YH)	HZ
				A1	A2	LS1	LS2	T1	T2	半径(m)	长度(m)					
1	2	3	4	5	6	7	8	9	10	11	12	13	14	15	16	17
1	BP	K0+000														
2	JD1	K0+177.41	左49°00′34.0″	74.833	61.644	56	38	73.173	65.764	100	35.538	K0+104.237	K0+160.237	K0+179.506	K0+198.775	K0+236.775
3	JD2	K0+319.632	右40°45′06.4″	80.374	96.695	38	55	82.857	90.299	170	74.413	K0+236.775	K0+274.775	K0+311.982	K0+349.188	K0+404.188
4	JD3	K0+573.56	左54°43′37.8″	79.196	79.196	56	56	86.509	86.509	112	50.979	K0+487.051	K0+543.051	K0+568.54	K0+594.03	K0+650.03
5	JD4	K0+828.457	右111°06′19.0″	78.038	63.718	87	58	148.846	136.418	70	63.241	K0+677.611	K0+764.611	K0+796.231	K0+827.852	K0+885.852
6	JD5	K0+959.206	左45°24′14.5″	79.373	0	35	0	0	0	180	76.709	K0+885.852	K0+920.852	K0+959.206	K0+997.561	K0+997.561
7	JD6	K1+163.149	左21°25′44.0″	122.869	0	65	0	0	0	800	201.177	K0+997.56	K1+062.56	K1+163.149	K1+263.737	K1+263.737
8	JD7	K1+397.322	左68°03′21.5″	113.68	102.47	70	70	0	0	150	127.171	K1+263.737	K1+333.737	K1+397.322	K1+460.908	K1+530.908
9	JD8	K1+662.17	右64°56′45.3″	102.47	102.47	70	70	131.262	131.262	150	100.028	K1+530.908	K1+600.908	K1+650.922	K1+700.936	K1+770.936
10	JD9	K1+907.629	右64°29′45.8″	105.83	105.83	70	70	136.693	136.693	160	110.107	K1+770.936	K1+840.936	K1+895.99	K1+951.043	K2+021.043
11	JD10	K2+227.712	右44°02′39.1″	187.083	316.228	200	200	241.597	299.25	500	249.358	K2+021.043	K2+091.043	K2+180.794	K2+305.473	K2+505.473
12	JD11	K2+774.206	左80°41′22.4″	200	118.322	200	70	268.733	213.048	200	146.66	K2+505.473	K2+705.473	K2+778.803	K2+852.133	K2+922.133
13	JD12	K3+078.38	右96°30′00.7″	102.47	0	70	0	0	0	150	172.493	K2+922.133	K2+992.133	K3+078.38	K3+164.626	K3+164.626
14	JD13	K3+372.07	右13°25′01.2″	127.92	0	100	0	0	0	1800	230.272	K3+164.626	K3+264.626	K3+372.07	K3+487.206	K3+487.206
15	JD14	K3+662.763	右45°54′43.1″	181.882	160	85	80	0	0	320	181.114	K3+487.206	K3+572.206	K3+662.763	K3+753.32	K3+833.32
16	JD15	K4+861.138	右9°20′10.7″	0	0	0	0	163.311	163.311	2000	325.899	K4+697.827	K4+697.827	K4+860.776	K5+023.726	K5+023.726
17	JD16	K5+171.089	左15°15′38.3″	0	0	0	0	147.364	147.364	1100	292.983	K5+023.725	K5+023.725	K5+170.217	K5+316.708	K5+316.708
18	JD17	K5+803.565	右36°34′10.4″	154.919	144.914	80	70	139.048	134.685	300	116.478	K5+644.517	K5+744.517	K5+802.756	K5+860.995	K5+930.995
19	JD18	K6+039.244	左20°43′51.4″	167.332	167.332	70	70	108.249	108.249	400	74.729	K5+930.995	K6+000.995	K6+038.36	K6+075.724	K6+145.724
20	EP	K6+360														

表 14-13

设计平面线元数据表（部分）

序号	类型	起点桩号	起点数据				终点数据				长度(m)	偏向	几何参数	圆曲线交点坐标		缓和曲线交点坐标	
			X(m)	Y(m)	方位角	半径(m)	X(m)	Y(m)	方位角	半径(m)				X(m)	Y(m)	X(m)	Y(m)
1	2	3	4	5	6	7	8	9	10	11	12	13	14	15	16	17	18
1	直线	K0+000	2917204.509	506829.91	187°07′48.4″		2917101.078	506816.972	187°07′48.4″		104.237						
2	缓和曲线	K0+104.237	2917101.078	506816.972	187°07′48.4″		2917045.3	506815.232	171°05′14.3″	100	56	左偏	74.833			2917063.88	506812.319
3	圆曲线	K0+160.237	2917045.3	506815.232	171°05′14.3″	100	2917009.299	506828.302	149°00′24.7″	100	38.538	左偏	100	2917026.025	506818.255		
4	缓和曲线	K0+198.775	2917009.299	506828.302	149°00′24.7″	100	2916979.506	506851.791	138°07′14.4″		38	左偏	61.644			2916998.404	506834.847
5	缓和曲线	K0+236.775	2916979.506	506851.791	138°07′14.4″		2916950.304	506876.074	144°31′27.5″	170	38	右偏	80.374			2916960.632	506868.714
6	圆曲线	K0+274.775	2916950.304	506876.074	144°31′27.5″	170	2916882.32	506904.841	169°36′14.4″	170	74.413	右偏	170	2916919.511	506898.018		
7	缓和曲线	K0+349.188	2916882.32	506904.841	169°36′14.4″	170	2916827.532	506908.88	178°52′20.8″		55	右偏	96.695			2916864.242	506908.158
8	直线	K0+404.188	2916827.532	506908.88	178°52′20.8″		2916744.685	506910.511	178°52′20.8″		82.863						
9	缓和曲线	K0+487.051	2916744.685	506910.511	178°52′20.8″		2916689.136	506916.251	164°32′54.6″	112	50.979	左偏	79.196			2916707.236	506911.248
10	圆曲线	K0+543.051	2916689.136	506916.251	164°32′54.6″	112	2916644.717	506940.36	138°28′09.4″	112	56	左偏	112	2916664.135	506923.162		
11	缓和曲线	K0+594.03	2916644.717	506940.36	138°28′09.4″	112	2916609.636	506983.81	124°08′43.2″		56	左偏	79.196			2916630.669	506952.81
12	直线	K0+650.03	2916609.636	506983.81	124°08′43.2″		2916594.155	207006.636	124°08′43.2″		27.581						
13	缓和曲线	K0+677.611	2916594.155	507006.636	124°08′43.2″		2916532.666	507066.067	159°45′02.0″	70	87	右偏	78.038			2916560.916	507055.646
14	圆曲线	K0+764.611	2916532.666	507066.067	159°45′02.0″	70	2916471.849	507060.07	211°30′49.7″	70	63.241	右偏	70	2916500.803	507077.822		
15	缓和曲线	K0+827.852	2916471.849	507060.07	211°30′49.7″	70	2916432.852	507017.735	235°15′02.2″		58	右偏	63.718			2916455.093	507049.796
16	缓和曲线	K0+885.852	2916432.852	507017.735	235°15′02.2″		2916411.99	506989.65	229°40′48.7″	180	35	左偏	79.373			2916419.546	506998.554
17	圆曲线	K0+920.852	2916411.99	506989.65	229°40′48.7″	180	2916351.569	506943.336	205°15′47.1″	180	76.709	左偏	180	2916386.79	506959.957		
18	缓和曲线	K0+997.56	2916351.569	506943.336	205°15′47.1″	180	2916289.738	506923.734	192°35′25.3″	800	65	左偏	122.869			2916328.269	506932.34
19	圆曲线	K1+062.56	2916289.738	506923.734	192°35′25.3″	800	2916089.976	506904.9	178°10′55.6″	800	201.177	左偏	800	2916191.048	506901.692		
20	缓和曲线	K1+263.737	2916089.976	506904.9	178°10′55.6″	800	2916020.877	506914.541	162°18′23.1″		70	左偏	113.68			2916046.803	506906.27
21	圆曲线	K1+333.737	2916020.877	506914.541	162°18′23.1″	150	2915929.148	506997.079	113°43′50.8″	150	127.171	左偏	150	2915956.389	506935.113		
22	缓和曲线	K1+460.908	2915929.148	506997.079	113°43′50.8″	150	2915911.292	507064.588	100°21′42.3″		70	左偏	102.47			2915919.709	507018.551

<table>
</table>

序号	变坡点桩号	变坡点高程(m)	竖曲线半径(m)		切线长度(m)	外距(m)	纵坡(%)		变坡点间距(m)	竖曲线间直线长度(m)
			凸曲线	凹曲线			>0	<0		
1	2	3	4	5	6	7	8	9	10	11
1	K0+000	840.363					1.1		0	0
2	K0+790	849.053	25000		87.5	0.153	0.4		790	702.5
3	K1+410	851.533		5000	70.15	0.492	3.206		620	462.35
4	K1+650	859.228	5000		70.15	0.492	0.4		240	99.7
5	K2+780	863.888		45000	94.5	0.099	0.82		1164.928	1000.278
6	K3+0100	866.512	18000		118.8	0.392		0.5	320	106.7
7	K3+450	864.724		6200	108.5	0.949	3		357.692	130.392
8	K3+950	879.724	3500		82.25	0.966		1.7	500	309.25
9	K4+210	875.304		3000	67.5	0.759	2.8		260	110.25
10	K4+490	883.144		2800	43.4	0.336	5.9		280	169.1
11	K4+660	893.174	2500		36.25	0.263	3		170	90.35
12	K5+490	918.074	30909.091		170	0.468	1.9		830	623.75
13	K5+805	924.059	1000		145	1.051		1	315	0
14	K6+230	919.809		2400	64.74	0.873	4.395		425	215.26
15	K6+360	925.523							130	65.26

设计纵断面数据（部分）　　　　表 14-14

借助工程测量软件，例如道路之星，完成设计道路平面、纵断面、横断面数据，以及道路超高、加宽和断链等测量数据库。本项目采用道路之星测量软件，将电脑上的数据库导入 CASIOfx9750。道路之星测量软件平纵横数据录入界面，如图14-24所示。

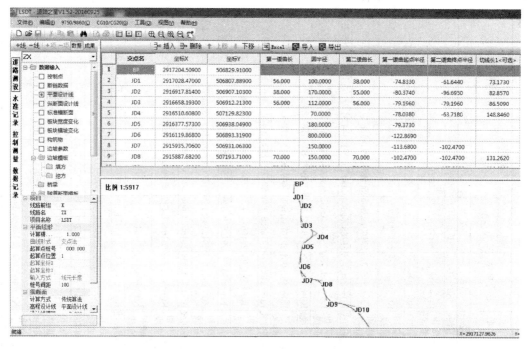

图 14-24　道路之星测量软件平纵横数据录入界面

以上工作完成后，按照表 14-10 和表 14-11 操作步骤，架设校正 GPS，进行施工道路任意桩号边桩放样。以横断面 K0＋000 为例，道路横断面 K0＋000 中桩及边桩坐标如图 14-25 所示。相应计算器 CASIOfx9750 数据，如图 14-26～图 14-29 所示。利用 CASIOfx9750 计算器（之前已经通过电脑传输数据），对设计数据、施工现场挖填值进行计算标注，交付现场施工作业。

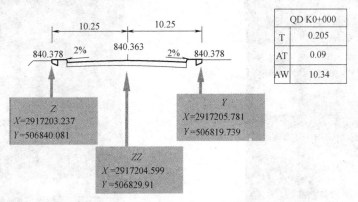

QD K0+000	
T	0.205
AT	0.09
AW	10.34

图 14-25　道路横断面 K0＋000 中桩及边桩坐标

图 14-26　fx9750 边桩偏距查询

图 14-27　fx9750 边桩偏距输入

（2）道路之星简介

道路之星是一款道路测量设计软件，本软件适用于公路、铁路、城市道路主线、立交

图 14-28　fx9750 偏距复核

图 14-29　fx9750 左边桩坐标计算

匝道、隧道的勘测设计与施工放样工作。本软件分为两个部分：电脑端数据处理负责设计输入输出、设计成果的复核、现场数据的分析计算以及与计算器的通信；计算器端施工现场计算基于 Casio 9750GII/9860G 系列计算器设计，负责现场的施工指导和相关数据的采集。

道路之星主要功能是建立道路全线测设系统，将道路全线或一个标段所有数据一次性输入，主线、匝道可以存入一个文件，统一计算中边桩平面坐标及高程，进行统一的查询、放样等计算。适用于各等级道路主线、立交匝道的勘测设计与施工放样工作。支持任意多级断链，支持任意道路断面形式。平面上，可以选用交点法或线元法，均适用于对称或不对称基本形、S 或 C 形、拱（凸）形、复曲线、卵形线、回头曲线等各种线形。提供的成果主要有：直线曲线转角表、线元一览表、逐桩坐标计算表。纵断面上，可以进行纵断面的设计、计算，竖曲线计算方式可以选择传统或精确算法。超高加宽上，支持的加宽方式有：线性过渡、三次抛物线、四次抛物线过渡、五次抛物线过渡；超高过渡方式：线性过渡、三次抛物线过渡、四次抛物线过渡。结构物计算上，能进行结构物如涵洞、通道、天桥等与路线相交的结构物各角点的坐标计算，支持与路线正交或斜交。计算器能够直接调用各角点的坐标放样。桥梁计算上，支持直线桥和曲线桥型，支持弯桥直做和弯桥弯做。能够计算桥梁桩、柱的坐标计算和放样。隧道计算上，能够计算隧道的超欠挖数据。

道路之星主要特点：功能全面，涵盖了道路测设的各个方面，以后的版本还将根据用户的需要继续完善、增强。操作简单，数据输入及显示全部采用表格形式。所有计算使用同一个文件，用户不需记住繁杂的文件格式，同时软件具有丰富的操作提示。输出方便，各种成果可以直接显示、打印。实现了计算器的中文显示。能运行于 9750GII、9860G 系列（9860G、9860Gslim、9860GII）的计算器，全中文界面提示，与电脑生成的项目文件无缝连接、直接传输。较高的计算精度，路线的计算精度主要取决于缓和曲线（回旋线）的计算，传统上采用只有两项的近似公式计算，已根本不能满足目前高等级公路及立交匝道的需要，而且无法知道计算中含有多大的误差。道路之星软件采用由用户指定计算精度（如 0.1mm）的方式，软件将确保不会超出用户指定的允许误差，计算项数最高能达到 100 项，可以适应各种需要。

思 考 题

1. 名词解释

（1）地心坐标系；（2）极移与协议地球坐标系；（3）WGS-84 大地坐标系；（4）参心坐标系；（5）地方独立坐标系；（6）高斯平面直角坐标系；（7）正高；（8）正常高；（9）大地高。

2. 简述题

（1）传统定位方法有哪些，其有哪些局限性？

（2）全球卫星导航定位系统主要有哪些？

（3）GPS 定位系统由哪几部分组成？

（4）GPS 卫星信号接收设备有哪些，其核心部分是什么？

（5）我国的国家 GPS 大地控制网有哪些？

（6）GPS 定位测量有哪两个问题需要解决？

（7）按接收机天线状态分类，GPS 定位方法分为哪几类？

（8）按参考点的位置分类，GPS 定位方法分为哪几类？

（9）按 GPS 信号的不同观测量可分为哪几类定位方法？

（10）GPS 测量误差来源有哪些？

（11）GPS 测量误差分哪几类？

（12）卫星信号传播误差包括哪些？

（13）与卫星有关的误差有哪些？

（14）与接收机有关的误差有哪些？

（15）地球坐标系分哪两种？

（16）地球坐标系按坐标原点和坐标轴的指向可分为哪几类？

（17）GPS 静态测量具有哪些特点？

（18）根据《全球定位系统（GPS）测量规范》GB/T 18314—2009，将 GPS 测量等级划分为哪几个等级？

（19）根据《卫星定位城市测量技术规范》CJJ/T 73—2010，将 GPS 测量等级划分为哪几个等级？

（20）GPS 网的数据处理流程划分为哪几个阶段？

（21）网平差具有哪些作用？

（22）GPS 技术建立独立坐标系，需要解决哪两个问题？

第 15 章 建 筑 测 量

15.1 建筑施工测量

施工测量是在施工阶段所进行的各种工程测量工作的统称。

施工测量的主要工作就是根据设计图纸所设计好的建筑物和构筑物的平面位置和高程，通过测量手段和方法，用线条、桩点等可见点位的标志，在现场标定出来，作为施工的依据。这种由图纸到现场的测量工作称为放样。在标定点位的同时要检查建（构）筑物的施工是否符合精度要求，并随时纠正和修改。由于工程类型和现场条件的不同，具体的施工测量内容会有所不同，相应的施工测量方法会因为测量工作内容的不同有所差异。本书主要介绍最基本和常用于各工程的施工测量（放样）方法，即基本测量要素（水平距离、水平角和高差）的放样方法。

施工测量精度根据工程特点有不同要求，一般对于建筑物轮廓和构筑物放样的精度要求较高。

施工测量与施工进度密切相关，施工测量应能够满足施工进度要求。施工测量贯穿于施工全过程，一般每道工序施工前都要先进行放样。在施工现场，工种多、交叉作业、运输频繁，对测量工作的影响较大，各种测量标志必须稳定、坚固、易测。

15.1.1 施工测量（放样）的基本方法

一、水平距离的放样

水平距离放样的基本工作：已知线段起点和水平距离，沿着给定的方向，在起伏的地面上标出另一个端点及其相应的满足精度要求的水平距离。水平距离放样方法有皮尺丈量法、钢尺丈量法、全站仪丈量法和 GPS 丈量法等，其中皮尺丈量法精度较低，建筑施工放样常用钢尺丈量法和全站仪丈量法，GPS 丈量法用得较少。这里主要介绍钢尺丈量法，有关全站仪丈量法参见 13 章，有关 GPS 丈量法参见 14 章。

钢尺丈量法分为一般方法和精确法。

1. 一般方法

一般采用往返丈量法，采用相对误差衡量精度，钢尺丈量一般精度可达 1/2000，精度要求更高的时候采用钢尺丈量法有一定难度（例如钢尺要抬平、钢尺要拉紧、花杆要立直、点位要对齐）。

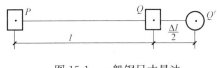

图 15-1 一般钢尺丈量法

已知线段起点 P 和水平距离 l，沿着给定的方向，要求在起伏的地面上标出另一个端点 Q 及其相应的满足精度要求的水平距离 l，如图 15-1 所示。首先从 P 点出发，分段丈量至

Q 点（P、Q 两点水平距离为 l），从 Q 点分段返测至 P 点，计算往测和返测的较差 Δl，计算其相对误差。如果精度满足要求，计算较差 $\dfrac{\Delta l}{2}$，利用 $\dfrac{\Delta l}{2}$ 确定精确的 Q 点（即 Q' 点）。

2. 精确法

当放样要求较高（1/5000～1/10000）时，需要考虑尺长改正、温度改正和高差改正等，可采用精确法，参见第 4 章。

二、水平角的放样

水平角度放样的基本工作：已知地面上的一个点和方向，给定的水平角度，在地面上标定另一个方向。水平角放样仪器有经纬仪、全站仪，全站仪放样水平角度原理和方法与经纬仪基本相同，这里仅介绍经纬仪放样水平角度。水平角度放样按精度的要求不同，分为一般法和精密法。

1. 一般法

如图 15-2 所示，AB 为已知方向，给定水平角度为 β，则在 A 点安置经纬仪，对中整平；盘左瞄准 B 点，调水平度盘配置手轮，使水平度盘读数为 $0°0'00''$，然后旋转照准部使读数为 β，在地上沿视线定桩 C' 点；倒转望远镜成盘右，测设 β 角，定出 C'' 点，方法同上。如果所定的 C'、C'' 两点不重合，则取两点之间的中点即 C 点，线段 AC 就是给定水平角度 β 的另一条边。如何确保角 $\angle BAC$ 的值为 β 呢？可以采用测回法测量角 $\angle BAC$，若测回法测量角 $\angle BAC$ 与已知角 β 值之差符合精度要求，则 $\angle BAC$ 放样完成。此法又称为盘左盘右分中法。

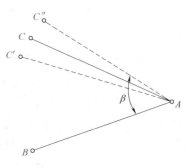

图 15-2　一般法放样水平角度

2. 精密法

测设精度要求较高时采用此法，如图 15-3 所示。在 A 点安置经纬仪，用一个盘位测设水平角度大小为 β 角（考虑到精度问题暂时定该角度为 β'），得到 C' 点。用测回法数个测回测量角 $\angle BAC'$，得 β'。再测量 AC' 的水平距离（设为 D）。即可计算 C' 点上的垂距 l，l 为改正值。$\Delta\beta$ 按式（15-1）计算，l 按式（15-2）计算。

$$\Delta\beta = \beta - \beta' \qquad (15\text{-}1)$$

$$l = D\tan\Delta\beta \approx \frac{\Delta\beta}{\beta}D \qquad (15\text{-}2)$$

从 C' 点按 $\Delta\beta$ 的正负符号确定 l 改正的方向，量出 l 的长度（为了保证从 C' 量出 $C'A$ 边的垂直距离 l，必要时需用经纬仪来确定垂直方向），就得到 C 点。

实际工程中精密法显得笨拙、麻烦，用得较少，可以采用一般法结合多个测回法提高精度，也可以

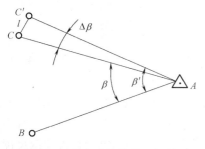

图 15-3　精密法放样水平角度

采用高精度的经纬仪提高测设精度。

三、放样已知高程点

放样已知高程点是根据邻近已有的水准点或可靠高程点进行引测，如图 15-4 所示。

BM_1 为已知水准点位置（相应高程数据也已知），高程为 H_1。想要测设 B 点，B 点高程 H_B 已知而现场位置未知。

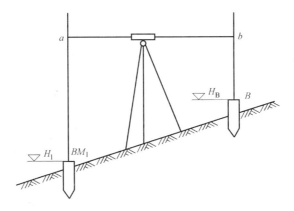

图 15-4　放样已知高程点

在 BM_1 和 B 之间合适位置安置水准仪（水准仪宜安置在前、后视点的中间），调平后测得后视读数 a，则 B 点的前尺读数 $b = H_1 + a - H_B$，视线对准水准尺上的 b，水准尺要紧贴 B 点桩，以尺底为准在桩上画一横线，此线就是 H_B 的高程线。为了方便起见，也可在 B 点位置竖向设置一个临时高程点记号，在此记号上增加或加少一个准确数字（例如 0.05m），该数字为 B 点准确高程点。

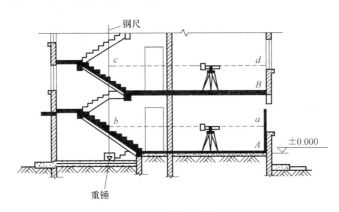

图 15-5　放样楼板高程

在建筑施工的过程中，基本以室内地坪的高程来作为 ±0.000 标高。建筑物的门、窗、过梁等的标高也是以 ±0.000 为依据进行测设。

如图 15-5 所示，欲在某层楼板上测设高程 H_B，起始高程点 A，$H_A = ±0.000$（室内地坪）。首先在楼梯间悬吊一个钢尺，零端向下，并且挂一重量相当于检定钢尺时所用拉力的重锤（如 10kg）。在底层安置水准仪，立尺于 A 点，读出后视读数 a，再读钢尺读数 b；在某层楼板上，安置水准仪读出钢尺上的读数 c。假如在墙上标志高程，使测设高程为一个整数，可将水准尺紧贴墙壁在尺上读数 $d = H_A + a - b + c - H_B$，$H_B$ 为设计高程（需要从设计图纸上查阅，一般为建筑模数化尺寸）。做一标志在墙上，可随时用小钢尺量出楼板高程。上述的测设应该至少进行两次，如果较差小于 3mm，可取中间位置作为最

314

终的高程点。

实际测量中，往往采用水准尺代替钢尺，直接向上测量楼板高程，可以采用铅垂球等校核垂直度。当某一楼层高差难以测量时，可以采用水袋子；在适当长度的两头开口的水管上盛水，水袋子的一端水面标高就是已知窗台的标高，水袋子的另一端水面的标高就是另一个窗台的标高。

四、平面位置放样

根据控制网的形式、地形情况、控制点的分布等因素，平面位置（点位放样）有坐标、极坐标、角度交会、距离交会等方法，可采用不同的方法进行点位的放样。

1. 坐标法

坐标法放样平面点位，可以采用传统的经纬仪结合钢尺进行。可以采用全站仪放样平面点位，详见第 11 章和 13 章。还可以采用 GPS 放样平面点位，详见第 11 章和 14 章。

2. 极坐标法

又称角度距离法，即测设一个角度和一个边长而放样点位。若用钢尺量距，最好不要超过一个尺段，适用于量距方便的情况。极坐标法一般采用传统的经纬仪结合钢尺进行，采用经纬仪测定水平角度，利用钢尺沿着测定角度的边方向量测水平距离，即可测定点位。

3. 角度交会法

该法只测设角度，不测设距离，利用三角形闭合交会原理测定点位，如图 15-6 所示。角度交会法适用于不便量距或控制点远离测设点的条件。

如图 15-6 所示，为了保证测设点 P 的精度，需要用两个三角形交会。首先根据 P 点和 A、B、C 点的已知坐标，分别计算出指向角 α_1、β_1 和 α_2、β_2，然后分别于 A、B、C 三个点上测设指向角 α_1、β_1、α_2、β_2，并在 P 点附近沿 AP、BP、CP 方向各打两个小木桩。桩顶钉一小钉，拉一细线，以表示 AP、BP、CP 方向线。如图 15-6 所示三条方向线的交点，即为 P 点。但是由于测设存在误差，三条方向线有时不交于一点，会出现很小的一个三角形，称为误差三角形。若误差三角形的边长在误差允许的范围之内，则取三角形重心为 P 点位置，否则，重新测设。

4. 距离交会法

距离交会法是在两个控制点上，量取两端平距交会出点的平面位置。当地形平坦时，若用钢尺量距，距离不大于一个尺段，用此法比较合适。

如图 15-7 所示，a、b 分别为 AP、BP 的平距，在 A 点测设平距 a，在 B 点测设 b，

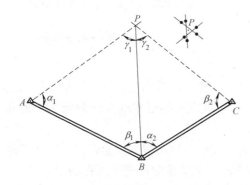

图 15-6　角度交会法放样点位

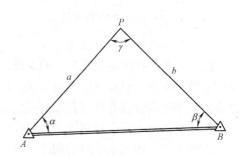

图 15-7　距离交会法放样点位

其交点即为 P 点。测设时，交会角 γ 的大小一般在 $60°\sim 120°$ 之间较为适宜。

15.1.2 建筑施工控制测量

建筑施工控制测量是建立在测区控制网控制测量基础上，即在测区控制网基础上加密施工控制点，其测量方法与一般控制测量基本相同，参见第 8 章和第 9 章。建筑施工测量与一般控制测量区别在于，建筑施工控制测量在较小测区内，精度低于一般控制测量（满足施工精度即可），大多数工程建筑施工控制测量以网格控制点布局。施工控制测量是具体施工测量的第一步，在施工阶段一般要建立为施工服务的专用控制网，即施工控制网。布设一批具有较高精度的测量控制点，作为测设建筑物平面位置和高程的依据。由于工程建设项目的不同，施工控制网也不同。在工业企业建设项目中，建（构）筑物较多，其中厂房施工和安装工作要求较高。大的企业，还要求建立专用的厂区控制网和厂房控制网，来控制厂房定位、施工和设备的安装。水利工程的施工控制网对大坝建设来说，又有较高的要求。桥梁、隧洞建设的控制网与以上的控制网也不相同。

一、矩形施工控制网

矩形施工控制网又称建筑方格网。在平坦区域建筑大中型工业厂房，通常都是沿着互相平行或互相垂直的方向布置控制网，构成正方形或矩形格局，如图 15-8 所示。建筑方格网具有实用方便、计算简单、精度较高等优点，它不仅可以作为施工测量的依据，还可以作为竣工总平面图施测的依据。矩形控制网的布设即是在工业企业建筑设计总平面图上，根据建（构）筑物的分布和轴线方向，布设矩形的主轴线。纵横两条主轴线要与建（构）筑物的轴线平行。每条主轴线不少于三个点，称为主点，如图 15-9 所示。纵、横轴线确定之后，再设计矩形网的网点，间距一般为 $100\sim 300$m，网点的坐标最好设计为整米数。矩形网设计完成以后，首先要确定主点的施工坐标系的坐标，并推算网点的施工坐标。建筑方格网的布置和测设较为复杂，一般需要专业测量人员进行。

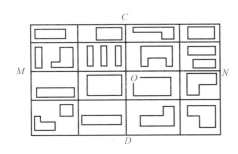

图 15-8　矩形控制网图

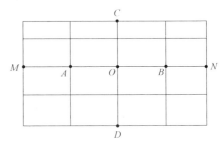

图 15-9　矩形控制网的主轴线和主点

二、建筑场地的高程控制

建筑场地高程控制测量与一般水准控制测量方法一样，可以直接采用一般水准控制测量设置的水准点（有且可以引用），也可以增设永久水准点或临时水准点作为施工场地高程引测依据（附近没有可以直接引用的水准点）。

在建筑场地上还应建立施工高程控制网，作为测设建筑物高程的依据，多采用水准测量的方法建立。施工水准点的密度，尽可能满足安置一次仪器即可进行高程测设的要求。为了检查水准点是否因为受震动、碰撞和地面沉降等原因而发生高程变化，应在土质坚实和安全的地方布置三个以上的基本水准点，并埋设永久性标志。

在矩形网点上加设三、四等水准点，必要时，在易于保存之处设三、四等水准点。在建（构）筑物内，设±0.000点，以便于建（构）筑物的内部测设。施工放样时应特别注意建（构）筑物的室内地坪高程作为±0.000，因此，各个建（构）筑物的±0.000往往不是同一高程。

15.1.3 建筑施工测量

建筑施工测量主要是指民用和工业建筑的施工测量，如住宅、医院、办公楼和学校等民用建筑和工业企业的仓库、厂房、车间等的施工测量，其中包括高层建（构）筑物的施工测量。

一、一般民用建筑的施工测量

1. 准备工作

在施工测量前，首先要熟悉建筑设计总平面图、建筑平面图、基础平面图。

（1）建筑总平面图。建筑总平面图给出了建筑场地上所有建筑物和道路的平面位置及主要点的坐标，标出相邻建筑物之间的关系，注明各栋建筑物室内地坪高程，它是测设建筑物总体位置和高程的重要依据，如图 15-10所示。

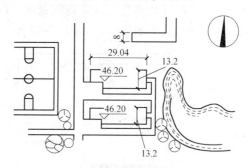

图 15-10　建筑总平面图

（2）建筑平面图。建筑平面图标明了建筑物首层、标准层等各楼层的总尺寸，以及楼层内部各轴线之间的尺寸关系，如图 15-11 所示。

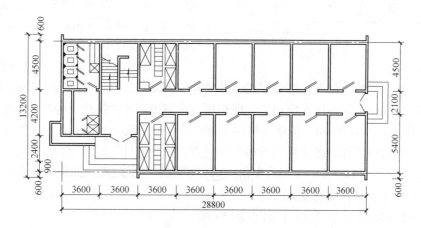

图 15-11　建筑平面图

（3）基础平面图及基础详图。基础平面图及基础详图标明了基础形式、基础平面布置、基础中心或中线的位置、基础边线与定位轴线之间的尺寸关系、基础横断面的形状和大小以及基础不同部位的设计标高等，如图 15-12 所示。

（4）立面图和剖面图。立面图和剖面图标明了室内地坪、门窗、楼梯平台、楼板、屋

317

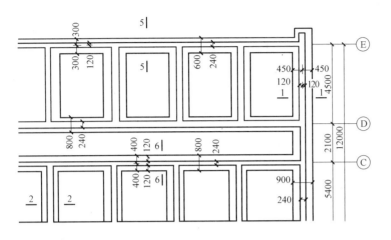
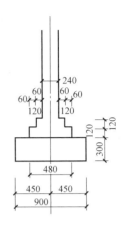

图 15-12　基础平面图和基础详图

面及屋架等的设计高程，这些高程通常是以±0.000 标高为起算点的相对高程，它是测设建筑物各部位高程的依据，如图 15-13 所示。

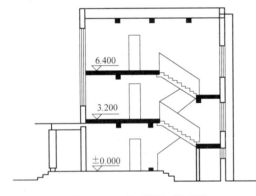

图 15-13　立面图和剖面图

2. 现场踏勘

为了解施工现场地物、地貌以及现有测量控制点的分布情况，应进行现场踏勘，以便依据实际情况考虑测设方案。

3. 确定放样方案和准备放样数据

在熟悉设计图纸、掌握施工计划和施工进度的基础上，结合现场条件和实际情况，拟定放样方案。放样方案包括放样方法、放样步骤、采用的仪器工具、精度要求、时间安排等。

在每次现场放样之前，应根据设计图纸和测量控制点的分布情况，准备好相应的放样数据并对数据进行校核，需要时可以绘出放样略图，把放样数据标注在略图上，使现场放样时更加方便快捷，并减少出错的可能。

如图 15-14 所示，已知一栋建筑物两个角点的坐标，现场有 A、B 两个控制点，欲用经纬仪和钢尺按极坐标法测设建筑物的四个角点，则应先计算另两个角点的坐标，再计算 A 至 B 的方位角，最后计算 A 至四个角点的方位角和水平距离。如果是用全站仪按极坐标法测设，由于全站仪能自动计算方位角和水平距离，则只需要计算另两个角点的坐标即可。

如图 15-15 所示，根据建筑物的四个主轴线点测设细部轴线点，一般用经纬仪定线，然后以主轴点为起点，用钢尺一次测设次要测设点。准备测设数据时，应根据轴线间距，计算每条次要轴线至主轴线的距离。

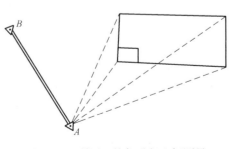

图 15-14　利用经纬仪进行坐标测量

二、高层建筑物的轴线投测和高程传递

基础工程完工后，随结构的不断升高，要逐层向上投测轴线。高程建筑物的施工测量主要是控制竖向偏差每层不超过 5mm，全楼累计误差小于或等于 20mm。

1. 高层建筑物的轴线投测

这里主要介绍经纬仪引桩投测（利用全站仪轴线投测与经纬仪方法相同），其余方法可参考有关专业书。

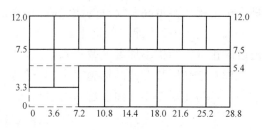

图 15-15　利用经纬仪进行轴线放样

某饭店为 30 层建筑，①、②、③…和Ⓐ、Ⓑ、Ⓒ、…、Ⓚ为施工坐标系的纵横轴线，x、y 为测量坐标系的轴线方向，其中Ⓒ轴和③轴作为中心轴线，并通过塔楼中心。因为楼层较高，场地又受到一定的限制，所以在尽可能远的地方定桩 C、C' 和 3、$3'$ 四个轴线控制桩，作为投测轴线的主要依据。

当基础施工之后，将③和Ⓒ轴用经纬仪投测在塔楼底部，如图 15-16 所示。

随着施工进展，楼层逐渐升高，每层都将 a_1 和 b_1 向上投测。投测时，仪器分别安置于 C 点和 3 点，用盘左和盘右取中向上投测，测得 a_2 和 b_2。同样的方法可测出另外的两点。

建筑物随施工逐渐升高，控制点上经纬仪的仰角逐渐增大，投测精度因此而降低。就要使轴线控制桩远离建筑物，或者提高控制桩的高程。如图 15-17 所示。用建筑物上已投测的轴线点，后视轴线控制桩，延长轴线 $C'—C_1'$。或者在较高的建筑物上，把轴线控制桩延长到楼顶上。

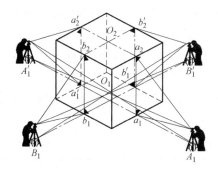

图 15-16　向建筑物上层投测轴线

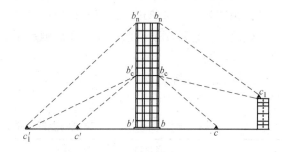

图 15-17　延长和提高控制线投测轴线

2. 高程传递

在 ±0.000 以上的高程传递，主要沿结构外墙、边柱或电梯间等上下贯通处竖直量距，一般情况下高程建筑物至少要由三处向上传递高程，以便于各层使用和互相校核。高程传递的测法可参见 15.1.1 节，这里不做赘述。注意水准仪安置在施工层，校测由下面传递上来的各水平线，应该将误差控制在一定范围内，允许误差见表 15-1。

同时为了保证高程传递的精度，施测中应注意以下几点：

（1）观测时尽量做到前后视线等长，测设水平线时，直接调整水准仪高度，使后视线正对准设计水平线，则前视时可直接用铅笔标出视线高程的水平线。这种测法比一般在木

319

杆上标记视线再量高差反算的测法能提高精度 1～2mm。

（2）由±0.000 水平线向上量高差时，所用的钢尺应经过检定，还应进行尺长改正和温度改正（钢结构不加温度改正）。

（3）在高层装配式结构施工中，不但要注意每层的高差不要超限，更要注意控制各层的高程，防止误差累计而使建筑物总高度的误差超限。

高程传递的允许误差 表 15-1

项　　目		允许误差(mm)
每层		±3
总高(H)	$H\leqslant30m$	±5
	$30m<H\leqslant60m$	±10
	$60m<H\leqslant90m$	±15
	$90m<H\leqslant120m$	±20
	$120m<H\leqslant150m$	±25
	$H>150m$	±30

15.2　建筑物变形测量

在建筑物建造的过程中，由于建筑物的基础和地基所承受的荷载不断增加，从而引起基础及其四周变形，而建筑物本身因为基础变形以及外部荷载与内部应力的作用，也要发生变形，主要包括建筑物的沉降、倾斜和开裂。如果这些变形不超过一定的限度不会影响建筑物的正常使用，但如果变形严重就会危及建筑物的安全。因此在建筑物的施工各个阶段及使用期间，要对建筑物进行有针对性的变形观测。

建筑物变形观测要遵照《建筑变形测量规范》JGJ 8—2007 进行，该规范于 2008 年 3 月 1 日起实施。

建筑物变形测量按照工程的不同和精度的要求，分为特级和一、二、三级，见表 15-2。

建筑物变形测量的等级和精度 表 15-2

变形测量级别	沉降观测	位移观测	主要适用范围
	观测点测站高差中误差(mm)	观测点坐标中误差(mm)	
特级	±0.05	±0.3	特高精度要求的特种精密工程的变形测量
一级	±0.15	±1.0	地基基础设计为中级的建筑的变形测量；重要的古建筑和特大型市政桥梁等变形测量等
二级	±0.5	±3.0	地基基础设计为甲、乙级的建筑的变形测量；场地滑坡测量；重要管线的变形测量；地下工程施工及运营中的变形测量；大型市政桥梁变形测量等
三级	±1.5	±10.0	地基基础设计为乙、丙级的建筑的变形测量；地表、道路及一般管线的变形测量；中小型市政桥梁的变形测量等

观测精度要求高。由于变形观测的结果直接关系到建筑物的安全，影响对变形原因和变形规律的正确分析，相对于其他测量工作而言，变形观测必须有很高的精度。典型的变形观测精度要求是 1mm 或相对精度 1×10^{-6}。

需要重复观测。建筑物由于各种原因产生的变形都具有时间效应。计算其变形量最简单、最基本的方法是计算建筑物上同一点在不同时间的坐标差和高程差。这就要求变形观测必须依照一定的时间周期进行重复观测，时间跨度大。重复观测的周期取决于观测的目的、预计变形量的大小和速率。

要求采用严密的数据处理方法。建筑物的变形一般都较小，有时甚至与观测精度处在同一数量级；同时，大量重复观测使得原始数据增多。要从不同时期的大量数据中，精确确定变形信息，必须采用严密的数据处理方法。

15.2.1 建筑物的沉降观测

建筑物地基承载力不足，或建筑物荷载超过设计荷载进而引起地基承载力不足等因素易导致建筑物产生沉降，沉降过大或产生不均匀沉降可能导致建筑物变形过大或破坏。

建筑物的沉降是指建筑物及其基础在垂直方向上的变形（也称垂直位移）。沉降观测就是测定建筑物基础或地面所设观测点（沉降点）与基准点（水准点）之间随时间变化的高差变化量。沉降观测点一般设置在建筑物基础或基础附近的地面点。沉降观测就是测量观测点与参照点之间的高差，与一般的水准测量方法一样，不外乎沉降观测时间较长、观测精度要求较高。沉降观测通常采用精密水准测量或液体静力水准测量的方法进行。

一、水准点和沉降观测点的布设

作为建筑物沉降观测的水准点一定要有足够的稳定性，同时为了保证水准点高程的正确性和便于检核，水准点一般不得少于三个，并选择其中一个最稳定的点作为水准基点。水准点必须设置在受压、受震的范围以外，冰冻地区水准点应埋设在冻土深度线以下0.5m。水准点和观测点之间的距离应该适中，因为相距太远会影响观测精度，相距太近又会影响水准点的稳定性，从而影响观测结果的可靠性，通常水准点和观测点之间的距离以 60～100m 为宜。

进行沉降观测的建（构）筑物上应该埋设沉降观测点。观测点的数量和位置，应能全面反映建（构）筑物的沉降情况。一般观测点是均匀设置的，但在荷载有变化的部分、平面形状改变处、沉降的两侧、具有代表性的支柱和基础上、地质条件改变处等，应加设足够的观测点。

观测点分两种形式：图 15-18（a）为墙上观测点，图 15-18（b）为设在柱上的观测点，其标高一般在室外地坪 +0.500m 处较为适宜；图 15-19 为设在基础上的观测点。

二、沉降观测的一般规定

（1）观测周期。一般待观测点埋设稳固后，均应至少观测两次。在建筑物主体施工过程中，一般为每盖 1～2 层观测一次；大楼封顶或竣工后，一般每个月观测一次，如果沉降速度减缓，可改为 2～3 个月观测一次，知道沉降量 100d 不超过 1mm 时，观测方可停止。

（2）观测方法和仪器要求。对于多层建筑物的沉降观测，可采用 S3 水准仪用普通水准仪方法进行。对于高层建筑物的沉降观测，则应采用 S1 精密水准仪，用二等水准测量

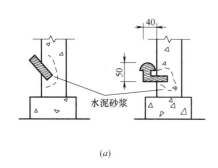
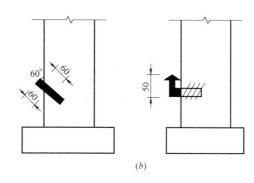

图 15-18　设在墙上或柱上的观测点（单位：mm）

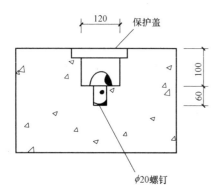

图 15-19　设在基础上的
观测点（单位：mm）

方法进行。为了保证水准测量的精度，观测时视线长度一般不得超过 50m，前、后视距离尽量相等。

（3）沉降观测的工作要求。沉降观测是一项较长期的连续观测工作，为了保证观测成果的正确性，应尽可能做到"三定"：固定观测人员；按规定的日期、方法及既定的路线、测站进行观测。

三、沉降观测的整理和分析

检查计算观测数据、分析研究沉降变形的规律与特征的工作，称为沉降观测的成果整理，属沉降观测的内业工作。

1. 观测资料的整理

沉降观测应采用专用的外业手簿。每次观测结束后，应检查手簿记录是否正确，精度是否合格，文字说明是否齐全。然后把各观测点的高程，依次列入成果表中，并计算两次观测之间的沉降量和累计沉降量，同时也要注明观测日期和荷载情况，为了更清楚地表示沉降、荷重、时间三者的关系，还要画出各观测点的沉降、荷重、时间关系曲线图（图 15-20）。

2. 观测资料的分析

对观测数据进行数据统计分析，分析建筑物变形过程、规律、幅度、原因、变形值与引起变形因素之间的关系，判断建筑物工作情况是否正常，并预报今后的变形趋势。

15.2.2　建筑物水平位移观测

地震、狂风、不均匀沉降等可能导致建筑物水平位移，建筑物发生的水平位移过大易造成建筑物倾斜、建筑物与地面接触部分产生附加负弯矩、开裂直至破坏。

水平位移是指建筑物在水平面内的变形。其表现形式为平面坐标或距离在不同时期的变化。建筑物水平位移观测包括位于特殊性土地

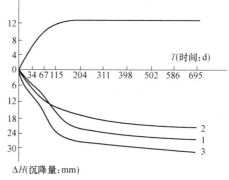

图 15-20　沉降、荷重、时间关系图

区的建筑物地基基础水平位移观测、受高层建筑基础施工影响的建筑物及工程设施水平位移观测，以及挡土墙、大面积堆载等工程中所需的地基土深层侧向位移观测等，应测定在规定平面位置上随时间变化的位移量和位移速度。水平位移观测就是测量观测点与其原始位置之间的移动值，简单来说就是平面位置测量。

水平位移观测的方法很多，常规的有地面控制测量方法，如导线、前方交会法；专用方法，如基准线法、导线法等。对于各种不同的方法，其测点与工作基点及其标志布设都有专门的要求，下面介绍几种常用的方法。

一、基准线法

基准线法是测定直线形建筑物水平位移的常用方法。其基本原理是以通过建筑物轴线或平行于建筑物轴线的竖直平面为基准面，在不同时期用高精度的经纬仪分别测定大致位于轴线上的观测点相对于此基准面的偏离值。比较同一点在不同时期的偏离值，即可求出观测点在垂直于轴线方向的水平位移。基准线法的形式颇多，有测小角法、活动觇牌法、激光准直法及引张线法等。

1. 基准线观测系统的布设

基准线观测系统一般布设三级点位，即基准点、工作基点和观测点。其中基准点用以控制工作基点。对于基准线法，一般都要求在观测系统的各点上都建立观测墩，在观测墩上设有强制对中设备，以便提高观测精度和工效。为了减少照准误差，各观测点上一般都采用觇标作为观测目标。如图 15-21 所示为双线觇标标志。其双线标志的宽度可按式（15-3）计算。

$$W = \frac{3b}{f} \cdot s \tag{15-3}$$

式中：s 为视线长度；b 为十字丝丝粗；f 为物镜焦距。

2. 测小角法

测小角法的基本原理如图 15-22 所示，AB 为基准线，在工作基点 A 点上设置仪器，在工作基点 B 及观测点 i 上设立觇标，用精密经纬仪（如 DJ1）或全站仪测出小角 α_i，则 i 点相对于基准线的横向偏差（水平位移）λ_i，按式（15-4）计算。

$$\lambda_i = \frac{\alpha_i}{\rho} \cdot s \tag{15-4}$$

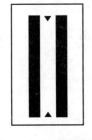

图 15-21　双线觇标志

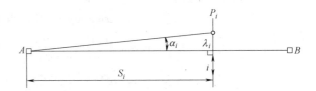

图 15-22　小角法测量原理

3. 活动觇牌法

活动觇牌法与测小角法有类似之处。其基本原理是：在观测点上用微量移动的活动觇牌取代一般的观测标志，观测时先将活动觇牌安置在观测点上，然后移动觇牌使其中心线位于经纬仪的视准面内，读取移动量，即为测点相对于基准面的偏离值。观测点偏离视线的距离不应大于觇牌读数的范围。一般来说，活动觇牌法的精度略低于测小角法的精度。

4. 激光准直法

激光准直法包括激光经纬仪准直法和波带板激光准直法。

（1）激光经纬仪准直法

激光经纬仪准直法与活动觇牌法在测定偏离值的方法上是一致的。只是用激光经纬仪取代传统的光学经纬仪，使视准线成了一条具有一定能量的可见光束；在活动觇牌的中心装有两个半圆的硅光电池组成的光点探测器。两个硅光电池各接在检流表上。当激光照准觇牌中心时，左右两个电极产生的电流相等，检流表指针读数为零，否则就不为零。用"电照准"来取代"光照准"，可提高照准精度五倍左右。

（2）波带板激光准直法

波带板激光准直系统由激光器、波带板装置和光电探测器或自动数码显示器三部分组成，波带板是一种特殊设计的屏，能把一束单色相干光汇聚成一个亮点，它的准直精度可达 $10^{-7} \sim 10^{-6}$mm 以上。

5. 引张线法

引张线法是利用一根在两端拉紧的钢丝（或高强度的尼龙丝）所建立的基准线来测定偏移值的方法。由于钢丝被固定在两端的工作基点上，观测点在不同时间相对于钢丝的偏移值之差即是该观测点在垂直于轴线方向上的水平位移量。为解决引张线垂曲度过大的问题，通常在引张线中间（每隔 20～30m）设置浮托装置，使垂径大为减少，且保持整个引张线的水平投影仍为一直线。

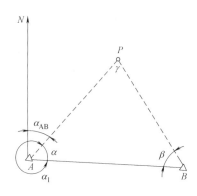

图 15-23　前方交会法示意图

二、前方交会法

利用前方交会法对观测点进行角度观测，计算观测点的坐标，由两期之间的坐标差计算该点的水平位移。如图 15-23 所示，A、B 点为相互通视的控制点，P 为建筑物上的位移观测点。首先，仪器架设 A、后视 B、前视 P，测得角 $\angle BAP$ 的外角 $\alpha = 360° - \alpha_1$，然后架设 B、后视 A、前视 P，测得 β，通过内业计算求得 P 点坐标。当 α、β 角值变化而 P 点坐标也随之改变，再根据公式计算其位移量。

设三角点 A、B 的坐标分别为（x_A，y_A）和（x_B，y_B），则 P 点坐标为：

$$x_p = \frac{x_A \cot\beta + x_B \cot\alpha - y_A + y_B}{\cot\alpha + \cot\beta}$$

$$y_p = \frac{y_A \cot\beta + y_B \cot\alpha - x_A - x_B}{\cot\alpha + \cot\beta}$$

思　考　题

1. 名词解释

（1）施工测量；（2）变形观测；（3）沉降观测；（4）倾斜观测；（5）施工控制网。

2. 简述题

(1) 建筑物沉降观测和水平位移观测的目的是什么？

(2) 施工测量的基本方法是什么？

(3) 变形观测的特点是什么？

(4) 变形观测系统由哪几部分组成？

附录 1

广州市轨道交通十一号线及中心城区综合管廊项目
（YCK10＋68.634～YCK13＋595.980）

控制网复测
成果报告

中铁五局集团有限公司
广州市轨道交通十一号线及中心城区综合管廊项目部
二〇一七年五月

项目名称：广州市轨道交通十一号线及中心城区综合管廊项目

测量单位：中铁五局集团路桥工程有限责任公司工程测量分公司

测绘资质：甲级

计　　算：

复　　核：

签　　收：

目　　录

1. 任务依据

根据业主《施工测量管理办法》及上级单位要求，中铁五局集团路桥工程有限责任公司工程测量分公司对广州市轨道交通十一号线及中心城区地下综合管廊项目 11304 区段（YCK10＋68.634～YCK13＋595.980，全长约 3.53km）平面控制网进行精密导线复测及加密。现根据复测工作具体情况编写本复测加密成果报告。

2. 线路概况

广州市轨道交通十一号线及中心城区地下综合管廊项目 11304 区段（YCK10＋68.634～YCK13＋595.980，全长约 3.53km），包括 3 站 4 区间，即天河东站、广州东站、沙河站、天河东站～广州东站区间、沙涌站～鹤洞东站区间、鹤洞东站～南石路站区间、南石路站～燕岗站区间。本期复测涵盖天河东站、广州东站、沙河站三个车站及天河东～广州东区间。

天河东站位于天河北路上，东西走向，站位在龙口西路与华粤街间。车站为暗挖标准地下两层车站＋地下三层外挂明挖站厅，覆土厚度 9.3m。车站长右线 294.652，左线 366.58m，标准段宽为 25.614m，总建筑面积 21594㎡。

广州东站位于铁路广州东站站场以北的广园快速路南辅路下方，呈东西向布置，明挖段夹在林和西路隧道、林和中路隧道之间，站后交叉渡线段位于车站东端，下穿林和中路隧道。车站为地下三层岛式站台车站，总长 389.8m，基坑标准段宽 23.2m，开挖深度 27.4～29.4m，总建筑面积 40074.57㎡。

沙河站位于先烈东路与广州大道北交叉路口，呈东西走向，与六号线沙河站换乘。车站为地下二层，局部五层（暗挖站台，明挖站厅）岛式站台车站，全长 231.6m，标准段宽为 40.618m，最大宽度为 93.4m，基坑开挖深度为 15.8～40.8m，总建筑总面积 38188㎡。

天河东站～广州东站区间为矿山法隧道＋盾构隧道，矿山法左线长 202.322m，右线长 226.956m，盾构隧道左线长 1281.789m，右线长 1282.403m。区间设置 1 个中间风井、2 个联络通道（1 号联络通道兼废水泵房）。中间风井长 38.02m、宽 25m，基坑深度约为 30m。盾构最小曲线半径 350m，最大纵坡 26.1‰，埋深 18～23m。

3. 基础控制网

本标段共设平面控制桩 19 个，其中 GPS 首级控制点 5 个点号为：GPS201、GPS202、GPS258、GPS259、GPS28，精密导线点 14 个点号为：XIJ036、XIJ038、XIJ041、XIJ042、XIJ043、XIJ044、XIJ045、XIJ046-1、XIJ047、XIJ047-1、XIJ048-1、XIJ049-1、XIJ050、XIJ051。高程控制点 9 个，点号为：Ⅱ地 11-13、Ⅱ地 11-14、Ⅱ地 11-15、Ⅱ地 11-82、Ⅱ地 11-83、Ⅱ地 11-84、Ⅱ地 11-16、Ⅱ地 11-17、Ⅱ地 11-18。控制桩的埋设按照规范要求，新加密控制点点号为：TGJM01、TGJM02、TGJM03、SHJ01、SHJ02、SHJ03、SHJ04、SHJ05、SHJ04-1，新加密高程控制点点号为：BM01、SHJ01-1、SHJ02、SHJ04、SHJ05、E35，导线及水准路线见附件 1。

4. 生产组织

（1）人员组成

我单位成立了以项目总工为组长的领导小组，选派具有资质、经验丰富的专业测量人员组成测量小组。

组　　长：

副组长：

组　　员：

（2）仪器设备

精密导线控制网复测：采用经检定合格且在有效期内，满足精度要求的全站仪和数字水准仪，见附表1-1。鉴定证书见附件3。

仪器校核一览表 　　　　　　　　　　　　　　　　　　　　　　附表1-1

测量分类	仪器及出厂编号	检定日期/检定机构	备注
平面	Leica TS15	2016年6月9日 湖南省测绘仪器检测中心	设备均在检定有效期内，全站仪标称精度TS15为1″，TS02为2″，水准仪标称0.3mm/km，检定合格
平面	Leica TS02	2017年3月16日 广州市烈图仪器科技有限公司	
高程	Trimble DiNi03	2016年10月25日 华南国家计量测试中心	

（3）测量进度

外业数据采集：2017年04月24日～2017年04月30日

成果整理：2017年05月01日～2017年05月03日

5. 执行依据、既有资料

（1）执行依据

《城市轨道交通工程测量规范》GB 50308—2008；《城市测量规范》CJJ/T 8—2011；《国家一二等水准测量规范》GB/T 12897—2006；《铁路工程测量规范》TB 10101—2009。

（2）既有资料

《广州市轨道交通十一号线工程广州东－天河东、沙河站交桩表》（北京城建勘测设计研究院2017年3月21日）。

6. 平面坐标及高程系统

（1）平面坐标系统

平面坐标系统设计成果，采用广州城市建设工程独立坐标系统，见附表1-2。

设计、监理交桩坐标及高程一览表 　　　　　　　　　　　　　　附表1-2

序号	点号	X(m)	Y(m)	H(m)	备注
1	GPS201	31368.221	43803.213		林和中路
2	GPS202	30792.860	45354.028		瑞安创逸
3	GPS258	32354.339	41760.618		金园大厦
4	GPS259	32196.482	43660.899		中六医院
5	GPS28	31784.123	41863.879		省农业厅
6	XIJ036	30775.4866	45313.6419		
7	XIJ038	30548.0846	44835.1520		
8	XIJ041	31087.9217	45417.1495		
9	XIJ042	30850.3265	44595.9510		

序号	点号	X(m)	Y(m)	H(m)	备注
10	XIJ043	30929.3599	45180.4150		
11	XIJ044	31038.4785	44376.9453		
12	XIJ045	30988.2479	44883.6557		
13	XIJ046-1	31469.7855	43491.3071		
14	XIJ047	31556.5076	44351.2740		
15	XIJ047-1	32179.9889	43099.0833		
16	XIJ048-1	31705.7541	42703.5578		
17	XIJ049-1	31887.7340	42331.8076		
18	XIJ050	32106.5068	42325.5455		
19	XIJ051	32067.9737	41612.7603		
20	II地11-13			14.395	沙河/基岩上
21	II地11-14			14.281	沙河/基岩上
22	II地11-15			16.878	沙河/墙上
23	II地11-82			23.521	广州东站/基岩上
24	II地11-83			23.212	广州东站/墙上
25	II地11-84			23.184	广州东站/墙上
26	II地11-16			12.362	天河东/基岩上
27	II地11-17			11.702	天河东/墙上
28	II地11-18			11.608	天河东/基岩上

（2）高程系统

高程基准采用 1985 国家高程基准。

7. 控制网复测

测量采用的仪器设备等级、计算软件精度不低于原测。水准仪标定见附表 1-1。

观测方法、精度指标按三等导线和二等水准。

（1）平面控制网

1）平面控制网精度指标

平面控制精度指标，见附表 1-3。

精密导线的技术要求　　　　　　　　　　　　　　　附表 1-3

平均边长(m)	导线总长度(km)	每边测距中误差(mm)	测距相对中误差	测角中误差(")	测回数		方位角闭合差(")	全长相对闭合差	相邻点的相对点位中误差
					I 级全站仪	II 级全站仪			
350	3~5	±6	1/60000	±2.5	4	6	$5\sqrt{n}$	1/35000	±8

注：n 为导线的角度个数。

2）精密导线平差结果

精密导线在观测时，I 级全站仪均采用 4 个测回，II 级仪器采用 6 个测回。使用科傻地面平差系统和中铁四院的铁路工程精密控制测量软件进行精密导线网的平差处理，详细过程见附件 2，测量结果见附表 1-4。

观测结果：水平角观测的测角中误差：1.38″，平面控制网的平均测距中误差：0.85mm。

最弱边及其相对精度

起点	终点	方位角 A(dms)	MA(sec)	边长 S(m)	MS(mm)	S/MS	E(mm)	F(mm)	T(dms)
TGJM01	TGJM02	74.032528	3.55	112.27006	2.54	44287	2.54	1.93	78.0030

3）平面控制网较差

平面控制网较差用交桩坐标与复测坐标比较，见附表 1-5。

交桩坐标与复测坐标比较表

点名	交桩坐标		复测坐标		较差		限差 (mm)	备注
	X(m)	Y(m)	X(m)	Y(m)	X(mm)	Y(mm)		
GPS28	31784.1230	41863.8790	31784.1230	41863.8790	0.0	0.0		起算点
GPS201	31368.2210	43803.2130	31368.2210	43803.2130	0.0	0.0		起算点
GPS202	30792.8600	45354.0280	30792.8600	45354.0280	0.0	0.0		起算点
GPS258	32354.3390	41760.6180	32354.3390	41760.6180	0.0	0.0		起算点
GPS259	32196.4820	43660.8990	32196.4820	43660.8990	0.0	0.0		起算点
XIJ036	30775.4866	45313.6419	30775.4823	45313.6474	−4.3	5.5	12	
XIJ038	30548.0846	44835.1520	30548.0681	44835.1555	−16.5	3.5	12	建议用新坐标
XIJ041	31087.9217	45417.1495	31087.9247	45417.1518	3.0	2.3	12	
XIJ042	30850.3265	44595.9510	30850.3104	44595.9452	−16.1	−5.8	12	建议用新坐标
XIJ043	30929.3599	45180.4150	30929.3600	45180.4183	0.1	3.2	12	
XIJ044	31038.4785	44376.9453	31038.4669	44376.9394	−11.6	−5.9	12	
XIJ045	30988.2479	44883.6557	30988.2468	44883.6620	−1.1	6.3	12	
XIJ046-1	31469.7855	43491.3071	31469.7860	43491.3059	0.5	−1.2	12	
XIJ047	31556.5076	44351.2740	31556.5039	44351.2812	−3.7	7.2	12	
XIJ047-1	32179.9894	43099.0835	32180.0009	43099.0791	11.5	−4.4	12	
XIJ048-1	31705.7539	42703.5578	31705.7580	42703.5608	4.1	3.0	12	
XIJ049-1	31887.7340	42331.8076	31887.7376	42331.8107	3.6	3.1	12	
XIJ050	32106.5068	42325.5455	32106.5155	42325.5455	8.7	0.0	12	
XIJ051	32067.9737	41612.7603	32067.9725	41612.7567	−1.2	−3.6	12	
TGJM01			30863.6332	44739.0770				新加密
TGJM02			30894.4718	44847.0283				新加密
TGJM03			30888.8379	45061.4614				新加密
SHJ01			32032.8326	42436.1570				新加密
SHJ02			32103.0543	42541.0786				新加密
SHJ03			32103.5740	42456.7362				新加密
SHJ04			31986.0115	42563.2291				新加密
SHJ04-1			32089.6811	42787.8112				新加密
SHJ05			31837.8324	42574.2832				新加密

（2）高程控制网

1）高程控制网精度指标

精密导线测量的高程部分均按二等水准测量要求进行，其技术指标见附表1-6。

水准测量的主要技术指标　　　　　　　　　　　　　　　　附表1-6

等级	每千米高差全中误差(mm)	路线长度(km)	水准仪型号	水准尺	观测次数		往返较差、附合或环线闭合差	
					与已知点联测	附合或环线	平地(mm)	山地(mm)
二等	2	—	DS_1	因瓦尺	往返各一次	往返各一次	$4\sqrt{n}$	—
三等	6	≤50	DS_1	因瓦尺	往返各一次	往一次	$12\sqrt{n}$	$4\sqrt{n}$
			DS_3	双面尺		往返各一次		

2）高程控制网平差结果

高程点复测及加密均采用二等水准测量方法。水准仪采用美国的天宝 Trimble Di-Ni03，使用配套的 2m 因瓦尺。

总测站数要求是偶数。偶数站上点，视距小于 50m，最小读数大于 0.5m，最大读数小于 2.8m，每站前后视距差小于 1m，累计前后视距差小于 3m。

水准测量结果：每千米水准测量的高差偶然中误差：0.38mm，水准线各闭合差满足规范要求。

（3）高程控制网较差

复测高程控制网与设计院提交高程控制点较差，见附表1-7。

复测高程控制网与设计较差一览表　　　　　　　　　　　　附表1-7

序号	点号	复测高程(m)	设计高程(m)	较差(mm)	备注
1	Ⅱ地11—13	14.395	14.395	0	
2	Ⅱ地11—14	14.281	14.281	0	
3	Ⅱ地11—15	16.877	16.878	−1	
4	Ⅱ地11—82	23.521	23.521	0	
5	Ⅱ地11—83	23.211	23.212	−1	
6	Ⅱ地11—84	23.185	23.184	1	
7	Ⅱ地11—16	12.359	12.362	−3	
8	Ⅱ地11—17	11.702	11.702	0	
9	Ⅱ地11—18	11.608	11.608	0	

（4）高程加密控制网成果表

平面控制点进行复测后，根据后续工作需要适时进行加密。高程控制网也需要根据实际情况，在距离较远时，加密高程控制点，即在测区内增设水准点。高程加密控制点，见附表1-8。

8. 注意的问题及结论

（1）注意的问题

1）导线点和高程点必须按照要求保护好，如有怀疑或移动，测量人员必须及时进行复测。

高程加密控制点成果表

附表 1-8

序号	点号	高程(m)	备注
1	BM01	10.881	
2	TGJM01	10.810	
3	TGJM02	10.961	
4	TGJM03	11.045	
5	SHJ05	15.341	
6	SHJ04	15.861	
7	SHJ01-1	16.358	
8	SHJ02	16.531	
9	E35	16.020	

2）新增加密点和改位置加密点编号请核对清楚，以免用错导线点和高程点。

3）导线点和高程点必须定时复测，复测时间不得超过半年。

（2）控制点复测测量结论

本次复测平面网的精度达到国家三等导线精度，满足《三、四等导线测量规范》CH/T 2007—2001、《城市轨道交通工程测量规范》GB 50308—2008 相关精度要求。高程网的精度满足二等水准技术要求，满足《城市轨道交通工程测量规范》GB 50308—2008要求。设计提供原测导线点和高程点成果可靠、有效，适宜在施工建设中使用。加密导线点和高程点密度和精度满足施工要求，可以放心使用。

平面控制网导线测量成果表，见附表 1-9。高程控制网水准点测量成果表，见附表 1-10。

平面控制网导线测量成果表

附表 1-9

点名	X(m)	Y(m)	备注
GPS28	31784.1230	41863.8790	
GPS201	31368.2210	43803.2130	
GPS202	30792.8600	45354.0280	
GPS258	32354.3390	41760.6180	
GPS259	32196.4820	43660.8990	
XIJ036	30775.4866	45313.6419	
XIJ038	30548.0681	44835.1555	更新坐标
XIJ041	31087.9217	45417.1495	
XIJ042	30850.3104	44595.9452	更新坐标
XIJ043	30929.3599	45180.4151	
XIJ044	31038.4786	44376.9454	
XIJ045	30988.2480	44883.6558	
XIJ046-1	31469.7855	43491.3071	
XIJ047	31556.5077	44351.2740	
XIJ047-1	32179.9894	43099.0835	

点名	X(m)	Y(m)	备注
XIJ048-1	31705.7539	42703.5578	
XIJ049-1	31887.7340	42331.8076	
XIJ050	32106.5068	42325.5455	
XIJ051	32067.9737	41612.7603	
TGJM01	30863.6332	44739.0770	新加密
TGJM02	30894.4718	44847.0283	新加密
TGJM03	30888.8379	45061.4614	新加密
SHJ01	32032.8326	42436.1570	新加密
SHJ02	32103.0543	42541.0786	新加密
SHJ03	32103.5740	42456.7362	新加密
SHJ04	31986.0115	42563.2291	新加密
SHJ04-1	32089.6811	42787.8112	新加密
SHJ05	31837.8324	42574.2832	新加密

高程控制网水准点测量成果表   附表 1-10

序号	点号	高程(m)	备注
1	Ⅱ地 11-13	14.395	
2	Ⅱ地 11-14	14.281	
3	Ⅱ地 11-15	16.878	
4	Ⅱ地 11-82	23.521	
5	Ⅱ地 11-83	23.212	
6	Ⅱ地 11-84	23.184	
7	Ⅱ地 11-16	12.362	
8	Ⅱ地 11-17	11.702	
9	Ⅱ地 11-18	11.608	
10	BM01	10.881	新加密
11	TGJM01	10.810	新加密
12	TGJM02	10.961	新加密
13	TGJM03	11.045	新加密
14	SHJ05	15.341	新加密
15	SHJ04	15.861	新加密
16	SHJ01-1	16.358	新加密
17	SHJ02	16.531	新加密
18	E35	16.020	新加密

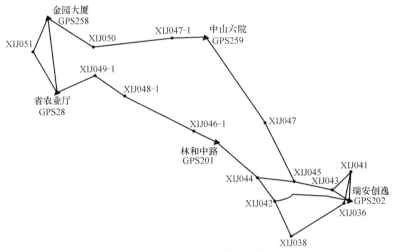

附图1-1 测区GPS精密导线网

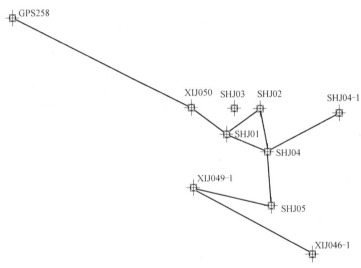

附图1-2 测区内导线网一

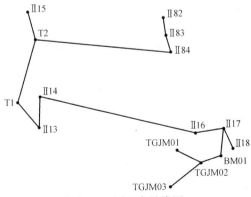

附图1-3 测区内导线网二

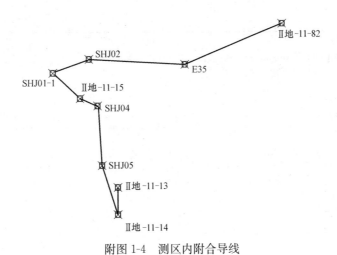

附图 1-4　测区内附合导线

附件 2　平面高程平差结果

1. 平面网精度

平面网闭合差计算结果

（单定向）附合路线号：1
线路点号：GPS258　GPS028　XIJ049-1　XIJ048-1　XIJ046-1　GPS201
X 坐标闭合差：－0.0029m
Y 坐标闭合差：0.0137m
总长度：1.9834km
相对闭合差：1：145678　　　　　限差：1：40000

（无定向）附合路线号：2
线路点号：GPS202　XIJ043　XIJ045　XIJ047　GPS259
X 坐标闭合差：0.0194m
Y 坐标闭合差：－0.0234m
总长度：2.1993km
相对闭合差：1：73865　　　　　限差：1：40000

（单定向）附合路线号：3
线路点号：GPS028　GPS258　XIJ050　XIJ047-1　GPS259
X 坐标闭合差：－0.0008m
Y 坐标闭合差：0.0091m
总长度：1.9068km
相对闭合差：1：213125　　　　　限差：1：40000

闭合环号：1
线路点号：GPS028　GPS258　XIJ051
角度闭合差：－2.86″　　　　限差：8.66″
边长闭合差：0.0037m
边长总长度：1.2808km
相对闭合差：1：348408　　　　限差：1：40000

闭合环号：2
线路点号：GPS202　XIJ043　XIJ041
角度闭合差：－0.20″　　　　限差：8.66″
边长闭合差：0.0004m
边长总长度：0.8075km
相对闭合差：1：2028812　　　限差：1：40000

337

闭合环号：3

线路点号：XIJ042　XIJ038　XIJ036　XIJ041　XIJ043　XIJ045　XIJ044

角度闭合差：$-5.73''$　　　　限差：$13.23''$

边长闭合差：0.0108m

边长总长度：2.6298km

相对闭合差：1：243610　　　　限差：1：40000

闭合环号：4

线路点号：GPS028　XIJ049-1　XIJ048-1　XIJ046-1　GPS201　XIJ044
　　　　　XIJ045　XIJ047　GPS259　XIJ047-1　XIJ050　GPS258

角度闭合差：$1.34''$　　　　限差：$17.32''$

边长闭合差：0.0032m

边长总长度：7.4701km

相对闭合差：1：2353294　　　　限差：1：40000

角度闭合差与测站数：

　　$-2.86''$　　　　　　　3

　　$-0.20''$　　　　　　　3

　　$-5.73''$　　　　　　　7

　　$1.34''$　　　　　　　12

水平角观测的测角中误差：$1.38''$

用于统计测角中误差的附和导线及闭合环的个数：4

2. 往返测距较差

往返测距离较差统计结果

起点	终点	往测距离(m)	返测距离(m)	距离较差(mm)	测距中误差(mm)	较差限值(mm)
TGJM01	TGJM02	112.27010	112.26940	0.70	0.56	1.22
TGJM02	TGJM03	214.50740	214.50680	0.60	0.65	1.43
TGJM03	GPS202	307.90740	307.90775	−0.35	0.73	1.62
XIJ036	XIJ038	529.78590	529.78640	−0.50	0.93	2.06
GPS202	XIJ041	301.74160	301.74170	−0.10	0.73	1.60
XIJ036	XIJ041	329.14090	329.14070	0.20	0.75	1.66
XIJ041	XIJ043	284.93200	284.93050	1.50	0.71	1.57
GPS202	XIJ043	220.84820	220.84940	−1.20	0.65	1.44
XIJ046-1	GPS201	328.02850	328.02920	−0.70	0.75	1.66
TGJM01	XIJ042	143.75130	143.75180	0.50	0.58	1.29
XIJ038	XIJ042	385.45070	385.45190	−1.20	0.80	1.77
XIJ042	XIJ044	288.73360	288.73340	0.20	0.72	1.58
GPS201	XIJ044	661.74790	661.74870	−0.80	1.05	2.32
XIJ043	XIJ045	302.54890	302.54750	1.40	0.73	1.61
XIJ044	XIJ045	509.21030	509.20880	1.50	0.92	2.02
XIJ045	XIJ047	778.68940	778.69070	−1.30	1.16	2.56
XIJ051	GPS028	378.99180	378.99020	1.60	0.80	1.76
GPS028	GPS258	579.49360	579.49550	−1.90	0.98	2.16
XIJ051	GPS258	322.28680	322.28820	−1.40	0.75	1.64
XIJ046-1	XIJ048-1	822.33480	822.33430	0.50	1.20	2.64
XIJ048-1	XIJ049-1	413.90510	413.90370	1.40	0.83	1.83
GPS028	XIJ049-1	479.26820	479.26930	−1.10	0.89	1.96
GPS258	XIJ050	616.89670	616.89840	−1.70	1.01	2.23
XIJ047-1	XIJ050	777.01880	777.02030	−1.50	1.16	2.55
XIJ047	GPS259	941.39100	941.39320	−2.20	1.31	2.88
XIJ047-1	GPS259	562.06370	562.06390	−0.20	0.96	2.12

网的平均测距中误差：0.85(mm)

3. 平面网常规平差结果

平面网平差结果（常规）

点号	概略坐标	
	X(m)	Y(m)
GPS028	31784.12300	41863.87900
GPS201	31368.22100	43803.21300
GPS202	30792.86000	45354.02800
GPS258	32354.33900	41760.61800
GPS259	32196.48200	43660.89900
TGJM01	30863.63290	44739.07914
XIJ042	30850.31043	44595.94689
TGJM02	30894.47130	44847.03080
TGJM03	30888.83749	45061.46439
GPS202-1	30792.86135	45354.03241
XIJ043	30929.36088	45180.41913
XIJ041	31087.92445	45417.15362
XIJ036	30775.48215	45313.64847
XIJ038	30548.06799	44835.15676
XIJ045	30988.24800	44883.66308
XIJ046-1	31469.78585	43491.30583
XIJ048-1	31705.75782	42703.56078
XIJ044	31038.46727	44376.94058
XIJ047	31556.50465	44351.28177
XIJ051	32067.97254	41612.75666
XIJ049-1	31887.73747	42331.81074
XIJ050	32106.51539	42325.54545
XIJ047-1	32180.00075	43099.07912

4. GPS 方向平差结果

方向平差结果

起点	终点	观测值(dms)	M(sec)	V(sec)	平差值(dms)	Ri
TGJM01	XIJ042	0.000000	0.50	−0.42	−0.000042	0.13
TGJM01	TGJM02	169.222800	0.50	0.42	169.222842	0.13
TGJM02	TGJM01	0.000000	0.50	−0.28	−0.000028	0.07
TGJM02	TGJM03	197.265210	0.50	0.28	197.265238	0.07
TGJM03	TGJM02	0.000000	0.50	−0.17	−0.000017	0.01
TGJM03	GPS202-1	196.392470	0.50	0.17	196.392487	0.01
GPS202-1	XIJ043	0.000000	0.50	0.21	0.000021	0.09
GPS202-1	TGJM03	339.591194	0.50	−0.21	339.591173	0.09
GPS202	XIJ043	0.000000	0.50	−0.40	−0.000040	0.33
GPS202	XIJ041	63.535685	0.50	0.40	63.535725	0.33
XIJ036	XIJ041	0.000000	0.50	0.13	0.000013	0.18
XIJ036	XIJ038	226.150257	0.50	−0.13	226.150244	0.18
XIJ038	XIJ036	0.000000	0.50	−1.24	−0.000124	0.28
XIJ038	XIJ042	257.033572	0.50	1.24	257.033696	0.28
XIJ041	GPS202	0.000000	0.50	2.03	0.000203	0.46
XIJ041	XIJ036	6.151504	0.50	−1.67	6.151337	0.32
XIJ041	XIJ043	44.063946	0.50	−0.37	44.063909	0.48
XIJ043	XIJ041	0.000000	0.50	−0.58	−0.000058	0.34

起点	终点	观测值（dms）	M（sec）	Vs（ec）	平差值（dms）	Ri
XIJ043	GPS202	71.592389	0.50	0.82	71.592471	0.33
XIJ043	XIJ045	225.021547	0.50	−0.24	225.021523	0.13
XIJ046-1	XIJ048-1	0.000000	0.50	−0.55	−0.000055	0.16
XIJ046-1	GPS201	181.213768	0.50	0.55	181.213823	0.16
GPS201	XIJ044	0.000000	0.50	0.63	0.000063	0.25
GPS201	XIJ046-1	168.085455	0.50	−0.63	168.085392	0.25
XIJ042	XIJ044	0.000000	0.50	−0.57	−0.000057	0.20
XIJ042	TGJM01	134.005356	0.50	0.54	134.005410	0.23
XIJ042	XIJ038	190.582211	0.50	0.04	190.582215	0.27
XIJ044	XIJ042	0.000000	0.50	1.03	0.000103	0.35
XIJ044	GPS201	169.131646	0.50	1.11	169.131757	0.19
XIJ044	XIJ045	324.593695	0.50	−2.14	324.593481	0.39
XIJ045	XIJ043	0.000000	0.50	−2.13	−0.000213	0.17
XIJ045	XIJ044	174.260751	0.50	0.42	174.260793	0.34
XIJ045	XIJ047	215.383150	0.50	1.70	215.383320	0.40
XIJ047	XIJ045	0.000000	0.50	−0.24	−0.000024	0.16
XIJ047	GPS259	175.574735	0.50	0.24	175.574759	0.16
XIJ051	GPS258	0.000000	0.50	0.33	0.000033	0.30
XIJ051	GPS028	111.113113	0.50	−0.33	111.113080	0.30
GPS028	GPS258	0.000000	0.50	1.49	0.000149	0.54
GPS028	XIJ049-1	87.464702	0.50	−1.39	87.464563	0.34
GPS028	XIJ051	328.455649	0.50	−0.10	328.455639	0.50
GPS258	XIJ050	0.000000	0.50	−0.11	−0.000011	0.42
GPS258	GPS028	56.025821	0.50	−0.91	56.025730	0.56
GPS258	XIJ051	93.372071	0.50	1.02	93.372173	0.48
XIJ047-1	XIJ050	0.000000	0.50	−0.17	−0.000017	0.14
XIJ047-1	GPS259	183.444696	0.50	0.17	183.444713	0.14
XIJ048-1	XIJ046-1	0.000000	0.50	0.22	0.000022	0.11
XIJ048-1	XIJ049-1	189.242549	0.50	−0.22	189.242527	0.11
XIJ049-1	XIJ048-1	0.000000	0.50	0.57	0.000057	0.20
XIJ049-1	GPS028	141.255515	0.50	−0.57	141.255458	0.20
XIJ050	GPS258	0.000000	0.50	0.83	0.000083	0.22
XIJ050	XIJ047-1	150.531489	0.50	−0.83	150.531406	0.22
GPS259	XIJ047	0.000000	0.50	0.72	0.000072	0.30
GPS259	XIJ047-1	135.292364	0.50	−0.72	135.292292	0.30

方向最小多余观测分量：0.01（TGJM03→TGJM02）
方向最大多余观测分量：0.56（GPS258→GPS028）
方向平均多余观测分量：0.25
方向多余观测分量总和：13.30

5. GPS 距离平差结果

距离平差结果

起点	终点	观测值（m）	M（mm）	V（mm）	平差值（m）	Ri
RTGJM01	XIJ042	143.75055	0.46	0.38	143.75093	0.10
TGJM01	TGJM02	112.26975	0.43	0.31	112.27006	0.09
TGJM02	TGJM03	214.50710	0.51	0.49	214.50759	0.12
TGJM03	GPS202-1	307.90758	0.57	0.64	307.90821	0.14
GPS202-1	XIJ043	220.84860	0.72	−0.93	220.84767	0.15

起点	终点	观测值(m)	M(mm)	V(mm)	平差值(m)	Ri
GPS202	XIJ043	220.84880	0.51	−3.77	220.84503	0.40
GPS202	XIJ041	301.74165	0.57	−0.26	301.74139	0.39
XIJ036	XIJ041	329.14080	0.59	−0.25	329.14055	0.07
XIJ036	XIJ038	529.78615	0.73	−1.75	529.78440	0.18
XIJ038	XIJ042	385.45130	0.63	−1.10	385.45020	0.07
XIJ041	XIJ043	284.93125	0.56	−0.34	284.93091	0.41
XIJ043	XIJ045	302.54820	0.57	−5.90	302.54230	0.28
XIJ046-1	XIJ048-1	822.33455	0.94	−5.52	822.32903	0.39
XIJ046-1	GPS201	328.02885	0.59	−2.17	328.02668	0.15
GPS201	XIJ044	661.74830	0.82	−7.52	661.74078	0.48
XIJ042	XIJ044	288.73350	0.56	−0.47	288.73303	0.12
XIJ044	XIJ045	509.20955	0.71	−4.62	509.20493	0.37
XIJ045	XIJ047	778.69005	0.90	−8.17	778.68188	0.35
XIJ047	GPS259	941.39210	1.02	−10.47	941.38163	0.45
XIJ051	GPS258	322.28750	0.58	−0.79	322.28671	0.33
XIJ051	GPS028	378.99100	0.62	−1.57	378.98943	0.43
GPS028	GPS258	579.49455	0.76	−4.15	579.49040	1.00
GPS028	XIJ049-1	479.26875	0.69	−2.57	479.26618	0.17
GPS258	XIJ050	616.89755	0.79	−2.45	616.89510	0.25
XIJ047-1	XIJ050	777.01955	0.90	−3.18	777.01637	0.37
XIJ047-1	GPS259	562.06380	0.75	−2.23	562.06157	0.26
XIJ048-1	XIJ049-1	413.90440	0.65	−2.63	413.90177	0.18

边长最小多余观测分量：0.07（XIJ036→XIJ041）
边长最大多余观测分量：1.00（GPS028→GPS258）
边长平均多余观测分量：0.29
边长多余观测分量总和：7.70

6. GPS平差坐标及其精度

平差坐标及其精度

点名	X(m)	Y(m)	MX(mm)	MY(mm)	MP(mm)	E(mm)	F(mm)	T(dms)
GPS028	31784.12300	41863.87900						
GPS201	31368.22100	43803.21300						
GPS202	30792.86000	45354.02800						
GPS258	32354.33900	41760.61800						
GPS259	32196.48200	43660.89900						
TGJM01	30863.63290	44739.07914	6.20	4.86	7.8	6.39	4.62	20.0212
XIJ042	30850.31043	44595.94689	6.46	4.49	7.87	6.59	4.30	15.1521
TGJM02	30894.47130	44847.03080	5.97	5.06	7.83	6.21	4.76	25.3241
TGJM03	30888.83749	45061.46439	5.40	5.09	7.42	5.66	4.80	34.3511
GPS202-1	30792.86135	45354.03241	7.77	5.57	9.56	8.46	4.44	27.4902
XIJ043	30929.36088	45180.41913	3.38	3.28	4.71	4.04	2.41	43.1019
XIJ041	31087.92445	45417.15362	2.94	5.67	6.38	5.78	2.71	102.5404
XIJ036	30775.48215	45313.64847	4.21	4.55	6.20	4.65	4.11	64.4829
XIJ038	30548.06799	44835.15676	6.17	5.65	8.36	6.26	5.55	158.5652
XIJ045	30988.24800	44883.66308	5.74	4.24	7.14	6.28	3.39	28.5345
XIJ046-1	31469.78585	43491.30583	4.62	3.43	5.76	4.71	3.31	15.4131
XIJ048-1	31705.75782	42703.56078	8.10	4.64	9.34	8.18	4.51	9.0927
XIJ044	31038.46727	44376.94058	6.11	4.14	7.38	6.45	3.59	22.4031

点名	X(m)	Y(m)	MX(mm)	MY(mm)	MP(mm)	E(mm)	F(mm)	T(dms)
XIJ047	31556.50465	44351.28177	7.18	6.60	9.75	8.59	4.62	40.3356
XIJ051	32067.97254	41612.75666	2.96	2.79	4.06	2.96	2.79	1.0107
XIJ049-1	31887.73747	42331.81074	6.06	3.86	7.19	6.08	3.83	174.0838
XIJ050	32106.51539	42325.54545	6.53	4.33	7.84	6.67	4.12	14.5611
XIJ047-1	32180.00075	43099.07912	6.79	3.96	7.86	6.79	3.96	2.1008

MX 均值(mm):5.70　　MY 均值(mm):4.57　　MZ 均值(mm):7.36

7. GPS 最弱点及其精度

最弱点及其精度

点名	X(m)	Y(m)	MX(mm)	MY(mm)	MP(mm)	E(mm)	F(mm)	T(dms)
XIJ047	31556.50465	44351.28177	7.18	6.60	9.75	8.59	4.62	40.3356

8、方位角、边长及其相对精度

方位角、边长及其相对精度

起点	终点	方位角 A(dms)	MA (sec)	边长 S(m)	MS(mm)	S/MS	E(mm)	F(mm)	T(dms)
TGJM01	XIJ042	264.405644	3.25	143.75093	2.65	54253	2.65	2.26	85.5923
TGJM01	TGJM02	74.032528	3.55	112.27006	2.54	44287	2.54	1.93	78.0030
TGJM02	TGJM01	254.032528	3.55	112.27006	2.54	44287	2.54	1.93	78.0030
TGJM02	TGJM03	91.301794	3.50	214.50759	2.91	73804	3.65	2.90	5.1812
TGJM03	TGJM02	271.301794	3.50	214.50759	2.91	73804	3.65	2.90	5.1812
TGJM03	GPS202-1	108.094297	4.77	307.90821	3.26	94405	7.14	3.22	22.3923
GPS202-1	XIJ043	308.103145	7.01	220.84767	4.08	54167	7.61	3.88	27.1028
GPS202-1	TGJM03	288.094297	4.77	307.90821	3.26	94405	7.14	3.22	22.3923
GPS202	XIJ043	308.103498	3.77	220.84504	2.43	91034	4.04	2.41	43.1019
GPS202	XIJ041	12.043263	3.95	301.74140	2.71	111458	5.78	2.71	102.5404
XIJ036	XIJ041	18.194397	3.41	329.14056	3.48	94604	5.44	3.47	105.1653
XIJ036	XIJ038	244.344629	2.45	529.78440	4.04	131267	6.30	4.03	156.0847
XIJ038	XIJ036	64.344629	2.45	529.78440	4.04	131267	6.30	4.03	156.0847
XIJ038	XIJ042	321.382449	2.67	385.45020	3.70	104159	5.02	3.65	61.2708
XIJ041	GPS202	192.043263	3.95	301.74140	2.71	111458	5.78	2.71	102.5404
XIJ041	XIJ036	198.194397	3.41	329.14056	3.48	94604	5.44	3.47	105.1653
XIJ041	XIJ043	236.110969	3.77	284.93092	2.62	108731	5.22	2.60	142.2836
XIJ043	XIJ041	56.110969	3.77	284.93092	2.62	108731	5.22	2.60	142.2836
XIJ043	GPS202	128.103498	3.77	220.84504	2.43	91034	4.04	2.41	43.1019
XIJ043	XIJ045	281.132550	2.54	302.54230	2.96	102180	3.73	2.96	12.3006
XIJ046-1	XIJ048-1	286.403282	1.76	822.32903	4.50	182924	7.06	4.45	10.0342
XIJ046-1	GPS201	108.021161	2.96	328.02668	3.31	99060	4.71	3.31	15.4131
GPS201	XIJ044	119.531832	2.00	661.74078	3.65	181225	6.45	3.59	22.4031
GPS201	XIJ046-1	288.021161	2.96	328.02668	3.31	99060	4.71	3.31	15.4131
XIJ042	XIJ044	310.400177	2.42	288.73303	3.21	89964	3.41	3.19	22.5838
XIJ042	TGJM01	84.405644	3.25	143.75093	2.65	54253	2.65	2.26	85.5923
XIJ042	XIJ038	141.382449	2.67	385.45020	3.70	104159	5.02	3.65	61.2708
XIJ044	XIJ042	130.400177	2.42	288.73303	3.21	89964	3.41	3.19	22.5838
XIJ044	GPS201	299.531832	2.00	661.74078	3.65	181225	6.45	3.59	22.4031
XIJ044	XIJ045	95.393556	2.00	509.20493	3.48	146174	4.96	3.45	12.5912

起点	终点	方位角 A(dms)	MA (sec)	边长 S(m)	MS(mm)	S/MS	E(mm)	F(mm)	T(dms)
XIJ045	XIJ043	101.132550	2.54	302.54230	2.96	102180	3.73	2.96	12.3006
XIJ045	XIJ044	275.393556	2.00	509.20493	3.48	146174	4.96	3.45	12.5912
XIJ045	XIJ047	316.520083	1.99	778.68188	4.46	174643	7.50	4.454	4.3515
XIJ047	XIJ045	136.520083	1.99	778.68188	4.46	174643	7.50	4.45	44.3515
XIJ047	GPS259	312.494866	1.88	941.38163	4.63	203395	8.59	4.62	40.3356
XIJ051	GPS258	27.183218	1.81	322.28671	2.92	110211	2.96	2.79	1.0107
XIJ051	GPS028	138.300266	1.56	378.98943	2.88	131546	2.96	2.79	1.0107
GPS028	XIJ049-1	77.305189	2.61	479.26618	3.87	123762	6.08	3.83	174.0838
GPS028	XIJ051	318.300266	1.56	378.98943	2.88	131546	2.96	2.79	1.0107
GPS258	XIJ050	113.411034	2.21	616.89510	4.19	147062	6.67	4.12	14.5611
GPS258	XIJ051	207.183218	1.81	322.28671	2.92	110211	2.96	2.79	1.0107
XIJ047-1	XIJ050	264.342356	1.69	777.01637	4.41	176168	6.36	4.40	179.1026
XIJ047-1	GPS259	88.191086	2.49	562.06157	3.97	141433	6.79	3.96	2.1008
XIJ048-1	XIJ046-1	106.403282	1.76	822.32903	4.50	182924	7.06	4.45	10.0342
XIJ048-1	XIJ049-1	296.045788	2.58	413.90177	3.60	115105	5.18	3.59	27.5724
XIJ049-1	XIJ048-1	116.045788	2.58	413.90177	3.60	115105	5.18	3.59	27.5724
XIJ049-1	GPS028	257.305189	2.61	479.26618	3.87	123762	6.08	3.83	174.0838
XIJ050	GPS258	293.411034	2.21	616.89510	4.19	147062	6.67	4.12	14.5611
XIJ050	XIJ047-1	84.342356	1.69	777.01637	4.41	176168	6.36	4.40	179.1026
GPS259	XIJ047	132.494866	1.88	941.38163	4.63	203395	8.59	4.62	40.3356
GPS259	XIJ047-1	268.191086	2.49	562.06157	3.97	141433	6.79	3.96	2.1008

9. GPS 最弱边及其相对精度

最弱边及其相对精度

起点	终点	方位角 A(dms)	MA(sec)	边长 S(m)	MS(mm)	S/MS	E(mm)	F(mm)	T(dms)
TGJM01	TGJM02	74.032528	3.55	112.27006	2.54	44287	2.54	1.93	78.0030

10. 平面控制网总体信息

平面控制网总体信息

已知点数：5
未知点数：18
固定方向、距离数：0
方向、距离观测数：80
PVV：197.87
自由度：21
验后单位权中误差：3.07

11. 精密导线加密平差

11-1 平面网闭合差计算结果

平面网闭合差计算结果

（双定向）附合路线号：1
线路点号：GPS258 XIJ050 SHJ01 SHJ04 SHJ05 XIJ049-1 XIJ048-1
角度闭合差：5.94″   限差：11.18″
X 坐标闭合差：−0.0140m
Y 坐标闭合差：−0.0063m
总长度：0.6645km
相对闭合差：1∶43248   限差：1∶35000

闭合环号:1
线路点号:SHJ01　SHJ02　SHJ04
角度闭合差:2.00″　　　　限差:8.66″
边长闭合差:0.0009m
边长总长度:0.3808km
相对闭合差:1:436821　　　　限差:1:35000

角度闭合差与测站数:
　　5.94″　　　　　　5
　　2.00″　　　　　　3
水平角观测的测角中误差:2.05″
用于统计测角中误差的附和导线及闭合环的个数:2

11-2　平面网常规平差结果

平面网平差结果（常规）

点号	概略坐标	
	$X(m)$	$Y(m)$
GPS258	32354.33900	41760.61800
XIJ050	32106.50680	42325.54550
XIJ049-1	31887.73390	42331.80770
XIJ048-1	31705.75390	42703.55780
SHJ01	32032.83264	42436.15696
SHJ02	32103.05427	42541.07864
SHJ04	31986.01150	42563.22913
SHJ03	32103.57397	42456.73624
SHJ05	31837.83240	42574.28319
SHJ04-1	32089.68111	42787.81121

11-3　方向平差结果

方向平差结果

起点	终点	观测值(dms)	M(sec)	V(sec)	平差值(dms)	Ri
XIJ050	GPS258	0.000000	1.80	3.50	0.000350	0.28
XIJ050	SHJ01	189.585200	1.80	−3.50	189.584850	0.28
SHJ01	XIJ050	0.000000	1.80	1.23	0.000123	0.13
SHJ01	SHJ02	112.322700	1.80	−0.24	112.322676	0.26
SHJ01	SHJ04	166.334100	1.80	−1.00	166.334000	0.31
SHJ02	SHJ04	0.000000	1.80	−0.55	−0.000055	0.25
SHJ02	SHJ01	66.552200	1.80	0.55	66.552255	0.25
SHJ02	SHJ03	101.041000	1.80	0.00	101.041000	0.00
SHJ04	SHJ05	0.000000	1.80	1.11	0.000111	0.19
SHJ04	SHJ01	114.293800	1.80	−1.38	114.293662	0.34
SHJ04	SHJ02	173.330000	1.80	0.28	173.330028	0.26
SHJ04	SHJ04-1	249.291700	1.80	0.00	249.291700	0.00
SHJ05	SHJ04	0.000000	1.80	−2.30	−0.000230	0.29
SHJ05	XIJ049-1	285.533900	1.80	2.30	285.534130	0.29
XIJ049-1	XIJ048-1	0.000000	1.80	−1.90	−0.000190	0.22
XIJ049-1	SHJ05	345.324300	1.80	1.90	345.324490	0.22

方向最小多余观测分量:0.00 (SHJ02→SHJ03)
方向最大多余观测分量:0.34 (SHJ04→SHJ01)
方向平均多余观测分量:0.22
方向多余观测分量总和:3.57

11-4 距离平差结果

距离平差结果

起点	终点	观测值(m)	M(mm)	V(mm)	平差值(m)	Ri
XIJ050	SHJ01	132.90200	1.77	−0.62	132.90138	0.23
SHJ01	SHJ02	126.25200	1.75	0.28	126.25228	0.55
SHJ01	SHJ04	135.42400	1.77	−0.39	135.42361	0.58
SHJ02	SHJ04	119.12000	1.74	0.33	119.12033	0.55
SHJ02	SHJ03	84.34400	1.67	0.00	84.34400	0.00
SHJ04	SHJ05	148.59400	1.80	−3.16	148.59084	0.25
SHJ04	SHJ04-1	247.35500	1.99	0.00	247.35500	0.00
SHJ05	XIJ049-1	247.55800	2.00	−0.89	247.55711	0.28

边长最小多余观测分量:0.00 (SHJ04→SHJ04-1)
边长最大多余观测分量:0.58 (SHJ01→SHJ04)
边长平均多余观测分量:0.30
边长多余观测分量总和:2.43

11-5 平差坐标及其精度

平差坐标及其精度

点名	X(m)	Y(m)	MX(mm)	MY(mm)	MP(mm)	E(mm)	F(mm)	T(dms)
GPS258	32354.33900	41760.61800						
XIJ050	32106.50680	42325.54550						
XIJ049-1	31887.73390	42331.80770						
XIJ048-1	31705.75390	42703.55780						
SHJ01	32032.83264	42436.15696	2.31	2.41	3.33	2.74	1.90	131.3440
SHJ02	32103.05427	42541.07864	3.66	3.18	4.85	4.06	2.64	144.5828
SHJ04	31986.01150	42563.22913	3.76	2.60	4.57	3.79	2.56	170.3312
SHJ03	32103.57397	42456.73624	3.31	4.33	5.45	4.37	3.25	101.2210
SHJ05	31837.83240	42574.28319	3.81	3.25	5.01	4.20	2.73	33.2851
SHJ04-1	32089.68111	42787.81121	7.90	4.74	9.22	8.15	4.30	163.1036

MX 均值(mm):4.12 MY 均值(mm):3.42 MP 均值(mm):5.40

11-6 最弱点及其精度

最弱点及其精度

点名	X(m)	Y(m)	MX(mm)	MY(mm)	MP(mm)	E(mm)	F(mm)	T(dms)
SHJ04-1	32089.68111	42787.81121	7.90	4.74	9.22	8.15	4.30	163.1036

11-7 方位角、边长及其相对精度

方位角、边长及其相对精度

起点	终点	方位角 A(dms)	MA(sec)	边长 S(m)	MS(mm)	S/MS	E(mm)	F(mm)	T(dms)
XIJ050	SHJ01	123.395797	2.97	132.90138	2.73	48736	2.74	1.90	131.3440
SHJ01	XIJ050	303.395797	2.97	132.90138	2.73	48736	2.74	1.90	131.3440
SHJ01	SHJ02	56.122350	4.06	126.25228	2.07	60895	2.58	1.96	122.0925
SHJ01	SHJ04	110.133674	3.41	135.42362	2.01	67521	2.33	1.90	171.5810
SHJ02	SHJ04	169.170040	3.97	119.12033	2.05	57968	2.29	2.05	78.1705
SHJ02	SHJ01	236.122350	4.06	126.25228	2.07	60895	2.58	1.96	122.0925
SHJ02	SHJ03	270.211095	5.35	84.34400	2.93	28772	2.93	2.19	90.2118
SHJ04	SHJ05	175.440123	3.60	148.59084	2.74	54205	2.74	2.60	177.3938

起点	终点	方位角 A(dms)	MA(sec)	边长 S(m)	MS(mm)	S/MS	E(mm)	F(mm)	T(dms)
SHJ04	SHJ01	290.133674	3.41	135.42362	2.01	67521	2.33	1.90	171.5810
SHJ04	SHJ02	349.170040	3.97	119.12033	2.05	57968	2.29	2.05	78.1705
SHJ04	SHJ04-1	65.131712	4.77	247.35500	3.50	70588	5.72	3.50	155.1309
SHJ05	SHJ04	355.440123	3.60	148.59084	2.74	54205	2.74	2.60	177.3938
SHJ05	XIJ049-1	281.374482	3.35	247.55711	2.98	83100	4.20	2.73	33.2851
XIJ049-1	SHJ05	101.374482	3.35	247.55711	2.98	83100	4.20	2.73	33.2851

11-8 最弱边及其相对精度

最弱边及其相对精度

起点	终点	方位角 A(dms)	MA(sec)	边长 S(m)	MS(mm)	S/MS	E(mm)	F(mm)	T(dms)
SHJ0	SHJ03	270.211095	5.35	84.34400	2.93	28772	2.93	2.19	90.2118

11-9 平面控制网总体信息

平面控制网总体信息

已知点数:4
未知点数:6
固定方向、距离数:0
方向、距离观测数:24
PVV:60.00
自由度:6
验后单位权中误差:3.16

12. 高程网精度

12-1 高程网闭合差计算结果

高程网闭合差计算结果

附合路线号:1
线路点号:II82　II83　II84　T2　T1　II14　II13　JH1　II16　II17　II18
高差闭合差:-0.82mm　　　　限差:9.03mm
附合路线长度:5.0911km

12-2 往返测高差较差统计结果

往返测高差较差统计结果

起点	终点	往测距离(km)	返测距离(km)	往测高差(m)	返测高差(m)	较差(mm)	限差(mm)
II14	T1	0.034	0.035	-0.41723	0.41731	0.08	0.74
II13	II14	0.045	0.042	-0.11366	0.11334	0.32	0.83
JH1	II13	1.648	1.642	2.35101	-2.35049	0.52	5.13
II16	JH1	1.467	1.400	-0.31522	0.31506	0.16	4.79
II17	II16	0.148	0.149	0.65709	-0.65717	0.08	1.54
II17	II18	0.034	0.034	-0.09367	0.09358	0.09	0.74
T2	II15	0.011	0.011	0.95696	-0.95710	0.14	0.42
T1	T2	0.303	0.303	2.05605	-2.05541	0.64	2.20
II84	T2	1.314	1.167	-7.26436	7.26474	0.38	4.46
II83	II84	0.036	0.032	-0.02667	0.02667	0.00	0.74
II82	II83	0.061	0.072	-0.30954	0.30970	0.16	1.03
JM02	JM03	0.215	0.215	0.08439	-0.08459	0.20	1.86
JM02	JM01	0.132	0.133	-0.15110	0.15092	0.18	1.46
BM01	JM02	0.267	0.264	0.07946	-0.07974	0.28	2.06
BM01	II17	0.442	0.442	0.82003	-0.82074	0.71	2.66

每千米水准测量的高差偶然中误差:0.38mm

12-3 高程网平差常规结果

高程网平差结果（常规）

概略高程		
序号	点号	高程（m）
1	II82	23.5210
2	II18	11.6080
3	II17	11.7016
4	II16	12.3588
5	JH1	12.0436
6	II13	14.3944
7	II14	14.2809
8	T1	13.8636
9	T2	15.9193
10	II15	16.8764
11	II83	23.2114
12	II84	23.1839
13	BM01	10.8812
14	JM02	10.9608
15	JM03	11.0453
16	JM01	10.8098

12-4 测段实测高差数据统计

测段实测高差数据统计

序号	起点	终点	高差（m）	距离（km）	权
1	II17	II16	0.65713	0.1483	6.744
2	II16	JH1	−0.31514	1.4671	0.682
3	JH1	II13	2.35075	1.6480	0.607
4	II13	II14	−0.11349	0.0446	22.406
5	II14	T1	−0.41727	0.0345	28.994
6	II17	II18	−0.09362	0.0339	29.507
7	T2	II15	0.95703	0.0113	88.652
8	T1	T2	2.05573	0.3026	3.304
9	II82	II83	−0.30961	0.0613	16.311
10	II83	II84	−0.02667	0.0365	27.435
11	II84	T2	−7.26456	1.3144	0.761
12	BM01	JM02	0.07960	0.2669	3.746
13	JM02	JM03	0.08449	0.2152	4.646
14	JM02	JM01	−0.15101	0.1324	7.556
15	BM01	II17	0.82038	0.4415	2.265

12-5 高程平差及其精度

高程平差值及其精度 1

序号	点号	高程（m）	中误差（mm）
1	II82	23.52100	
2	II18	11.60800	
3	II17	11.70163	0.07
4	II16	12.35878	0.15
5	JH1	12.04388	0.39

序号	点号	高程(m)	中误差(mm)
6	II13	14.39490	0.39
7	II14	14.28141	0.39
8	T1	13.86415	0.39
9	T2	15.91993	0.37
10	II15	16.87696	0.37
11	II83	23.21138	0.09
12	II84	23.18470	0.11
13	BM01	10.88125	0.25
14	JM02	10.96085	0.31
15	JM03	11.04534	0.36
16	JM01	10.80984	0.34

高差平差值及其精度 2

序号	起点	终点	高差平差值(m)	改正数(mm)	中误差(mm)
1	II17	II16	0.65715	0.02	0.14
2	II16	JH1	−0.31490	0.24	0.37
3	JH1	II13	2.35102	0.27	0.39
4	II13	II14	−0.11349	0.01	0.08
5	II14	T1	−0.41726	0.01	0.07
6	II17	II18	−0.09363	−0.01	0.07
7	T2	II15	0.95703	0.00	0.04
8	T1	T2	2.05578	0.05	0.19
9	II82	II83	−0.30962	−0.01	0.09
10	II83	II84	−0.02668	−0.01	0.07
11	II84	T2	−7.26477	−0.21	0.36
12	BM01	JM02	0.07960	0.00	0.19
13	JM02	JM03	0.08449	0.00	0.17
14	JM02	JM01	−0.15101	0.00	0.13
15	BM01	II17	0.82038	0.00	0.24

12-6 高程控制网总体信息

高程控制网总体信息

已知高程点:2
未知高程点:14
高差测段数:15
PVV:0.133
自由度:1
验后单位权中误差:0.365

12-7 高程网加密平差计算

12-7-1 往返测高差较差统计结果

往返测高差较差统计结果

起点	终点	往测距离(km)	返测距离(km)	往测高差(m)	返测高差(m)	较差(mm)	限差(mm)
E35	II11-82	0.866	0.860	7.50122	−7.50114	0.08	3.72
SHJ02	E35	0.363	0.370	−0.51054	0.51075	0.21	2.42
SHJ01-1	SHJ02	0.132	0.144	0.17345	−0.17307	0.38	1.49
II11-15	SHJ01-1	0.193	0.181	−0.52020	0.52053	0.33	1.73
SHJ04	II11-15	0.081	0.087	1.01713	−1.01721	0.08	1.16
SHJ05	SHJ04	0.152	0.151	0.51876	−0.51854	0.22	1.56
II11-14	SHJ05	0.134	0.123	1.05952	−1.05965	0.13	1.43
II11-13	II11-14	0.045	0.040	−0.11349	0.11363	0.14	0.83

每千米水准测量的高差偶然中误差:0.29mm

12-7-2 高程网平差常规结果

高程网平差结果（常规）

	概略高程	
序号	点号	高程(m)
1	II11-13	14.3950
2	II11-14	14.2810
3	II11-15	16.8780
4	II11-82	23.5210
5	SHJ05	15.3406
6	SHJ04	15.8608
7	SHJ01-1	16.3576
8	SHJ02	16.5309
9	E35	16.0198

12-7-3 测段实测高程数据统计

测段实测高差数据统计

序号	起点	终点	高差(m)	距离(km)	权
1	II11-13	II11-14	−0.11356	0.0454	22.036
2	II11-14	SHJ05	1.05959	0.1338	7.473
3	SHJ05	SHJ04	0.51865	0.1520	6.580
4	SHJ04	II11-15	1.01717	0.0812	12.311
5	II11-15	SHJ01-1	−0.52037	0.1926	5.191
6	SHJ01-1	SHJ02	0.17327	0.1324	7.551
7	SHJ02	E35	−0.51064	0.3632	2.753
8	E35	II11-82	7.50118	0.8660	1.155

12-7-4 高程平差及其精度

高程平差值及其精度 1

序号	点号	高程(m)	中误差(mm)
1	II11-13	14.39500	
2	II11-14	14.28100	
3	II11-15	16.87800	
4	II11-82	23.52100	
5	SHJ05	15.34117	0.56
6	SHJ04	15.86048	0.49
7	SHJ01-1	16.35758	0.79
8	SHJ02	16.53081	0.98
9	E35	16.02006	1.20

高差平差值及其精度 2

序号	起点	终点	高差平差值(m)	改正数(mm)	中误差(mm)
1	II11-13	II11-14	−0.11400	−0.44	0.00
2	II11-14	SHJ05	1.06017	0.58	0.56
3	SHJ05	SHJ04	0.51931	0.66	0.58
4	SHJ04	II11-15	1.01752	0.35	0.49
5	II11-15	SHJ01-1	−0.52042	−0.05	0.79
6	SHJ01-1	SHJ02	0.17323	−0.04	0.67
7	SHJ02	E35	−0.51075	−0.10	1.02
8	E35	II11-82	7.50094	−0.24	1.20

12-7-5 高程控制网总体信息

高程控制网总体信息

已知高程点:4
未知高程点:5
高差测段数:8
PVV:11.234
自由度:3
验后单位权中误差:1.935

附件 3　仪器检定证书

湖南省测绘产品质量监督检验授权站
（湖南省测绘仪器检测中心）
检 定 证 书

证书编号：湘测仪检字2016QZY0820-10　号 第1页 共2页

送　检　单　位	中铁五局路桥公司
计 量 器 具 名 称	全站仪
型　号 / 等　级	TS15
出　厂　编　号	1620111
制　造　单　位	徕卡
检　定　依　据	JJG 100-2003、JJG 703-2003
检　定　结　论	合　格

检定员

（检定专用章）
（钢印）

核验员

批准人

检定日期	2016	年	6	月	9	日
有效期至	2017	年	6	月	8	日

地　址 长沙市韶山中路693号　　　　仪检专线 0731-85313267

传　真 0731-85313267　　　　　　邮政编码 410007

证书真伪查询 http://www.chnchzj.com

附图 1-5

湖南省测绘产品质量监督检验授权站
（湖南省测绘仪器检测中心）
检 定 结 果

（一）测 角 部 分 检 定 结 果

序号	检 定 项 目	检 定 结 果
1	外 观 及 一 般 性 能	合格
2	基 础 性 调 整 及 校 准	合格
3	水 准 器 轴 与 竖 轴 的 垂 直 度	合格
4	照 准 部 旋 转 正 确 性	合格
5	望 远 镜 分 划 板 竖 丝 的 铅 垂 度	合格
6	望 远 镜 视 轴 相 对 于 横 轴 的 垂 直 度	+1.50″
7	照 准 误 差 C	-2.50″
8	横 轴 误 差 i	+5.35″
9	竖 盘 指 标 差 I	-0.50″
10	补 偿 器 补 偿 准 确 度	+2.00″
11	补 偿 器 补 偿 范 围	0° 3′ 30.0″
12	补 偿 器 零 位 误 差	-2.50″
13	一 测 回 水 平 方 向 标 准 偏 差	±0.50″
14	激 光 对 中 器 视 轴 与 竖 轴 重 合 度	合格

（二）测 距 部 分 检 定 结 果

1	内 符 合 精 度 （ 30 次 ）	M=±	0.22mm
2	加 常 数	C=	-0.41mm
3	加 常 数 精 度	Mc=±	0.22mm
4	乘 常 数	R=	+2.21mm/km
5	乘 常 数 精 度	MR=±	0.38mm/km
6	测 距 单 位 权 中 误 差	Md=±	0.43mm
7	固 定 误 差	a=	+0.41mm
8	比 例 误 差	b=	-0.17mm/km

本次检定的技术依据：
1、JJG 100－2003 《全站型电子速测仪检定规程》
2、JJG 703－2003 《光电测距仪检定规程》

注 1、此结果只与受检定项目有关；
　 2、未经本站书面批准，不得部分复印此检定证书。

附图 1-6

广州市烈图仪器科技有限公司

检 定 证 书

证书编号　全站仪　检编　第 2017-0398 号

委 托 方　　　　中铁五局集团第四工程有限责任公司

计量器具名称　　　　　　全 站 仪

型 号 规 格　　　　　　　TS02

制 造 厂　　　　　　　　Leica

出 厂 编 号　　　　　　　1337318

检 定 结 论　　　　　　　合 格

主 管

核 验

检 定

检定日期：　2017　年　03　月　16　日

有效期至：　2018　年　03　月　15　日

计量标准证书号：[2006]稳量标企证字第 0658 号

计量校准机构备案号：【2014】粤量校 S030 号

粤计量协会证书编号：　GDAM 第 01-271 号

CMC

第 1 页，共 2 页

附图 1-7

检 定 结 果

原始记录号：XQZY1703143

测 角 部 分

1. 外观及一般性能检定：————————————————————————————— 合格
2. 水准器轴与竖轴的垂直度：—————————————————————————— 合格
3. 照准部旋转的正确性：————————————————————————————— 合格
4. 望远镜竖丝对横轴的垂直度：————————————————————————— 合格
5. 照准误差：—————————————————————————————— C=0.5″
6. 竖盘指标差：———————————————————————————— I=3.1″
7. 横轴误差：—————————————————————————————— i=3.1″
8. 倾斜补偿器补偿范围：————————————————————————— QS=±4′
9. 倾斜补偿器补偿误差：————————————————————————— △=1.0″
10. 倾斜补偿器零位误差：————————————————————————— δ=1.0″
11. 一测回水平方向标准偏差：———————————————————————— Hμ=1.0″
12. 一测回垂直角测角标准偏差：——————————————————————— Vμ=0.8″
13. 激光(光学)对中器视轴与竖轴的重合度：——————————————————— Da=0.5mm

测 距 部 分

14. 发射，接收，照准三轴的同轴性：——————————————————————— 同轴
15. 反射棱镜常数的一致性：————————————————————————— ///
16. 分辨力：—————————————————————————————— m分=///
17. 周期误差：—————————————————————————————— m_A=///mm
18. 测量的重复性：——————————————————————————— m_B=0.3mm
19. 加常数及其标准偏差：————————————————— K=1.1mm mk=1.0mm
20. 乘常数及其标准偏差：————————————————— R=1.1mm/km m_R=1.2mm/km
21. 测距综合标准差：————————————— a=0.9mm b=0.4mm/km

"一测回水平方向标准偏差"测量结果的扩展不确定度——————————— U_95=0.22″ k=2

"测距综合标准差"测量结果的扩展不确定度————————————————— U_95=1.1mm k=2

(依据"JJF1059.1-2012 测量不确定度评定与表示")

说明：
1. 检定依据：国家计量检定规程 光电测距仪（JJG703-2003） 全站型电子速测仪（JJG100-2003）
2. 本次检定的计量标准器：

经纬仪检定装置 标准证书编号：CYY201500812 发证机构：华南国家计量测试中心

长度检定场 标准证书编号：国测检字 jx2014-23 号 发证机构：国家测绘局第一大地测量队
3. 检定地点：室内一本单位检测中心 18℃ 相对湿度 56%
4. 本单位经国家计量行政部门考核合格并批准为测量仪器维修检定单位

第2页，共2页

附图 1-8

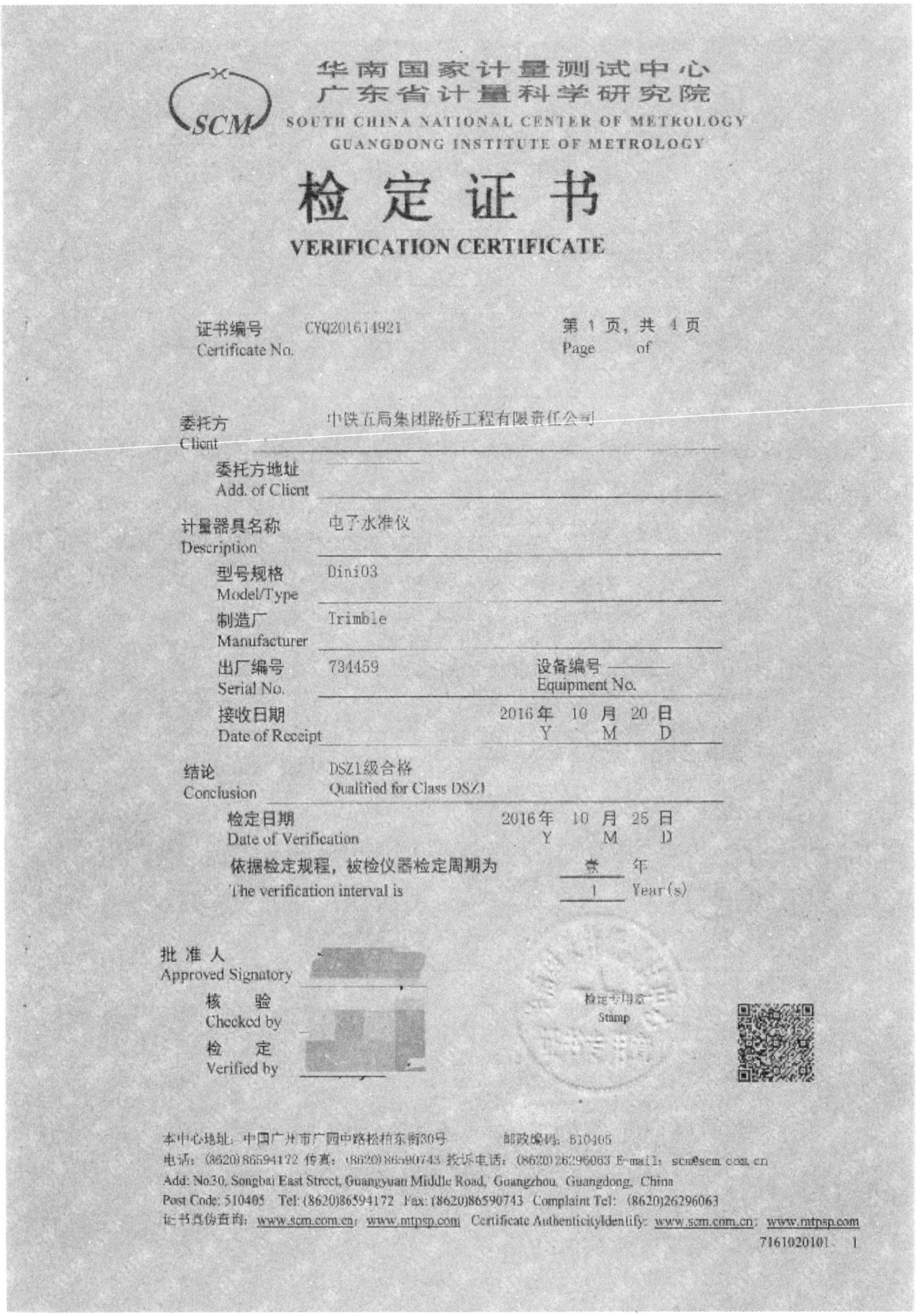

华南国家计量测试中心
广东省计量科学研究院
SOUTH CHINA NATIONAL CENTER OF METROLOGY
GUANGDONG INSTITUTE OF METROLOGY

检 定 证 书
VERIFICATION CERTIFICATE

证书编号 Certificate No.	CYQ201614921	第 1 页，共 4 页 Page of	

委托方 Client	中铁五局集团路桥工程有限责任公司
委托方地址 Add. of Client	
计量器具名称 Description	电子水准仪
型号规格 Model/Type	Dini03
制造厂 Manufacturer	Trimble
出厂编号 Serial No.	734459 　　设备编号 　　Equipment No.
接收日期 Date of Receipt	2016年 10月 20日 Y　　M　　D
结论 Conclusion	DSZ1级合格 Qualified for Class DSZ1
检定日期 Date of Verification	2016年 10月 25日 Y　　M　　D
依据检定规程，被检仪器检定周期为 The verification interval is	壹　年 1　Year(s)

批准人
Approved Signatory

核　验
Checked by

检　定
Verified by

检定专用章
Stamp

本中心地址：中国广州市广园中路松柏东街30号　　邮政编码：510405
电话：(8620)86594172 传真：(8620)86590743 投诉电话：(8620)26296063 E-mail: scm@scm.com.cn
Add: No.30, Songbai East Street, Guangyuan Middle Road, Guangzhou, Guangdong, China
Post Code: 510405 Tel: (8620)86594172 Fax:(8620)86590743 Complaint Tel: (8620)26296063
证书真伪查询：www.scm.com.cn; www.mtpsp.com Certificate Authenticity Identify: www.scm.com.cn; www.mtpsp.com

7161020101   1

附图 1-9

证书编号 CYQ201614921 　　　　**DIRECTIONS**　　　　第 2 页，共 4 页
Certificate No. 　　　　　　　　　　　　　　　　Page　　of

1. 本中心是国家质量监督检验检疫总局在华南地区设立的国家法定计量检定机构，本中心的质量管理体系符合ISO/IEC 17025:2005标准的要求。
This laboratory is the National Legal Metrological Verification Institution in southern China set up by the General Administration of Quality Supervision. The quality system is in accordance with ISO/IEC 17025:2005.

2. 本中心所出具的数据均可溯源至国家计量基准和国际单位制(SI)。
All data issued by this laboratory are traceable to national primary standards and International System of Units (SI).

3. 本次检定的技术依据：
Reference documents for the verification:
JJG 425-2003 水准仪检定规程　V.R.of Levels

4. 本次检定所使用的主要计量标准器具：
Major standards of measurement used in the verification:

设备名称/型号 Name of Equipment /Model	编号 Serial No.	证书号/有效期 Certificate No. /Due Date	计量特性 Metrological Characteristic
水准仪检定装置 Level Verification System /JSJ-Ⅰ	10313	CYY201500477 /2017-07-30	1 级 Class 1

5. 检定地点、环境条件：
Place and environmental conditions of the verification:
地点 Place　本中心测绘仪器实验室(Survey Instrument Lab.)　温度 Temperature　(20±5) ℃　相对湿度 R.H.　≤70 %

6. 被检定仪器限制使用条件：
Limiting condition of the instrument verified:
——————

注：1. 本证书检定结果只与受检定仪器有关。
2. 未经本机构书面批准，不得部分复制此证书。
Note: 1. The results relate only to the items verified.
2. This certificate shall not be reproduced except in full, without the written approval of our laboratory.

附图 1-10

华 南 国 家 计 量 测 试 中 心
广 东 省 计 量 科 学 研 究 院
SOUTH CHINA NATIONAL CENTER OF METROLOGY
GUANGDONG INSTITUTE OF METROLOGY

检 定 结 果
RESULTS OF VERIFICATION

证书编号： CYQ201614921　　　　原始记录编号： 020160842　　　第 3 页，共 4 页
Certification No.　　　　　　　　Record No.　　　　　　　　Page　　 of

1 外观及一般性能检查: 合格
　Appearance and performance: pass

2 竖轴整置误差： 圈中
　Adjustment error of upright axis: fit exactly

3 望远镜分划板横丝与竖轴的垂直度: 1.3'　　　　　　　　[允差(MPE): 3']
　Perpendicularity between weft graduation and upright axis in telescope

4 望远镜调焦运行误差: 0.2 mm　　　　　　　　　　[允差(MPE): 0.5 mm]
　Focus error of telescope

5 光学视准线误差: 0.8″　　　　　　　　　　　　[允差(MPE): 10″]
　error of optical sight axis

6 视准线的安平误差: 0.2″　　　　　　　　　　　[允差(MPE): 0.25″]
　Level error of sight axis

7 补偿误差: 0.29″/ 1'　　　　　　　　　　　　[允差(MPE): 0.3″/ 1']
　Compensation error

8 补偿器工作范围: ±8' .　　　　　　　　　　[要求(Requirement): 不小于8']
　Compensation range

9 数字显示视准线误差: 14.5″　　　　　　　　　　[允差(MPE): 20″]
　Error of digital sight axis

10 数字显示视距测量误差:
　Error of digital distance measurement
　测距为10 m时:
　Distaince:10 m
　测量误差: +0.5 cm　　　　　　　　　　　　[允差(MPE): ±10cm]
　Error of measurement
　测量标准差: 0.3 cm　　　　　　　　　　　[允差(MPE): 2cm]
　Standard deviation of measurement
　测距为30 m时:
　Distance 30 m:
　测量误差: -0.4 cm　　　　　　　　　　　　[允差(MPE): ±10cm]
　Error of measurement

附图 1-11

华南国家计量测试中心
广东省计量科学研究院
SOUTH CHINA NATIONAL CENTER OF METROLOGY
GUANGDONG INSTITUTE OF METROLOGY

检 定 结 果
RESULTS OF VERIFICATION

证书编号: CYQ201614921	原始记录编号: 020160842	第 4 页，共 4 页
Certification No.	Record No.	Page of

测量标准差: 0.3 cm   [允差(MPE): 2cm]

Standard deviation of measurement

11 "光学视准线误差"测量结果的扩展不确定度: $U=2.0''$

Expanded uncertainty of measurement for error of optical sight axis

包含因子 $k=2$

Coverage Factor

依据: JJF1059.1-2012测量不确定度评定与表示

According to JJF1059.1-2012 Evaluation and presentation for measurement uncertainty

附图 1-12

附录 2

金马镇蓉西新城区域基础地形图更新工程

技术设计书

温江区规划建筑设计室

2015 年 5 月 4 日

金马镇蓉西新城区域基础地形图更新工程

技术设计书

编制：

审核：

批准：

温江区规划建筑设计室
2015 年 5 月 4 日

目　　录

360

1 概　　述

1.1 项目来源

为了对温江区基础地形进行维护，保证实时更新地形图数据，为全区规划、发展和建设提供可靠依据。温江区规划建筑设计室受托承担金马镇蓉西新城区域基础地形图更新维护的测绘工程。

1.2 工程概况

1.2.1 测区概况

测区位于温江区金马镇镇政府，北至新华大道，南至科华路，西至蓉台大道，东至锦绣大道。测区多为居民地和企事业单位，地势平坦，交通便利。

1.2.2 工作内容及要求

本项目为1∶500地形图测绘及地形图入库。测绘过程和成果严格按相关测量规范要求执行。

1.2.3 测区已有资料情况

测区范围内及周边有勘测院布设的E级GPS控制点和四等水准点，平面控制点和水准点一致，为本项目提供了控制基础。测区有不同时间段测绘的数字地形图，现实性不足、资料不全，但可以为本项目地形图更新提供基础和便利。

2 技 术 标 准

(1)《中华人民共和国测绘法》；
(2)《工程测量规范》GB 50026—2007；
(3)《全球定位系统（GPS）测量规范》GB/T 18314—2009；
(4)《卫星定位城市测量规范》CJJ/T 73—2010；
(5)《城市测量规范》CJJ/T 8—2011；
(6)《1∶500　1∶1000　1∶2000地形图数字化规范》GB/T 17160—2008；
(7)《测绘技术设计规定》CH/T 1004—2005；
(8)《测绘技术总结编写规定》CH/T 1001—2005；
(9)《数字测绘成果质量检查与验收》GB/T 18316—2008；
(10)《测绘成果质量检查与验收》GB/T 24356—2009；
(11)《温江区1∶500地形图数据内业标准》。

3 项 目 实 施

3.1 工作量及工作安排

本项目测量范围为1.01km²，拟于2015年5月完成。

3.2 资源投入

为保证本项目有计划的顺利实施，在项目负责人的领导下和监督下，挑选技术过硬、责任心强的技术人员承担此项目。整个项目预计投入 6 人，3 个外业测图组，其中工程师 3 名，助理工程师 3 名。

选择经测绘仪器检定中心检定合格的仪器进行外业测绘及内业处理。

拟投入的主要设备表

序号	设备名称	型号规格	数量	用于施工部位	备注
1	全站仪		3 台	带状地形图测绘	
2	GPS-RTK	天宝 R8	3 台	控制测量、带状地形图测绘	
3	测距仪		3 台		
4	对讲机		6 台		
5	计算机		6 台	内业数据处理	
6	绘图仪	HP 5520/T 1100	2 台	打印	
7	汽车		3 辆	交通运输	

3.3 安全生产措施

为确保人员和设备安全，严格执行安全生产条例，并配备相关的安全劳保设备，确保了项目及时安全实施。

4 地形图外业测绘

4.1 坐标高程系统

（1）坐标系统采用成都独立坐标系；
（2）高程系统采用 1985 国家高程基准；

4.2 控制点布设及要求

全区有勘测院布设的 E 级 GPS 控制点和四等水准点，平面控制点和水准点一致，为本项目提供了控制基础。利用这些高等级控制点，采用先进的全球定位系统 GPS-RTK 的 CROS 技术布设本项目首级控制点，并利用全站仪极坐标法检验合格。

利用检验合格的首级控制点继续布设图根控制点，图根平面控制采用 GPS-RTK 或导线等方法实测，图根高程采用图根水准或三角高程导线等方法施测。首级控制点和图根点要求为：首级控制点及图根控制点相对于基本控制点点位中误差不应超过图上±0.1mm，高程中误差不应超过基本等高距的 1/10。1∶500 地形图图根控制点数量每平方千米不少于 64 个。

4.3 1∶500 数字化地形图测量

本次 1∶500 地形图主要采用全球卫星定位系统（RTK-CORS）技术进行测绘，在信号屏蔽区域或者没法接收信号的特殊地段，采用全站仪极坐标测量方法。成图软件采用"南方 CASS7.0"（图层采用软件标准分层）。

1. 地形图数据采集

碎部点采集采用极坐标法，利用 RTK 配合全站仪进行作业。作业前对投入使用的全部仪器进行了各项检查，在确认各项指标均符合规范要求后，才投入使用。在进行碎部点采集过程中，首先对控制点进行检查，在确认其点位精度满足规范要求后，才进行碎部点采集工作。为保证所采集的碎部点精度，不但对测站点、定向点进行了检查，而且在相邻测站上对地物、地形等进行适度重点检查。根据测区具体情况，以自然形成的线状地物为界，分块作业，待最后编辑和输出时，再汇总统一输出。

2. 地物地貌测绘

管线测绘：高压输电线重点测绘，除测定位置外，还要注记高压线电压伏数，与管线的相对位置（平行或交叉、距离、高度）。

居民地测绘：散列式房屋均需逐一进行测绘，聚集房屋准确测定其外围轮廓及主要巷道后，其内部房屋作适当的综合取舍。

植被测绘：旱地、草地、果林、水田等，要测绘其地类界，并用相应的符号表示。果园加注果树名称，如桔、梨等。

梯田坎、台地选择明显的进行测绘，路堑、路堤、挡墙比高 1m 以上的需进行测绘，且需加注比高。

雨裂、冲沟，需认真测绘其位置，并运用正确的符号在图上表示。仅用符号表示的陡坎、断崖等，需加注比高或高程。

桥梁、通道、涵洞等准确的测定其特征点位置，正确运用符号表示。在施测桥梁及较大的涵洞时，还用分式的形式表示其高程。

图上高程注记点，每平方分米不少于 10 个。

4.4 地形图测绘精度要求

1. 地物点对于邻近图根点的平面位置中误差在城市建筑区和平地、丘区不超过图上 ±0.5mm。在高山地和设站较困难地区不超过图上 ±0.75mm。

2. 邻近地物点之间的平面位置中误差在城市建筑区和平地、丘区不超过图上 ±0.4mm；在高山地和设站较困难地区不超过图上 ±0.6mm。

3. 地形点相对于图根点的高程中误差和等高线插求点的高程中误差，平地不超过 1/3 基本等高距，丘区不超过 1/2 基本等高距，山地不超过 2/3 基本等高距，高山地不超过 1 倍基本等高距。

隐蔽地区或施测困难地区，平面精度、高程精度按上述规定放宽为 50%。

5 内业成图要求

1. 采用编码法测图，内业自动展点连线。

2. 各类建（构）筑物及主要附属设施均测绘外围轮廓，房屋外廓以墙角为准，临时性建筑不测，当建（构）筑物轮廓凹凸部分在图上小于 0.2m 时，简单房屋小于 0.3m 时，直线连接；工矿建（构）筑物及其他设施按规定的符号绘制，准确表示其位置、形状和性质特征。

3. 独立地物能按比例尺表示的，实测外廓，填绘符号；不能按比例尺表示的，表示其定位点或定位线，用不依比例尺符号表示。

4. 管线及附属设施的测绘：永久性电力线、电信线均表示，电杆位置均实测。

5. 交通及附属设施的测绘：图上准确反应道路形状，并注明铺面材料。

6. 水系及附属物按实际形状测绘，水渠测注渠顶边高程，河沟水渠在地形图上的宽度小于1mm，用单线表示。

7. 地貌用等高线表示，基本等高距为2m，建筑区内和不便于绘等高线的地方，省略等高线；崩塌残蚀地貌、坡、坎和其他地貌，用相应符号表示。等高线合理、光滑，并与高程注记点相适应；高程注记点密度为每平方分米5～15点，地形破碎、地物密集的地区适当增加，选取露岩、独立石、土堆、陡坎等明显地物和山顶、鞍部、凹地、山脊、谷底、沟底、沟口、道路、空地及其他地面倾斜变换处等地貌特征点注记高程，高程注记至分米；注记点力求分布均匀。各种天然形成的斜坡陡坎，其比高小于2m或长度小于2.5m，不表示，当坡坎较密时，适当取舍。

8. 植被按经济价值和面积大小进行适当取舍，并配置相应符号，地类界与线状地物重合时，只绘线状地物符号。

9. 准确测绘并按相应符号表示各类地质工程（如钻孔、探井、探槽、坑口等），与地质工作有关的矿井井口、废弃的井口、峒口、采掘场用相应符号表示。

10. 地形图上各种名称注记，采用现有的法定名称。

11. 本次测量采用计算机绘图，使用南方测绘仪器公司的CASS7.0绘图软件成图。地物、地貌各要素，分别以不同颜色、不同属性、不同图层的点、线表示，为使用单位利用此电子地图进行统计、查询及多种批处理操作带来方便；图廓及坐标网绘制由成图软件自动生成。

6 地形图入库

为了统一温江区数据成果，方便准确地将测量成果导入数据库中，并能将库中的数据导出为dwg格式数据，保证测绘成果的权威性、准确性、一致性和通用性，以利于成果共享。在国家相关标准规范的基础上，根据温江区实际情况，特制定了针对CASS的dwg数据格式的标准。具体内容和实施参照《温江区1：500地形图数据内业标准》。

7 成果检查及质量控制

1. 严格执行相应的技术规范，执行事先指导、中间检查和成果审核的管理制度，对施测过程的各道工序实行质量控制。

2. 测绘生产过程中的质量控制施行两级检查，一级验收制度。对项目自查和互检，各组之间应认真严密接边，发现问题必须实地检核校正；对各组上交的测绘成果进行100%的室内检查。按规范对地形图外业地物点进行抽查。所有测绘成果需经过过程检查和最终检查，合格后才能提交验收。

3. 观测使用的仪器、设备进行必要的检测，以保证在整个测量过程中，仪器的各项性能指标处于良好状态，确保观测数据的可靠性。

8　提交资料（略）

1. 技术设计（纸质）
2. 技术报告（纸质）
3. 质量检查表（纸质）
4. 测量成果（光盘）

参 考 文 献

[1] 李泽球. 全站仪测量技术 [M]. 武汉：武汉理工大学出版社，2012.

[2] 何保喜. 全站仪测量技术（第二版）[M]. 郑州：黄河水利出版社，2012.

[3] 左美蓉. GPS测量技术 [M]. 武汉：武汉理工大学出版社，2012.

[4] 黄晓明，李昶，冯涛. 路基路面工程（第三版）[M]. 南京：东南大学出版社，2011.

[5] 黄晓明. 路基路面工程 [M]. 北京：中国建筑工业出版社，2014.

[6] 李相然等. 公路工程现场勘察与测量技术 [M]. 北京：人民交通出版社，2003.

[7] 何兆益，杨锡武等. 路基路面工程（第二版）[M]. 重庆：重庆大学出版社，2012.

[8] 中华人民共和国行业推荐性标准. 公路勘测细则，JTG/T C10—2007 [S]. 北京：人民交通出版社，2007.

[9] 中华人民共和国行业标准. 公路勘测规范 JTG C 10—2007 [S]. 北京：人民交通出版社，2007.

[10] 中华人民共和国行业标准. 公路工程技术标准 JTG B01—2014 [S]. 北京：人民交通出版社，2015.

[11] 中华人民共和国行业标准. 公路路线设计规范 JTG D 20—2006 [S]. 北京：人民交通出版社，2006.

[12] 中华人民共和国行业标准. 公路路基施工技术规范 JTG F10—2006 [S]. 北京：人民交通出版社，2006.

[13] 中华人民共和国行业标准. 城市道路工程设计规范 CJJ 37—2012 [S]. 北京：中国建筑工业出版社，2012.

[14] 赖盛鹏. 国内公路勘察设计的现状及前景 [J]. 科技之友，2010.

[15] 姜海东，张少武，蔡红兵. 林区道路的选线 [J]. 云南林业科技，2014.

[16] 何建明，刘晓东，黄雄. 区域水文地质遥感解译在公路勘察设计的应用 [J]. 公路交通科技，2013.

[17] 郭竹兰，朱明海，张秋红. 林区道路的规划设计研究 [J]. 湖北林业科技，2013.

[18] 张春香，孙云佩，郭根胜等. 基于GIS技术林区道路选线方案优化方法的研究 [J]. 中国地质灾害与防治学报，2013.

[19] 中华人民共和国国家标准. 国家基本比例尺地图图式 第1部分：1∶500、1∶1000、1∶2000 地形图图式 GB/T 20257. 1—2007 [S]. 北京：中国标准出版社，2007.

[20] 中华人民共和国国家标准. 国家基本比例尺地图图式 第2部分：1∶5000、1∶10000 地形图图式 GB/T 20257. 2—2006 [S]. 北京：中国标准出版社，2006.

[21] 中华人民共和国国家标准. 国家基本比例尺地图图式 第3部分：1∶25000、1∶50000、1∶100000 地形图图式 GB/T 20257. 3—2006 [S]. 北京：中国标准出版社，2006.

[22] 中华人民共和国国家标准. 建筑制图标准 GB/T 50104—2010 [S]. 北京：中国计划出版社，2011.

[23] 中华人民共和国国家标准. 道路工程制图标准 GB 50162—92 [S]. 北京：中国计划出版社，1993.

[24] 中华人民共和国国家标准. 工程测量规范 GB 50026—2007 [S]. 北京：中国计划出版社，2008.

[25] 吴聚巧，李新省，孙香臣等. 用全站仪进行平面控制测量与传统平面控制测量的比较 [J]. 河北交通科技，2004.

[26] 中华人民共和国国家标准. 城市轨道交通工程测量规范 GB 50308—2008 [S]. 北京：中国建筑工业出版社，2008.

[27] 中华人民共和国行业标准. 城市测量规范 CJJ/T 8—2011 [S]. 北京：中国建筑工业出版社，2012.

[28] 中华人民共和国国家标准. 国家一二等水准测量规 GB/T 12897—2006 [S]. 北京：中国标准出版社，2006.

[29] 黄显彬. 公路勘测设计 [M]. 武汉：武汉理工大学出版社，2016.

[30] 张维全，周亦唐，李松青. 道路勘测设计（第三版）[M]. 重庆：重庆大学出版社，2011.

[31] 张志清. 道路勘测设计 [M]. 北京：科学出版社，2005.

[32] 孙家驷. 道路勘测设计（第二版）[M]. 北京：人民交通出版社，2005.

[33] 杨少伟等. 道路勘测设计（第三版）[M]. 北京：人民交通出版社，2009.

[34] 裴玉龙. 道路勘测设计 [M]. 北京：人民交通出版社，2009.

[35] 周亦唐. 道路勘测设计（第四版）[M]. 北京：人民交通出版社，2013.

[36] 刘松雪，姚青梅. 道路勘测设计（第三版）[M]. 北京：人民交通出版社，2012.

[37] 张雨化. 道路勘测设计 [M]. 北京：人民交通出版社，2001.

[38] 中华人民共和国行业标准. 建筑变形测量规范 JGJ 8—2007 [S] 北京：中国建筑工业出版社，2007.

[39] 安永强. 武汉市建设连续运行卫星定位系统方案设计 [D]. 硕士学位论文. 武汉大学, 2004.

[40] 蔡昌盛, 李征航, 张小红. SA 取消前后 GPS 单点定位精度分析 [J]. 测绘信息工程, 2002.

[41] 崔天鹏. GPS 现代化与模糊度解算方法研究 [D] 硕士学位论文. 武汉大学, 2002.

[42] 杜道生, 陈军, 李征航. RS、GIS、GPS 的集成与应用 [M]. 北京: 测绘出版社, 1995.

[43] 中华人民共和国国家标准. 全球定位系统 (GPS) 测量规范 GB/T 18314—2009 [S]. 北京: 测绘出版社, 1992.

[44] 李征航, 包满泰, 叶乐安. 利用 GPS 测量和水准测量精确确定局部地区的似大地水准面 [J]. 测绘通报, 1994.

[45] 李征航. AS 技术与 GPS 接收技术的发展 [J]. 测绘科技, 1995.

[46] 刘大杰, 刘经南. GPS 地面测量得三维联合平差 [J]. 武汉科技, 1994.

[47] 王解先. GPS 精密定轨定位 [M]. 上海: 同济大学出版社, 1997.

[48] 张勤, 李家权. GPS 测量原理及应用 [M]. 北京: 科学出版社, 2005.

[49] 刘基余等. 全国定位系统原理及其应用 [M]. 北京: 测绘出版社, 1993.

[50] 李征航. 空间定位技术及应用 [M]. 武汉: 武汉大学出版社, 2003.

[51] 张国辉. 基于三维激光扫描仪的地形变化监测 [J]. 测绘工程, 2006.

[52] 张俊明, 赫彤, 马志敏. 建筑变形测量相关规范中精度划分比较 [J]. 河南科学, 2003.

[53] 何昌华. 浅谈测绘新技术在工程测量中的应用 [J]. 建材与装饰, 2008.

[54] 刘娟. 浅谈工程测量发展的几个问题 [J]. 山西建筑, 2008.

[55] 毛方儒, 王磊. 三维激光扫描测量技术 [J]. 宇航计测技术, 2005.

[56] 郭金运, 曲国庆. 数字水准仪的性能比较与分析 [J]. 测绘通报, 2002.

[57] 于成浩, 柯明, 赵振堂. 提高激光跟踪仪测量精度的措施 [J]. 测绘科学, 2007.

[58] 王晏明, 洪立波, 过静珺等. 现代工程测量技术发展与应用 [J]. 测绘通报, 2007.

[59] 李征航. 黄劲松. GPS 测量与数据处理 [M]. 武汉: 武汉大学出版社, 2016.

[60] 王侬, 过静珺. 现代普通测量学 [M]. 北京: 清华大学出版社, 2015.

[61] 王建忠. 现代公路测量实用程序及其应用 [M]. 北京: 人民交通出版社, 2012.

[62] 韩山农. 公路工程施工测量现场实操案例 [M]. 北京: 人民交通出版社, 2012.

[63] 王宏俊, 董丽君. 建筑工程测量 [M]. 南京: 东南大学出版社, 2014.

[64] 韩山农. 现代公路与铁路工程施工测量 [M]. 北京: 人民交通出版社, 2015.

[65] 聂琳娟. GPS 测量技术 [M]. 武汉: 武汉大学出版社, 2012.

[66] 李泽球. 全站仪测量技术 [M]. 武汉: 武汉大学出版社, 2012.

[67] 刘松雪, 姚青梅. 道路工程制图 [M]. 北京: 人民交通出版社, 2012.

[68] 何保喜. 全站仪测量技术 [M]. 郑州: 黄河水利出版社, 2012.

[69] 全国一级建造师执业资格考试用书编写委员会编写. 市政工程管理与实务 [M]. 北京: 中国建筑工业出版社, 2014.

[70] 张福荣, 田倩. GPS 测量技术与应用 [M]. 成都: 西南交通大学出版社, 2012.

[71] 赵冰华, 喻晓. 土木工程 CAD+天正建筑基础实例教程 [M]. 南京: 东南大学出版社, 2012.

[72] 黄劲松, 李英兵. GPS 测量与数据处理实习教程 [M]. 武汉: 武汉大学出版社, 2010.

[73] 杜玉柱. GNSS 测量技术 [M]. 武汉: 武汉大学出版社, 2013.

[74] 周立. GPS 测量技术 [M]. 郑州: 黄河水利出版社, 2012.

[75] 李明峰等. GPS 定位技术及其应用 [M]. 郑州: 黄河水利出版社, 2012.

[76] 中华人民共和国测绘行业标准. 全球定位系统实时动态测量 (RTK) 技术规范 CH/T 2009—2010 [S]. 北京: 测绘出版社, 2010.

[77] 中华人民共和国行业标准. 卫星定位城市测量技术规范 CJJ/T 73—2010 [S]. 北京: 中国建筑工业出版社, 2010.

[78] 中华人民共和国行业标准. 全球导航卫星系统连续进行参考站网建设规范 CH/T 2008—2005 [S]. 北京: 测绘出版社, 2005.

［79］ 覃辉. 土木工程测量 ［M］. 上海：同济大学出版社，2004.

［80］ 杨晓明. 数字测图 ［M］. 北京：测绘出版社，2009.

［81］ 郑国权. 道路工程制图 ［M］. 北京：人民交通出版社，2001.

［82］ 汪谷香. 道路工程制图与 CAD ［M］. 北京：人民交通出版社，2010.

［83］ 周新力. 建筑施工测量 ［M］. 北京：机械工业出版社，2014.

［84］ 胡伍生，潘庆林，黄腾. 土木工程施工测量手册 ［M］. 北京：人民交通出版社，2011.

［85］ 任伟. 建筑工程测量. ［M］. 武汉：武汉大学出版社，2015.

［86］ 中华人民共和国国家标准. 全球定位系统（GPS）测量规范 GB/T 18314—2009 ［S］. 北京：中国标准出版社，2009.

［87］ 中华人民共和国国家标准. 测绘成果检查与验收 GB/T 24356—2009 ［S］. 北京：中国标准出版社，2009.

［88］ 中华人民共和国国家标准. 1∶500、1∶1000、1∶2000 地形图数字化规范 GB/T 17160—2008 ［S］. 北京：中国标准出版社，2008.

［89］ 中华人民共和国测绘行业标准. 测绘技术设计规定 CH/T 1004—2005 ［S］. 北京：测绘出版社，2006.

［90］ 中华人民共和国测绘行业标准. 测绘技术总结编写规定 CH/T 1001—2005 ［S］. 北京：测绘出版社，2005.

［91］ 中华人民共和国测绘行业标准. 数字测绘成果质量检查与验收 GB/T 18316—2008 ［S］. 北京：中国标准出版社，2008.

［92］ 温江区 1∶500 地形图数据内业标准（基于 CASS 版本草案）［Z］. 成都：温江区规划管理局，2007.

［93］ 金马镇蓉西新城区域基础地形图更新工程技术设计书 ［Z］. 成都：温江区规划建筑设计室，2015.

［94］ Bagley C L C，LamonsJW. Navstar Joint program Office and a status Report on the GPS Program ［C］. The 6th International Geodetic Symposium on Satellite Positioning，Ohio，1992.

［95］ Brunner F K，Gumin. Aninmproved Model forthe Dual Frequency Ionospheric Correction of GPS Observation ［J］. Manuscripta Geodaetica，1991.

［96］ EI-RabbanyA Introduction to GPS：The Global Positioning System ［J］. Artwch House，2002.

［97］ KleusbergA，Teunissen P J G. GPS for Geodesy ［M］. Spriger-verlag Telos，1996.

［98］ KlobucharG. Ionospheric Effect on GPS ［J］. GPS Word.

［99］ Langeley R B . Why is the GPS Signal so Complex? ［J］. GPS word，1990.

［100］ Possible Weighting Schemes for GPS Carrier Phase Observation in the Presence of Multipath . Technical Paper of University of New Brunswick，1999.

［101］ RokenC，Meertens C. Monitoring Selective Availability Dither Frequencies and Their Effect on GPS Data ［J］. Bulletin Geodesique，1991.

［102］ Eastwood R A . An Integrated GPS/GLONASS Receiver ［J］. Navigation，1990.

［103］ Space and Missile System Center . Navstar GPS Jiont Program Office. Navstar GPS Space Segment/Navigation User Interfaces (IS-GPS-200D)，2004.

［104］ Wells D E , et al. Guide to GPS positioning University of New Burnseick，Canda，1997.

［105］ Wells D，Kleusbeerg A. A Multipurpose System ［J］. GPS Word，1990.

［106］ Remondi B W. The NGS GPS Orbital Formats ［OL］. http：//www. ngs. noaa. gov/GPS/ Utilities/format. txt，1994.

［107］ Interface Specification. IS-GPS-705 Revision A：Navstar GPS Space Segment/User Segment L5 Interfaces ［2010-06-08］.